U0945399

高等学校计算机应用规划教材

SQL Server 2008 基础教程

闪四清　编著

清华大学出版社

北　京

内 容 简 介

本书全面系统地讲述了 Microsoft SQL Server 2008 数据库管理系统的理论、原理和技术。全书共分 21 章，深入研究了 Microsoft SQL Server 2008 系统的基本结构和功能特点、安装规划和配置技术、数据库管理、Transact-SQL 语言、表、操纵数据技术、索引技术、数据完整性技术、视图技术、存储过程技术、触发器技术、备份和还原技术、事务和锁技术、自动化管理技术、性能监视和调整技术、Service Broker 技术、报表技术、集成技术、数据仓库和分析技术、XML 技术、CLR 技术等。

本教程面向数据库管理人员和数据库开发人员，内容翔实、结构合理、示例丰富、语言简洁流畅。适合作为高等院校计算机软件、信息系统、电子商务等相关专业的数据库课程教材，同时也适合作为各种数据库技术培训班的教材以及数据库开发人员的参考资料。

本书的电子教案和实例源文件可以到 http://www.tupwk.com.cn 网站下载。

图书在版编目(CIP)数据

SQL Server 2008 基础教程/闪四清 编著. —北京：清华大学出版社，2010.8 (2021.1重印)

(高等学校计算机应用规划教材)

ISBN 978-7-302-23526-2

I. ①S… Ⅱ. ①闪… Ⅲ. ①关系数据库—数据库管理系统，SQL Sever 2008—高等学校—教材 Ⅳ. ①TP311.138

中国版本图书馆 CIP 数据核字(2010)第 152873 号

责任编辑：胡辰浩　袁建华
装帧设计：孔祥丰
责任校对：成凤进
责任印制：吴佳雯
出版发行：清华大学出版社　　**地　　址**：北京清华大学学研大厦 A 座
http://www.tup.com.cn　　**邮　　编**：100084
社　总　机：010-62770175　　**邮　　购**：010-62786544
投稿与读者服务：010-62776969, c-service@tup.tsinghua.edu.cn
质 量 反 馈：010-62772015, zhiliang@tup.tsinghua.edu.cn
印 装 者：北京九州迅驰传媒文化有限公司
经　　销：全国新华书店
开　　本：185×260　　**印　张**：24.5　　**字　　数**：566 千字
版　　次：2010 年 8 月第 1 版　　**印　　次**：2021 年 1 月第 11 次印刷
定　　价：69.00 元

产品编号：033577-03

前　　言

与 20 世纪 80 年代的数据库应用环境相比，当今 Microsoft SQL Server 2008 系统面临着更多艰巨的挑战。Microsoft SQL Server 2008 系统不再是一个部门的数据库，而是一个企业级的数据库系统，能够满足企业各种数据访问的需要。Microsoft SQL Server 2008 系统具有比较好的可伸缩性、安全性和集成性。Microsoft SQL Server 2008 系统具有自我调整能力，可以处理巨型数据库，可伸缩性大大提高了。在安全性方面，Microsoft SQL Server 2008 系统采用了一个新的安全架构，在默认安装情况下可以获得安全保障。在集成性方面，Microsoft SQL Server 2008 系统支持行业标准 HTTP、XML、SOAP 等协议，支持报表服务、集成服务等，并且与.NET Framework CLR 完全集成。

本教程全面系统地讲述了 Microsoft SQL Server 2008 系统的内容。全书共分 21 章。第 1 章主要讨论使用数据库系统的原因，并对 Microsoft SQL Server 2008 系统进行了概述。第 2 章讨论了安装规划、安装过程、安装之后以及服务器的配置等问题。第 3 章对安全模式、安全架构、安全管理等内容进行全面的讲述。第 4 章分析了数据库规划、数据库文件管理和优化等内容。第 5 章全面研究 Transact-SQL 语言的类型和功能特点。第 6 章的主要内容是如何设计表、如何定义各种类型的表、如何管理表等。第 7 章研究检索、添加、更新、删除数据等内容。第 8 章研究索引和其他优化查询的方法。第 9 章和第 10 章分别研究数据完整性技术和视图技术。第 11 章讲述存储过程、触发器、用户定义函数的内容。第 12 章的内容是数据库的备份和还原。第 13 章的内容是事务和锁机制。如果希望定义自动化任务，那么可以在第 14 章找到相应的方案。第 15 章研究对系统性能的监视和调整。第 16 章讨论异步通信机制和方法问题以及使用 Service Broker 技术。第 17 章研究如何规划、编制企业业务报表。集成服务可以有效解决异构数据环境中面临的 ETL 问题，这些都是第 18 章的内容。第 19 章介绍有关数据仓库和分析的内容。第 20 章讲述了 XML 技术。最后一章分析了开发 CLR 数据库对象技术。

本教程从基本概念出发、理论联系实际，由浅入深地讲述了 Microsoft SQL Server 2008 系统的各种技术。每一章都有引言，来简单概括本章将要讲述的内容。每章的“本章要点”有助于读者抓住本章的核心内容。每一章的第一节概述三方面的内容：提出与本章研究对象相关的数据管理问题和解决这些问题的思路；给出本章相关的数据库理论基础；概括本章的内容。目的是从问题入手，引出将要学习的内容，使得读者更加明确本章的学习目标。每一章的最后都有思考和练习题，便于读者对所学知识的掌握情况进行检查及引发更多的思考。

本教程面向数据库管理人员和数据库开发人员，适合作为高等院校计算机软件、信息系统、电子商务等相关专业的数据库课程教材，同时也适合作为各类数据库培训班的教材以及数据库应用程序开发人员的参考资料。

除封面署名的作者外，参加本书编写的人员还有洪妍、方峻、何亚军、王通、高娟妮、杜思明、张立浩、孔祥亮、陈笑、陈晓霞、牛静敏、牛艳敏、何俊杰、葛剑雄等人。由于作者水平有限，本书难免有不足之处，欢迎广大读者批评指正。我们的邮箱是 huchenhao@263.net，电话 010-62796045。

作　者

2010 年 7 月

目　　录

第1章 概 述

Microsoft SQL Server 2008 系统是由微软公司研制和发布的分布式关系型数据库管理系统，可以支持企业、部门以及个人等各种用户完成信息系统、电子商务、决策支持、商业智能等工作。Microsoft SQL Server 2008 系统在易用性、可用性、可管理性、可编程性、动态开发、运行性能等方面有突出的优点。本章将对 Microsoft SQL Server 2008 系统进行概述，以使用户对该系统有整体的认识和了解，为后面各章的深入学习奠定坚实的基础。

本章要点：

- 使用数据库的原因
- 数据库的基本概念和特点
- Microsoft SQL Server 简史
- Microsoft SQL Server 系统的体系结构
- 数据库和数据库对象的特点
- 管理工具的特点
- 数据库管理员的任务

1.1 为什么使用数据库

毫无疑问，使用数据库的目的是方便地存储和管理大量的业务数据。但是，有人可能会存在这样的疑问：为什么使用数据库来存储和管理数据，为什么不提倡使用像 Excel 这样的电子数据表等工具来存储和管理这些业务数据呢？下面，通过一个示例说明为什么要使用数据库。

在如图 1-1 所示的电子表格中，记录了某公司的员工姓名、员工 E-mail、部门主管姓名以及部门主管 E-mail 等信息。在该电子表格中，可以对每一列数据进行升序、降序排序、查找等操作。如果该公司的员工数量不多，那么可以采用这种简单的电子表格存储和管理公司员工的信息。

	A	B	C	D
1	员工姓名	员工E-mail	部门主管姓名	部门主管E-mail
2	赵 松	zhao@abcom.com.cn	冯同语	fengty@abcom.com.cn
3	钱大河	qiandh@abcom.com.cn	沈 洋	shenyang@abcom.com.cn
4	孙 策	sunce@abcom.com.cn	冯同语	fengty@abcom.com.cn
5	李江息	leejx@abcom.com.cn	张子美	zhangzm@abcom.com.cn
6	周小娟	zhouxj@abcom.com	林 霖	linlin@abcom.com.cn
7	吴语人	wuerson@abcom.com.cn	徐 曼	xuman@abcom.com.cn
8	郑依夏	zhengyf@abcom.com.cn	沈 洋	shenyang@abcom.com.cn
9	王浴旺	wanglwang@abcom.com.cn	张子美	zhangzm@abcom.com.cn

图 1-1 员工和部门主管信息

然而，采用这种电子表格存储和管理员工信息时，会出现一系列问题。例如，由于员工周小娟从公司调走了，现在希望把她的信息删除。在删除第 6 行数据时，周小娟的相关数据被删除了，但是部门主管林霖的姓名和 E-mail 信息也被删除了，也就是说林霖的信息丢失了。

如果更新第 8 行部门主管 E-mail 的数据，shenTomson@abcom.com.cn，则会出现数据不一致的现象。在更新后，部门主管沈洋在第 3 行中的 E-mail 信息与第 8 行 E-mail 信息不一致了。两个沈洋的 E-mail 数据不一致，一个是 shenyang@abcom.com.cn，另一个是 shenTomson@abcom.com.cn，那么他们是同一个人呢，还是两个不同的人呢？这时，我们陷入了不知所措的窘地。

如果在电子表格中增加一个新员工姜泰，但是没有明确该员工所属部门，自然不知道该员工的主管姓名、E-mail 等信息，那么电子表格中该员工的部门主管信息是空白的。这种空白现象表示数据是空值。一般地，应该尽可能地避免出现空值数据。

上述这些由于数据改变而引起的一系列问题现象如图 1-2 所示。在这个电子数据表格中，尽管仅有 4 列数据，删除、更新、插入数据时都出现问题。可以设想一下，在采用电子数据表格存储和管理大量业务数据的情况下，如果有成千上万行业务数据被许多人同时进行处理，则势必造成很严重的数据混乱现象。

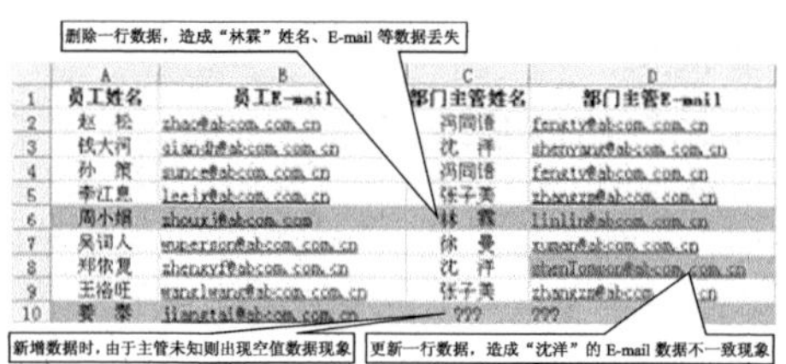

	A	B	C	D
1	员工姓名	员工E-mail	部门主管姓名	部门主管E-mail
2	赵 松	zhao@abcom.com.cn	冯同谱	fengty@abcom.com.cn
3	钱大河	qiandh@abcom.com.cn	沈 洋	shenyang@abcom.com.cn
4	孙 策	sunce@abcom.com.cn	冯同谱	fengty@abcom.com.cn
5	李江息	leejx@abcom.com.cn	张子美	zhangzm@abcom.com.cn
6	周小娟	zhouxj@abcom.com	林 霖	linlin@abcom.com.cn
7	吴询人	wuperson@abcom.com.cn	徐 曼	xuman@abcom.com.cn
8	郑依夏	zhengyf@abcom.com.cn	沈 洋	shenTomson@abcom.com.cn
9	王裕旺	wanglwang@abcom.com.cn	张子美	zhangzm@abcom.com.cn
10	姜 泰	jiangtai@abcom.com.cn	???	???

图 1-2　电子表格中改变数据时出现的问题

实际上，采用电子数据表来存储和管理数据，不仅仅可能造成数据的不一致和混乱，而且还有其他更严重的问题。例如，电子表格只能处理有限的数据列和数据行，对于数百万、数千万等巨大的数据量很难有效地处理；电子表格无法提供安全、方便地权限管理和控制手段；电子表格很难有效地实现多个数据之间的关联；电子表格很难有效地实现并发控制、增量维护等管理方式等。这些问题只能通过使用数据库来解决，数据库是一种有效地管理大量的、安全的、并发的、关联的、一致的数据工具，因此需要使用数据库存储和管理数据。

1.2　什么是数据库

本节讨论两方面的内容，一方面介绍常用的数据库术语，另一方面介绍当前数据库市场上常见的数据库产品。

在数据库领域，经常用到数据库、数据库管理系统、数据库系统、数据库技术等术语，下面给出这些常用术语的解释。

数据库是采用计算机技术统一管理的相关数据的集合，数据库能为各种用户共享，具有冗余度最小、数据之间联系密切、有较高数据独立性等特点。数据库管理系统(Database Management System，简称为 DBMS)是位于用户与操作系统之间的一层数据管理软件，它为用户或应用程序提供访问数据库的方法，包括数据库的建立、查询、更新以及各种数据库控制等。DBMS 总是基于某种数据模型，这些模型可以分为层次模型、网状模型、关系模型、面向对象模型等。Microsoft SQL Server 是一种基于关系模型的 DBMS。数据库系统是实现有组织地、动态地存储大量关联数据、方便多用户访问的计算机软件、硬件和数据资源组成的系统，是采用数据库技术的计算机系统。数据库技术是研究数据库的结构、存储、设计、管理和使用的一门计算机软件学科。需要指出的是，在实际应用中，经常把数据库管理系统简称为数据库系统。

数据库产品是由专门开发 DBMS 的厂商提供的。当前，数据库市场上的常见数据库产品包括甲骨文公司的 Oracle 系统，IBM 公司的 DB2 系统和 Informix 系统，赛贝斯公司的 Sybase ASE 系统，微软公司的 Microsoft SQL Server 系统和 Access 系统，以及 MySQL 公司的开源数据库系统等。本书重点讲述微软公司的 Microsoft SQL Server 系统的功能和特点。

1.3　Microsoft SQL Server 简史

通常，把 Microsoft SQL Server 简称为 SQL Server。严格地说，SQL Server 和 Microsoft SQL Server 是不同的，Microsoft SQL Server 是由微软公司开发的 SQL Server 系统。但是，最早的 SQL Server 系统并不是微软开发出来的，而是由赛贝斯公司推出的。

1987 年，赛贝斯公司发布了 Sybase SQL Server 系统，这是一个用于 UNIX 环境的关系型数据库管理系统。1988 年，微软公司、Aston-Tate 公司参加到了赛贝斯公司的 SQL Server 系统开发中，目的是推出基于 OS/2 环境的数据库系统。1989 年，由这三家公司组织的联合开发团队成功地推出了 SQL Server 1.0 for OS/2 系统。1990 年，情况发生了变化，Aston-Tate 公司退出了联合开发团队，微软公司希望将 SQL Server 移植到自己刚刚推出的新技术产品，即 Windows NT 系统。于是，微软公司终止了 SQL Server for OS/2 系统的开发，并与赛贝斯公司于 1992 年签署了联合开发用于 Windows NT 环境的 SQL Server 系统。微软公司与赛贝斯公司的合作开发一直持续到 1993 年发布的 SQL Server 4.2 for Windows NT 系统。

1993 年，微软公司与赛贝斯公司在 SQL Server 系统方面的联合开发正式结束。从此，微软公司致力于用于 Windows 各种版本环境的 SQL Server 系统开发，而赛贝斯公司则集中精力从事用于各种 UNIX 环境的 SQL Server 系统开发。

1995 年，微软公司成功地发布了 Microsoft SQL Server 6.0 系统，这是微软公司完全独立开发和发布的第一个 SQL Server 版本。1996 年，微软公司又发布了 Microsoft SQL Server 6.5 系统。这是微软公司独自发布的功能齐全、性能稳定的 SQL Server 系统，该系统在数据库市场上占据了一席之地，在我国的应用范围也开始逐渐扩大。

1998 年，微软公司又成功地推出了 Microsoft SQL Server 7.0 系统。该系统在数据存储、查询引擎、可伸缩性等性能方面有了巨大的改进。该系统的推出，使微软公司在数据库市场上开始了与甲骨文的 Oracle 系统、IBM 的 DB2 系统、赛贝斯的 Sybase ASE 系统激烈的竞争。

2000 年，微软公司迅速发布了与传统 SQL Server 有重大不同的 Microsoft SQL Server 2000 系统。从系统的版本名称来看，微软公司似乎采取了使用年号代替序号的策略。从功能和性能方面来看，Microsoft SQL Server 2000 系统比先前的版本有了巨大的提高。从该版本开始，微软在系统中引入了对 XML 语言的支持。

2005 年 12 月，微软公司艰难地发布了 Microsoft SQL Server 2005 系统。之所以说其艰难发布，是因为该版本的发布一波三折。与 Microsoft SQL Server 2000 系统相比，Microsoft SQL Server 2005 系统又在此基础上进行了更多的改进，对整个数据库系统的安全性和可用性进行了巨大的改善，并且与.NET 架构的捆绑更加紧密。本书将会详细讲述这些新增的强大功能和巨大的变化。

2008 年 8 月，微软公司发布了 Microsoft SQL Server 2008 系统，其代码名称是 Katmai。该系统在安全性、可用性、易管理性、可扩展性、商业智能等方面有了更多的改进和提高，对企业的数据存储和应用需求提供了更强大的支持和便利。

在可用性方面，SQL Server 2008 版本对数据库镜像进行了增强，可以创建热备用服务器，提供快速故障转移且保证已提交的事务不会丢失数据。

在易管理性方面，SQL Server 2008 系统增加了 SQL Server 审核功能，可以对各种服务器和数据库对象进行审核；支持压缩备份；引入了中央管理服务器方法，方便对多个服务器进行管理；引入了基于策略的管理，可以降低总拥有成本；在数据库引擎查询编辑器方面，新增了一个类似于 Visual Studio 调试器的 Transact-SQL 调试器，便于对 Transact-SQL 语句进行调试；新增了变更数据捕获，对数据仓库有了更强的支持等。

在可编程性方面，SQL Server 2008 系统增强的功能包括新数据存储功能(FILEST REAM 存储、新排序规则、分区切换等)、新数据类型(日期、时间、空间、hierarchyid 数据类型、用户定义表类型等)、新全文搜索体系结构(全文目录已集成到数据库中，而不是像以前版本的文件结构)、对 Transact-SQL 所做的改进和增强(新增复合运算符、增强的 CONVERT 函数、增强的日期和时间函数、GROUPING SETS 运算符、增强的 MERGE 语句等)等。

在安全性方面，SQL Server 2008 系统的增强功能包括增加了新的加密函数(is_objectsigned、syskeyproperty 等)、添加的透明数据加密(可以自动加密数据文件)、可扩展密钥管理功能(允许第三方企业密钥管理和硬件安全模块供应商在 SQL Server 中注册其设备)。

另外，Analysis Services、Integration Services、复制、Reporting Services、Service Broker 等方面，SQL Server 2008 系统都有许多增强。

1.4　Microsoft SQL Server 系统的体系结构

Microsoft SQL Server 是一个提供了联机事务处理、数据仓库、电子商务应用的数据库和数据分析的平台。体系架构是描述系统组成要素和要素之间关系的方式。Microsoft SQL Server 系统的体系结构是对 Microsoft SQL Server 的主要组成部分和这些组成部分之间关系的描述。

Microsoft SQL Server 2008 系统由 4 个主要部分组成。这 4 个部分被称为 4 个服务，这些服务分别是数据库引擎、分析服务、报表服务和集成服务。这些服务之间相互存在和相互应用，它们的关系示意图如图 1-3 所示。

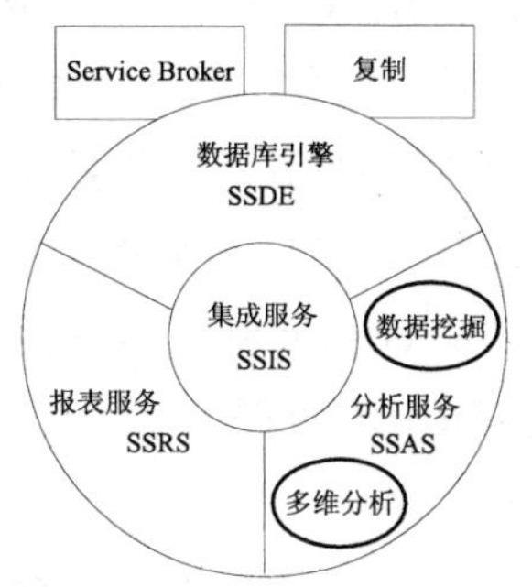

图 1-3　Microsoft SQL Server 2008 系统的体系结构示意图

数据库引擎(SQL Server Database Engine，简称为 SSDE)是 Microsoft SQL Server 2008 系统的核心服务，负责完成业务数据的存储、处理、查询和安全管理等操作。例如，创建数据库、创建表、执行各种数据查询、访问数据库等操作，都是由数据库引擎完成的。在大多数情况下，使用数据库系统实际上就是使用数据库引擎。例如，在某个使用 Microsoft SQL Server 2008 系统作为后台数据库的航空公司机票销售信息系统中， Microsoft SQL Server 2008 系统的数据库引擎服务负责完成机票销售数据的添加、更新、删除、查询及安全控制等操作。

实际上，数据库引擎本身也是一个复杂的系统，它包括了许多功能组件，例如 Service Broker、复制等。Service Broker 提供了异步通信机制，可以用于存储、传递消息。复制是指在不同的数据库之间对数据和数据库对象进行复制和分发，保证数据库之间同步和数据一致性的技术。复制经常用于物理位置不同的服务器之间的数据分发，它可以通过局域网、广域网、拨号连接、无线连接和 Internet 分发到不同位置的远程或移动用户。

分析服务(SQL Server Analysis Services，简称为 SSAS)提供了多维分析和数据挖掘功能，可以支持用户建立数据仓库和进行商业智能分析。相对多维分析(有时也称为 OLAP，即：Online Analysis Processing，中文直译为联机分析处理)来说，OLTP(Online Transaction Processing，即：联机事务处理)是由数据库引擎负责完成的。使用 SSAS 服务，可以设计、创建和管理包含了来自于其他数据源数据的多维结构，通过对多维数据进行多个角度的分析，可以支持管理人员对业务数据的更全面的理解。另外，通过使用 SSAS 服务，用户可以完成数据挖掘模型的构造和应用，实现知识发现、知识表示、知识管理和知识共享。例如，在航空公司的机票销售信息系统中，可以使用 Microsoft SQL Server 2008 系统提供的 SSAS 服务完成对客户的数据挖掘分析，可以发现更多有价值的信息和知识，为客户提供更全面满意的服务和关怀，从而为有效管理客户资源、减少客户流失、提高客户管理水平提供支持。

顾名思义，报表服务(SQL Server Reporting Services，简称为 SSRS)为用户提供了支持

Web 的企业级的报表功能。通过使用 Microsoft SQL Server 2008 系统提供的 SSRS 服务，用户可以方便地定义和发布满足自己需求的报表。无论是报表的布局格式，还是报表的数据源，用户都可以轻松地实现。这种服务极大地便利了企业的管理工作，满足了管理人员高效、规范的管理需求。例如，在航空公司的机票销售信息系统中，使用 Microsoft SQL Server 2008 系统提供的 SSRS 服务可以方便地生成 Word、PDF、Excel、XML 等格式的报表。

集成服务(SQL Server Integration Services，简称为 SSIS)是一个数据集成平台，可以完成有关数据的提取、转换、加载等。例如，对于分析服务来说，数据库引擎是一个重要的数据源，如何将数据源中的数据经过适当地处理加载到分析服务中以便进行各种分析处理，这正是 SSIS 服务所要解决的问题。重要的是，SSIS 服务可以高效地处理各种各样的数据源，除了 Microsoft SQL Server 数据之外，还可以处理 Oracle、Excel、XML 文档、文本文件等数据源中的数据。

1.5　数据库和数据库对象的特点

本节介绍 Microsoft SQL Server 2008 的数据库和数据库对象的特点。首先介绍数据库的类型和特点，然后详细介绍数据库中各种对象的类型和特点。

1.5.1　数据库的类型和特点

Microsoft SQL Server 2008 系统提供了两种类型的数据库，即系统数据库和用户数据库。系统数据库存放 Microsoft SQL Server 2008 系统的系统级信息，例如系统配置、数据库的属性、登录账户、数据库文件、数据库备份、警报、作业等信息。Microsoft SQL Server 2008 使用这些系统级信息管理和控制整个数据库服务器系统。用户数据库是由用户创建的、用来存放用户数据和对象的数据库。Microsoft SQL Server 2008 系统的数据库类型示意图如图 1-4 所示。

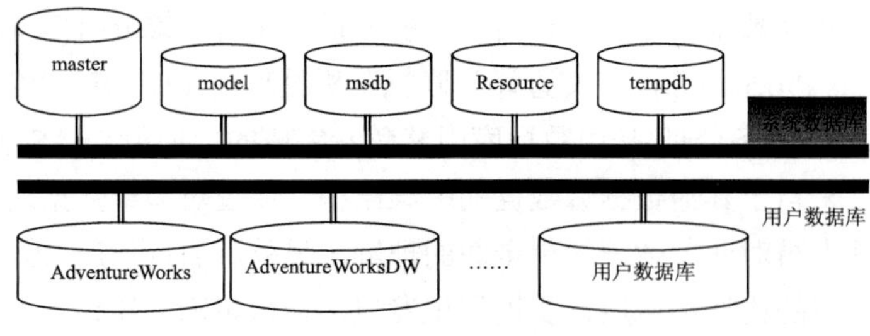

图 1-4　数据库类型示意图

当 Microsoft SQL Server 2008 安装成功之后，系统将会自动创建系统数据库，用户可以自己手工生成用户示例数据库。这些系统数据库分别是 master、model、msdb、Resource 和 tempdb 数据库，用户示例数据库主要包括 AdventureWorks、AdventureWorksDW、AdventureWorksDW2008、AdventureWorksLT、AdventureWorksLT2008 等数据库。

首先介绍一下 master 数据库的特点。master 数据库是最重要的系统数据库，它记录了 SQL Server 系统级的所有信息，这些系统级的信息包括服务器配置信息、登录账户信息、数据库文件信息、SQL Server 初始化信息等等，这些信息影响整个 SQL Server 系统的运行。

model 数据库是一个模板数据库。该数据库存储了可以作为模板的数据库对象和数据。当创建用户数据库时，系统自动把该模板数据库中的所有信息复制到用户新建的数据库中，使得新建的用户数据库初始状态下具有了与 model 数据库一致的对象和相关数据，从而简化数据库的初始创建和管理操作。

msdb 是与 SQLServerAgent 服务有关的数据库。该系统数据库记录有关作业、警报、操作员、调度等信息，这些信息可以用于自动化系统的操作。

tempdb 是一个临时数据库，用于存储查询过程中所使用的中间数据或结果。实际上，它只是一个系统的临时工作空间。当 SQL Server 重新启动时，该数据库将重建。为 tempdb 数据库分配足够的空间是非常重要的，因为在数据库应用中的很多操作因为涉及创建临时对象而需要使用该数据库。

在 Microsoft SQL Server 系统中，Resource 是一个很特殊的系统数据库。这是一个被隐藏的只读的物理的系统数据库，包含了 Microsoft SQL Server 系统中的所有系统对象。被隐藏的，表示该数据库不在 SQL Server Management Studio 工具中显示出来。只读的，表示该系统数据库不能用于存储用户对象和数据。物理的，表示该系统数据库是一个真正的数据库，不是一个逻辑的数据库。实际上，系统对象在物理上都是存储在该 Resource 系统数据库中，但是在逻辑上则出现在其他系统数据库中。使用 Resource 系统数据库的优点之一是便于系统的升级处理。当然，在特定的单用户模式下，用户可以在微软产品支持服务指导下对其进行修改。Resource 数据库和 master 数据库之间的主要区别在于 master 数据库保存了用户实例特定的数据，而 Resource 数据库只保存运行用户实例所需的架构和存储过程。

需要指出的是，当系统配置允许执行复制并且作为分发服务器时，系统将自动创建一个名称为 distribution 的系统数据库。distribution 系统数据库也是一个特殊的系统数据库，用于在复制操作过程中存储系统对象和数据。

在讲用户数据库之前，先介绍一下 OLTP 和 OLAP 的概念。在数据库技术领域，按照 OLTP 数据存储模型组织数据的应用环境称为 OLTP 环境。OLTP 数据存储模型也称为 OLTP 数据库。

在 OLTP 数据库中，数据是按照二维表格的形式来存储的。二维表格之间存在着各种关系。OLTP 数据库的主要作用是降低存储在数据库中的各种信息的冗余度和加快对数据的检索、插入、更新及删除速度。OLTP 数据库是当前最为流行的数据库模型，用户可以采用多种技术来优化数据的存储和查询。典型的 OLTP 数据库应用包括制造企业的物料管理信息系统、航空公司的机票销售信息系统、大学的图书管理信息系统、银行的储蓄业务信息系统等。

OLAP 数据存储模型与 OLTP 数据存储模型截然不同。从结构上来看，OLAP 数据存储模型的常见结构是星型结构或雪崩结构。从使用目的来看，OLAP 数据库的主要作用是提高系统对数据的检索和分析速度。

Microsoft SQL Server 虽然是一种典型的 OLTP 系统，但是它具有 OLAP 系统的常用功能。在 Microsoft SQL Server 2008 系统中，Analysis Services 就是一种典型的 OLAP 系统，它可以执行各种数据多维分析、数据挖掘等操作，为用户提供决策支持。

AdventureWorks 不是系统数据库，而是一个示例 OLTP 数据库。该数据库存储了某个假设的自行车制造公司的业务数据，示意了制造、销售、采购、产品管理、合同管理、人力资源管理等场景。用户可以利用该数据库来学习 SQL Server 的操作，也可以模仿该数据库的结构设计用户自己的数据库。

AdventureWorksLT 也是一个示例 OLTP 数据库，但是其数据库对象和数据都少于 AdventureWorks 数据库，是一个经过简化的轻量级的示例数据库。对于数据库技术的初学者来说，可以从 AdventureWorksLT 数据库学起。

AdventureWorksDW 是一个示例 OLAP 数据库，用于在线事务分析。用户可以利用该数据库来学习 SQL Server 的 OLAP 操作，也可以模仿该数据库的内部结构设计用户自己的 OLAP 数据库。

有些示例数据库名称中有 2008 字样，表示是专门为 Microsoft SQL Server 2008 系统设计的示例数据库。

1.5.2　数据库对象的类型和特点

数据库是数据和数据库对象的容器。数据库对象是指存储、管理和使用数据的不同结构形式。在 Microsoft SQL Server 2008 系统中，主要的数据库对象包括数据库关系图、表、视图、同义词、存储过程、函数、触发器、程序集、类型、规则、默认值等。设计数据库的过程实际上就是设计和实现数据库对象的过程。

图 1-5　“对象资源管理器”中的数据库对象节点

在 Microsoft SQL Server 2008 系统中，使用 SQL Server Management Studio 工具的“对象资源管理器”可以把数据库中的对象表示为树状节点形式。例如，AdventureWorks 数据库中的数据库对象节点如图 1-5 所示。每一个对象节点都对应着一个或多个数据库对象。从图 1-5 中可以看出，数据库中的对象类型主要包括数据库关系图、表、视图、同义词、可编程性、Service Broker、存储和安全性等。

在“数据库关系图”节点中，包含了数据库中的关系图对象。数据库中的关系图对象用来描述数据库中表和表之间的对应关系，是数据库设计的常用方法。在数据库技术领域中，这种关系图也常常被称为 ER 图、ERD 图或 EAR 图等。

在“表”节点中，包含了数据库中最基本、最重要的对象：表。表实际用来存储系统数据和用户数据，是整个系统的最核心的数据库对象，是其他大多数数据库对象的基础。本书第 6 章将对表的设计和使用进行详细的讲解。

在“视图”节点中，包含了数据库中的视图对象。视图是一种虚拟表，用来查看数据库中的一个或多个表。视图是建立在表基础之上的数据库对象，主要以 SELECT 语句形式存在，是生成数据报表、开发数据库应用程序的重要基础。

在“同义词”节点中，包含了数据库中的同义词对象。同义词是数据库对象的别名，使用同义词对象可以大大简化对复杂数据库对象名称的引用方式。

“可编程性”节点是一个逻辑组合，它包括存储过程、函数、数据库触发器、程序集、类型、规则、默认值、计划指南等对象。

- “存储过程”节点包含了数据库中存储过程对象的信息。存储过程是指封装了可重用代码的模块或例程。存储过程可以接受输入参数、向客户返回结果和消息、调用 Transact-SQL 语句并且返回输出参数等。在 Microsoft SQL Server 2008 系统中，可以使用 Transact-SQL 语言或 CLR 语言定义存储过程。
- 数据库中的函数对象组织在“函数”节点中。函数是接受参数、执行复杂操作并将结果以数值的形式返回的例程。通过使用函数，可以实现模块化编程、执行速度更快、网络流量更少等效果。函数可以进一步分为表值函数、标量值函数、聚合函数和系统函数等类型。
- “数据库触发器”节点包含了数据库中定义的触发器对象。触发器是一种特殊的存储过程，在数据库服务器中发生指定的事件后自动执行。在 Microsoft SQL Server 2008 系统中，触发器分为 DML 触发器和 DDL 触发器两大类。在数据库服务器中执行数据操作语言(Data Manipulation Language，简称为 DML)事件时执行的触发器称为 DML 触发器。DML 事件包括 UPDATE、INSERT 和 DELETE。例如，当希望向 products 表中插入一行数据时保持 products 表中的单价数据与 prices 表中的单价数据一致，这时可以使用 DML 触发器来实现。如果希望在定义某个数据库对象时执行某种操作，就可以使用 DDL 触发器。通过数据定义语言(Data Definition Language，简称为 DDL)事件定义的触发器称为 DDL 触发器。
- “程序集”节点包含了数据库中的程序集对象。程序集是在 Microsoft SQL Server 2008 系统中使用的 DDL 文件，用于部署 CLR 编写的函数、存储过程、触发器、用户定义聚合和用户定义类型等对象。
- “类型”节点包含系统数据类型、用户定义数据类型、用户定义类型和 XML 架构集合等对象类型。系统数据类型是系统提供的数据类型，例如数值类型、日期类型等。用户定义数据类型是用户基于系统数据类型定义的数据类型。用户定义类型扩展了 SQL Server 的类型系统，用于指定表中列的类型、Transact-SQL 语言中的变量、例程参数的类型等。例如，用户定义类型可以是表中的列或存储过程中的变量。XML 架构集合是一个类似数据库表的元数据实体，用于存储导入的 XML 架构，是 Microsoft SQL Server 系统支持 XML 数据的手段。
- “规则”节点包含了数据库中的规则对象。规则可以限制表中列值的取值范围，以确保输入数据的正确性和质量。实际上，规则是一种向后兼容的、用于执行与 CHECK 约束相同的功能。

- “默认值”节点中包含了数据库中的默认值对象。默认对象也是一种完整性对象，它可以为表中的特定列提供默认值。
- “计划指南”节点包含了数据库中的计划指南对象。计划指南是一种优化应用程序中查询语句性能的对象，它通过将查询提示或固定的查询计划附加到查询来影响查询的优化。当无法直接修改应用程序中的查询语句时，可以使用计划指南对象来进行优化。这是 Microsoft SQL Server 2008 系统的新增功能。

在“Service Broker”节点中，包含了用来支持异步通信机制的对象，这些对象包括消息类型、约定、队列、服务、路由、远程服务绑定、Broker 优先级等对象。

- “消息类型”节点中包含了消息类型对象。消息类型对象定义消息类型的名称和消息所包含的数据的类型。消息类型保存在创建它的数据库中，目的是保持消息的一致性。
- “约定”节点包含了约定对象。约定用于定义应用程序完成特定任务时所用的消息类型。
- “队列”节点包含了队列对象。队列用于存储异步通信中的消息。队列中的一行就是一个消息。
- “服务”节点包含了服务对象。服务是指某个特定业务任务或一组业务任务的名称。Service Broker 使用服务名称将消息传递到数据库中的正确队列、路由消息、执行会话的约定并确定新会话的远程安全性。
- “路由”节点包含了路由对象。当服务在会话中发送消息时，Service Broker 使用路由来确定将接收该消息的服务。
- “远程服务绑定”节点包含了远程服务绑定对象。远程服务绑定用于建立本地数据库用户、用户的证书以及远程服务名称之间的关系。
- “Broker 优先级”节点包含了 Broker 优先级对象。Broker 优先级是一种用户可以根据需求自己定义的规则，当发送或收到多个回话消息时，用于确定优先发送或收到的次序。这是 Microsoft SQL Server 2008 系统的新增功能。

在“存储”节点中包含了 4 类对象，即全文目录、分区方案、分区函数和全文非索引字表，这些对象都与数据存储有关。

- “全文目录”节点存储了用于全文搜索的全文目录对象，全文目录是存储一个或多个全文索引的文件。
- “分区方案”节点包含了分区方案对象，“分区函数”节点包含了分区函数对象。分区函数用于指定表和索引分区的方式，分区方案将分区函数生成的分区映射到已经存在的一组文件组中。
- “全文非索引字表”节点用于对非索引字对象进行管理。非索引字对象是指那些经常出现但是对搜索无益的字符串，在全文搜索过程中系统将忽略全文索引中的非索引字，在以前版本中这些非索引字被称为干扰词。这样可以保持非索引字在数据库备份、还原、复制、附加等操作期间保持不变。

与安全有关的数据库对象被组织在了“安全性”节点中，这些对象包括用户、角色、架构、证书、非对称密钥、对称密钥、数据库审核规范等。

- 用户是指数据库用户，是数据库级的主体。这些数据库用户对象可以在“用户”节点中找到。
- “角色”节点包含了数据库级的角色对象。数据库角色是一组具有相同权限用户的逻辑组合。
- “架构”节点包含了架构对象。架构是形成单个命名空间的数据库实体的集合。命名空间是一个集合，其中每个元素的名称都是唯一的。实际上，架构是 Microsoft SQL Server 系统实现用户架构分离的重要手段。
- “证书”节点包含了证书对象。证书包含了可以用于加密数据的公钥，是公钥证书的简称。证书是由 CA 机构颁发和签名的。
- 对称密钥的加密密钥和解密密钥是相同的，非对称密钥中的加密密钥和解密密钥是不同的。“对称密钥”节点和“非对称密钥”节点分别包含了对称密钥对象和非对称密钥对象。
- “数据库审核规范”是指对数据库级别的审核操作进行定义和规范，定义操作事件，并且指定将审核结果发送到目标文件、Windows 安全事件日志或 Windows 应用程序日志中。

1.6 管理工具

Microsoft SQL Server 2008 系统提供了大量的管理工具，实现了对系统进行快速、高效的管理。这些管理工具主要包括 Microsoft SQL Server Management Studio、SQL Server 配置管理器、SQL Server Profiler、“数据库引擎优化顾问”以及大量的命令行实用工具。其中，最重要的工具是 Microsoft SQL Server Management Studio。下面，分别介绍这些工具的特点和作用。

1.6.1 Microsoft SQL Server Management Studio

Microsoft SQL Server Management Studio 是 Microsoft SQL Server 2008 提供的一种集成环境，将各种图形化工具和多功能的脚本编辑器组合在一起，完成访问、配置、控制、管理和开发 SQL Server 的所有工作，大大方便了技术人员和数据库管理员对 SQL Server 系统的各种访问。Microsoft SQL Server Management Studio 启动后主窗口如图 1-6 所示。

Microsoft SQL Server 7 和 2000 版本中的 SQL Server Enterprise Manager 和 Query Analyzer 都被 Microsoft SQL Server 2005/2008 中的 Microsoft SQL Server Management Studio 工具替代了。使用 Microsoft SQL Server Management Studio 还可以管理 Microsoft SQL Server 7/2000/2005 实例。

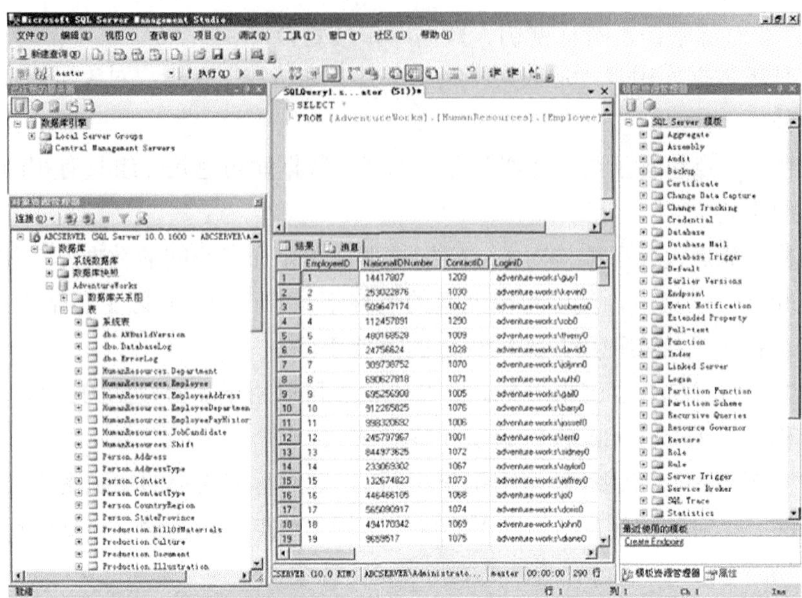

图 1-6　Microsoft SQL Server Management Studio 主窗口

Microsoft SQL Server Management Studio 由多个管理和开发工具组成的，主要包括“已注册的服务器”窗口、“对象资源管理器”窗口、“查询编辑器”窗口、“模板资源管理器”窗口、“解决方案资源管理器”窗口等。

“已注册的服务器”窗口位于图 1-6 中的左上角，可以完成注册服务器和将服务器组合成逻辑组的功能。通过该窗口可以选择数据库引擎服务器、分析服务器、报表服务器、集成服务器等。当选中某个服务器时，可以从右键的快捷菜单中选择执行查看服务器属性、启动和停止服务器、新建服务器组、导入导出服务器信息等操作。

“对象资源管理器”窗口位于图 1-6 中的左下角，可以完成类似 SQL Server Enterprise Manager 工具的操作。具体地说，“对象资源管理器”窗口可以完成如下一些操作。

- 注册服务器
- 启动和停止服务器
- 配置服务器属性
- 创建数据库以及创建表、视图、存储过程等数据库对象
- 生成 Transact-SQL 对象创建脚本
- 创建登录账户
- 管理数据库对象权限
- 配置和管理复制
- 监视服务器活动、查看系统日志等

“查询编辑器”是以前版本中的 Query Analyzer 工具的替代物，它位于图 1-6 的中部。用于编写和运行 Transact-SQL 脚本。与 Query Analyzer 工具总是工作在连接模式下，不同的是，“查询编辑器”既可以工作在连接模式下，也可以工作在断开模式下。另外，如同

Visual Studio 工具一样，“查询编辑器”支持彩色代码关键字、可视化地显示语法错误、允许开发人员运行和诊断代码等功能。因此，“查询编辑器”的集成性和灵活性大大提高了。

“模板资源管理器”窗口位于如图 1-6 的右上部，该工具提供了执行常用操作的模板。用户可以在此模板的基础上编写符合自己要求的脚本。例如在“模板资源管理器”窗口中打开 Database 节点，如图 1-7 所示，可以生成诸如 attach database、Bring Database Online、Create Database on Multiple Filegroups 等操作的模板。

“解决方案资源管理器”窗口提供指定解决方案的树状结构图。解决方案可以包含多个项目，允许同时打开、保存、关闭这些项目。解决方案中的每一个项目还可以包含多个不同的文件或其他项(项的类型取决于创建这些项所用到的脚本语言)。

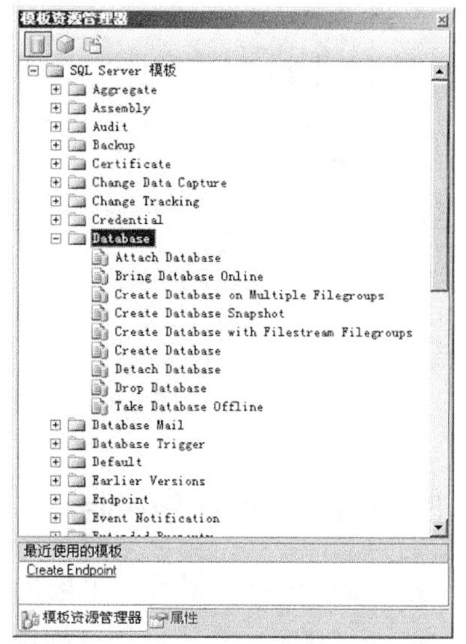

图 1-7 “模板资源管理器”窗口中的 Database 节点

1.6.2 SQL Server 配置管理器

在 Microsoft SQL Server 2008 系统中，可以通过“计算机管理”工具或“SQL Server 配置管理器”查看和控制 SQL Server 的服务。

在桌面上，选择“我的电脑”|“管理”命令，可以看到如图 1-8 所示的“计算机管理”窗口。在该窗口中，可以通过“SQL Server 配置管理器”节点中的“SQL Server 服务”子节点查看到 Microsoft SQL Server 2008 系统的所有服务及其运行状态。在图 1-8 中列出了 Microsoft SQL Server 2008 系统的 7 个服务，分别如下。

- SQL Server Integration Services 即集成服务
- SQL Full-text Filter Daemon Launcher (MSSQLSERVER)即全文搜索服务
- SQL Server (MSSQLSERVER)即数据库引擎服务
- SQL Server Analysis Services (MSSQLSERVER)即分析服务
- SQL Server Reporting Services (MSSQLSERVER)即报表服务
- SQL Server Browser 即 SQL Server 浏览器服务
- SQL Server 代理(MSSQLSERVER)即 SQL Server 代理服务

另外，也可以从 Microsoft SQL Server 2008 程序组中启动“SQL Server 配置管理器”。在如图 1-8 所示的窗口右端服务列表中，通过右击某个服务名称，可以查看该服务的属性，以及启动、停止、暂停、重新启动相应的服务。

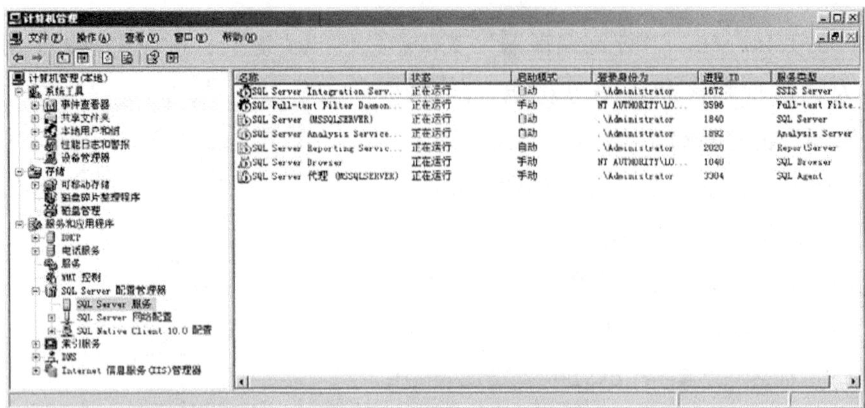

图 1-8　“计算机管理”窗口中的 SQL Server 服务

1.6.3　SQL Server Profiler

使用摄像机可以记录一个场景的所有过程，以后可以反复地观看。能否对 Microsoft SQL Server 2008 系统的运行过程进行摄录呢？答案是肯定的。使用 SQL Server Profiler 工具可以完成这种摄录操作。从 Microsoft SQL Server Management Studio 窗口的“工具”菜单中即可运行 SQL Server Profiler。SQL Server Profiler 的运行窗口如图 1-9 所示。

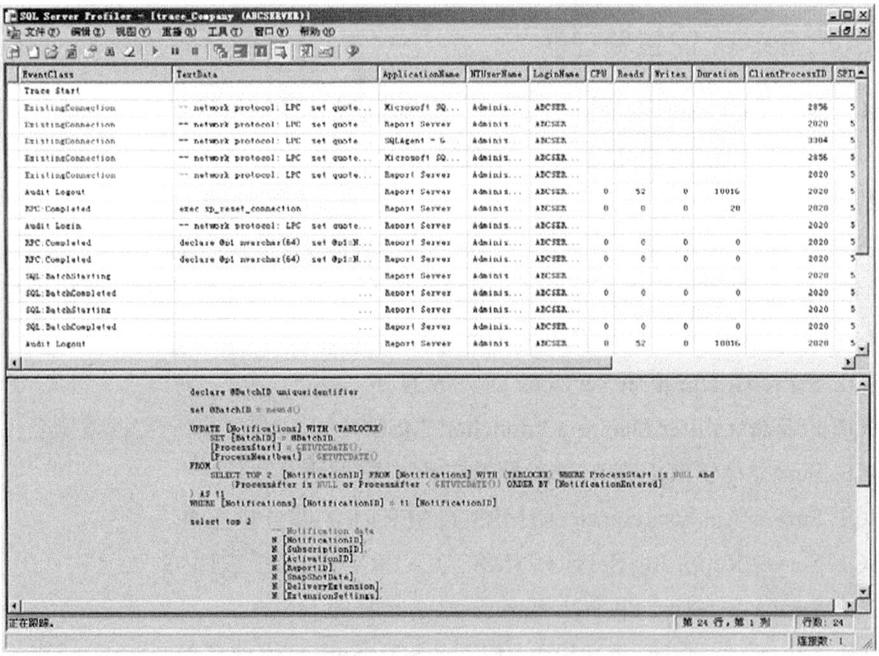

图 1-9　SQL Server Profiler 的运行窗口

SQL Server Profiler 是用于从服务器中捕获 SQL Server 2008 事件的工具。这些事件可以是连接服务器、登录系统、执行 Transact-SQL 语句等操作。这些事件被保存在一个跟踪文件中，以便日后对该文件进行分析或用来重播指定的系列步骤，从而有效地发现系统中性能比较差的查询语句等相关问题。

1.6.4　数据库引擎优化顾问

数据库引擎优化顾问(Database Engine Tuning Advisor)工具可以帮助用户分析工作负荷、提出创建高效率索引的建议等功能。

借助数据库引擎优化顾问，用户不必详细了解数据库的结构就可以选择和创建最佳的索引、索引视图、分区等。工作负荷是对要优化的一个或多个数据库执行的一组 Transact-SQL 语句，可以通过 Microsoft SQL Server Management Studio 中的查询编辑器创建 Transact-SQL 脚本工作负荷，也可以使用 SQL Server Profiler 中的优化模板来创建跟踪文件和跟踪表工作负荷。数据库引擎优化顾问(Database Engine Tuning Advisor)的窗口如图 1-10 所示。

使用数据库引擎优化顾问工具可以执行下列操作。

- 通过使用查询优化器分析工作负荷中的查询，推荐数据库的最佳索引组合。
- 为工作负荷中引用的数据库推荐对齐分区和非对齐分区。
- 推荐工作负荷中引用的数据库的索引视图。
- 分析所建议的更改将会产生的影响，包括索引的使用、查询在工作负荷中的性能。
- 推荐为执行一个小型的问题查询集而对数据库进行优化的方法。
- 允许通过指定磁盘空间约束等选项对推荐进行自定义。
- 提供对所给工作负荷的建议执行效果的汇总报告。

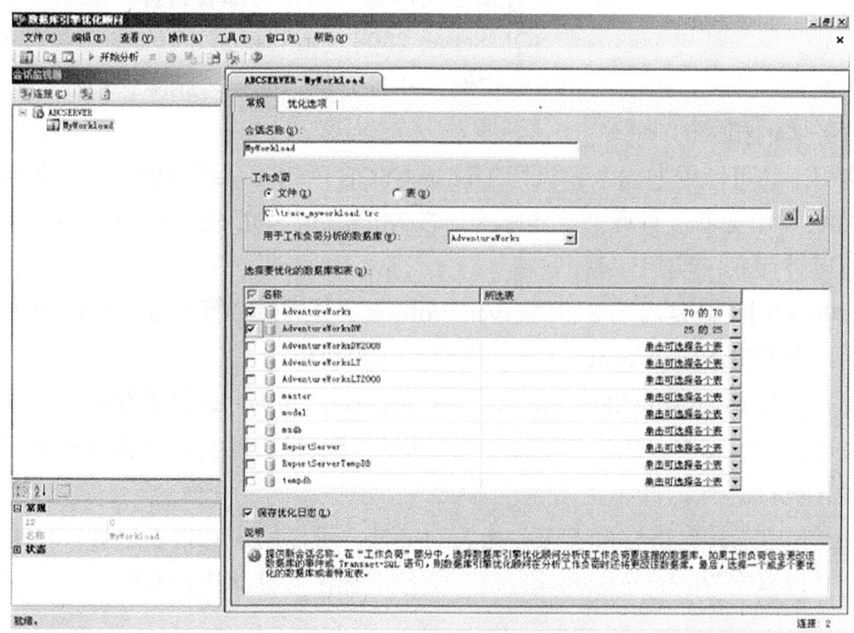

图 1-10　数据库引擎优化顾问(Database Engine Tuning Advisor)窗口

1.6.5　实用工具

在 Microsoft SQL Server 2008 系统中，不仅提供了大量的图形化工具，还提供了大量的命令行实用工具。这些命令行实用工具包括 bcp、dta、dtexec、dtutil、Microsoft.AnalysisServices.

Deployment、nscontrol、osql、profiler90、rs、rsconfig、rskeymgmt、sac、sqlagent90、sqlcmd、SQLdiag、sqlmaint、sqlservr、sqlwb、tablediff 等。

bcp 实用工具可以在 Microsoft SQL Server 2008 实例和用户指定格式的数据文件之间进行大容量的数据复制。也就是说，使用 bcp 实用工具可以将大量数据导入 Microsoft SQL Server 表中，或者将表中的数据导出到数据文件中。

dta 实用工具是数据库引擎优化顾问的命令提示符板。通过使用 dta 实用工具，用户可以在应用程序和脚本中使用数据库引擎优化顾问功能，从而扩大了数据库引擎优化顾问的作用范围。

dtexec 实用工具用于配置和执行 Microsoft SQL Server 2008 Integration Services (SSIS) 包。用户通过使用 dtexec 实用工具，可以访问所有 SSIS 包的配置信息和执行功能，这些信息包括连接、属性、变量、日志、进度指示器等。

dtutil 实用工具的作用类似 dtexec 实用工具，也是执行与 SSIS 包有关的操作。但是，该工具主要是用于管理 SSIS 包，这些管理操作包括验证包的存在性及对包进行复制、移动、删除等操作。

Microsoft.AnalysisServices.Deployment 实用工具执行与 Microsoft SQL Server 2008 Analysis Services (SSAS)有关的部署操作。该工具的输入文件是在生成分析服务项目时生成的 XML 类型文件。这些文件可以提供对象定义、部署目标、部署选项、配置设置等。该工具通过使用指定的部署选项和配置设置，将对象定义部署到指定的部署目标。

nscontrol 实用工具与 Microsoft SQL Server 2008 Notification Services 服务有关，用于管理、部署、配置、监视、控制通知服务实例，并且提供了创建、删除、使能、修复、注册等与通知服务实例相关的命令。

osql 实用工具可以用来输入和执行 Transact-SQL 语句、系统过程、脚本文件等。该工具通过 ODBC 与服务器进行通信。实际上，在 Microsoft SQL Server 2008 系统中，sqlcmd 实用工具可以替代 osql 实用工具。

profiler90 实用工具是启动 SQL Server Profiler 工具的命令行命令。使用该工具可以方便地在应用中对 SQL Server Profiler 工具进行启动和使用。

rs 实用工具与 Microsoft SQL Server 2008 Reporting Services 服务有关，可以用于管理和运行报表服务器的脚本。通过使用该工具，用户可以轻松地实现报表服务器部署与管理任务的自动化执行。

rsconfig 实用工具也是与报表服务相关的工具，可以用来对报表服务连接进行管理。例如，该工具可以在 RSReportServer.config 文件中加密并存储连接和账户，确保报表服务可以安全地运行。

rskeymgmt 实用工具也是与报表服务相关的工具，可以用来提取、还原、创建、删除对称密钥。该密钥可用于保护敏感报表服务器数据不受未经授权的访问，从而提高报表服务器数据的安全性。

sac 实用工具与 Microsoft SQL Server 2008 外围应用设置相关，可以用来导入、导出这些外围应用设置，大大方便了多台计算机上的外围应用设置。例如，可以使用 Microsoft SQL

Server 2008 系统提供的外围应用配置图形工具先配置一台计算机，然后使用 sac 将该计算机的配置导出到一个文件中。接着，可以使用 sac 实用程序将所有 Microsoft SQL Server 2008 组件的设置应用到本地或远程计算机的其他 Microsoft SQL Server 2008 实例中。

sqlagent90 实用工具用于从命令提示符处启动 SQL Server Agent 服务。需要注意的是，一般，应该从 SQL Server Management Studio 工具中或在应用程序中使用 SQL-DMO 方法来运行 SQL Server Agent 服务。只有在对 SQL Server Agent 服务进行诊断或提供程序定向到命令提示符时，才使用该工具。

sqlcmd 实用工具可以在命令提示符处输入 Transact-SQL 语句、系统过程和脚本文件。实际上，该工具是作为 osql 实用工具和 isql 实用工具的替代工具而新增的，它通过 OLE DB 与服务器进行通信。sqlcmd 实用工具运行的界面如图 1-11 所示。

SQLdiag 用于对 SQL Server 系统进行诊断。利用该工具可以收集 SQL Server 系统的有关性能诊断信息，这些信息包括 Windows 性能日志、Windows 事件日志、SQL Server 事件探查器跟踪、SQL Server 阻塞和配置信息等。从而有助于技术支持人员排除 SQL Server 运行过程中出现的故障。

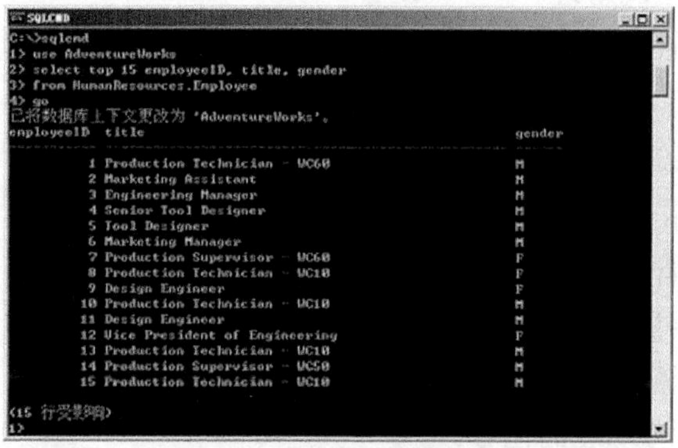

图 1-11　sqlcmd 实用工具

sqlmaint 可以执行一组指定的数据库维护操作，包括 DBCC 检查、数据库备份、事务日志备份、更新统计信息、重建索引，并且生成报表以及把这些报表发送到指定的文件和电子邮件账户。

sqlservr 的作用是在命令提示符下启动、停止、暂停、继续 Microsoft SQL Server 的实例。如果希望从应用程序中启动 Microsoft SQL Server 实例，则使用该工具将是一个不错的选择。

sqlwb 可以在命令提示符下打开 SQL Server Management Studio，并且可以与服务器建立连接，打开查询、脚本、文件、项目、解决方案等。

tablediff 用于比较两个表中的数据是否一致，对于排除复制中出现的故障非常有用。用户可以在命令提示符下使用该工具执行比较任务。

1.6.6　PowerShell

PowerShell 是 Microsoft SQL Server 2008 系统的新功能，是一个脚本和服务器导航引擎。用户可以使用该工具导航服务器上的所有对象，就好像它们是文件系统中目录结构的一部分一样，甚至可以使用诸如 dir、cd 类型的命令。

1.7　数据库管理员

在 Microsoft SQL Server 2008 系统中，数据库管理员(Database Administration，简称为 DBA)是最重要的角色。DBA 的工作目标就是确保 Microsoft SQL Server 2008 系统正常高效地运行。DBA 的工作也是最繁忙的工作，无论是性能调整，还是灾难恢复，都离不开 DBA 的支持。

一般地，作为一个 DBA，至少应该做好以下 12 项任务。

- 任务一：安装和配置。
- 任务二：容量规划。
- 任务三：应用架构设计。
- 任务四：管理数据库对象。
- 任务五：存储空间管理。
- 任务六：安全管理。
- 任务七：备份和恢复。
- 任务八：性能监视和调优。
- 任务九：调度作业。
- 任务十：网络管理。
- 任务十一：高可用性和高可伸缩性管理。
- 任务十二：故障解决。

下面简单描述这些 DBA 的任务。

任务一：安装和配置。

DBA 的第一项任务是安装和配置 Microsoft SQL Server 2008 软件系统，为顺利使用 Microsoft SQL Server 2008 软件创建良好的环境。无论是安装还是配置，都应该根据实际需要来进行，使得系统满足用户的实际需求。需要注意的是，系统配置不是一劳永逸的，应该随时根据需求的变化和环境的需要，进行监视和适当地调整。

任务二：容量规划。

容量规划是对整个 Microsoft SQL Server 2008 系统进行一个总体的规划。规划的重点应该放在解决瓶颈问题上。可以从内容和期限两个方面考虑系统的容量规划。

从内容上来看，应该考虑的主要内容包括：硬件容量规划、软件规划、网络规划。硬件容量规划包括磁盘空间、CPU、I/O 等规划。软件规划包括操作系统的安装和配置规划、数据库规划、数据库对象内容和数量规划等。网络规划包括网络硬件、网络软件和协议、网络客户数量流量和分布、网络拓扑结构等规划。

从期限上来看，应该考虑短期、中期和长期规划。短期规划的目的是满足当前日常业务的需要。中期规划主要是满足业务发展和扩大的需要。长期规划主要是满足业务极限需要等。例如，如果预测某个系统的当前并发用户数量是1000，3年后的用户可能达到1000万，那么这时既不能按照1000用户的需求来设计，也不能一下子按照1000万用户的需求来设计，一定要采取一个折中的形式。

任务三：应用架构设计。

应用架构设计包括数据库设计、应用程序设计和相应的技术架构设计。

数据库设计应该考虑数据库的逻辑需求、数据库的创建方式和数量、数据库数据文件和日志文件的物理位置等。一般情况下，可以在Microsoft SQL Server 2008系统成功安装之后，根据规划的目标，手工创建数据库。

应用设计应该考虑开发工具的选择、API技术、内部资源和外部资源的结合、应用架构的分布等。需要强调是在应用设计时，DBA应该与开发人员共同工作，确保他们编写出优化的代码，尽可能地使用服务器的资源。

技术架构设计主要包括表示层、逻辑层和数据层的分布。这些分布不应该考虑到硬件资源和用户需求。既不能片面地追求过高的硬件资源，也不能仅仅局限于当前的环境，一定要按照可扩展的观点来综合考虑。

任务四：管理数据库对象。

管理数据库对象是使用数据库的最基本、最重要的工作。这些对象包括表、索引、视图、存储过程、函数、触发器、同义词等。为了完成管理数据库对象的工作，DBA应该能够很好地回答诸如下面的这些问题。

- 系统应该包括哪些数据？
- 应该怎样存储这些数据？
- 应该在系统中创建哪些表？
- 应该在这些表中创建哪些索引，以便加速检索？
- 是否应该创建视图？为什么要创建这些视图？
- 应该创建哪些存储过程、函数、CLR对象？
- 应该在哪些表上创建触发器？应该针对哪些操作创建触发器？
- 是否应该创建同义词？

任务五：存储空间管理。

存储空间管理任务就是怎样为数据分配空间、怎样保持空间可以满足数据的不断增长。随着业务量的继续和扩大，数据库中的数据也会逐渐地增加，事务日志也不断地增加。存储空间管理任务主要围绕下面几个问题。

- 当前的数据库由那些数据文件组成？
- 事务日志的大小应该如何设置？
- 数据的增长速度是多大？
- 如何配置数据文件和日志文件的增长方式？
- 数据库中的数据何时可以清除或转移到其他地方？

任务六：安全管理。

安全性是DBA重要的日常工作之一。安全管理的主要内容包括账户管理和权限管理。

账户管理就是在数据库中应该增加哪些账户、这些账户应该组合成哪些角色等等。权限管理是对象权限和语句权限的管理，应该回答下面这些问题：

- 这些账户或角色应该使用哪些对象？
- 这些账户或角色应该对这些对象执行哪些操作？
- 这些账户或角色应该在数据库中执行哪些操作？
- 如何设置架构？如何建立架构和对象、架构和用户的关系？

任务七：备份和恢复。

无论系统运行如何，系统的灾难性管理是不可缺少的。天灾、人祸、系统缺陷都有可能造成系统的瘫痪、失败。怎样解决这些灾难性问题呢？办法就是制订和实行备份和恢复策略。备份就是制作数据的副本，恢复就是将数据的副本复原到系统中。备份和恢复工作是 DBA 的一项持续性的重要工作，其执行频率根据数据的重要程度和系统的稳定程度来确定。

任务八：性能监视和调优。

根据企业的经营效益评价企业的管理水平，根据学生的考试成绩评价学生的学习好坏。作为一个大型软件系统，Microsoft SQL Server 2008 系统的运行好坏必须得到正确地监视、评价和相应的调整。这是 DBA 的一项高级工作。借助一些工具和运行性能指标，DBA 应该能够监视系统的运行。如果某些运行指标出现了问题，DBA 应该及时地采取补救措施，使得系统始终保持高效运行状态。

任务九：调度作业。

DBA 不可能一天 24 小时不停地盯住系统的运行，及时地执行某些指定的操作。Microsoft SQL Server 2008 系统提供了许多工具，DBA 应该充分利用这些工具和机制，解决下面一些问题。

- 调度哪些作业应该由系统执行？
- 这些作业应该在何时执行？
- 如何确保这些作业可以正确地执行？
- 如果自动执行的作业执行失败时，应该如何处理？
- 如何使得系统可以均衡地执行相应的操作？

任务十：网络管理。

作为一种分布式的网络数据库，网络管理的任务更加的重要。Microsoft SQL Server 2008 系统提供了网络管理工具和服务，DBA 应该借助这些工具进行服务规划和管理网络操作。

任务十一：高可用性和高可伸缩性管理。

作为一个 DBA，必须保持系统具有高可用性和高可伸缩性。可用性是一项度量计算机系统正常运行时间的指标。可伸缩性描述应用程序可以接受的并发用户访问的数量问题。影响系统可用性的主要因素包括：网络可靠性、硬件故障、应用程序失败、操作系统崩溃、自然灾害等。无论是数据库系统管理员，还是应用程序设计人员，都应该最小化系统破坏的几率，最大化系统的可用性。在设计系统的可用性时，应该确定采取什么样的可用性策略来满足可用性的需求。

可用性的需求可以通过 3 个方面描述，即运行的时间、连接性需求和数据的紧密和松散要求。在确定可用性的需求时，首先考虑系统的运行时间。一般地，数据库应用程序有两种运行时间，即在工作时间是可用的和在任何时间都是可用的。如果只是要求在工作时间是可用的，那么可以把系统的维护等工作安排在周末进行。但是，有许多应用程序要求每天运行 24 小时、每周运行 7 天，例如，在线超市等，这时必须采取措施保证系统总是运行的。不同的应用程序有不同的连接性要求。大多数的应用程序和电子商务解决方案要求采用可靠的网络连接。这时，要求永久性的在线连接，必须最小化各种异常现象的发生。有些应用程序允许用户离线使用。这时，系统的可用性要求降低了。大多数应用程序要求数据是同步使用的。用户对数据的请求，系统必须立即做出回应。这是紧密型的数据要求，这种情况必须保证系统的高可用性。有些应用程序不需要数据是同步的，对用户的请求可以延迟回应。这种要求是数据松散型的要求，这时系统的可用性需求比较低。

任务十二：故障解决。

虽然不希望 Microsoft SQL Server 2008 系统出现故障，但是故障可能是无法避免的。这些故障可能每天都会发生。有些故障是人为不小心造成的，有些故障可能是系统中的缺陷形成的，有些故障可能是莫名其妙的。作为一个 DBA，在系统中的其他用户心目中是 Microsoft SQL Server 系统的权威。无论是大事还是小事，DBA 都应该做到迅速诊断、准确判断、快速修复。从这个意义上来说，DBA 是一个数据库系统的专业医生。

1.8 本章小结

本章首先分析了为什么要使用数据库来管理业务数据，然后给出了数据库的基本概念。接下来，回顾了 SQL Server 的发展过程。之后，研究了 Microsoft SQL Server 2008 的体系架构的组成和特点。接着，对数据库和数据库对象的特点进行了分析和研究。其后，对系统提供的主要工具进行了分析。最后，讨论了数据库管理员的工作特点。

【思考和练习】

1. 使用电子表格管理数据的主要缺点是什么？
2. 什么是数据库？什么是 DBMS？什么是数据库系统？
3. 当前数据库市场上有哪些主要的数据库产品？
4. 根据 SQL Server 的发展过程，你认为其发展速度如何？
5. 收集微软公司发布 Microsoft SQL Server 7.0/2000/2005/2008 系统时的技术白皮书，研究和讨论 Microsoft SQL Server 系统功能演变规律。
6. Microsoft SQL Server 的系统数据库是什么？
7. 存储过程、触发器、视图对象的特点是什么？
8. Microsoft SQL Server Management Studio 的功能特点是什么？
9. SQL Server Profiler 工具的主要目的是什么？
10. 分析 DBA 的 12 项任务的特点。

第2章　安装和配置

正确合理地安装和配置是有效使用 Microsoft SQL Server 2008 系统的前提和基础。本章全面研究系统的安装和配置工作。首先，分析安装规划的作用和内容，安装规划是保证 Microsoft SQL Server 2008 系统顺利安装的方法。其次，讨论实际安装过程中需要注意的事项和问题。接下来，对系统升级领域中的问题进行分析和规划。最后，研究系统安装之后的验证、服务器注册、服务器配置、网络配置等问题。

本章要点：

- 为什么要进行安装规划
- 如何进行安装规划
- 系统的版本特点是什么
- 安装过程中的关键步骤
- 为什么要进行升级规划
- 如何注册服务器
- 服务器选项的类型和设置方式

2.1　安 装 规 划

安装规划是指在安装 Microsoft SQL Server 系统之前对系统的安装目的、环境需求、并发用户、安装版本、服务器位置、安装过程中特殊要求等内容进行统筹安排。

2.1.1　安装目的

安装目的是指安装 Microsoft SQL Server 2008 系统支持业务工作顺利地、高效地、安全地进行。

Microsoft SQL Server 系统是一个可以在多种行业领域中管理业务数据的大型数据库管理系统。例如，银行使用 Microsoft SQL Server 系统管理客户的信用卡交易数据，工厂使用 Microsoft SQL Server 系统管理库存物料的入库、出库、盘点等业务数据，学校使用 Microsoft SQL Server 系统管理学生的基本状况、考试成绩等数据，海关使用 Microsoft SQL Server 系统管理进口和出口的各种商品、运输等信息，网络商店使用 Microsoft SQL Server 系统管理自己的商品、客户、交易等数据。不过需要注意的是，Microsoft SQL Server 系统支持多个实例安装，也就是说在同一台服务器上可以安装多个有不同用途的 Microsoft SQL Server 系统。

如果用户的环境是一个经常有数百个用户并发访问的生产环境，系统支持的单位时间的业务量巨大，那么应该着重考虑系统的性能。安装在群集环境是一个有效的选择。如果用户的环境主要用于存储海量数据，系统性能满足要求即可，那么可以考虑采用大容量的磁盘。这里给出一个建议，为了提高并发操作的效率，尽可能地把单块大容量的磁盘更换为若干个小容量的磁盘。

用在业务操作环境中的系统与用在分析环境中的系统是不同的。一般地，业务操作环境中的系统是 Microsoft SQL Server 系统的数据库引擎，分析环境中主要使用分析服务。

2.1.2　系统版本

Microsoft SQL Server 2008 系统提供了多个不同的版本，不同的应用需求，往往需要安装不同的版本。既有 32 位的版本，也有 64 位的版本；既有正式使用的服务器版本，也有满足特殊需要的专业版本。其中，服务器版本包括了企业版和标准版，专业版本主要包括开发人员版、工作组版、Web 版、Express 版、Compact 版等。另外，还由企业评估版。

企业版可以用作一个企业的数据库服务器。这种版本支持 Microsoft SQL Server 2008 系统所有的功能，包括支持 OLTP 系统和 OLAP 系统，例如支持协服务器功能、数据分区、数据库快照、数据库在线维护、网络存储、故障切换等。企业版是功能最齐、性能最高的数据库，也是价格最昂贵的数据库系统。作为完整的数据库解决方案，企业版应该是大型企业首选的数据库产品。

标准版可以用作一般企业的数据库服务器，它包括电子商务、数据仓库、业务流程等最基本的功能，例如支持分析服务、集成服务、报表服务等，支持服务器的群集和数据库镜像等功能。虽然标准版的功能不像企业版的功能那样齐全，但是它所具有的功能已经能够满足普通企业的一般需求。该版本最多支持 4 个 CPU，既可以用于 64 位的平台环境，也可以用于 32 位的平台环境。如果综合考虑企业需要处理的业务功能和财务状况，使用标准版的数据库产品是一种明智的选择。

开发人员版的主要用户是独立软件供应商、创建和测试数据库应用程序的开发人员、系统集成商等。这种版本不适用于普通的数据库用户。从功能上讲，该版本等价于企业版，但在并发查询等方面有很大的性能限制。用户可以根据需要升级到其他版。从法律角度来看，该版本的产品不能在生产环境中部署和使用。

工作组版是一个入门级的数据库产品，它提供了数据库的核心管理功能，可以为小型企业或部门提供数据管理服务。该版本与企业版的主要差别是没有商业智能功能和高的可伸缩性功能，但是可以轻松地升级至标准版或企业版。该版本的数据库产品最多支持两个 CPU 和 2GB 的 RAM。当然，与企业版或标准版相比，工作组版具有价格上的优势。

Web 版本主要是满足网站开发和管理的需要。从总拥有成本方面来讲，SQL Server 2008 Web 是一个不错的选择。

Microsoft SQL Server 2008 系统的 Express 版本是一个免费的、与 Visual Studio 2008 集

成的数据库产品，是 Microsoft Desktop Engine(MSDE)版本的替代，任何人都可以从微软网站下载使用。Microsoft SQL Server 2008 系统的 Express 版本是低端 ISV、低端服务器用户、创建 Web 应用程序的非专业开发人员以及创建客户端应用程序的编程爱好者的理想选择。从数据库产品市场角度来看，Express 版本有可能成为其他 Microsoft SQL Server 2008 系统的其他版本产品占据市场份额的有力武器。

对于基于 Windows 平台的移动设备、桌面等嵌入式用户来讲，Microsoft SQL Server Compact 是一个很好的数据库选择。

企业评估版是一种可以从微软网站上免费下载的一种数据库版本。这种版本主要用来测试 Microsoft SQL Server 2008 的功能。虽然这种企业评估版具有 Microsoft SQL Server 2008 的所有功能，但是其运行时间只有 120 天。

2.1.3　环境需求

环境需求是指系统安装时对硬件、操作系统、网络等环境的要求，这些要求也是 Microsoft SQL Server 系统运行所必须的条件。需要注意的是，在 32 位平台上和 64 位平台上安装 Microsoft SQL Server 2008 系统对环境的要求是不同的。

对硬件环境的要求包括对处理器类型、处理器速度、内存、硬盘空间等的要求。不同的版本对硬件环境的要求是不同的。对于 64 位的标准版来讲，处理器类型一般要求 Pentium VI 及其以上的类型。处理器的速度最低要求达到 1.4GHz，建议 2GHz 或更高的速度。对于内存来讲，512MB 肯定是最低的，建议使用 2GHz 或更大的内存。对于磁盘空间来说，应该尽可能地大，具体的程度应依据安装环境进行选择。一般地，系统组件要求的磁盘空间如下。

- 数据库引擎和数据文件、复制和全文搜索：280MB
- SQL Server Analysis Services：90MB
- SQL Server Reporting Services：120MB
- SQL Server Integration Services：120MB
- 客户端组件：850MB
- SQL Server 联机丛书：240MB

对操作系统的要求比较简单，Microsoft SQL Server 系统只能运行在 Windows 操作系统环境下。但是，不同的系统版本对 Windows 的版本的要求也是不同的。例如，对于 64 标准版来讲，可以在 Windows XP/2003/Vista/2008 操作系统下安装。

作为一种 C/S 数据库系统，客户端必须使用某一个网络协议通过网络连接到服务器，Microsoft SQL Server 服务器可以同时监听来自多个客户端上的不同的网络协议。在安装过程中，数据库管理员需要确定应该使用哪些网络协议。Microsoft SQL Server 2008 系统支持的网络协议包括：共享内存协议、TCP/IP 协议、Name Pipes 协议和 VIA 协议。如果客户端和系统服务器位于同一台计算机上，那么两者使用共享内存协议进行通信。共享内存协议不需要配置，总是存在的。在 Windows 平台上，使用 Name Pipes 协议是一个可行的选择。当然，用户可以删除这种协议。TCP/IP 协议可以有效地支持 Internet 通信。VIA 协议需要与 VIA 硬件同时使用。

注意：

Microsoft SQL Server 2008 系统不支持这些协议：Banyan Vines、SPP、Multiprotocol、AppleTalk、NWLink IPX/SPX。这些协议都是 Microsoft SQL Server 以前版本支持的。

在系统安装之后，也可以使用 SQL Server Configuration Manager 工具重新配置网络协议，包括服务器端和客户端。使用 SQL Server Configuration Manager 工具配置服务器端的网络协议窗口如图 2-1 所示。

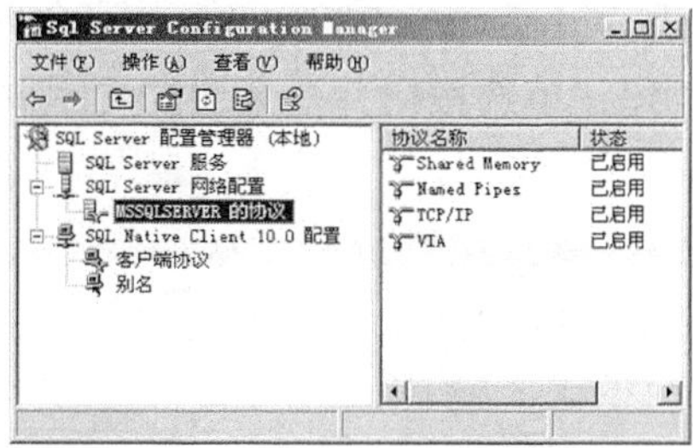

图 2-1　使用 SQL Server Configuration Manager 工具配置服务器端的网络协议窗口

2.1.4　安装位置

在实际安装前，还应该考虑这两个问题：确定安装文件的根目录和确定选用的系统安全模式。这两个问题都与今后的使用息息相关。

安装文件的根目录是 Microsoft SQL Server 系统存储程序文件的位置，这些文件(除了数据库文件)在今后的使用过程中一般是不变化的。如果这些文件被破坏了，那么系统的正常运行就可能遭到不良的影响。在默认情况下，这些文件保存的子目录是 Microsoft SQL Server，建议保持该默认文件夹不变。

数据库文件包含了数据库的数据文件和日志文件，这些文件会随着数据库的变化而变化。在默认情况下，这些文件与程序安装文件位于同样的位置，但是也可以根据需要指定不同的存储位置。

2.1.5　安全模式

Microsoft SQL Server 系统有两种安全模式，即 Windows 认证模式和混合模式。在 Windows 认证模式下，访问数据库服务器的用户是 Windows 操作系统验证身份的。在混合模式下，既可以使用 Windows 安全性，也可以使用 SQL Server 安全性来验证用户身份。

2.2　安 装 过 程

虽然说 Microsoft SQL Server 2008 系统具有很好的易用性，安装时可以按照安装向导的逐步提示执行安装操作，但是用户应该对安装过程中的选项有深刻理解，只有这样才能完全按照自己的要求顺利完成安装操作。下面，针对安装过程中涉及的实例名、服务账户、身份验证模式、排序规则设置等关键内容进行分析。

Microsoft SQL Server 2008 系统允许在一个计算机上执行多次安装，每一次安装都生成一个实例。采用这种多实例机制，当某实例发生故障时，其他实例依然正常运行并提供数据库服务，确保整个应用系统始终处于正常状态，大大提高了系统的可用性。在安装过程中，实例配置对话框如图 2-2 所示。在该对话框中可以设置 Microsoft SQL Server 2008 实例名称。选中“默认实例”单选按钮表示使用默认的实例名称。如果是第一次安装，既可以使用默认的实例名称安装，也可以按照指定的实例名称执行安装。如果当前服务器上已经安装了一个默认的 Microsoft SQL Server 2008 实例，那么再次安装系统时必须指定一个实例名称，即必须选中“命名实例”单选按钮并在旁边的文本框中输入用户命名的 Microsoft SQL Server 2008 实例名称。

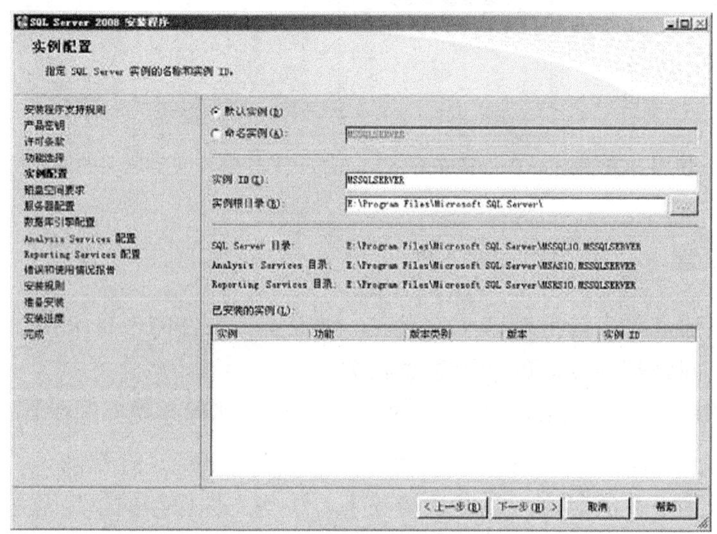

图 2-2　“实例配置”对话框

实际上，在一个计算机上安装的实例数量是有限的，不同的版本有不同的限制。其中，工作组版可以在一台计算机上最多安装 16 个实例，其他版本则最多可以安装 50 个实例。

根据安装过程中的选择，SQL Server 安装程序可以安装 10 个服务，这些服务包括 SQL Server、SQL Server 代理、Analysis Services、Reporting Services、Integration Services、全文搜索、Notification Services、SQL Browser、SQL Server Active Directory Helper、SQL 编辑器等。其中，前 5 个服务是识别实例的服务，后 5 个服务是不识别实例的服务。识别实例的服务需要随着实例的安装而进行安装，不同的实例对应着不同的服务，这些服务可以提供并行服务。不识别实例的服务仅需安装一次，不与特定的实例关联，不能提供并行服务，所有的系统实例共享这些服务。例如，不同的实例有不同的 SQL Server 服务，但是所有的系统实例都使用同一个 SQL 编辑器服务。在安装过程中，设置服务账户的对话框如图 2-3 所示。

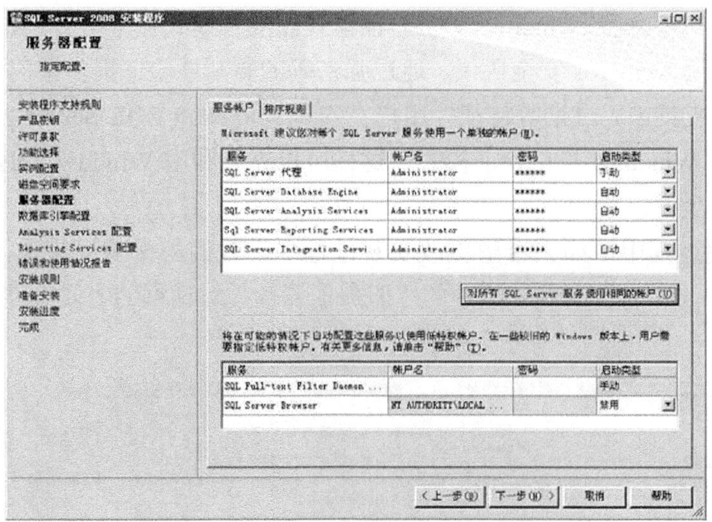

图 2-3　“服务器配置-服务账户”对话框

从图 2-3 中可以看出，可以为 5 个服务单独设置启动账户，这些服务包括 SQL Server 代理、SQL Server Database Engine、SQL Server Analysis Services、SQL Server Reporting Services 和 SQL Server Integration Services。多个实例可以共享 SQL Browser 服务。当然，也可以为这些服务设置一个共用的账户。还可以指定这些服务是否自动启动。

在安装 Microsoft SQL Server 2008 系统的过程中，需要指定系统的身份验证模式。身份验证模式是一种安全模式，用于验证客户端与服务器之间的连接。Microsoft SQL Server 2008 系统提供了两种身份验证模式，即 Windows 身份验证模式和混合模式。在 Windows 身份验证模式中，用户通过 Microsoft Windows 用户账户连接时，SQL Server 使用 Windows 操作系统中的信息验证账户名和密码。在混合验证模式中，允许用户使用 Windows 身份验证或 SQL Server 身份验证进行连接。当连接建立之后，系统的安全机制对于 Windows 身份验证模式和混合模式都是一样的。设置身份验证模式的“数据库引擎配置”对话框如图 2-4 所示。

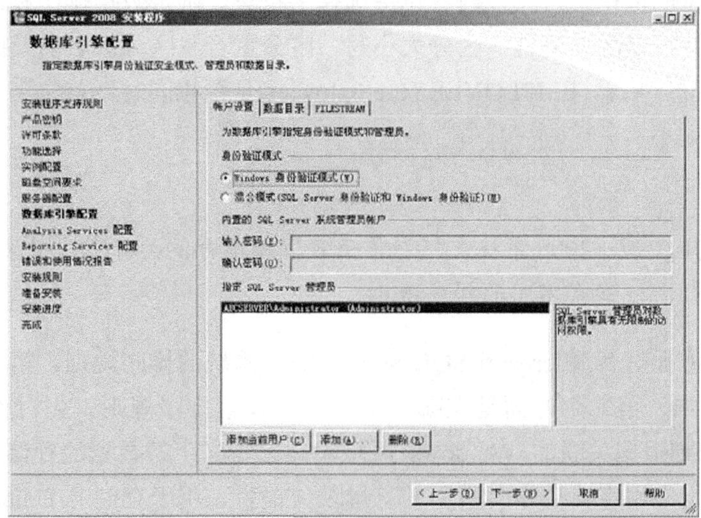

图 2-4　“数据库引擎配置-账户设置”对话框

从安全性的角度来看，Windows 身份验证模式比混合模式安全得多。这是因为 Windows 身份验证具有使用 Kerberos 安全协议、通过强密码的复杂性验证提供密码策略强制、提供账户锁定支持、支持密码过期等特征。用户在安装 Microsoft SQL Server 2008 系统时，应该尽可能地使用 Windows 身份验证模式，这样可以充分利用 Windows 的强密码资源，大大增强系统的安全性。

在系统使用过程中，如果希望更改安装过程中设置的身份验证模式，那么可以通过 SQL Server Management Studio 工具中的“服务器属性”对话框的“安全性”页面来设置，如图 2-5 所示。

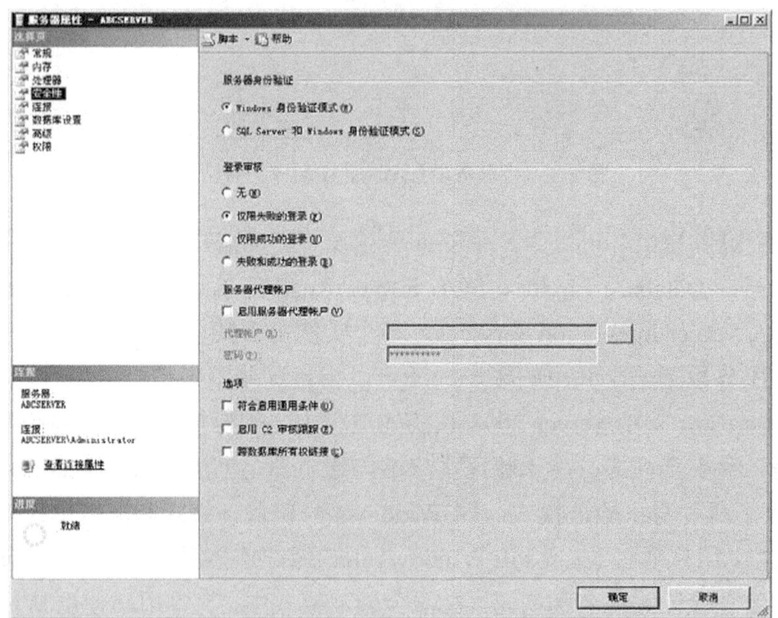

图 2-5　“服务器属性”对话框的“安全性”页面

如何设置排序规则也是安装过程中需要考虑的一件重要选择。排序规则指定了表示数据集中每一个字符的位模式，具体内容包括选择字符集、确定数据排序和比较的规则等。排序规则的主要特征是区分语言、区分大小写、区分重音、区分假名以及区分全角半角。例如，当判断 Employees、EMPLOYEES、employees 是否相同时，首先需要明确当前的排序规则是否区分大小写。

提示：

Microsoft SQL Server 2008 系统支持在单个数据库中存储具有不同排序规则的对象，即数据库中的每一列都可能有不同的排序规则。

可以从两个方面理解 Microsoft SQL Server 2008 系统的排序规则。第一个方面是设置什么样的排序规则，第二个方面是在哪一个层次上设置排序规则。先讨论第一个问题。Windows 排序规则根据关联的 Windows 区域设置来定义字符数据的存储规则。Windows 基本排序规则指定应用字典排序时所用的字母表或语言、用于存储非 Unicode 字符型数据的代码页。二进制排序规则基于区域设置和数据类型所定义的编码值的顺序，对数据的排序强制进行二进制排列顺序。SQL Server 排序规则提供与 SQL Server 早期版本兼容的排序顺序，该规则是基于由 SQL Server 为非 Unicode 数据定义的排序顺序。可以在如图 2-6 所示的对话框中设置排序规则。如果单击“数据库引擎(D)”文本框右边的“自定义”按钮，则可以为数据库引擎指定相应的排序规则。同样，如果单击 Analysis Services(A)文本框右边的“自定义”按钮，则可以指定与分析服务相应的排序规则。一般地，不轻易改变排序规则的默认设置。

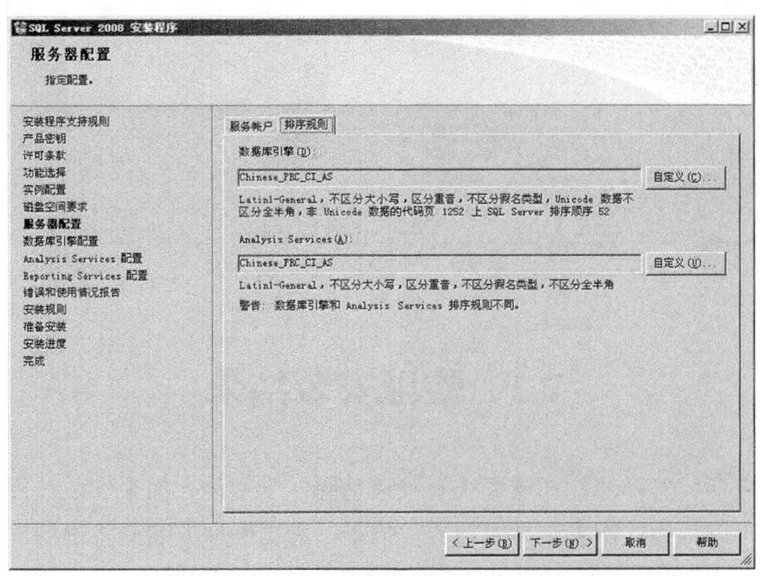

图 2-6　“服务器配置-排序规则”对话框

在 Microsoft SQL Server 2008 系统中，可以在 4 个层次上设置排序规则，即服务器层、数据库层、列层和表达式层。服务器层次上的排序规则，也称为 SQL Server 实例的默认排序规则，可以在安装过程中设置。实例的默认排序规则会成为系统数据库的默认排序规则，并且自动指派给其他对象。在创建数据库时，如果没有指定排序规则，那么自动使用实例的默认排序规则。如果使用 create database 语句的 collate 子句指定了数据库的默认排序规则，那么该数据库中的所有对象使用这里指定的排序规则。同样，创建表时，如果没有指定排序规则，那么为列自动指派数据库的默认排序规则。也可以使用 create table 语句的 collate 子句指定每一个字符串列的排序规则。表达式层次上的排序规则只能在执行语句时设置，并且仅影响当前结果集的返回方式。

当 Microsoft SQL Server 2008 系统安装完毕之后，将显示如图 2-7 所示的“完成”对话框。除了提示系统安装完毕之后，该对话框还指示了摘要日志保存的位置。摘要日志存储了安装过程中的错误信息或其他安装信息。

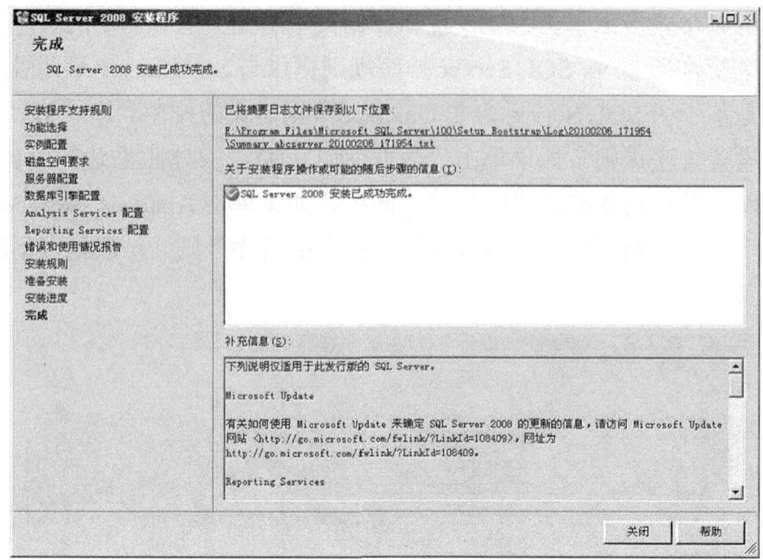

图 2-7　“完成”对话框

2.3　验证安装结果

安装结束之后，怎样才能知道系统安装成功呢？一般地，如果安装过程中没有出现错误提示，那么可以认为这次安装是成功的。但是，为了确保安装是正确的，用户也可以采用一些验证方法。常用的验证方法包括：检查 Microsoft SQL Server 系统的服务和工具是否存在、应该自动生成的系统数据库和样本数据库是否存在、相关系统目录和文件是否正确等。

系统安装完成之后，在“开始”菜单的“所有程序”组中增加了 Microsoft SQL Server 2008 程序组。可以通过 Microsoft SQL Server 2008 程序组访问 Microsoft SQL Server 2008 应用程序。该程序组的内容如图 2-8 所示。

图 2-8　Microsoft SQL Server 2008 的程序组

在如图 2-8 所示的程序组中，Analysis Services 项包含了“部署向导”工具，“配置工具”项包含了“Reporting Services 配置管理器”、“SQL Server 安装中心”、“SQL Server 错误和使用情况报告”、“SQL Server 配置管理器”等，“文档和教程”项包含了“Microsoft SQL Server 示例概述”、“SQL Server 教程”、“SQL Server 联机丛书”等，“性能工具”项包含了 SQL Server Profiler、“数据库引擎优化顾问”等。

Microsoft SQL Server 2008 包括多个服务，可以通过多种不同的方式启动这些服务。这些方式包括：设置服务为“自动”启动类型、使用 SQL Server Configuration Manager 工具启动服务、使用 SQL Server Management Studio 工具启动服务、使用操作系统的“服务”

窗口。操作系统的“服务”窗口如图 2-9 所示，从这里可以查看到服务的状态、描述、启动类型等信息。

图 2-9　操作系统的“服务”窗口

可以通过 SQL Server Management Studio 工具中的“对象资源管理器”查看系统数据库和示例数据库(示例数据库需要单独安装)。在如图 2-10 所示的“对象资源管理器”窗口中，可以看到当前系统的 4 个系统数据库(master、model、msdb 和 tempdb)和 AdventureWorks、AdventureWorksDW、AdventureWorksDW2008、AdventureWorksLT、AdventureWorksLT 2008、ReportServer、ReportServerTempDB 等示例数据库。

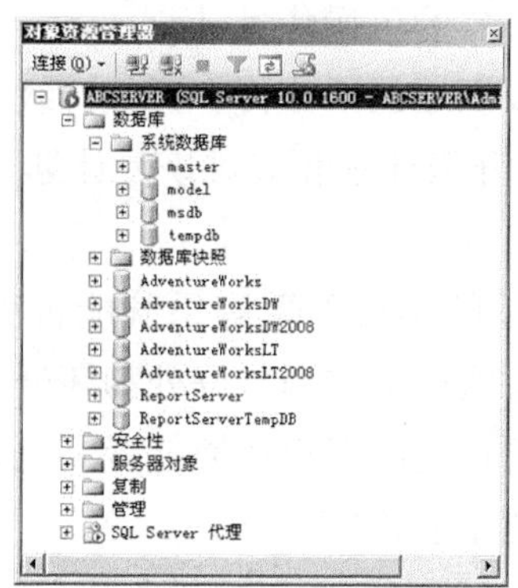

图 2-10　“对象资源管理器”窗口

Microsoft SQL Server 2008 安装结束之后，其程序文件和数据文件的位置是 Program Files\Microsoft SQL Server，其文件夹结构如图 2-11 所示。

从图 2-11 中可以看出，Microsoft SQL Server 文件夹中包含了 5 个文件夹，即 80、90、100、MSAS10.MSSQLSERVER、MSRS10.MSSQLSERVER 和 MSSQL10.MSSQLSERVER。80 和 90 文件夹中包含了与先前版本兼容的信息和工具，100 文件夹中主要是存储单台计算机上的所有实例使用的公共文件和信息。在 SQL Server 安装过程中，为每一个服务器组件生成一个实例 ID，这里默认的实例 ID 是 MSSQLSERVER。MSRS10.MSSQ LSER VER 是 Reporting Services 服务的默认文件夹，MSAS10.MSSQLSERVER 是 Analysis Services 服务的默认文件夹，MSSQL10.MSSQLSERVER 是数据库引擎的默认文件夹。

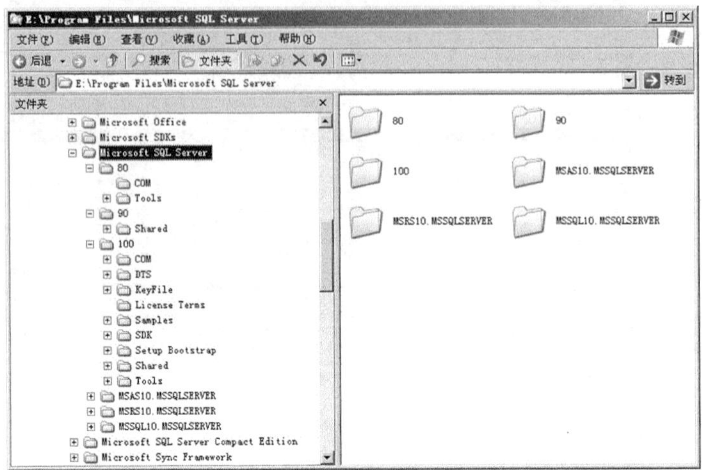

图 2-11　Microsoft SQL Server 2008 系统的文件位置

2.4　升 级 规 划

如果用户正在使用 Microsoft SQL Server 2008 系统之前的 7.0 或 2000 或 2005 版本，那么可以根据需要将先前的版本系统升级到 Microsoft SQL Server 2008 系统。为了确保升级后的系统可以正常地运行，在执行升级操作之前应该对整个升级过程进行规划。升级规划是指对系统升级过程进行周密安排的可操作性计划。

对于企业级用户来说，升级规划包括分析和评估升级需求、确定升级内容和选择升级路线、模拟升级过程、制定详细升级计划和灾难恢复计划、执行升级操作、测试升级结果、完成升级总结报告等阶段。

现有系统能否满足用户当前的需要？现有系统能否满足未来需要？为什么要升级数据库管理系统？升级系统可以为用户带来哪些好处和坏处？不升级当前系统可以吗？不立即执行升级当前系统操作可以吗？当前用户环境能否满足升级后的系统需要？解决这些问题是分析和评估升级需要阶段的主要内容。

升级内容包括对整个 Microsoft SQL Server 系统进行升级或升级某个组件(例如仅仅升级数据库引擎)、升级指定的数据库和数据库对象。针对不同的升级内容可以采取不同的升级方式和路线。如果希望对整个系统或某个组件进行升级，那么最好采用微软提供的 Microsoft SQL Server 2008 升级顾问。如果仅是升级指定的数据库和数据库对象，那么可以采取迁移、备份和恢复等方式。这些都是确定升级内容和选择升级路线阶段的内容。

为了确保生产环境的正常运行，在实际升级操作之前，应该在实验环境下对升级过程进行模拟，以便发现升级过程中出现的各种异常问题。通过模拟升级过程阶段，可以为下一步的工作提供经验。

为了确保系统升级顺利完成，应该制定详细的、安全的、可操作的、有充分准备的升级计划，并且对升级过程中的异常制定详细的紧急预案，防范各种风险。

执行升级操作阶段主要是按照制定的升级计划进行升级操作。升级操作结束之后，应该对升级后的结果进行测试，确保系统已经完成了升级操作。

整个升级过程应该进行记录，并且形成规范的、翔实的文档，作为进行使用系统和升级系统的重要的参考资料。这些文档也是以后处理系统问题的一个重要基础数据。

2.5　注册服务器

为了管理、配置和使用 Microsoft SQL Server 2008 系统，必须使用 Microsoft SQL Server Management Studio 工具注册服务器。注册服务器是为 Microsoft SQL Server 客户机/服务器系统确定一个数据库所在的机器，该机器作为服务器可以为客户端的各种请求提供服务。服务器组是服务器的逻辑集合，可以利用 Microsoft SQL Server Management Studio 工具把许多相关的服务器集中在一个服务器组中，方便对多服务器环境的管理操作。在 Microsoft SQL Server 2008 系统中，增加了中央管理服务器的功能。用户可通过指定中央管理服务器并创建服务器组来管理多个服务器，在多个服务器上执行 Transact-SQL 命令。只有 Microsoft SQL Server 2008 系统才支持中央管理服务器的功能。下面，讲述如何注册服务器。

使用 Microsoft SQL Server Management Studio 工具，注册数据库引擎服务器的操作如下所示。

(1) 启动 Microsoft SQL Server Management Studio 工具，在“已注册的服务器”区域中，打开“数据库引擎”节点。

(2) 右击 Local Server Groups 节点，从弹出的快捷菜单中选中“新建服务器注册”选项，如图 2-12 所示。

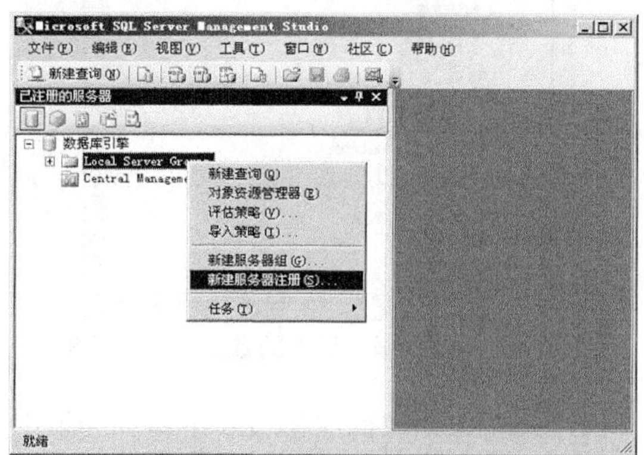

图 2-12　快捷菜单中的“新建服务器注册”选项

(3) 单击“新建服务器注册”选项，则出现如图 2-13 所示的“新建服务器注册”对话框的“常规”选项卡。在该对话框中可以键入将要注册的服务器名称。在“服务器名称”下拉列表框中，既可以键入服务器名称，也可以选择一个服务器名称。从“身份验证”下拉列表框中可以选择身份验证模式，这里选择了“Windows 身份验证”。用户可以在“已注册的服务器名称”文本框中输入该服务器的显示名称。

(4) 在如图 2-14 所示的“连接属性”选项卡中，可以设置连接到的默认数据库、网络默认设置、连接超时设置等连接属性。这些属性都是用户连接到服务器时必须考虑的因素。

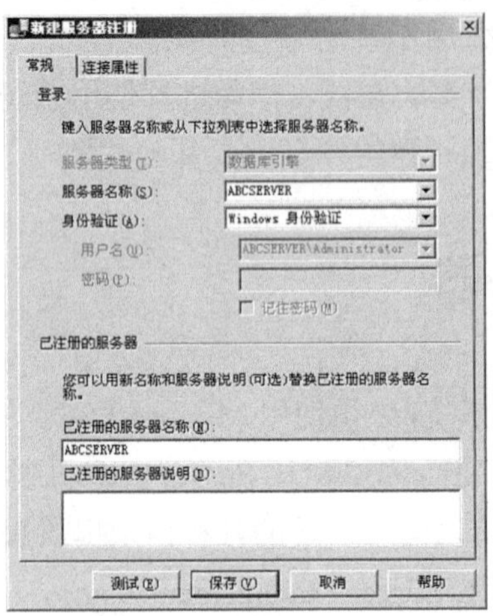

图 2-13　“常规”选项卡

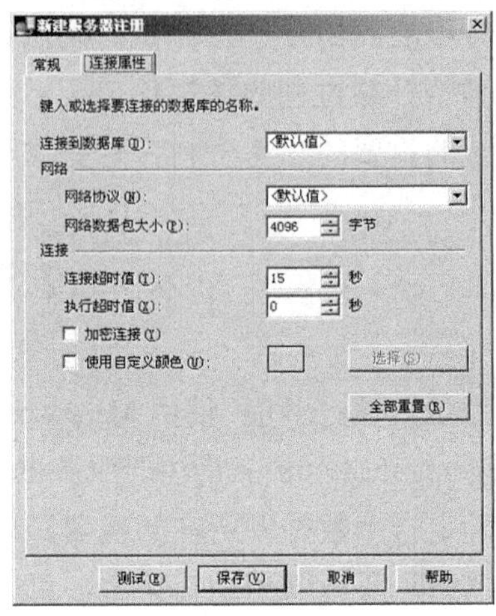

图 2-14　“连接属性”选项卡

在“连接属性”选项卡中，从“连接到数据库”下拉列表框中可以指定当前用户将要连接到的数据库名称。如果选定“<默认值>”选项，那么表示当前用户连接到 Microsoft SQL Server 系统中当前用户默认使用的数据库。如果选定“<浏览服务器...>”选项，则表示可以从当前服务器中选择一个数据库。例如，选定“<浏览服务器...>”选项时，出现如图 2-15 所示的“查找服务器上的数据库”对话框。从该对话框中可以指定当前用户连接服务器时默认的数据库。

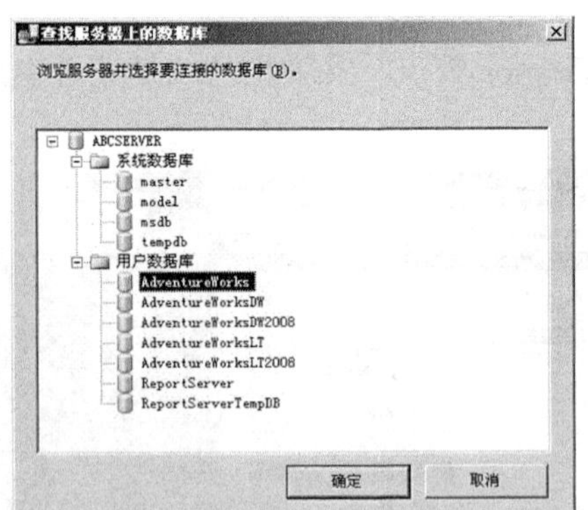

图 2-15　“查找服务器上的数据库”对话框

在“连接属性”选项卡中，可以从“网络协议”下拉列表框中选定某个可用的协议。“网络数据包大小”文本框用于指定要发送的网络包大小，默认值是 4096 字节。连接服务器时需要耗费的一定时间，连接时允许耗费的最大时间可以在“连接超时值”文本框中设置，默认值是 15 秒。从客户端发出执行操作的请求，在服务器端执行操作，等待执行的最大时间可以在“执行超时值”文本框中执行。默认值是 0，表示立即执行。如果需要对连接过程进行加密，那么可以选中“加密连接”复选框。如果希望指定数据库引擎查询编辑器窗口中状态栏的背景颜色，可以选中“使用自定义颜色”复选框来指定。

(5) 在如图 2-13 所示的对话框中，单击“测试”按钮，可以执行对当前连接属性的设置进行测试。如果出现如图 2-16 所示的消息框，那么表示当前连接属性的设置是正确的。

图 2-16　测试连接属性消息框

(6) 完成连接属性设置后，单击图 2-13 中的“保存”按钮，表示完成连接属性设置操作。

2.6　配置服务器选项

服务器选项用于确定 Microsoft SQL Server 2008 系统运行行为、资源利用状况。用户既可以使用 sp_configure 系统存储过程配置服务器选项，也可以使用 SQL Server Management Studio 工具设置。下面，先介绍服务器选项的类型和特点，然后讲述使用 sp_configure 系统存储过程，最后探讨使用 SQL Server Management Studio 工具设置服务器选项的方式。

2.6.1　服务器选项

与 2005 版本相比，Microsoft SQL Server 2008 系统的服务器选项有了一些变化，有些选项被废弃了，新增了若干个选项。Microsoft SQL Server 2008 系统提供的 60 多个服务器选项的名称和对应的取值范围如表 2-1 所示。

表 2-1　Microsoft SQL Server 2008 的服务器选项

服务器选项	最小值	最大值	默认值
access check cache bucket count (A)	0	16384	0
access check cache quota (A)	0	2147483647	0
ad hoc distributed queries (A)	0	1	0
affinity I/O mask (A, RR)	–2 147 483 648	2 147 483 647	0
affinity64 I/O mask (A)	–2 147 483 648	2 147 483 647	0
affinity mask (A)	–2 147 483 648	2 147 483 647	0
affinity64 mask (A)	–2 147 483 648	2 147 483 647	0
agent XPs (A)	0	1	0
awe enabled (A, RR)	0	1	0
backup compression default	0	1	0
blocked process threshold (A)	0	86　400	0
c2 audit mode (A, RR)	0	1	0
clr enabled	0	1	0

(续表)

服务器选项	最　小　值	最　大　值	默　认　值
common criteria compliance enabled (A, RR)	0	1	0
cost threshold for parallelism (A)	0	32 767	5
cross db_ownership chaining	0	1	0
cursor threshold (A)	–1	2 147 483 647	–1
Database Mail XPs (A)	0	1	0
default full-text language (A)	0	2 147 483 647	1 033
default language	0	9 999	0
default trace enabled (A)	0	1	1
disallow results from triggers (A)	0	1	0
EKM provider enabled	0	1	0
filestream acess level	0	2	0
fill factor (A, RR)	0	100	0
ft crawl bandwidth (max) (A)	0	3 2767	100
ft crawl bandwidth (min) (A)	0	3 2767	0
ft notify bandwidth (max) (A)	0	3 2767	100
ft notify bandwidth (min) (A)	0	3 2767	0
index create memory (A, SC)	704	2 147 483 647	0
in-doubt xact resolution (A)	0	2	0
lightweight pooling (A, RR)	0	1	0
locks (A, RR, SC)	5000	2 147 483 647	0
max degree of parallelism (A)	0	64	0
max full-text crawl range (A)	0	256	4
max server memory (A, SC)	16	2 147 483 647	2 147 483 647
max text repl size	0	2 147 483 647	65 536
max worker threads (A, RR)	128	32 767	0
media retention (A, RR)	0	365	0
min memory per query (A)	512	2 147 483 647	1 024
min server memory (A, SC)	0	2 147 483 647	8
nested triggers	0	1	1
network packet size (A)	512	65 536	4 096
Ole Automation Procedures (A)	0	1	0
optimize for ad hoc workloads (A)	0	1	0
PH timeout (A)	1	3600	60
precompute rank (A)	0	1	0
priority boost (A, RR)	0	1	0
query governor cost limit (A)	0	2 147 483 647	0
query wait (A)	–1	2 147 483 647	–1

(续表)

服务器选项	最　小　值	最　大　值	默　认　值
recovery interval (A, SC)	0	32 767	0
remote access (RR)	0	1	1
remote admin connections	0	1	0
remote login timeout	0	2 147 483 647	20
remote proc trans	0	1	0
remote query timeout	0	2 147 483 647	600
Replication XPs 选项 (A)	0	1	0
scan for startup procs (A, RR)	0	1	0
server trigger recursion	0	1	1
show advanced options	0	1	0
SMO and DMO XPs (A)	0	1	1
SQL Mail XPs (A)	0	1	0
transform noise words (A)	0	1	0
two digit year cutoff (A)	1　753	9 999	2 049
user connections (A, RR, SC)	0	32 767	0
User Instance Timeout (A)	5	65535	10
user instances enabled	0	1	0
user options	0	32 767	0
xp_cmdshell	0	1	0

在表 2-1 所列的服务器选项中，A 表示高级选项，这些高级选项只有当 show advanced options 选项设置为 1 时，才能对其进行设置；RR 表示这种选项只有当数据库引擎重新启动之后，新设置才能起作用；SC 表示是自配置选项，这些选项由 Microsoft SQL Server 系统根据需要自动配置。

按照不同的分类方式，可以把这些选项分成不同的类型。根据选项设置后是否立即发生作用，可以把选项分成动态选项和非动态选项两类。对于动态选项来说，当设置选项和运行 RECONFIGURE 语句之后，选项的值立即发生作用。对于非动态选项来说，当设置选项之后，必须停止和重新启动 SQL Server 实例，这些新设置的选项才能起作用。

根据选项是否能由系统自动配置，可以把服务器选项分为自动配置选项和手工配置选项。自动配置选项是系统根据运行环境和活动状况自动设置的，例如 max server memory 选项。手工设置选项是必须由用户使用选项设置工具进行设置的服务器选项，例如 cost threshold for parallelism 选项。

需要特别指出的是，自动配置选项也可以进行手工设置。根据选项的设置过程，可以把服务器选项分类成普通选项和高级选项。普通选项是可以利用 sp_configure 系统存储过程直接设置的选项，例如 clr enabled 选项。高级选项是不能利用 sp_configure 工具直接进行设置，必须在 show advanced options 选项设置为 1 时才能进行设置的选项，例如指定索引页填充度的 fill factor 选项。

2.6.2 使用 sp_configure 系统存储过程配置选项

sp_configure 系统存储过程可以用来显示和配置服务器的各种选项。sp_configure 的基本语法形式如下：

```
sp_configure 'option_name', 'value'
```

在上面的语法形式中，option_name 参数表示服务器选项名称，其默认值是空值。value 表示服务器选项的设置值，其默认值是空值。如果该命令执行成功，返回 0；否则，返回 1。

在 Microsoft SQL Server 系统中，每一个服务器选项都有两个值，一个是配置值(value)，一个是运行值(value_in_use)。服务器选项按照 value_in_use 起作用。一般地，这两个值是相等的，但是特殊情况下，这两个值不相等。例如，当使用 sp_configure 更改某个服务器选项之后，但尚未执行 RECONFIGURE 语句(对于动态选项)或重新启动 SQL Server(对于非动态选项)。对于动态选项，使用 sp_configure 执行配置之后，应该立即运行 RECONFIGURE 语句，使得这些配置生效。对于非动态选项，使用 sp_configure 执行配置之后，只有在重新启动 SQL Server 实例后，这种配置才生效。

如果希望使用 sp_configure 配置服务器的高级动态选项，那么必须首先运行 sp_configure 将 show advanced options 选项设置为 1，然后再运行 RECONFIGURE 语句使得这种设置立即发生作用。图 2-17 是一个配置高级动态服务器选项的示例。在这个示例中，首先设置 show advanced options 选项的值为 1，然后设置 cursor threshold 高级选项的值为 0 (0 表示所有的游标键级都是异步产生的，默认值是－1)。运行 RECONFIGURE 语句之后，该选项的新配置可以立即发生作用。

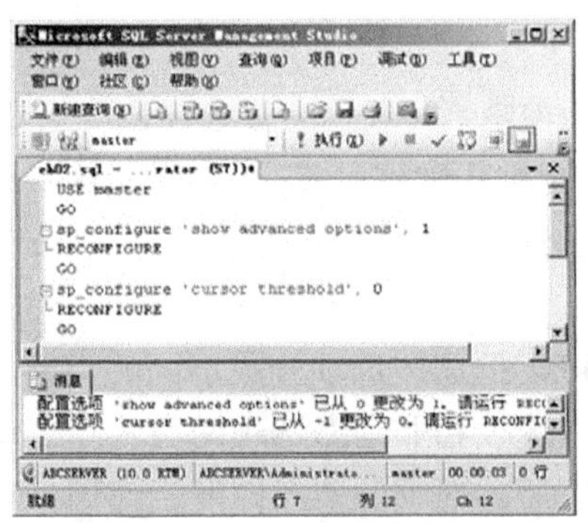

图 2-17　设置服务器选项示例

2.6.3 使用 SQL Server Management Studio 配置选项

配置服务器选项的过程就是为了充分利用系统资源、设置服务器行为的过程。合理地配置服务器选项，可以加快服务器回应请求的速度、充分利用系统资源、提高工作效率。

下面，重点讲述如何使用 SQL Server Management Studio 工具配置常用的服务器选项。

(1) 在 SQL Server Management Studio 工具的“对象资源管理器”中右击将要设置的服务器名称，从弹出的快捷菜单中选中“属性”命令，打开如图 2-18 所示的“服务器属性 － ABCSERVER”对话框。该对话框包括了 8 个选项卡，通过这 8 个选项卡可以查看或设置服务器的常用选项值。“常规”选项卡如图 2-18 所示。该选项卡列出了当前服务器的产品名称、操作系统名称、平台名称、版本号、使用的语言、当前服务器的最大内存数量、当前服务器的处理器数量、当前 SQL Server 安装的根目录、服务器使用的排序规则以及是否已经集群化等信息。

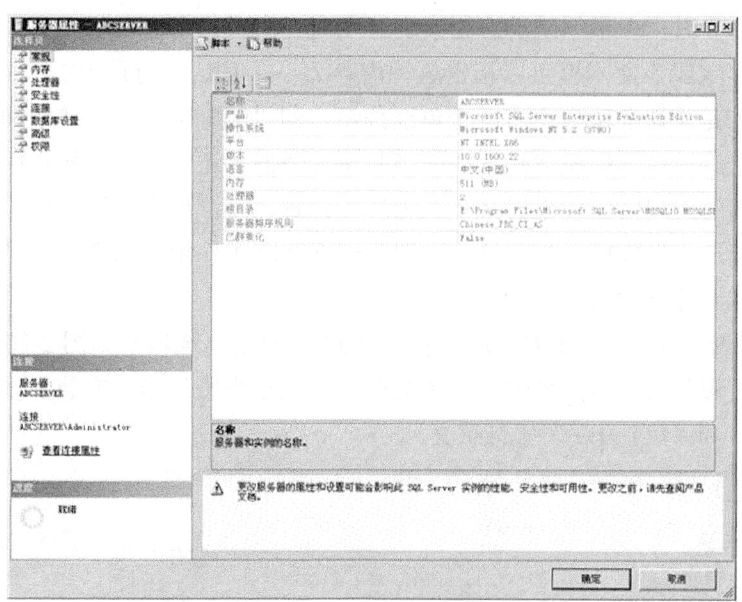

图 2-18　“常规”选项卡

(2) “服务器属性–ABCSERVER”对话框的“内存”选项卡如图 2-19 所示。在该选项卡中，可以设置与内存管理有关的选项。“使用 AWE 分配内存”选项表示在当前服务器上使用 AWE 技术执行超大物理内存。从理论上来看，32 位地址最多可以影射 4GB 内存。但是，通过使用 AWE 技术，Microsoft SQL Server 系统可以使用远远超过 4GB 的内存空间。一般地，只有大型数据库应用系统才使用该选项。该选项对应 awe enabled 选项。

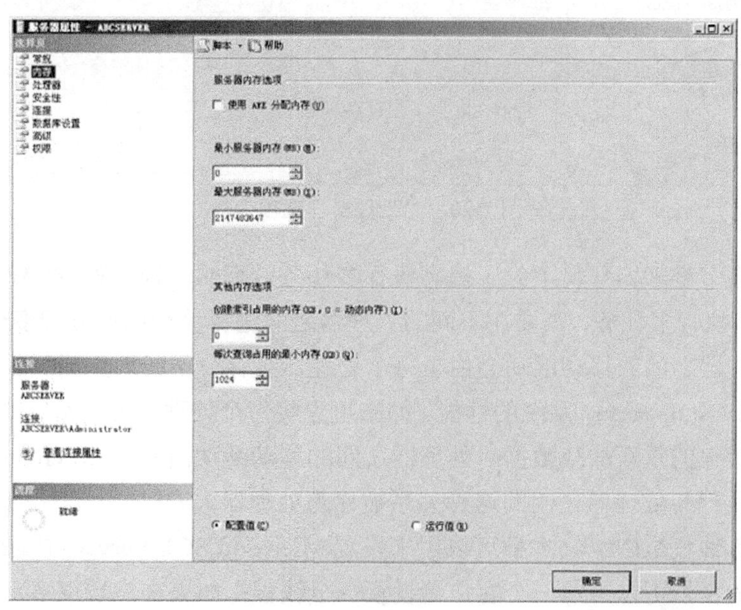

图 2-19　“内存”选项卡

如果需要设置服务器可以使用的内存范围，那么可以通过“最小服务器内存(MB)”和“最大服务器内存(MB)”两个文本框来完成。如果希望为索引指定占用的内存，那么可以通过“创建索引占用的内存”文本框来完成。需要强调的是，当“创建索引占用的内存”文本框中的值为 0 时，表示系统动态为索引分配内存。查询也需要耗费内存，“每次查询占用的最小内存(KB)”文本框可以指定这种内存大小，其默认值是 1024KB。

需要说明的是，该选项卡上有两个单选按钮，即“配置值”单选按钮和“运行值”单选按钮。前面已经说过，配置值是选项的当前设置值但是还没有真正起作用，运行值是当前系统正在使用的选项值。如果对某个选项进行设置之后，单击“运行值”按钮可以查看该设置是否立即产生了作用。如果这些设置不能立即产生作用，那么必须经过数据库引擎的停止和重新启动才能生效。

(3) “服务器属性–ABCSERVER”对话框的“处理器”选项卡如图 2-20 所示。在该选项卡上，可以设置与服务器的处理器相关的选项。只有当服务器上安装了多个处理器时，“处理器关联”和“I/O 关联”才有意义。

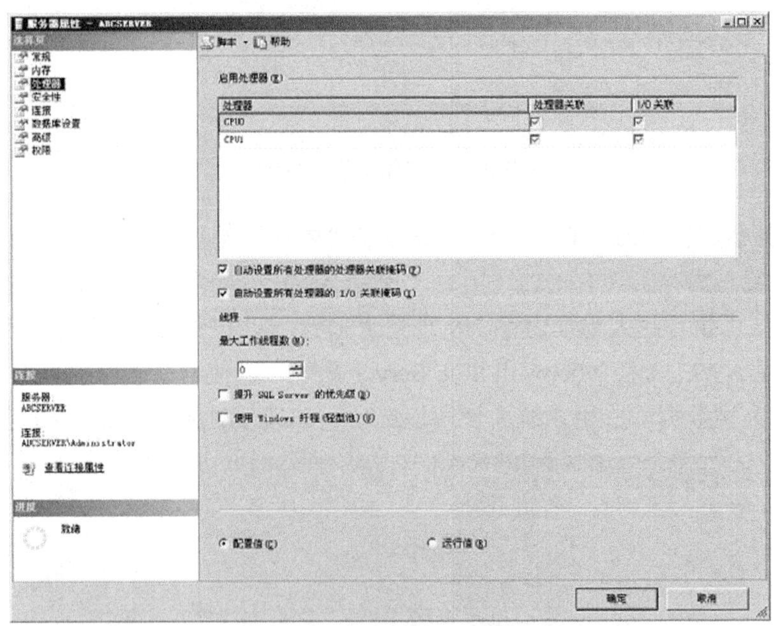

图 2-20　“处理器”选项卡

关联是指在多处理器环境下为了提高执行多任务效率的一种设置。在 Windows 操作系统中，有时为了执行多任务，需要在不同的处理器之间进行移动以便处理多个线程。但是，这种在多个处理器之间的移动活动会由于每个处理器缓存会不断地重新加载数据，从而显著降低 Microsoft SQL Server 系统的性能。如果事先将每个处理器分配给特定的线程，则可以消除处理器缓存的重新加载数据、处理器之间的移动活动而提高 Microsoft SQL Server 系统的性能。线程与处理器之间的这种关系被称为处理器关联。

“最大工作线程数(M)”文本框可以用来设置 Microsoft SQL Server 进程的工作线程数。如果客户端比较少，可以为每一个客户端设置一个线程；如果客户端很多，可以为这些客户端设置一个工作线程池。当该值为 0 时，表示由系统动态地分配线程。最大线程数受到服务器硬件的限制。例如，当服务器的 CPU 数低于 4 个时，32 位机器的可用最大线程数是 256，64 位机器的可用最大线程数是 512。

选中“提升 SQL Server 的优先级(B)”复选框表示设置 Microsoft SQL Server 进程的优先级高于操作系统上其他进程。一般地，选中“使用 Windows 纤程(轻型池)(U)”复选框可以通过减少上下文的切换频率而提高系统的吞吐量。

(4) “服务器属性–ABCSERVER”对话框的“安全性”选项卡如图 2-21 所示。在该选项卡中，可以设置与服务器身份认证模式、登录审核方式、服务器代理账户等与安全性有关的选项。需要特别说明的是，在该选项卡中，可以修改系统的身份验证模式。

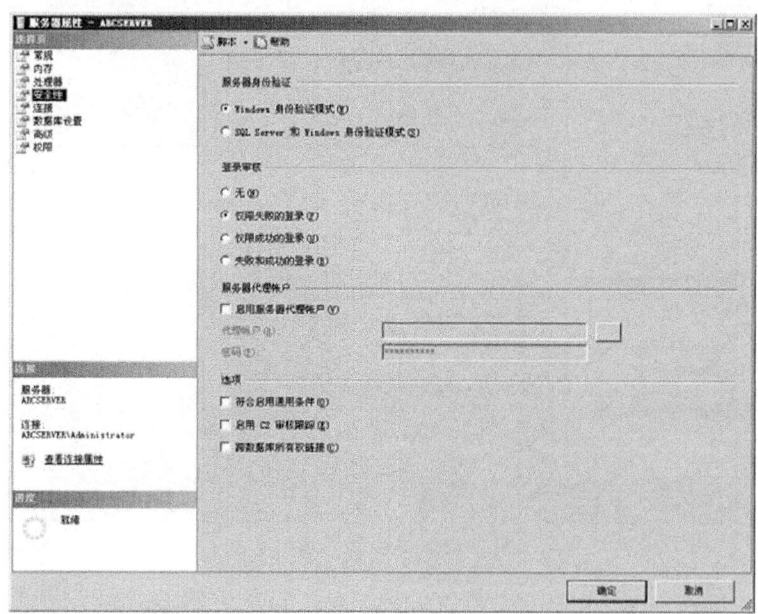

图 2-21　“安全性”选项卡

可以通过设置登录审核将用户的登录结果记录在错误日志中。如果选择“无(N)”单选按钮，表示不对登录过程进行审核。如果选择“仅限失败的登录(F)”单选按钮，则表示只记录登录失败的事件。如果选择“仅限成功的登录(U)”单选按钮，则表示在错误日志中只记录成功登录的事件。如果选择“失败和成功的登录(B)”单选按钮，则表示无论是登录失败事件还是成功事件都记录在错误日志中，以便对这些登录事件进行跟踪和审核。

这种登录审核仅仅是对登录事件的审核。如果希望对执行某条语句的事件进行审核、使用某个数据库对象的事件进行审核，那么应该怎么办呢？答案是，选中“启用 C2 审核跟踪(E)”复选框。该选项可以在日志文件中记录对各种语句、对象访问的事件。

在 Microsoft SQL Server 系统中可以使用 xp_cmdshell 存储过程执行操作系统命令。那么，这些操作系统命令的身份是什么，它们是如何登录系统的，它们在系统中有什么样的权限呢？这就是服务器代理账户需要解决的问题。这些服务器代理账户可以用于操作系统命令的执行。如果选中“启用服务器代理账户(V)”复选框，那么还需要指定代理账户名称和密码。需要提醒的是，如果服务器代理账户的权限过大，那么有可能被恶意用户利用，形成安全漏洞，危及系统安全。因此，服务器代理账户所用的登录账户应该仅是具有执行既定工作所需的最小权限。例如，如果操作系统命令只是需要访问数据库中 employees 表中的数据，那么只是为服务器代理账户赋予对 employees 表的 select 权限。

所有权链接通过设置对某个对象的权限允许管理对多个对象的访问。但是，这种所有权链接是否具备跨数据库的能力，需要通过对“跨数据库所有权链接(C)”复选框进行设置。

(5) “服务器属性–ABCSERVER”对话框的“连接”选项卡如图 2-22 所示。在该选项卡中可以设置与连接服务器有关的选项和参数。

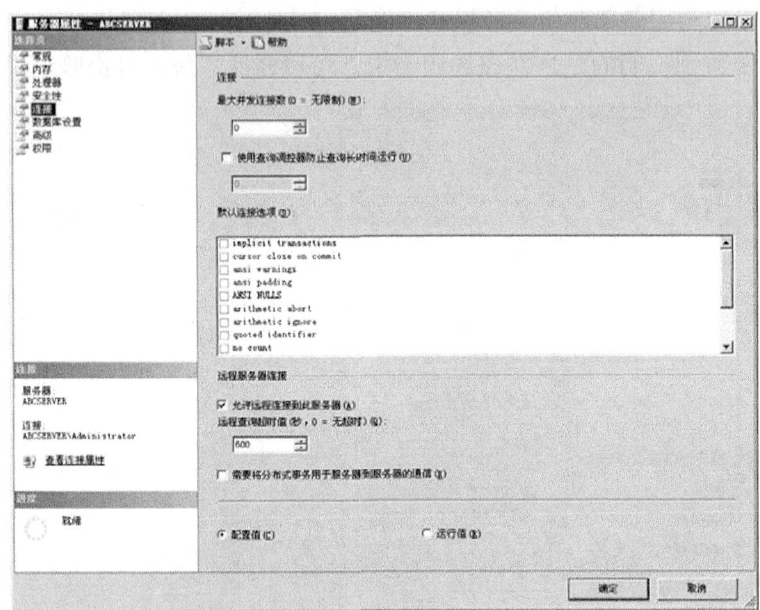

图 2-22　“连接”选项卡

“最大并发连接数(0=无限制)”文本框用于设置当前服务器允许的最大并发连接数量。并发连接数量是指同时访问服务器的客户端数量。这种限制受到技术和商业两方面的限制。技术上的限制可以在这里设置，商业上的限制需要通过许可来确定。0 表示从技术上来讲不对并发连接数量进行限制，理论上允许有无数多的客户端同时访问服务器。

在 Microsoft SQL Server 系统中，查询语句的执行时间的长度是可以有限制的，查询调控器可以限制查询语句的执行时间。如果使用“使用查询调控器防止查询长时间运行”文本框指定一个非零、非负的数值，那么查询调控器将不允许查询语句的执行时间超过这里的设定值。如果指定为 0，那么表示不限制查询语句的执行时间。

控制查询语句的执行行为可以通过设置“默认连接选项”中的列表清单来进行。例如，如果选中 implicit transactions 复选框，表示打开隐式事务模式的开关，也就是说，用户在执行事务操作时必须显示地提交或回滚，否则该事务中的操作不能被自动地提交。

如果希望设置与远程服务器连接有关的操作，那么需要设置“允许远程连接到此服务器”复选框、“远程查询超时值(秒，0=无超时)”文本框和“需要将分布式事务用于服务器到服务器的通信”复选框。

(6) “服务器属性–ABCSERVER”对话框的“数据库设置”选项卡如图 2-23 所示。在该选项卡中，可以设置与创建索引、执行备份和还原等操作有关的选项。

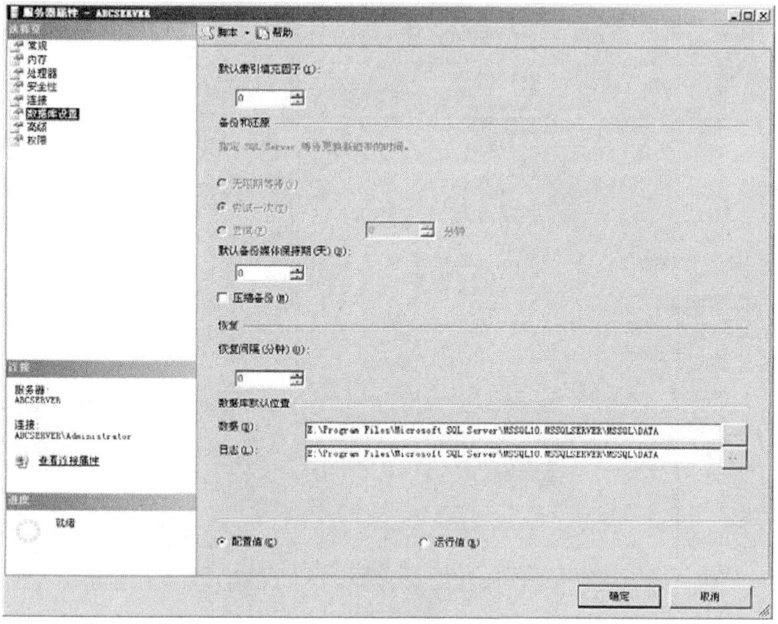

图 2-23　“数据库设置”选项卡

在创建索引时，需要将索引页填满到什么样的程度呢？衡量这种程度的指标被称为填充因子。过低的填充因子有利于对表中数据的维护性能，但是不利于检索操作；过高的填充因子不利于对表中数据的维护操作。可以在“默认索引填充因子”文本框中设置索引页的填充程度。

有关备份和还原操作的一些行为可以在“备份和还原”区域中设置。例如，在使用磁带执行备份或还原时，更换磁带时需要耗费一定的时间。那么 SQL Server 如何对待这种等待时间呢？有 3 种行为，“无限期等待”表示没有等待时间的限制；“尝试一次”表示仅仅请求一次，如果需要磁带但是却没有磁带，那么 Microsoft SQL Server 超时；尝试的时间长度可以通过“尝试”文本框来设置。

为防止备份媒体上备份内容被覆盖，可用“默认备份媒体保持期(天)”文本框设置时间长度。如果选中“压缩备份”复选框，表示在备份过程中执行压缩备份。压缩备份是 2008 版本的新增功能。

每当 Microsoft SQL Server 的实例启动时，总是要恢复各个数据库，回滚未提交的事务，并且前滚已提交但是更改内容在 Microsoft SQL Server 实例停止时尚未写入磁盘中的事务。在恢复每个数据库时，需要耗费一定的时间。这种时间长度的上限可以通过“恢复间隔(分钟)”文本框来设置。0 表示由 Microsoft SQL Server 系统自动确定时间长度。

在创建数据库时，数据库的数据文件和日志文件的默认物理位置可以通过“数据”、“日志”文本框来指定。当然，这里指定的位置仅仅是默认位置。用户在创建数据库时，如果指定了明确的数据文件和日志文件的物理位置，则按照指定的物理位置创建数据库。

(7) “服务器属性–ABCSERVER”对话框的“高级”选项卡如图 2-24 所示。在该选项卡中，可以设置有关服务器的并行操作行为、网络行为等选项。

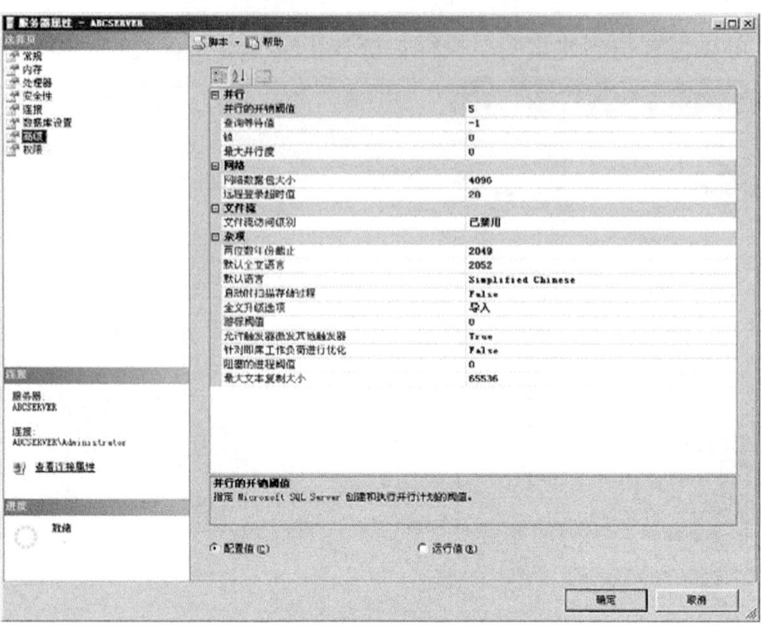

图 2-24　“高级”选项卡

这里主要介绍一下“并行的开销阈值”选项的设置。开销是指在特定的硬件配置中运行串行计划估计需要花费的时间，时间单位是秒。开销阈值是 Microsoft SQL Server 系统自动创建并运行查询并行计划的起点。例如，如果将该值设置为 5，表示当某个查询的串行计划估计超过 5 秒时，系统将自动创建并运行该查询的并行计划。

(8) “服务器属性–ABCSERVER”对话框的“权限”选项卡如图 2-25 所示。在该选项卡中可以设置和查看当前 SQL Server 实例中登录名或角色的权限信息。有关权限管理的内容，本书 3.8 节专门讲述，这里就不多说了。

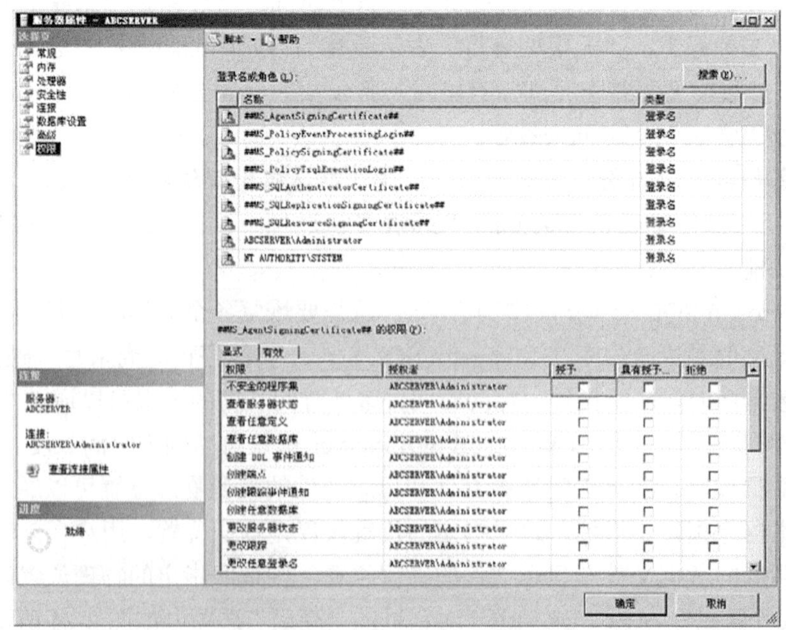

图 2-25　“权限”选项卡

2.7 本 章 小 结

本章首先介绍了安装规划的目的和内容，这些内容有助于做好安装前的准备工作。接下来，对安装过程中的主要问题进行了分析。之后，对于如何验证安装是否成功的问题提出了解决方案，对于系统升级问题进行了探讨。然后，又讲述了注册服务器的目的和过程。最后，详细讨论了有关设置服务器选项的话题。

【思考和练习】

1. 安装规划的目的和内容是什么？
2. 在安装之前为什么要确定系统的安装目的？
3. Microsoft SQL Server 2008 系统的版本特征是什么？
4. 系统和系统实例的区别和联系是什么？
5. 在安装过程中如何设置排序规则？
6. 安装之后，Microsoft SQL Server 2008 系统有哪些文件夹？
7. 有哪些服务器选项类型？
8. 如何使用 sp_configure 系统存储过程设置服务器选项？
9. 如何使用 SQL Server Management Studio 工具设置服务器选项？

第3章　管理安全性

安全性是数据库管理系统的重要特征。能否提供全面、完整、有效、灵活的安全机制，往往是衡量一个分布式数据库管理系统是否成熟的重要标志，也是用户选择合适的数据库产品的一个重要判断指标。Microsoft SQL Server 2008 系统提供了一整套保护数据安全的机制，包括角色、架构、用户、权限等手段，可以有效地实现对系统访问和数据访问的控制。本章全面讲述 Microsoft SQL Server 2008 系统的安全管理。

本章要点：

- 理解数据库安全性问题和安全性机制之间的关系
- 管理和维护登录名
- SQL Server 系统的密码策略
- 固定服务器角色的特点和管理
- 管理和维护数据库用户
- 管理和维护架构
- 权限类型和权限管理
- 系统内置的加密机制

3.1　概　　述

安全性是所有数据库管理系统的一个重要特征。理解安全性问题是理解数据库管理系统安全性机制的前提。下面结合 Microsoft SQL Server 2008 系统的安全特征，分析安全性问题和安全性机制之间的关系。

第一个安全性问题：当用户登录数据库系统时，如何确保只有合法的用户才能登录到系统中？这是一个最基本的安全性问题，也是数据库管理系统提供的基本功能。在 Microsoft SQL Server 2008 系统中，通过身份验证模式和主体解决这个问题。

身份验证模式是Microsoft SQL Server 2008系统验证客户端和服务器之间连接的方式。Microsoft SQL Server 2008 系统提供了两种身份验证模式：Windows 身份验证模式和混合模式。在 Windows 身份验证模式中，用户通过 Microsoft Windows 用户账户连接时，SQL Server 使用 Windows 操作系统中的信息验证账户名和密码。Windows 身份验证模式使用 Kerberos 安全协议，通过强密码的复杂性验证提供密码策略强制、账户锁定支持、支持密码过期等。在混合模式中，当客户端连接到服务器时，既可能采取 Windows 身份验证，也可能采取 SQL Server 身份验证。当设置为混合模式时，允许用户使用 Windows 身份验证 SQL Server 身份验证进行连接。通过 Windows 用户账户连接的用户可以使用 Windows 验证的受信任连接。如果必须选择“混合模式”并要求使用 SQL Server 账户登录，则必须为所有的 SQL Server 账户设置强密码。Windows 身份验证模式是默认的身份验证模式，它比混合模式安全。

在 Microsoft SQL Server 2008 系统中，主体是可以请求系统资源的个体、组合过程。例如，数据库用户是一种主体，可以按照自己的权限在数据库中执行操作和使用相应的数据。Microsoft SQL Server 2008 系统有多种不同的主体，不同主体之间的关系是典型的层次结构关系，位于不同层次上的主体其在系统中影响的范围也不同。位于层次比较高的主体，其作用范围比较大；位于层次比较低的主体，其作用范围比较小。例如，SQL Server 登录名作为一种主体，其所处的层次高于数据库用户主体，因此，SQL Server 登录名有可能访问多个不同的数据库，但是指定的数据库用户的作用范围则是所在的数据库。有些主体是单个的，有些主体则是一个集合。例如，Windows 域登录名是一个单个的主体，因为一个 Windows 域登录名是一个不可分的主体。但是，Windows 组则是一个集合主体，因为一个 Windows 组可能包括了多个 Windows 域登录名。无论主体是单个的还是集合的都有一个唯一的安全标识符。

在 Microsoft SQL Server 2008 系统中，可以把主体的层次分为 3 个级别：Windows 级别、SQL Sever 级别和数据库级别。Windows 级别的主体包括 Windows 组、Windows 域登录名和 Windows 本地登录名，这些级别的主体的作用范围是整个 Windows 操作系统，SQL Server 系统只是 Windows 操作系统中的一部分；SQL Server 级别的主体包括 SQL Server 登录名和固定服务器角色，这两种主体的作用范围是整个 SQL Server 系统，也就是说，该层次上的主体可以在所有的数据库中起作用；数据库级别的主体的作用范围是数据库，这些主体包括数据库用户、固定数据库角色、应用程序角色，这些主体可以请求数据库内的各种资源。

第二个安全性问题：当用户登录到系统中，他可以执行哪些操作、使用哪些对象和资源？这也是一个基本的安全问题，在 Microsoft SQL Server 2008 系统中，通过安全对象和权限设置来解决这个问题。

Microsoft SQL Server 2008 系统管理者可以通过权限保护分层实体集合，这些实体被称为安全对象。安全对象是 Microsoft SQL Server 2008 系统控制对其进行访问的资源。SQL Server 系统通过验证主体是否已经获得适当的权限来控制主体对安全对象的各种操作。就像主体的层次一样，安全对象之间的关系类似层次结构关系。层次高的安全对象具有更大的安全范围，层次低的安全对象具有比较小的安全范围。安全范围大的安全对象往往可以包含安全范围小的安全对象。在 Microsoft SQL Server 2008 系统中，可以分为 3 种安全对象范围：服务器安全对象范围、数据库安全对象范围和架构安全对象范围。

服务器安全对象范围包括端点、SQL Server 登录名、数据库，可以在 SQL Server 级别上设置这些安全对象的权限，这些设置将对整个服务器范围产生影响。例如，如果为主体授予了创建数据库的权限，那么该主体创建数据库之后就可以作为数据库所有者在数据库中执行各种操作。数据库安全对象范围包括用户、应用程序角色、角色、程序集、消息类型、路由、服务、远程服务绑定、全文目录、证书、非对称密钥、对称密钥、约定、架构等，可以在数据库中控制对这些资源的访问。架构安全对象范围包括类型、XML 架构集合、聚合、约束、函数、过程、队列、统计信息、同义词、表、视图等。这些安全对象都是可以由架构拥有的。

主体和安全对象之间是通过权限关联起来的。主体通过发出请求来访问系统资源，安全对象就是相关主体访问的系统资源。主体能否对安全对象执行访问操作，需要判断主体是否拥有访问安全对象的权限。例如，如果 SQL Server 登录名拥有数据库的 CREATE DATABASE 权限，那么该 SQL Server 登录名就能创建数据库和访问数据库中的所有资源。在 Microsoft SQL Server 2008 系统中，主体和安全对象的组成部分和这些部分之间的关系示意图如图 3-1 所示。

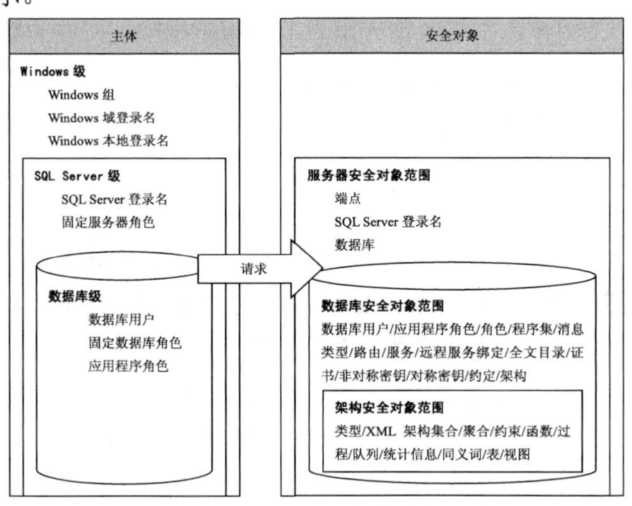

图 3-1　主体和安全对象的结构示意图

第三个安全性问题：数据库中的对象由谁所有？如果是由用户所有，那么当用户被删除时，其所拥有的对象怎么办，难道数据库对象可以成为没有所有者的“孤儿”吗？在 Microsoft SQL Server 2008 系统中，这个问题是通过用户和架构分离来解决的。在 Microsoft SQL Server 2008 系统中，用户并不拥有数据库对象，架构可以拥有数据库对象。用户通过架构来使用数据库对象。这种机制使得删除用户时不必修改数据库对象的所有者，提高了数据库对象的可管理性。数据库对象、架构和用户之间的关系示意图如图 3-2 所示。

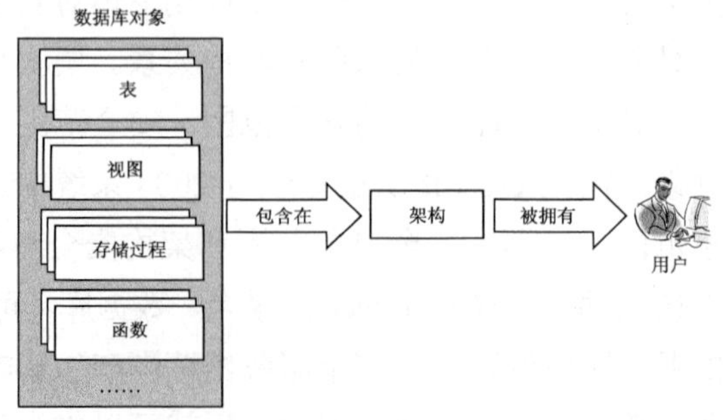

图 3-2　数据库对象、架构和用户之间的关系示意图

在 Microsoft SQL Server 7.0/2000 等先前版本的系统中，数据库对象是由用户直接拥有的，引起了“孤儿”对象问题。2005 版本引入了用户和架构分离机制，很好地解决了这种问题。另外，在 2005 版本中，除了实现用户和架构分离之外，所有的权限都可以由 GRANT 语句来授予，并且增强了加密和密钥管理功能。

在安全性管理方面，Microsoft SQL Server 2008 系统与 2005 版本的变化不大，对安全性的增强功能主要包括新的加密函数、添加的透明数据加密和可扩展密钥管理功能等。

3.2　管理登录名

管理登录名包括创建登录名、设置密码策略、查看登录名信息及修改和删除登录名等。下面讲述登录名管理的内容，注意，sa 是一个默认的 SQL Server 登录名，拥有操作 SQL Server 系统的所有权限。该登录名不能被删除。当采用混合模式安装 Microsoft SQL Server 系统之后，应该为 sa 指定一个密码。

3.2.1　创建登录名

在 Microsoft SQL Server 2008 系统中，许多操作都既可以通过 Transact-SQL 语句完成，也可以通过 Microsoft SQL Server Management Studio 工具来完成。下面主要介绍如何使用 Transact-SQL 语句创建登录名。在创建登录名时，既可以通过将 Windows 登录名映射到 SQL Server 系统中，也可以创建 SQL Server 登录名。

首先介绍如何将 Windows 登录名映射到 SQL Server 系统中。在 Windows 身份验证模式下，只能使用基于 Windows 登录名的登录名。在 SQL Server 系统中，使用 Windows 登录名创建登录名的最简单的方式如图 3-3 所示。

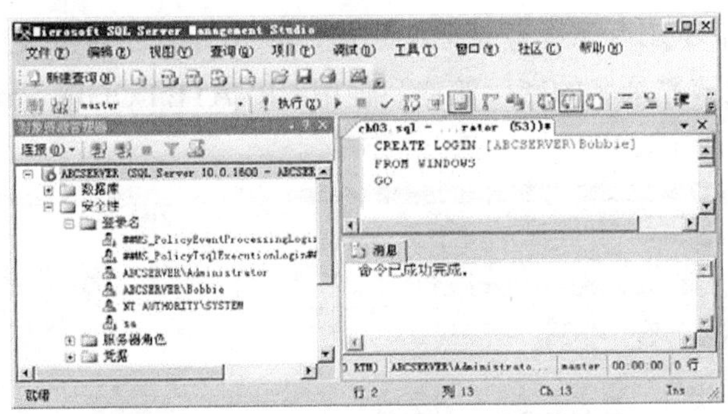

图 3-3　使用 Windows 登录名创建登录名

在图 3-3 所示的语法中，CREATE LOGIN 是关键字，[ABCSERVER\Bobbie]是将要创建的基于 Windows 登录名的登录名，其中方括号是必需的，ABCSERVER 指定域名，Bobbie 是 Windows 操作系统中已经存在的 Windows 登录名。FROM WINDOWS 是关键字，表示该登录名的来源是 Windows 登录名。

在这个创建登录名的示例中，没有为新建的登录名指定密码属性。这是因为基于 Windows 登录名的登录名已经有密码了，并且使用 Windows 身份验证模式，不再额外需要提供密码信息。这样，Windows 登录名的密码策略就直接可以应用到 SQL Server 系统中。

如果指定的 Windows 登录名不存在，则在 SQL Server 系统中不能基于这种不存在的 Windows 登录名创建登录名。否则，系统将产生错误信息。但是，如果某个 Windows 登录名存在，但是并没有基于该 Windows 登录名创建登录名，那么该 Windows 登录名是不能直接使用 Windows 身份验证模式访问 SQL Server 系统的。

需要指出的是，在上面创建基于 Windows 登录名的登录名时，还有一个问题没有解决。当用户到 SQL Server 系统中，需要直接访问某个数据库，该数据库是该登录名的默认数据库。如果没有为新建的登录名明确地指定默认数据库，那么默认数据库是 master 数据库。但是，如果希望为新建的登录名明确地指定默认数据库，那么可以使用 WITH DEFAULT_DATABASE 子句。创建一个指定默认数据库的登录名示例如图 3-4 所示。

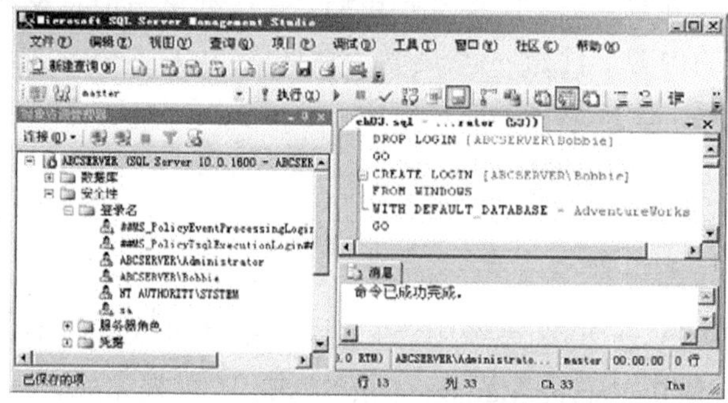

图 3-4　创建有默认数据库的登录名

在如图 3-4 所示的示例中，明确指定了[ABCSERVER\Bobbie]登录名的默认数据库是 AdventureWorks。当该用户登录到 SQL Server 系统中时，直接可以进入 AdventureWorks 数据库。

使用 CREATE LOGIN 语句除了创建基于 Windows 登录名创建登录名之外，还可以创建 SQL Server 登录名。SQL Server 登录名必须通过 SQL Server 身份验证，在创建 SQL Server 登录名时，需要指定该登录名的密码策略。使用 CREATE LOGIN 语句创建 SQL Server 登录名的方式如图 3-5 所示。

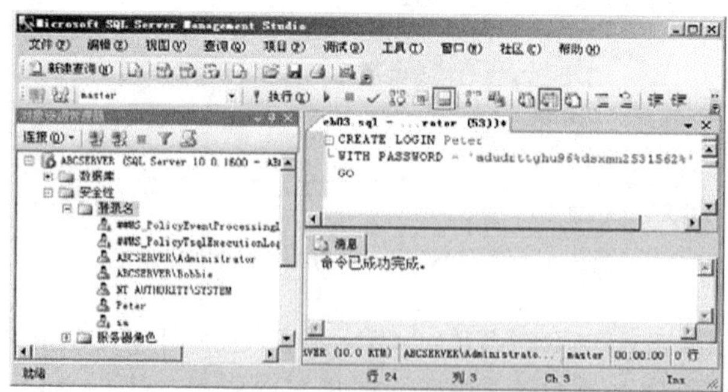

图 3-5　创建 SQL Server 登录名

在图 3-5 所示示例中，CREATE LOGIN 是关键字，Peter 是将要创建的 SQL Server 登录名。WITH PASSWORD 是关键字，用于指定该登录名的密码。在该命令中，既没有使用 Windows 域名限定登录名，也没有使用 FROM 关键字指定登录名的来源，因此这是创建 SQL Server 登录名的方式。如果在创建 SQL Server 登录名时希望指定默认的数据库和使用的默认语言，那么可以使用 DEFAULT_DATABASE 关键字指定默认的数据库，使用 DEFAULT_LANGUASE 关键字指定默认的语言。

现在介绍 Microsoft SQL Server 2008 系统的密码策略问题。实际上，Microsoft SQL Server 2008 系统使用了 Windows 的密码策略。当基于 Windows 登录名创建登录名时，虽然不需要明确地指定密码，但是由于 Windows 登录名本身有 Windows 密码，因此可以说系统自动使用了 Windows 的密码策略。但是，在创建 SQL Server 登录名，如果依然希望使用 Windows 的密码策略，那么需要通过使用一些关键字来明确指定。Windows 的密码策略包括了密码复杂性和密码过期两大特征。

密码的复杂性是指通过增加更多可能的密码数量来阻止黑客的攻击。密码的复杂性策略应该遵循下面一些原则。

- 密码不应该包含全部或部分登录名。例如，在前面的示例中，不应该为 Peter 登录名指定这样的密码：'Peter'。
- 密码长度至少为 6 个字符，不能太短。例如，'Peter'密码由于长度是 5 而不合理。
- 密码应该包含四类字符中的三类：英文大写字母(A-Z)、英文小写字母(a-z)、10 个基本数字(0-9)和非字母数字(!、$、#、%等)。

密码过期策略是指如何管理密码的使用期限。在创建 SQL Server 登录名时，如果使用密码过期策略，那么系统将提醒用户及时更改旧密码和登录名，并且禁止使用过期的密码。

为了确保密码的安全，一般地，建议采取以下措施：密码中应该组合大小写字母、数字和特殊符号；密码在字典中查找不到；密码不是用户名或者人名；不是地理位置名称；不是程序语言的命令名；定期更改；旧密码与新密码有比较大的差别。

在使用 CREATE LOGIN 语句创建 SQL Server 登录名时，为了实施上述的密码策略，可以指定 HASHED、MUST_CHANGE、CHECK_EXPIRATION、CHECK_PLICY 等关键字。

HASHED 关键字用于描述如何处理密码的哈希运算。在使用 CREATE LOGIN 语句创建 SQL Server 登录名时，如果在 PASSWORD 关键字后面使用 HASHED 关键字，那么表示在作为密码的字符串存储到数据库之前，对其进行哈希运算。如果在 PASSWORD 关键字后面没有使用 HASHED 关键字，那么表示作为密码的字符串已经是经过哈希运算之后的字符串，因此在存储到数据库之前不再进行哈希运算了。

注意：

哈希运算是指采用哈希函数对作为密码的字符串进行运算。哈希是英文 Hash 的音译，也翻译成散列。哈希函数也被称为散列函数，可以把一个任意长的字符串映射为一个定长的哈希码。这种映射是单向的，映射前的字符串与映射后的哈希码具有一一对应关系。哈希运算的作用在于判断字符串在传递过程中是否发生了改变。MD5 是一个著名的哈希函数。

MUST_CHANGE 关键字表示在首次使用新登录名时提示用户输入新密码。CHECK_EXPIRATION 关键字表示是否对该登录名实施密码过期策略。CHECK_PLICY 关键字表示对该登录名强制实施 Windows 密码策略。在如图 3-6 所示的示例中，表示对新建的 Peterson

登录名实施密码过期策略，且第一次登录时必须修改密码。

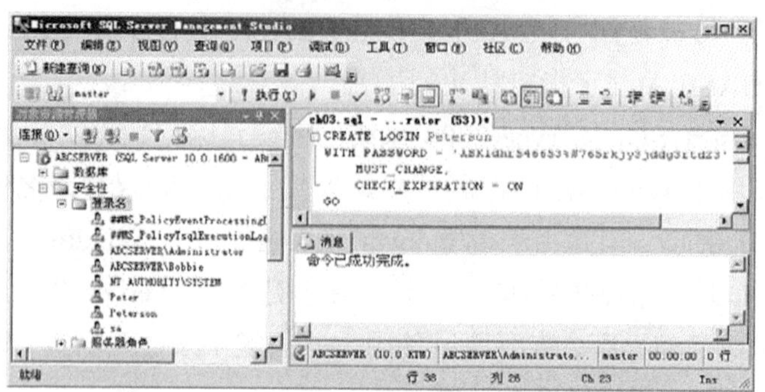

图 3-6　使用密码策略创建 SQL Server 登录名

在 Microsoft SQL Server 2008 系统中，可以使用安全性目录视图查看有关登录名、权限、证书等有关安全性的信息。例如，sys.server_principals 目录视图可以查看有关服务器级的主体信息，sys.sql_logins 目录视图提供了有关 SQL Server 登录名信息。这些信息包括名称、主体标示符、SID(安全性标识符)、类型、类型描述、创建日期、最后修改日期、默认数据库和默认语言等。在 sys.server_principals 和 sys.sql_logins 目录视图中，S 类型表示 SQL Server 登录名，U 表示 Windows 登录名，G 表示 Windows 组。

3.2.2　维护登录名

登录名创建之后，可以根据需要修改登录名的名称、密码、密码策略、默认的数据库等信息，可以禁用或启用该登录名，甚至可以删除不需要的登录名。

ALTER LOGIN 语句用来修改登录名的属性信息。修改登录名的名称与删除、重建该登录名是不同的。在 Microsoft SQL Server 系统中，登录名的标识符是 SID，登录名的名称只是一个逻辑上使用的名称。修改登录名的名称时，由于该登录名的 SID 是不变的，因此系统依然把这种修改前后的登录名作为同一个登录名对待，与该登录名有关的密码、权限等不会发生任何变化。但是，如果删除和重建登录名之后，虽然登录名的逻辑名称可能是相同的，但是由于该登录名重建前后的 SID 是不同的，因此这种登录名是不同的。例如，如果把 Peterson 登录名修改为 Rudolf，那么可以使用如图 3-7 所示的命令。

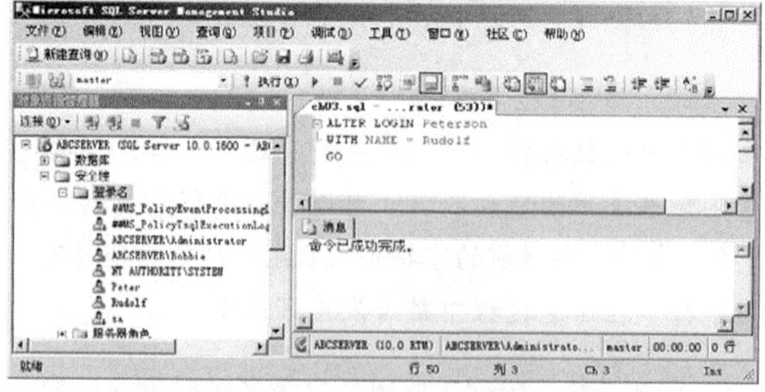

图 3-7　使用 ALTER LOGIN 修改登录名

使用 ALTER LOGIN 语句也可以修改登录名的密码和密码策略。这种修改不需要指定旧密码，直接指定新密码即可。例如，如果修改登录名 Rudolf 的密码，可以按照图 3-8 所示的方式进行操作。

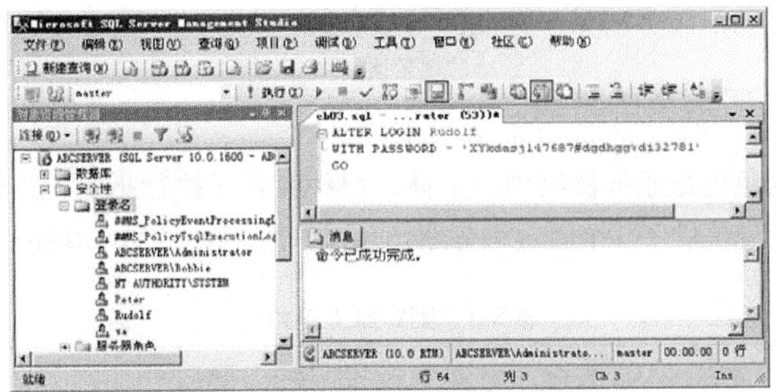

图 3-8　修改 Rudolf 登录名的密码

需要特别指出的是，使用 ALTER LOGIN 语句可以禁用或启用指定的登录名。禁用登录名与删除登录名是不同的。禁用登录名时，登录名的所有信息依然存在系统中，但是却不能正常使用。只有被重新起用，该登录名才可以发挥作用。实际上，禁用登录名是一种临时的禁止登录名其作用的措施。例如，TravelElc 公司 Rudolf 员工被临时借用到 RHD 公司工作 3 个月。在 RHD 公司工作期间，Rudolf 员工不能登录 TravelElc 公司的数据库系统。但是，3 个月之后，Rudolf 员工返回 TravelElc 公司时，他依然可以登录公司的数据库系统并且使用自己以前的所有信息。这时，可以临时禁用 Rudolf 登录名。禁用和启用登录名的操作如图 3-9 所示。

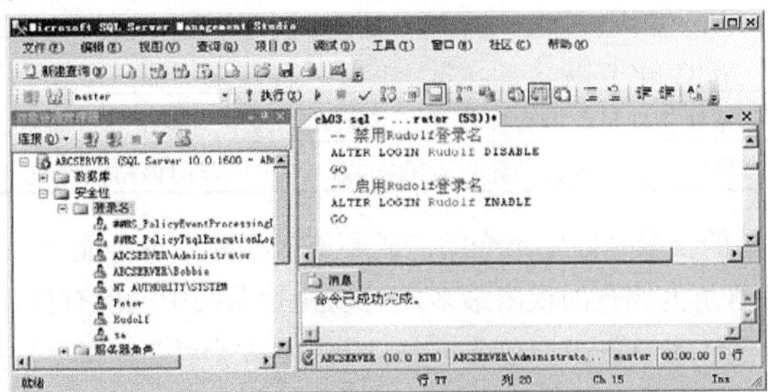

图 3-9　禁用和启用登录名

如果某个登录名不再需要了，可以使用 DROP LOGIN 语句删除该登录名。删除登录名表示删除该登录名的所有信息。例如，如果 Rudolf 登录名不再有用了，那么可以使用下面的 DROP LOGIN Rudolf 命令删除该登录名。需要注意的是，正在使用的登录名是不能被删除的，拥有任何安全对象、服务器级别的对象或代理作业的登录名也是不能被删除的。

3.3　固定服务器角色

固定服务器角色是服务器级别的主体，它们的作用范围是整个服务器。固定服务器角色已经具备了执行指定操作的权限，可以把其他登录名作为成员添加到固定服务器角色中，这样该登录名可以继承固定服务器角色的权限。

下面首先讲述 Microsoft SQL Server 2008 系统提供的固定服务器角色的特点，然后分析如何处理登录名与固定服务器角色之间的关系。

3.3.1　固定服务器角色的特点

固定服务器角色也是服务器级别的主体，已经具备了执行指定操作的权限。Microsoft SQL Server 2008 系统提供了 9 个固定服务器角色，这些角色的清单和功能描述如表 3-1 所示。

表 3-1　固定服务器角色

固定服务器角色	描　　述
bulkadmin	块数据操作管理员，拥有执行块操作的权限，即拥有 ADMINISTER BULK OPERATIONS 权限，例如执行 BULK INSERT 操作
dbcreator	数据库创建者，拥有创建数据库的权限，即拥有 CREATE DATABASE 权限
diskadmin	磁盘管理员，拥有修改资源的权限，即拥有 ALTER RESOURCE 权限
processadmin	进程管理员，拥有管理服务器连接和状态的权限，即拥有 ALTER ANY CONNECTION、ALTER SERVER STATE 权限
securityadmin	安全管理员，拥有执行修改登录名的权限，即拥有 ALTER ANY LOGIN 权限
serveradmin	服务器管理员，拥有修改端点、资源、服务器状态等权限，即拥有 ALTER ANY ENDPOINT 、ALTER RESOURCES 、ALTER SERVER STATE 、ALTER SETTINGS、SHUTDOWN、VIEW SERVER STATE 权限
setupadmin	安装程序管理员，拥有修改链接服务器权限，即拥有 ALTER ANY LINKED SERVER 权限
sysadmin	系统管理员，拥有操作 SQL Server 系统的所有权限
public	公共角色，没有预先设置的权限。用户可以向该角色授权

固定服务器角色的权限是固定不变的，既不能被删除，也不能增加。在这些角色中，sysadmin 固定服务器角色拥有的权限最多，可以执行系统中的所有操作。在 SQL Server Management Studio 的“对象资源管理器”窗口中的“安全性”下的“服务器角色”节点中可以查看到这些固定服务器角色的名称，如图 3-10 所示。右击固定服务器角色，可以查看该角色的成员等信息。

图 3-10　固定服务器角色

3.3.2 固定服务器角色和登录名

在 Microsoft SQL Server 系统中，可以把登录名添加到固定服务器角色中，使登录名作为固定服务器角色的成员继承固定服务器角色的权限。对于登录名来说，可以判断其是否为某个固定服务器角色的成员。用户可以使用 sp_addsrvrolemember、sp_helpsrvrolememeber、sp_dropsrvrolemember 等存储过程和 IS_SRVROLEMEMBER 函数来执行有关固定服务器角色和登录名之间关系的操作。

如果希望指定的登录名成为某个固定服务器角色的成员，可以使用 sp_addsrvrolemember 存储过程来完成这种操作。sp_addsrvrolemember 存储过程的语法如下：

```
sp_addsrvrolemember 'login_name', 'role_name'
```

在上面的语法中，login_name 参数用于指定登录名，role_name 参数用于指定表 3-1 中列出的固定服务器角色名称。

例如，假设要将登录名 Rudolf 指定为 sysadmin 固定服务器角色的成员，可以使用如图 3-11 的所示的命令。

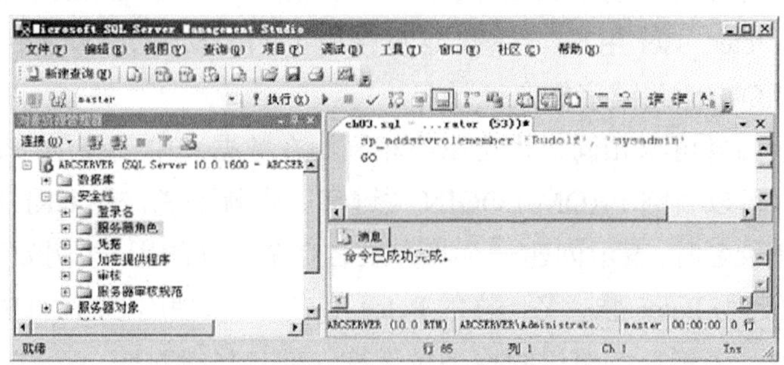

图 3-11 在 sysadmin 角色中增加成员

如果要查看指定的固定服务器角色的成员或所有的固定服务器角色的成员，可以使用 sp_helpsrvrolemember 存储过程。如果希望判断指定的登录名是否为某个固定服务器角色的成员，可以使用 IS_SRVROLEMEMBER 函数。该函数返回值是 1 时，表示当前用户的登录名是成员；返回 0 时，表示不是成员；否则，表示指定的固定服务器角色名称是错误的。

如果希望把固定服务器角色的某个成员删除，那么可以使用 sp_dropsrvrolemember 存储过程。删除固定服务器角色的登录名成员，只是表示该登录名成员不是当前固定服务器角色的成员，但是依然作为系统的登录名存在。

3.4 管理数据库用户

数据库用户是数据库级的主体，是登录名在数据库中的映射，是在数据库中执行操作和活动的行动者。在 Microsoft SQL Server 2008 系统中，数据库用户不能直接拥有表、视图等数据库对象，而是通过架构拥有这些对象。数据库用户管理包括创建用户、查看用户信息、修改用户、删除用户等操作。

3.4.1　创建用户

可以使用 CREATE USER 语句在指定的数据库中创建用户。由于用户是登录名在数据库中的映射，因此在创建用户时需要指定登录名。例如，可以使用如图 3-12 所示的命令在 AdventureWorks 数据库中创建对应 Peter 登录名的用户。

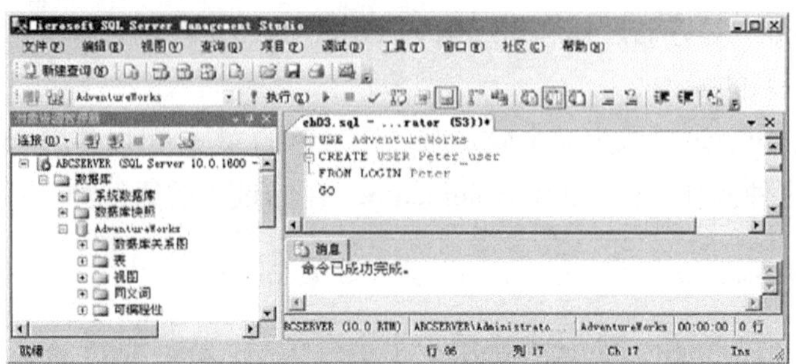

图 3-12　创建登录名的数据库用户

用户是基于数据库的主体，在执行 CREATE USER 语句创建用户之前，应该使用 USE AdventureWorks 命令设置当前的数据库。接下来，使用 CREATE USER 语句创建了一个对应 Peter 登录名的 Peter_user 用户。注意，这里使用了 FROM LOGIN 关键字来指定登录名。也可以使用 FOR LOGIN 关键字指定登录名。

用户名和登录名既可以相同，也可以不相同。在数据库中创建用户时，如果用户名与登录名完全相同，可以省略 FROM LOGIN 关键字。也就是说，当 CREATE USER 语句中没有明确地指定登录名时，表示创建一个与登录名完全相同的用户。例如，如果在 Adventure Works 数据库中创建与 Peter 登录名一样的 Peter 用户，可以使用 CREATE USER Peter 命令。

数据库中的每一个用户都可以对应多个架构，但是只能对应一个默认架构，只有这样才能通过架构引用数据库对象。当不明确指定架构时，使用该用户的默认架构。如果在 CREATE USER 语句中没有明确地指定架构，那么所创建的新用户使用 dbo 架构。dbo 是一个自动生成的架构，它可以拥有数据库中的所有对象。但是，如果希望为新用户明确地指定架构，那么可以在 CREATE USER 语句中使用 DEFAULT_SCHEMA 关键字来指定架构名称。在如图 3-13 所示的脚本中，使用 CREATE USER 语句新建一个基于[ABCSERVER\Bobbie]登录名、拥有 HRManager 架构的 Bobbie_HRM 用户。

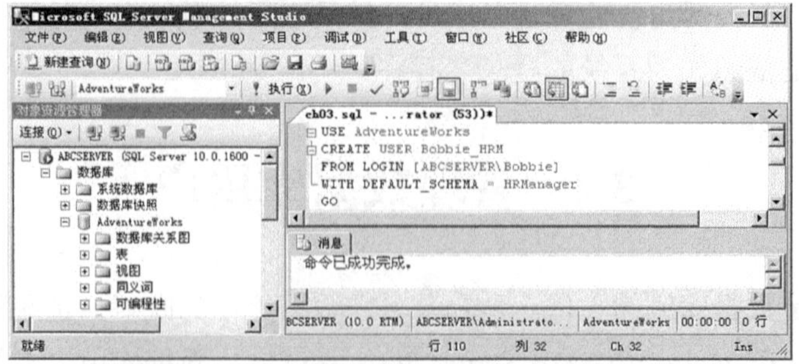

图 3-13　创建带有默认架构的数据库用户

注意：

虽然在 AdventureWorks 数据库中 HRManager 架构是不存在的，但是在创建数据库用户时可以引用当前不存在的架构。这样提高了创建数据库用户的灵活性，可以在创建用户之后再创建指定的架构。

如果希望查看数据库用户的信息，可以使用 sys.database_principals 目录视图。该目录视图包含了有关数据库用户的名称、ID、类型、默认的架构、创建日期和最后修改日期等信息。

dbo 是数据库中的默认用户。SQL Server 系统安装之后，dbo 用户就自动存在了。dbo 用户拥有在数据库中操作的所有权限。默认情况下，sa 登录名在各数据库中对应的用户是 dbo 用户。

guest 用户是数据库中的一个默认的用户。就像 dbo 用户一样，SQL Server 安装之后，guest 用户就存在数据库中了。要注意，用户既不能创建 guest 用户，也不能删除该用户。如果希望激活该用户，可以使用如图 3-14 所示的命令。

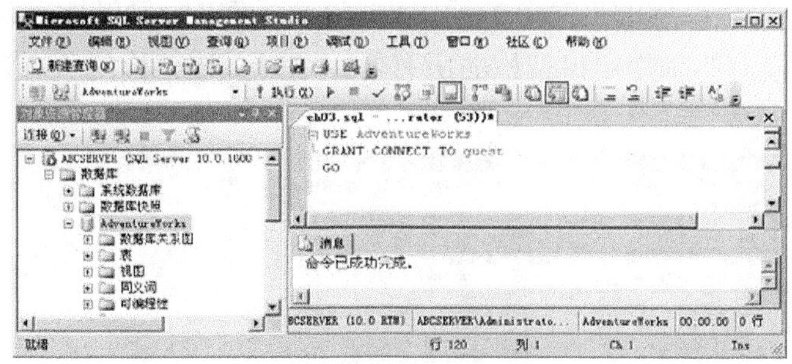

图 3-14　激活 guest 用户

3.4.2　维护用户

可以使用 ALTER USER 语句修改用户。修改用户包括两个方面，第一，可以修改用户名；第二可以修改用户的默认架构。

修改用户名与删除、重建用户是不同的。修改用户名仅仅是名称的改变，不是用户与登录名对应关系的改变，也不是用户与架构关系的变化。

例如，可以使用如图 3-15 所示的命令将 Bobbie_HRM 用户名修改为 Tomson_HRM 用户名，但是修改之后 Tomson_HRM 用户对应的登录名依然是[ABCSERVER\Bobbie]。

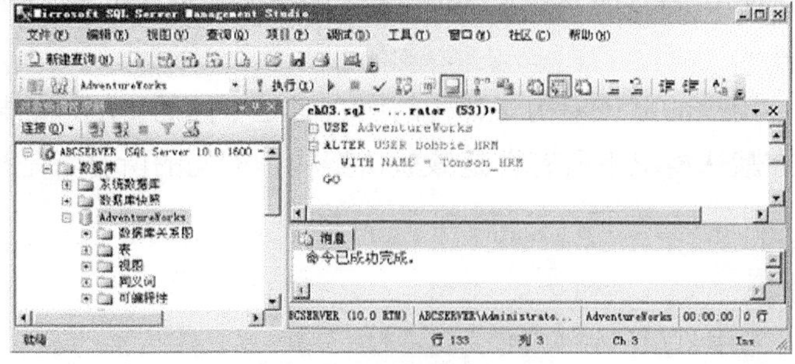

图 3-15　修改用户名

也可以使用ALTER USER语句修改指定用户的默认架构，这时可以使用WITH DEFAULT_SCHEMA 子句。

如果用户不再需要了，可以使用 DROP USER 语句删除数据库中的用户。

3.5 管 理 架 构

架构是形成单个命名空间的数据库实体的集合。架构是数据库级的安全对象，也是Microsoft SQL Server 2008 系统强调的特点，是数据库对象的容器。管理架构包括创建架构、查看架构的信息、修改架构及删除架构等。

3.5.1 创建架构

使用 CREATE SCHEMA 语句不仅可以创建架构，同时还可以创建该架构所拥有的表、视图并且可以对这些对象设置权限。下面讲述如何创建架构。

图 3-16 是一个创建架构的最简单的示例。在这个示例中，仅仅指定 companyGManager 作为架构的名称，没有明确指定该架构的所有者。这时，该架构的所有者为当前执行该项操作的用户。

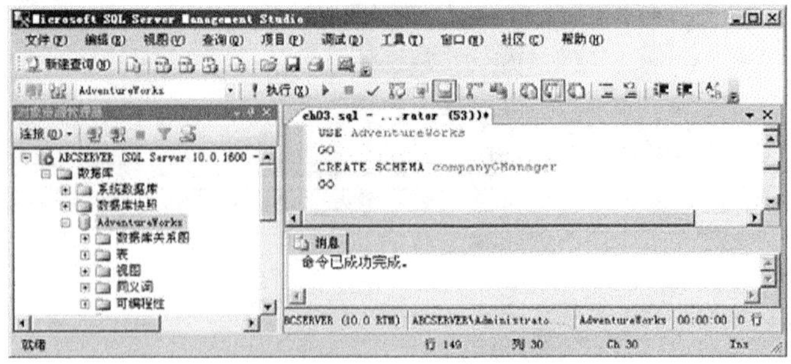

图 3-16　创建一个简单的架构

在图 3-16 所示的示例中，首先使用 USE 语句将 AdventureWorks 数据库置为当前数据库，然后使用 GO 关键字。GO 表示前一个批次查询的结束和下一个批次查询的开始。一般建议将 CREATE SCHEMA 语句作为批次中第一个语句来执行。

如果希望在创建架构时明确地指定架构的所有者，可以在 CREATE SCHEMA 语句中使用 AUTHORIZATION 关键字。该关键字后面的用户名是新创建的架构所有者。在如图 3-17 所示的示例中，使用 AUTHORIZATION 关键字指明新创建的 Sales Manager 架构的所有者是 Peter_user 用户。

需要指出的是，用户的默认架构与架构的所有者是不同的。用户的默认架构是指该用户所创建的对象，在默认情况下所有者是该默认架构，架构的所有者是指拥有和管理该架构的用户。

图 3-17 创建有明确所有者的架构

如果在创建架构时，同时创建该架构所拥有的数据库对象，那么可以在 CREATE SCHEMA 语句中使用 CREATE TABLE 等诸如此类的语句。例如，在如图 3-18 所示的创建架构的示例中，创建架构的同时创建了一个该新架构所拥有的 ElecTraveHuman 表。

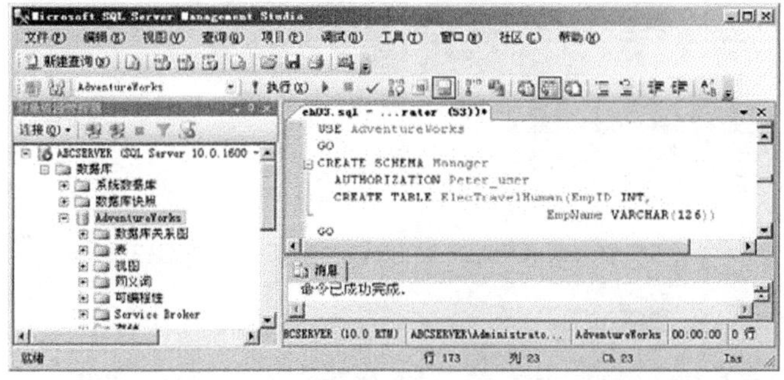

图 3-18 创建架构时同时创建一个表

在创建架构时，不仅仅可以创建该架构所拥有的对象，而且可以管理该对象的权限。例如，在如图 3-19 所示的示例中，在创建 ComGManager 架构时同时创建 TravelEHuman 表，并且把该表的 SELECT 权限授予了 guest 用户。

注意：

CREATE SCHEMA 语句本身是一个事务，无论该语句多么复杂也是如此。因此，CREATE SCHEMA 语句在执行过程中出现任何错误，则该语句被取消，该语句中创建的所有对象以及执行的所有权限管理也都被取消。

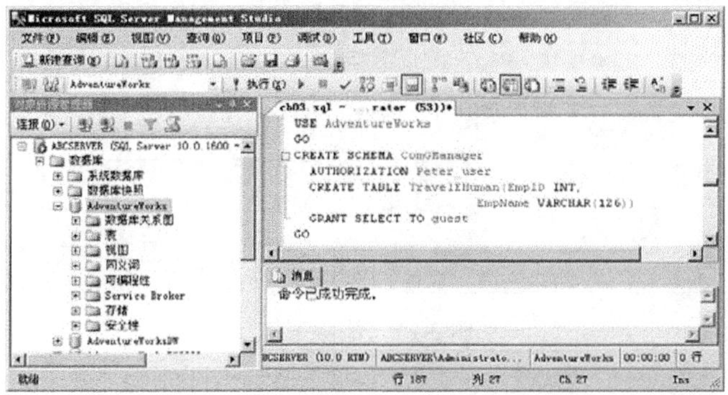

图 3-19 创建架构的同时创建表和管理权限

如果要查看数据库中的架构信息，可以使用 sys.schemas 架构目录视图。该视图包含了数据库中架构的名称、架构的标识符和架构所有者的标识符等信息。

3.5.2　修改和删除架构

修改架构是指将特定架构中的对象转移到其他架构中。可以使用 ALTER SCHEMA 语句完成对架构的修改。需要注意的是，如果要更改对象本身的结构，那么应该使用针对该对象的 ALTER 语句。

例如，如果希望将 ComGManager 架构拥有的 TravelEHuman 表转移到 SaleManager 架构中，可以使用如图 3-20 所示的操作方式。在如图 3-20 所示的 ALTER SCHEMA 语句中，ComGManager 架构是 TravelEHuman 表的原架构，SaleManager 是其新架构，其中 TRANSFER 是不可缺少的关键字。

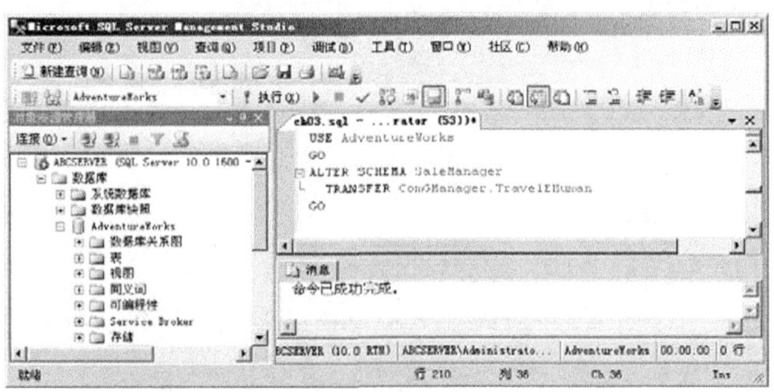

图 3-20　转移对象的架构

需要注意的是，由于对象的权限是与所属的架构紧密关联的，当将对象转移到新架构时，与该对象关联的所有权限都被删除。

如果架构已经没有存在的必要了，可以使用 DROP SCHEMA 语句删除架构。删除架构时需要注意，如果架构中包含有任何的对象，那么删除操作失败。只有当架构中不再包含有对象时，才可以被删除。例如，在如图 3-21 所示的示例中，由于 SaleManager 架构拥有 TravelEHuman 表，所以对该架构的删除操作失败。

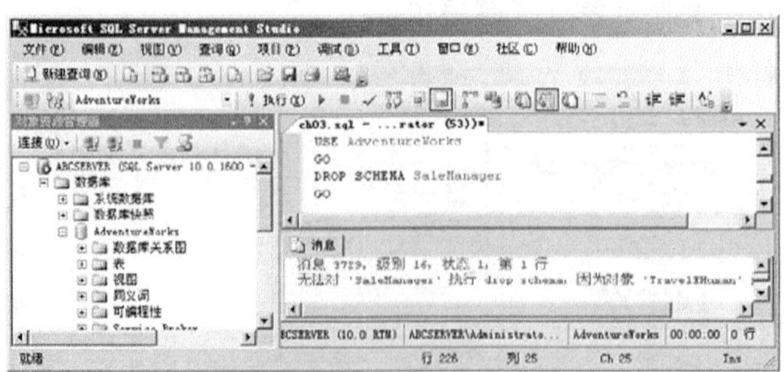

图 3-21　删除架构

3.6　数据库角色

数据库角色是数据库级别的主体，也是数据库用户的集合。数据库用户可以作为数据库角色的成员，继承数据库角色的权限。数据库管理人员可以通过管理角色的权限来管理数据库用户的权限。Microsoft SQL Server 2008 系统提供了一些固定数据库角色和 public 特殊角色。下面详细介绍数据库角色的特点和管理方式。

3.6.1　管理数据库角色

管理数据库角色包括创建数据库角色、添加和删除数据库角色成员、查看数据库角色信息及修改和删除角色等。

可以使用 CREATE ROLE 语句创建角色。实际上，创建角色的过程就是指定角色名称和拥有该角色的用户的过程。如果没有明确地指定角色的所有者，那么当前操作的用户默认是该角色的所有者。

在如图 3-22 所示的示例中，使用 CREATE ROLE 语句创建一个名称为 ProjectManager 的角色。该角色是项目管理员，可以拥有指定项目的所有管理权限。角色创建之后，就可以为其授权和添加成员。

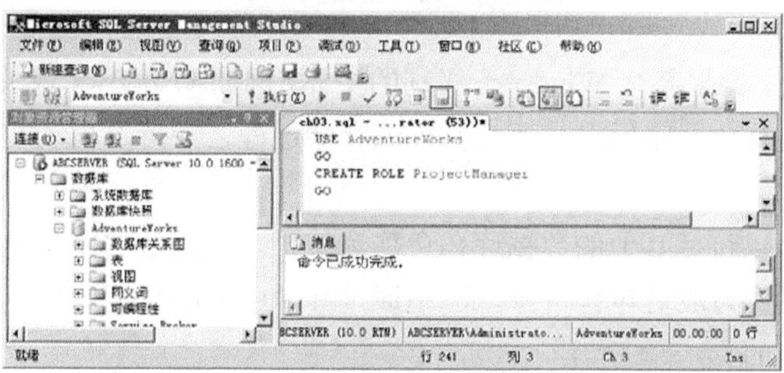

图 3-22　使用 CREATE ROLE 语句创建简单的角色

在图 3-22 所示的示例中，由于没有明确指定角色的所有者，所以当前执行 CREATE ROLE 语句操作的用户是默认的所有者。如果要明确地指定所有者，可以使用 AUTHORIZATION 关键字。图 3-23 是一个明确指定角色所有者的示例。在这里，首先删除先前创建的角色，然后再重新创建。

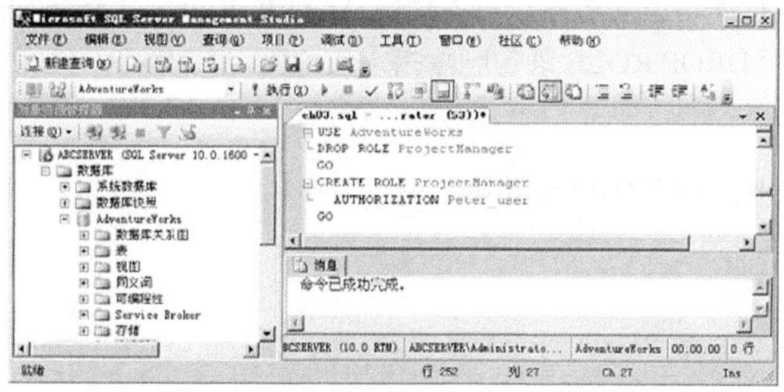

图 3-23　使用 CREATE ROLE 语句创建带有所有者的角色

如果要为角色添加成员，可以使用 sp_addrolemember 存储过程。使用该存储过程可以为当前数据库中的数据库角色添加数据库用户、数据库角色、Windows 登录名和 Windows 组。sp_addrolemember 存储过程的使用方式如下所示：

```
sp_addrolemember 'role_name', 'security_account'
```

在上面的语法中，role_name 参数用于指定当前数据库角色，security_account 参数用于指定将要作为当前数据库角色成员的安全账户名称。

例如，在如图 3-24 所示的示例中，使用 sp_addrolemember 存储过程将 Peter_user 用户添加到了 ProjectManager 角色中。这时，Peter_user 用户继承了 ProjectManager 角色的所有权限。

图 3-24　在角色中添加成员

需要注意的是，如果某个 Windows 级别的主体，例如 Windows 登录名或 Windows 组，在当前数据库中没有数据库用户，那么执行该存储过程之后可以自动在当前数据库中生成对应的数据库用户。

数据库角色可以包括其他的数据库角色作为成员，但是数据库角色不能包含自己作为成员。无论是直接作为成员包含自身，还是通过其他中间的数据库角色间接地包含自身，这种操作都是无效的。

与 sp_addrolemember 存储过程相对应的是 sp_droprolemember 存储过程，后者可以删除指定数据库角色中的成员。

可以使用 sys.database_principals 安全性目录视图查看当前数据库中所有数据库角色信息，使用 sys.database_role_members 安全性目录视图查看当前数据库中所有数据库角色和其成员的信息。

如果要修改数据库角色的名称，可以使用 ALTER ROLE 语句。如果某个角色确实不再需要了，可以使用 DROP ROLE 语句删除指定的角色。ALTER ROLE 语句和 DROP ROLE 语句的语法形式如下：

```
ALTER ROLE role_name WITH NAME new_role_name
DROP ROLE role_name
```

3.6.2　固定数据库角色

就像固定服务器角色一样，固定数据库角色也具有了预先定义好的权限。使用固定数据库角色可以大大简化数据库角色权限管理工作。

Microsoft SQL Server 2008 系统提供了 9 个固定数据库角色，这些固定数据库角色清单和权限描述如表 3-2 所示。

表 3-2　固定数据库角色

固定数据库角色	描　　述
db_accessadmin	访问权限管理员，具有 ALTER ANY USER、CREATE SCHEMA、CONNECT、VIEW ANY DATABASE 等权限，可以为 Windows 登录名、Windows 组、SQL Server 登录名添加或删除访问权限
db_backupoperator	数据库备份管理员，具有 BACKUP DATABASE、BACKUP LOG、CHECKPOINT、VIEW DATABASE 等权限，可以执行数据库备份操作
db_datareader	数据检索操作员，具有 SELECT、VIEW DATABASE 等权限，可以检索所有用户表中的所有数据
db_datawriter	数据维护操作员，具有 DELETE、INSERT、UPDATE、VIEW DATABASE 等权限，可以对在所有用户表中执行插入、更新、删除等操作
db_ddladmin	数据库对象管理员，具有创建和修改表、类型、视图、过程、函数、XML 架构、程序集等权限，可以执行对这些对象的管理操作
db_denydatareader	拒绝执行检索操作员，拒绝 SELECT 权限，具有 VIEW ANY DATABASE 权限，不能在数据库中对所有对象执行检索操作
db_denydatawriter	拒绝执行数据维护操作员，拒绝 DELETE、INSERT、UPDATE 权限，不能在数据库中执行所有的删除、插入、更新等操作
db_owner	数据库所有者，具有 CONTROL、VIEW ANY DATABASE 权限，具有在数据库中的所有操作
db_securityadmin	安全管理员，具有 ALTER ANY APPLICATION ROLE、ALTER ANY ROLE、CREATE SCHEMA、VIEW DEFINITION、VIEW ANY DATABASE 等权限，可以执行权限管理和角色成员管理等操作

例如，如果 Peter_user 用户是 db_owner 固定数据库角色的成员，那么该用户就可以在数据库中执行所有的操作。如果 Tomson_HRM 用户是 db_denydatareader 固定数据库角色的成员，那么该用户不能在数据库中执行所有的检索操作。

3.6.3　public 角色

除了 3.6.2 节介绍的固定数据库角色之外，Microsoft SQL Server 系统成功安装之后，还有一个特殊的角色，这就是 public 角色。public 角色有两大特点，第一，初始状态时没有权限；第二，所有的数据库用户都是它的成员。

固定数据库角色都有预先定义好的权限，但是不能为这些角色增加或删除权限。虽然初始状态下 public 角色没有任何权限，但是可以为该角色授予权限。由于所有的数据库用户都是该角色的成员，并且这是自动、默认和不可变的，因此数据库中的所有用户都会自动继承 public 角色的权限。

从某种程度上可以这样说，当为 public 角色授予权限时，实际上就是为所有的数据库用户在授予权限。

3.7　管理应用程序角色

应用程序角色是一个数据库主体，它可以使应用程序能够用其自身的、类似用户的权限来运行。在使用应用程序时，仅允许特定用户来访问数据库中的特定数据，如果不使用这些特定的应用程序连接，就无法访问这些数据。从而实现安全管理的目的。

与数据库角色相比来说，应用程序角色有 3 个特点：第一，在默认情况下该角色不包含任何成员；第二，在默认情况下该角色是非活动的，必须激活之后才能发挥作用；第三，该角色有密码，只有拥有应用程序角色正确密码的用户才可以激活该角色。当激活某个应用程序角色之后，用户会失去自己原有的权限，转而拥有应用程序角色的权限。

在 Microsoft SQL Server 2008 系统中，可以使用 CREATE APPLICATION ROLE 语句创建应用程序角色。该语句的语法形式如下：

```
CREATE APPLICATION ROLE application_role_name
WITH PASSWORD = 'password',
DEFAULT_SCHEMA = schema_name
```

在上面的语法中，application_role_name 参数是将要新建的应用程序角色名称，可以使用 WITH PASSWORD 关键字指定该应用程序角色密码。如果没有明确指定该应用程序角色的架构，那么默认使用 DBO 架构。如果要明确指定该应用程序角色的架构，可以使用 DEFAULT_SCHEMA 关键字。

如图 3-25 所示，使用 CREATE APPLICATION ROLE 命令创建一个名称为 alter_HR_salary、所有者架构为 ComGManager 的应用程序角色。

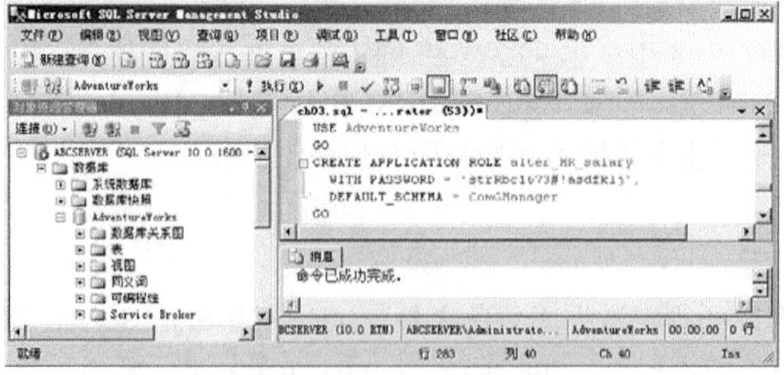

图 3-25　创建应用程序角色

应用程序角色只有激活之后，才能发挥作用。可以使用 sp_setapprole 存储过程激活应用程序角色。在如图 3-26 所示的示例中，使用该存储过程激活了 alter_HR_salary 应用程序角色。

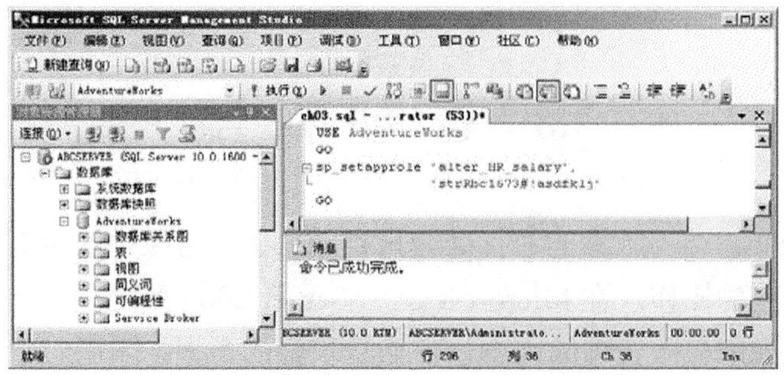

图 3-26　激活应用程序角色

应用程序角色激活之后一直处于活动状态，直到该连接断开或执行了 sp_unsetapprole 存储过程为止。

可以使用 sp_helprole 存储过程查看有关应用程序角色的信息。该存储过程也可以查看其他数据库角色的信息。

应用程序角色的意义在于其权限的变换。理解这种变换过程有助于程序开发人员利用这种机制开发出更加安全有效的应用程序。应用程序角色在访问 Microsoft SQL Server 系统中的权限变换过程如下所示。

第一步，用户执行客户端应用程序。

第二步，客户端应用作为用户连接到 Microsoft SQL Server 系统。

第三步，应用程序使用一个隐含在其内部的密码执行 sp_setapprole 存储过程。

第四步，Microsoft SQL Server 系统判断，如果应用程序角色的名称和密码都正确，那么将激活应用程序角色。

第五步，连接成功之后，用户将获得应用程序角色权限，失去原有的权限。这种变换后的权限状态在这次连接期间一直有效。

对于应用程序角色来说，可以使用 ALTER APPLICATION ROLE 语句修改应用程序角色的名称、密码和所有者架构。例如，可以使用如图 3-27 所示的示例修改应用程序角色的名称、密码和架构。

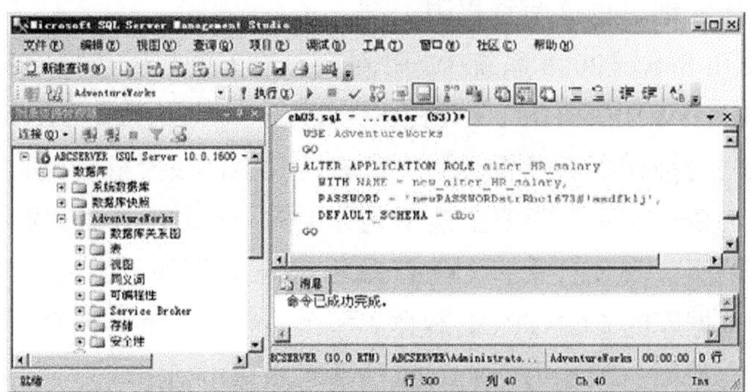

图 3-27　修改应用程序角色

如果应用程序角色不再需要了，可以使用 DROP APPLICATION ROLE 语句删除该角色。删除角色的语法形式如下：

```
DROP APPLICATION ROLE role_name
```

3.8 管理权限

权限是执行操作、访问数据的通行证。只有拥有了针对某种安全对象的指定权限，才能对该对象执行相应的操作。在 Microsoft SQL Server 2008 系统中，不同的对象有不同的权限。为了更好地理解权限管理的内容，下面从权限的类型、常用对象的权限、隐含的权限、授予权限、收回权限、否认权限等几个方面介绍。

3.8.1 权限的类型

在 Microsoft SQL Server 2008 系统中，不同的分类方式可以把权限分成不同的类型。如果依据权限是否预先定义，可以把权限分为预先定义的权限和预先未定义的权限。

理解哪些安全主体拥有预先定义的权限、哪些安全主体需要经过授权或继承才能获得对安全对象的使用权限，有助于对权限类型的理解。

预先定义的权限是指那些系统安装之后，不必通过授予权限即拥有的权限。例如，固定服务器角色和固定数据库角色所拥有的权限即是预定义的权限，对象的所有者也拥有该对象的所有权限以及该对象所包含的对象的所有权限。

预先未定义的权限是指那些需要经过授权或继承才能得到的权限。大多数的安全主体都需要经过授权才能获得对安全对象的使用权限。

如果按照权限是否与特定的对象有关，可以把权限分为针对所有对象的权限和针对特殊对象的权限。

针对所有对象的权限表示这种权限可以针对 SQL Server 系统中所有的对象，例如，CONTROL 权限是所有对象都有的权限。

针对特殊对象的权限是指某些权限只能在指定的对象上起作用，例如 INSERT 可以是表的权限，但是不能是存储过程的权限，而 EXECUTE 可以是存储过程的权限，但是不能是表的权限。下面，详细讨论这两种权限类型。

在 Microsoft SQL Server 2008 系统中，针对所有对象的权限包括 CONTROL、ALTER、ALTER ANY、TAKE OWNERSHIP、INPERSONATE、CREATE、VIEW DEFINITION 等。

CONTROL 权限为被授权者授予类似所有权的功能，被授权者拥有对安全对象所定义的所有权限。在 SQL Server 系统中安全模型是分层的，因此 CONTROL 权限在特定范围内隐含着对该范围内的所有安全对象的 CONTROL 权限。例如，如果 ABCSERVER\Bobbie 登录名拥有对某个数据库的 CONTROL 权限，那么该登录名就会拥有对该数据库的所有权限、所有架构的所有权限、架构内所有对象的所有权限等等。

ALTER 权限为被授权者授予更改特定安全对象的属性的权限，这些权限包括了该对象除所有权之外的权限。当授予对某个范围内的 ALTER 权限时，也授予了更改、删除或创建该范围内包含的任何安全对象的权限。例如，如果 Tomson_HRM 用户拥有了对

companyGManager 架构的 ALTER 权限，那么该用户拥有在该架构内创建、更改、删除对象的权限。

ALTER ANY 权限与 ALTER 权限不同。ALTER 权限需要指定具体的安全对象，但是 ALTER ANY 权限则是与特定安全对象类型相关的权限，不针对某个具体的安全对象。例如，如果某个用户拥有 ALTER ANY LOGIN 权限，表示可以执行创建、更改、删除 SQL Server 实例中任何登录名的权限。如果该用户拥有 ALTER ANY SCHEMA 权限，表示可以执行创建、更改、删除数据库中任何架构的权限。

TAKE OWNERSHIP 权限允许被授权者获得所授予的安全对象的所有权，那么被授权者可以执行针对该安全对象的所有权限。TAKE OWNERSHIP 权限与 CONTROL 权限是不同的，TAKE OWNERSHIP 权限是通过所有权的转移实现的，CONTROL 权限则仅仅是拥有类似所有权的操作。

IMPERSONATE 权限可以使被授权者模拟指定的登录名或指定的用户执行各种操作。如果拥有 IMPERSONATE <登录名>权限，表示被授权者可以模拟指定的登录名执行操作。如果是 IMPERSONATE <用户>权限，表示被授权者可以模拟指定的用户执行操作。这种模拟只是一种临时的权限获取方式。

CREATE 权限可以使被授权者获取创建服务器安全对象、数据库安全对象、架构内的安全对象的权限。这是一种常用的权限。例如，假设为 Tomson_HRM 用户被授予了 CREATE TABLE 权限，那么该用户拥有了创建表的权限。

如果要查看系统或数据库元数据，那么应该具有 VIEW DEFINITION 权限。

在 Microsoft SQL Server 2008 系统中，常用的针对特殊对象的权限包括 SELECT、UPDATE、REFERENCES、INSERT、DELETE、EXECUTE 等。

SELECT 权限是对指定安全对象中数据的检索操作。这些安全对象包括同义词、表和列、表值函数、视图和列等。例如，如果 Tomson_HRM 用户被授予了针对 human.salary 表的 SELECT 权限，那么该对象可以针对该表执行检索操作。

UPDATE 权限是对指定安全对象中数据的更新操作，这些安全对象包括同义词、表和列、视图和列等。

REFERENCES 权限是对指定安全对象的引用操作，这些安全对象包括标量函数、聚合函数、队列、表和列、表值函数、视图和列等。

对指定安全对象进行插入数据的操作，需要拥有针对该对象的 INSERT 权限。这些安全对象包括同义词、表和列、视图和列等。

DELETE 权限表示对指定安全对象的删除数据的操作，这些安全对象包括同义词、表和列、视图和列等。

EXECUTE 权限表示对指定安全对象的执行操作，这些安全对象包括过程、标量函数、聚合函数、同义词等。

3.8.2　常用对象的权限

3.8.1 节从权限的角度来看待对象，本节从对象的角度来看待权限。在使用 GRANT 语句、REVOKE 语句、DENY 语句执行权限管理操作时，经常使用 ALL 关键字表示指定安全对象的常用权限。不同的安全对象往往具有不同的权限。安全对象的常用权限如表 3-3 所示。

表 3-3　安全对象的常用权限

安 全 对 象	常 用 权 限
数据库	BACKUP DATABASE、BACKUP LOG、CREATE DATABASE、CREATE DEFAULT、CREATE FUNCTION、CREATE PROCEDURE、CREATE RULE、CREATE TABLE、CREATE VIEW
表	SELECT、DELETE、INSERT、UPDATE、REFERENCES
表值函数	SELECT、DELETE、INSERT、UPDATE、REFERENCES
视图	SELECT、DELETE、INSERT、UPDATE、REFERENCES
存储过程	EXECUTE、SYNONYM
标量函数	EXECUTE、REFERENCES

3.8.3　授予权限

在 Microsoft SQL Server 2008 系统中，可以使用 GRANT 语句将安全对象的权限授予指定的安全主体。这些可以使用 GRANT 语句授权的安全对象包括应用程序角色、程序集、非对称密钥、证书、约定、数据库、端点、全文目录、函数、消息类型、对象、队列、角色、路由、架构、服务器、服务、存储过程、对称密钥、系统对象、表、类型、用户、视图和 XML 架构集合等。

GRANT 语句的语法是比较复杂的，不同的安全对象有不同的权限，因此也有不同的授权方式。下面，通过一些示例介绍如何使用 GRANT 语句执行授权操作。

在如图 3-28 所示的示例中，在 AdventureWorks 数据库中执行了 3 个授权操作。第一个 GRANT 语句将对数据库的 CONTROL 权限授予给了 Tomson_HRM 用户， Tomson_HRM 用户获得了对当前数据库的类似所有权的权限。在第二个 GRANT 语句中，将 CREATE TABLE 权限授予给了 Peter_user 用户，该用户拥有了可以在当前数据库中执行创建表的操作。在第三个 GRANT 语句中，使用了 WITH GRANT OPTION 子句，不仅将 CREATE TABLE 权限授予给 Cleon 用户，而且使 Cleon 用户可以将 CREATE TABLE 权限转授给其他用户。

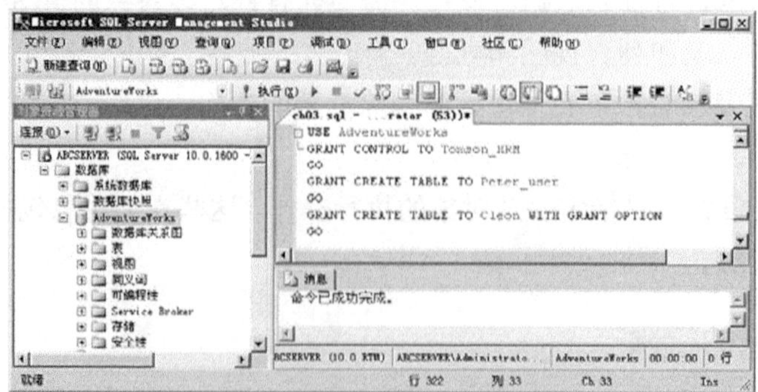

图 3-28　执行针对数据库授权的 GRANT 语句

在如图 3-29 所示的示例中，针对数据库对象中的表对象执行了授权操作。第一个 GRANT 语句直接把 Sales.Customer 表的 SELECT 权限授予给了 Cleon 用户。这里可以使用架构名作为限定字符。如果省略了架构名，那么使用当前用户默认的架构名。在第二个示例中，使用了 OBJECT::字符作为 Sales.CustomerAddress 表的限定字符，这里的 OBJECT::字符可以省略。WITH GRANT OPTION 子句表示 Cleon 用户可以将这里授予的权限转授给其他用户。在第三个示例中，在表名称后面使用了两个列名称，CustomerID 和 SalesPersonID，表示 Cleon 用户只能检索 Sales.Store 表中指定的两个列的信息。

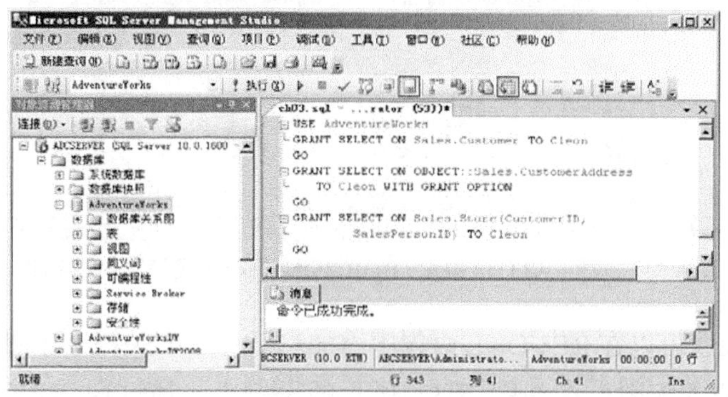

图 3-29　执行针对表授权的 GRANT 语句

在执行 GRANT 语句时，授权者必须具有带 GRANT OPTION 的相同权限，或具有隐含所授予权限的最高权限。对象所有者拥有对象的全部权限，因此可以将与该对象有关的权限授予给其他安全主体。当某个安全主体拥有某个安全对象的 CONTROL 权限时，该主体可以将该安全对象的权限授予给其他主体。

3.8.4　收回权限

如果希望从某个安全主体处收回权限，可以使用 REVOKE 语句。REVOKE 语句是与 GRANT 语句相对应的，可以把通过 GRANT 语句授予给安全主体的权限收回。也就是说，使用 REVOKE 语句可以删除通过 GRANT 语句授予给安全主体的权限。

在 3.8.3 节如图 3-29 所示的示例中，使用 GRANT 语句为 Cleon 用户授予了一些权限。现在，使用 REVOKE 语句收回权限。在如图 3-30 所示的示例中，使用 REVOKE 语句成功地收回了 Cleon 用户对 Sales.Customer 表的 SELECT 权限。

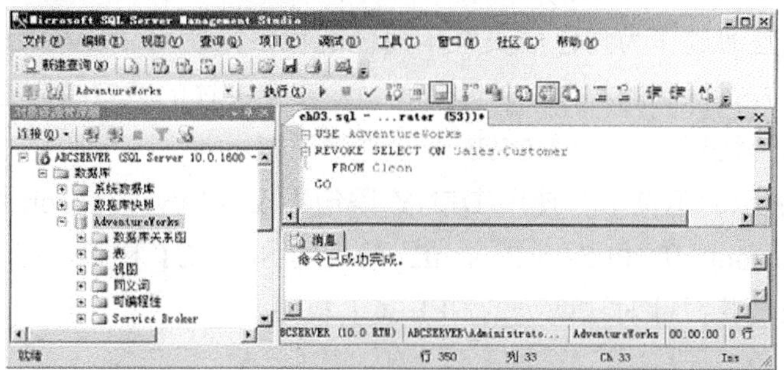

图 3-30　使用 REVOKE 语句收回授予的权限

在如图 3-31 所示的示例中，继续使用 REVOKE 语句从 Cleon 用户处收回针对 Sales.CustomerAddress 表的 SELECT 权限。但是，这时却出现了错误。因为，在为 Cleon 用户授予针对 Sales.CustomerAddress 表的 SELECT 权限时，使用了 WITH GRANT OPTION 子句。在收回该权限时，如果不明确地收回这种 WITH GRANT OPTION 子句形成的权限，则会出现错误信息。

图 3-31　收回 WITH GRANT OPTION 子句形成权限时的错误

要解决这种问题可以在REVOKE语句中添加CASCADE关键字来删除WITH GRANT OPTION 子句形成的权限。在如图 3-32 所示的示例中，通过在 REVOKE 语句中添加 CASCADE 关键字，成功地从 Cleon 用户处收回针对 Sales.CustomerAddress 表的 SELECT 权限。

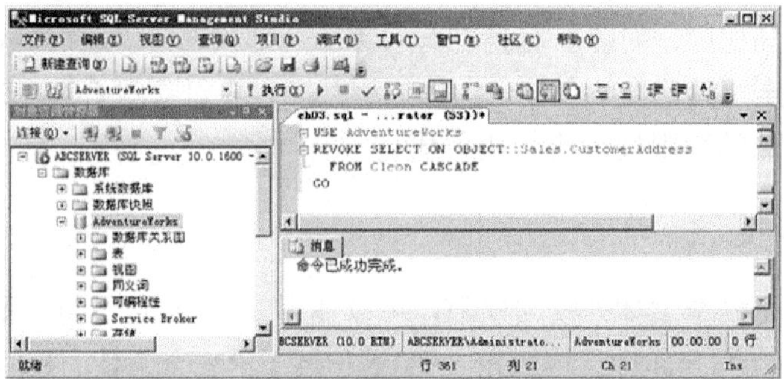

图 3-32　成功地收回 WITH GRANT OPTION 子句形成权限

3.8.5　否认权限

安全主体可以通过两种方式获得权限，第一种方式是直接使用 GRANT 语句为其授予权限，第二种方式是通过作为角色成员继承角色的权限。使用 REVOKE 语句只能删除安全主体通过第一种方式得到的权限，要想彻底删除安全主体的特定权限必须使用 DENY 语句。DENY 语句的语法形式与 REVOKE 语句非常类似。

在如图 3-33 所示的示例中，使用 DENY 语句不仅成功地从 Cleon 用户处删除了针对 Sales.Store 表中 CustomerID 和 SalesPersonID 两列的 SELECT 权限，而且禁止该用户通过作为其他角色的成员获得针对这两列的 SELECT 权限。

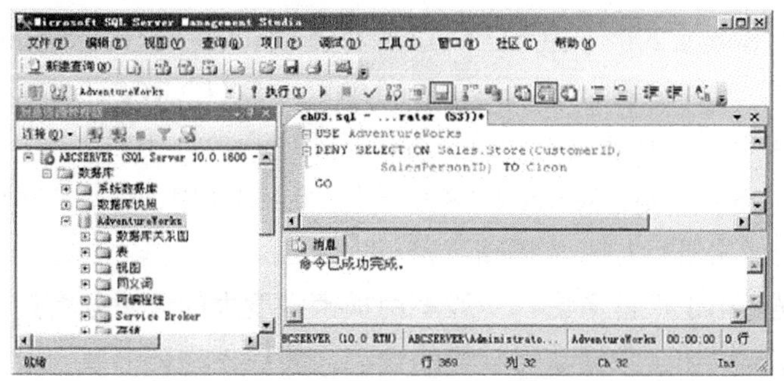

图 3-33　使用 DENY 语句删除权限

当某个安全主体针对某个安全对象的指定权限处于否认状态时，可以使用 REVOKE 语句收回这种状态，使得该安全主体针对该安全对象的指定权限处于自然状态。

3.9　SQL Server 2008 内置的加密机制

Microsoft SQL Server 2008 系统不是简单地提供一些加密函数，而是把成熟的数据安全技术引进到数据库中，形成了一个清晰的内置加密层次结构。

加密是一种保护数据的机制，它通过将原始数据打乱，达到只有经过授权的人员才能访问和读取数据、未授权人不能识别或读取数据的目的，从而增强了数据的保密性。当原始数据(称为明文)与密钥一起经过一个或多个数学公式运算之后，数据就完成了加密。这种加密过程使原始数据转换为不可读形式。获得的加密数据称为密文。为使此密文数据重新可读，数据接收方需要使用相反的数学过程以及正确的密钥将数据解密。

在加密技术领域，根据加密密钥和解密密钥是否相同，可以把加密方式分为对称加密机制和非对称加密机制，其数据传输示意图如图 3-34 所示。加密密钥和解密密钥相同的加密方式为对称加密机制，加密密钥和解密密钥不相同的加密方式为非对称加密机制。在非对称加密机制中，密钥又可以分为公钥和私钥。公钥加密的数据只能由私钥解密，私钥加密的数据只能由公钥解密。实际上，证书是非对称加密的一种方式。证书是一个数字签名的安全对象，它将公钥绑定到持有相应私钥的用户、设备或服务上，认证机构负责 颁发和签署证书。SQL Server 2008 创建的证书符合 IETF X.509v3 证书标准。

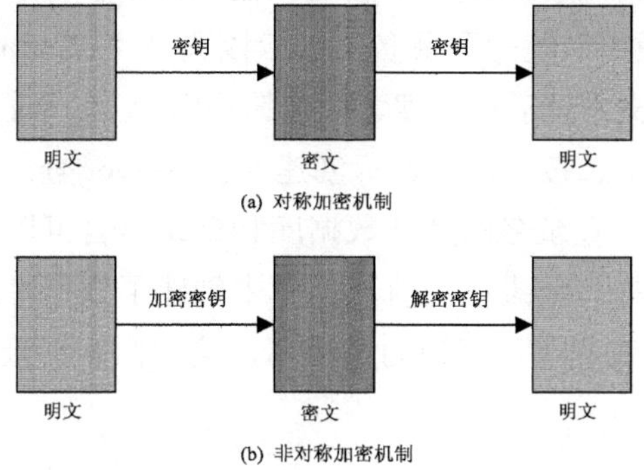

图 3-34　对称加密机制和非对称加密机制示意图

Microsoft SQL Server 2008 支持证书、非对称密钥和对称密钥算法，目的是防止敏感数据被泄漏和被篡改。对称密钥支持 DES、TripleDES、RC4、RC2、AES 等加密算法，而非对称密钥使用 RSA 算法。证书其实就是非对称密钥中存放公钥的容器。密钥管理是安全中比较弱的部分。Microsoft SQL Server 2008 系统每一层都使用证书、非对称密钥和对称密钥的组合对它下面的一层进行加密，提高了密钥安全性。

需要注意的是，出于性能考虑，一般不用加密强度大的非对称密钥或证书直接加密数据，而是使用对称密钥加密数据获得较快的性能，然后使用证书或非对称密钥加密对称密钥。有关如何使用加密机制加密数据，本书后面 7.16 节将详细讲解。

3.10　使用 SQL Server Management Studio 工具

除了可以使用 Transact-SQL 语句执行有关安全的操作之外，使用 SQL Server Management Studio 图形工具也可以完成许多有关安全管理的操作。需要注意的是，考虑到性能和安全等原因，大多数情况下建议使用 Transact-SQL 语句执行相关的操作。

下面，通过如何创建登录名讲述如何使用图形工具执行安全操作。

(1) 登录 SQL Server Management Studio。

(2) 在“对象资源管理器”中，打开指定 SQL Server 实例的服务器节点，打开“安全性”节点，右击“登录名”节点，则弹出如图 3-35 所示的快捷菜单。

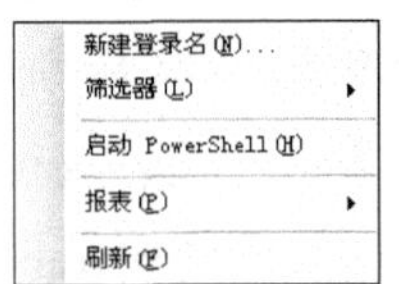

图 3-35　“登录名”节点的快捷菜单

(3) 在如图 3-35 所示的快捷菜单中，选中并单击“新建登录名(N)”命令，则出现如图 3-36 所示的“登录名–新建”对话框。可以在该对话框中完成登录名的创建操作。该对话框包括了 5 个选项卡：“常规”、“服务器角色”、“用户映射”、“安全对象”和“状态”。图 3-36 所示的是“常规”选项卡。

在“常规”选项卡中，可以指定登录名的类型和名称以及默认的数据库和默认语言。如果创建基于 Windows 操作系统的登录名，则应该选中“Windows 身份验证”单选按钮，这时可以使用“登录名”文本框后的“搜索”按钮搜索 Windows 系统的登录名。如果选中“SQL Server 身份验证”单选按钮，则表示创建 SQL Server 登录名，这时需要为登录名指定密码和相应的密码策略。登录名的默认数据库和默认语言可以在“默认数据库”、“默认语言”下拉列表框中选择。如果在当前数据库中创建了数据库主密钥、证书或非对称密钥，也可以创建基于证书或非对称密钥的登录名，这些内容涉及到加密技术。

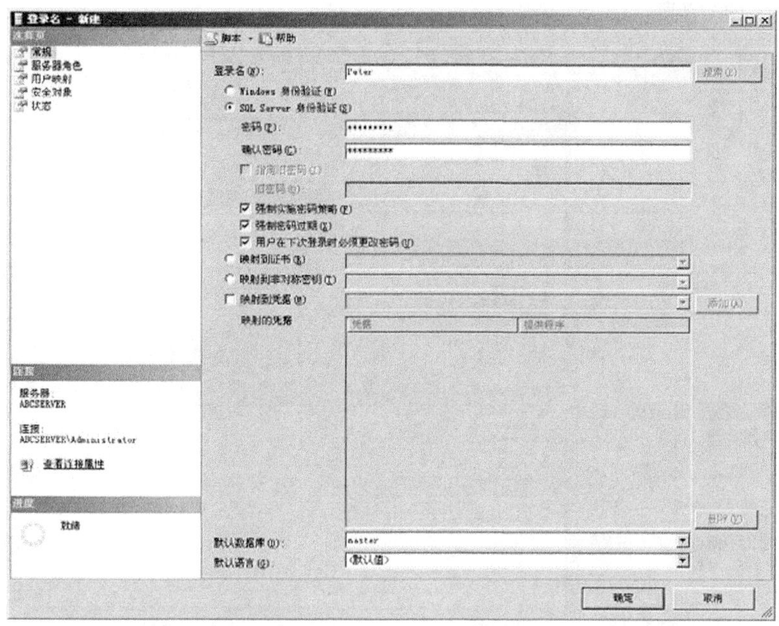

图 3-36　“登录名–新建”对话框的“常规”选项卡

(4) “登录名–新建”对话框的“服务器角色”选项卡如图 3-37 所示。在该选项卡中可以指定将要新建的登录名所属的固定服务器角色。在“服务器角色”列表中列出了 SQL Server 系统的所有固定服务器角色，可以通过选择角色名称左边的复选框来选择角色。由于一个登录名可以是多个固定服务器角色的成员，因此可以在这里选择多个服务器角色。

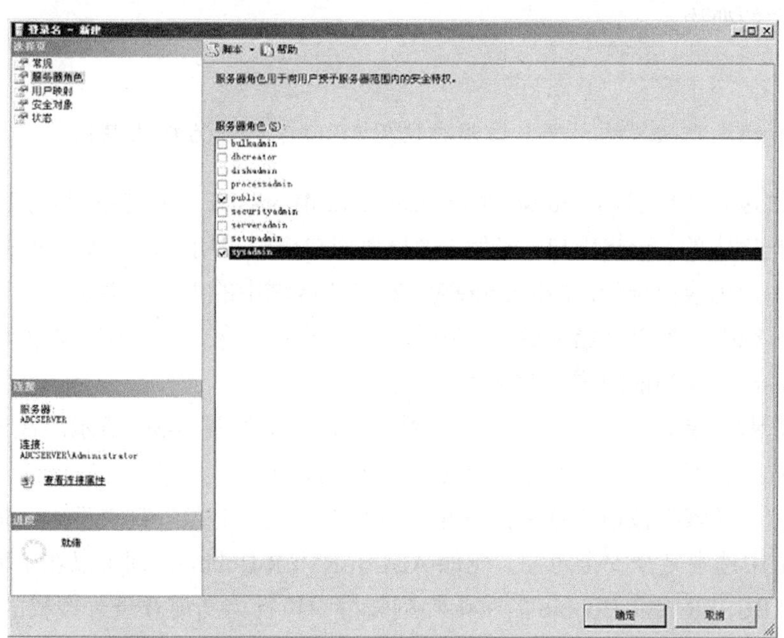

图 3-37　“登录名–新建”对话框的“服务器角色”选项卡

(5) “登录名–新建”对话框的“用户映射”选项卡如图 3-38 所示。在该选项卡中可以设置将要新建的登录名可以访问的数据库、在数据库中的用户名称、默认的架构以及所属的数据库角色等信息。

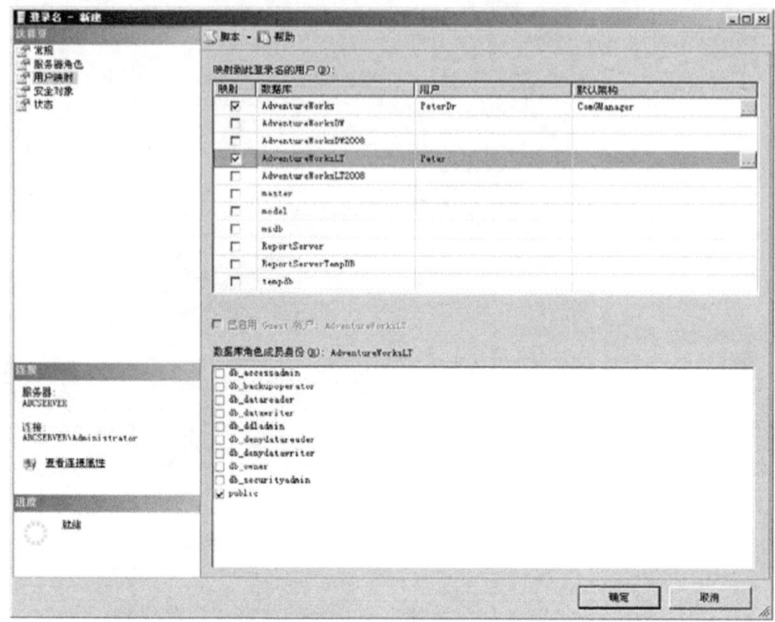

图 3-38　“登录名–新建”对话框的“用户映射”选项卡

在“映射到此登录名的用户”选项区域中，可以选中该登录名可以访问的数据库。在默认情况下，该登录名在此数据库中的用户名称是相同的，但是用户名可以修改。并且可以指定该用户的默认架构。单击“默认架构”右端的“...”按钮可以从当前数据库中的架构中选择指定的架构。

注意：

如果没有指定默认架构，那么该用户使用 DBO 架构作为默认架构。

可以通过选中“已启用 Guest 账户 AdventureWorksLT”复选框可以启用 Adventure WorksLT 数据库中的 Guest 用户。当然，如果该用户已经启用了，那么该复选框则是灰色。

“数据库角色成员身份：AdventureWorksLT”区域中的内容随着选中不同的数据库而不同。在该区域中，列出了当前数据库中所有的数据库角色，包括固定数据库角色和用户定义的角色，可以为当前用户指定所属的数据库角色。

(6) “登录名–新建”对话框的“安全对象”选项卡如图 3-39 所示。在该选项卡中可以显示和设置服务器、端点、登录名等安全对象的权限。

可以单击“搜索”按钮将选中的安全对象列在“安全对象”列表框中。通过在“安全对象”列表框中选中某个安全对象，例如 ABCSERVER\Bobbie，则可以在下面与该安全对象对应的“ABCSERVER\Bobbie 的权限”列表框中执行为当前登录名授权的操作。

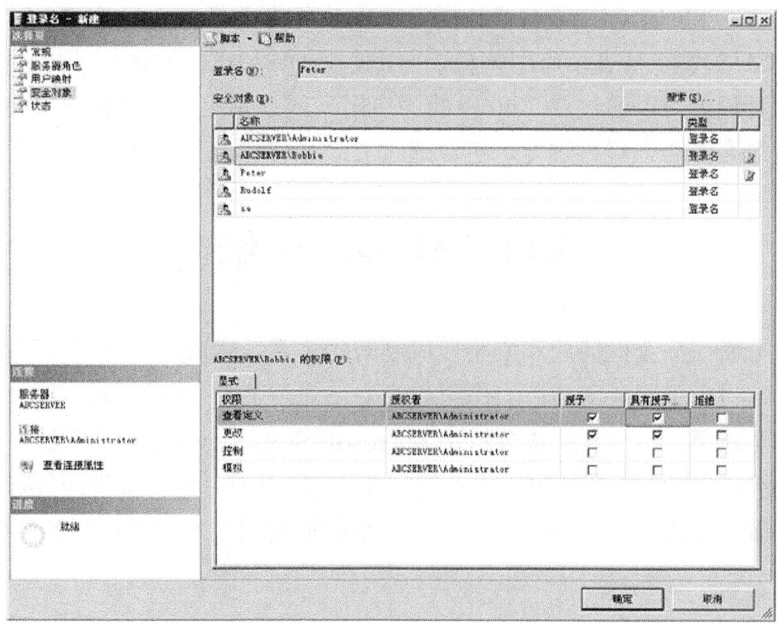

图 3-39　“登录名–新建”对话框的“安全对象”选项卡

(7) “登录名–新建”对话框的“状态”选项卡如图 3-40 所示。在该选项卡中可以设置和显示登录名的状态。

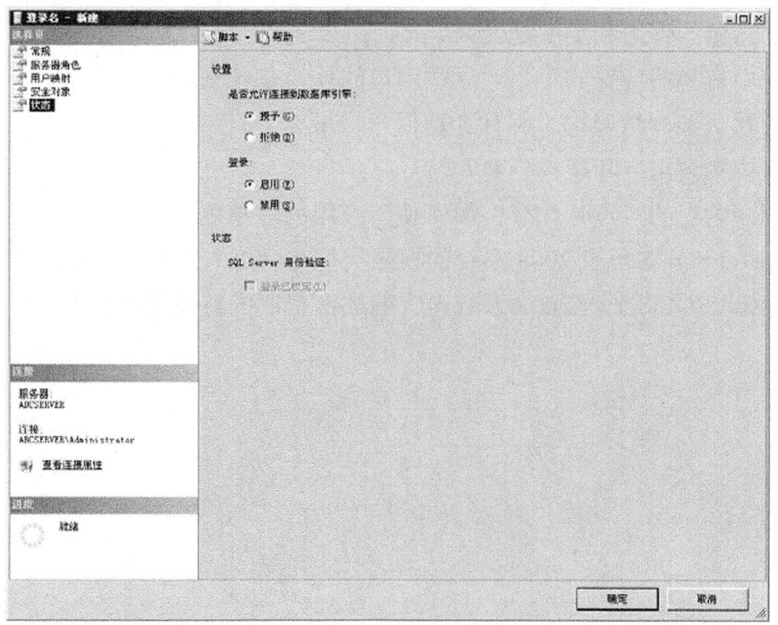

图 3-40　“登录名–新建”对话框的“状态”选项卡

如果选择“授予”单选按钮，则表示允许该登录名连接到当前的 SQL Server 数据库引擎实例。如果选择“拒绝”单选按钮，则表示系统将阻止该登录名的连接。这两个单选按钮对应对 SQL Server 数据库引擎实例的 CONNECT 权限。

可以使用 ALTER LOGIN 语句修改指定的登录名的状态。在 ALTER LOGIN 语句，如果使用 ENABLE 关键字则表示启用该登录名，使用 DISABLE 关键字则表示禁止使用该登录名登录。这种设置可以通过图 3-40 中的“启用”或“禁用”单选按钮来完成。

当前的登录名是否已经被锁定，可以通过“登录已锁定”复选框来查看状态。

3.11 本章小结

本章首先分析了安全性问题和安全性机制间的关系。然后，详细研究了登录名管理的内容。接下来，讨论了服务器角色的作用和类型，介绍了用户和架构管理的内容。用户是数据库级的安全对象，用户和架构分析是 Microsoft SQL Server 2008 系统的一个很大的特色。数据库角色和应用程序角色也是本章的重要内容。之后，对权限管理进行了全面分析，介绍了系统内置的加密机制的特征。最后，介绍如何使用图形工具执行各种操作。

【思考和练习】

1. 数据库管理系统中常见的安全性问题是什么？如何解决这些安全性问题？
2. 什么是安全主体和安全对象？
3. 登录名的作用和类型是什么？
4. 什么是密码策略？密码策略的作用是什么？
5. 服务器角色的作用和类型是什么？
6. 数据库中有哪些特殊的用户？这些用户的作用是什么？
7. 用户的默认架构与架构的所有者是否一回事？
8. 为什么要实现用户和架构分离？
9. 应用程序角色的特点是什么？如何使用应用程序角色？
10. Microsoft SQL Server 2008 系统的权限类型是什么？如何执行权限管理操作？
11. Microsoft SQL Server 2008 系统内置的加密机制的特点是什么？

第4章　管理数据库

业务数据存储在什么地方？数据库对象存储在哪里？对于业务数据而言，什么样的存储方式是合理的？如果数据量剧增之后，数据库能否适应这些变化？回答诸如此类的问题，首先需要明白到底什么是数据库。数据库是数据库管理系统的核心，是存放数据库对象的容器，是使用数据库系统时首先面对的对象。管理数据库就是设计数据库、定义数据库和维护数据库的过程。数据库的效率和性能在很大程度上取决于数据库的设计和优化。本章将对 Microsoft SQL Server 系统的数据库管理进行全面的研究和分析。

本章要点：

- 数据库的管理问题
- 数据库文件和文件组的基本特征
- 数据库的物理存储方式和大小估算方法
- 使用 CREATE DATABASE 语句定义数据库
- 数据库选项的作用和设置方式
- 扩大数据库的原因和方法
- 收缩数据库的原因和方法
- 文件组的管理方式
- 数据库快照的作用和特点
- 优化数据库设计的方法

4.1　概　　述

为了有效地实现数据库的管理工作，必须至少解决 8 个方面的问题，包括数据库文件的存储问题、数据库的大小问题、确定数据库运行时的行为特征、数据库的更改问题、数据库的扩大问题、数据库的收缩问题、如何兼顾数据库的事务处理效率和决策支持效率问题和数据库的性能优化问题等。

数据库是数据库对象和数据的容器，数据库最终通过操作系统文件体现出来。数据库应该包括哪些类型的操作系统文件？一个数据库只能有一个操作系统文件，还是最多只能有两个操作系统文件，或者说一个数据库可以有任意多个操作系统文件？这是管理数据库时必须首先理解和解决的问题。从某种意义上来说，管理数据库就是管理数据库文件。

既然说数据库是对象和数据的容器，那么这个容器的容量是多少？数据库应该是越大越好，还是越小越好？应该如何设置数据库的大小？数据库在使用过程中其大小是否会自动发生变化？这种数据库的大小问题也是管理数据库时必须首先解决的基本问题。

数据库在正常运行过程中，有哪些行为？一般地，数据库中的数据是可读写的，但是数据库中的数据能否定义成只读？通常情况下，数据库中有许多并发用户同时访问，那么在特殊情况下能否对用户访问进行限制？能否根据需要，将数据库设置为不可访问的状态？数据库中的常见故障是什么？这些问题可以通过设置数据库的状态和选项来解决。

数据库创建之后，能否根据需要更改数据库的某些属性，例如更改数据库名称、数据库文件的位置等。因为数据库是数据库管理系统的核心对象和数据库应用程序访问的基本对象，更改数据库名称之后可能会产生什么样的影响？这些是数据库的更改问题。

如果当前的数据库容量不能满足用户的需要，能否扩大数据库？如何扩大数据库？手工扩大好、还是自动扩大好？扩大数据库之后会产生什么样的影响？这些都是有关数据库扩大的问题。

就像数据库扩大一样，如果数据库的容量太大了，能否收缩数据库？有哪些收缩数据库的方法？收缩数据库时的限制和条件是什么？收缩数据库的时机是什么？这些都是收缩数据库的问题。

从性能方面来看，不同的使用场景，对数据库有不同的影响。在事务处理场景中，强调数据的添加、更新、删除等维护操作的效率；在决策支持场景中，看重的是检索数据的效率。维护操作效率提高时，往往造成检索操作的效率下降；提高检索操作效率时，可能会造成维护操作的效率下降。如何有效地解决这种维护操作效率和检索操作效率之间的矛盾？这是数据库管理中必须解决的问题。

如何提高数据库的并发操作效率？如何提高数据库的容错能力？如何提高数据库的可管理性？这些都是与数据库性能优化相关的问题。

除了上面提到的主要问题之外，数据库的管理过程中还会涉及到数据库的分离、备份、恢复和删除等内容。本章将详细研究这些问题的解决方式。

4.2　数据库文件和文件组的基本特征

本节主要讲述数据库文件的类型、事务的概念、文件组的作用、估算数据库文件大小的方法等内容。

在 Microsoft SQL Server 2008 系统中，一个数据库至少有一个数据文件和一个事务日志文件。当然，一个数据库也可以有多个数据文件和多个日志文件。数据文件用于存放数据库的数据和各种对象，而事务日志文件用于存放事务日志。一个数据库最多可以拥有 32767 个数据文件和 32767 个日志文件。

数据文件又可以分成主数据文件和次数据文件两种形式。主数据文件是数据库的起点，每一个数据库都有且仅有一个主数据文件。主数据文件名称的默认后缀是 mdf。次数据文件是可选的，可以存储不在主数据文件中的全部数据和对象。数据库既可能没有次数据文件，也可能有多个次数据文件。次数据文件名称的默认后缀是 ndf。

事务就是一个单元的工作，一个单元的工作要么全部完成，要么全部不完成。Microsoft SQL Server 系统具有事务功能，可以保证数据库操作的一致性和完整性。Microsoft SQL

Server 系统使用数据库的事务日志来实现事务的功能。事务日志记录了对数据库的所有修改操作。日志记录了每一个事务的开始、对数据的改变和取消修改的足够信息。随着对数据库的操作，日志是连续增加的。对于一些大型操作，例如创建索引，日志只是记录该操作的事实，而不是记录所发生的数据。事务日志还记录了数据页的分配和释放，以及每一个事务的提交和回滚。这样就允许 SQL Server 系统恢复事务或者取消事务。当事务没有完成时，则取消该事务。事务日志以操作系统文件的形式存在，在数据库中被称为日志文件。每一个数据库都至少有一个日志文件。日志文件名称的后缀默认是 ldf。

在操作系统上，数据库是作为数据文件和日志文件存在的，这些文件都明确地指明了文件的位置和名称。但是，在 Microsoft SQL Server 系统内部，例如在 Transact-SQL 语言中，如果使用物理文件执行操作，由于这些文件的名称比较长，使用起来非常不方便。为此，数据库又有了逻辑文件。每一个物理文件都对应一个逻辑文件。在使用 Transact-SQL 语句的过程中，使用逻辑文件是非常便捷的。

文件组就是文件的逻辑集合。为了方便数据的管理和分配，文件组可以把一些指定的文件组合在一起。例如，在某个数据库中，3 个文件(data1.ndf、data2.ndf 和 data3.ndf)分别创建在 3 个不同的磁盘驱动器中，然后为它们指定一个文件组 fgroup1。以后，所创建的表可以明确指定放在文件组 fgroup1 上。对该表中数据的查询将分布在这 3 个磁盘上，因此，可以通过执行并行访问而提高查询性能。在创建表时，不能指定将表放在某个文件上，只能指定将表放在某个文件组上。如果希望将某个表放在特定的文件上，必须通过创建文件组来实现。

使用文件和文件组时，应该考虑下列因素：(1) 一个文件或者文件组只能用于一个数据库，不能用于多个数据库；(2) 一个文件只能是某一个文件组的成员，不能是多个文件组的成员；(3) 数据库的数据信息和日志信息不能放在同一个文件或文件组中，数据文件和日志文件总是分开的；(4) 日志文件永远也不能是任何文件组的一部分。

在 Microsoft SQL Server 系统中，可管理的最小物理空间是以页为单位的，每一个页的大小是 8KB，即 8192 字节。在表中，每一行数据不能跨页存储。这样，表中每一行的字节数不能超过 8192 个字节。在每一个页上，由于系统占用了一部分空间用于记录与该页有关的系统信息，所以每一个页可用的空间是 8060 个字节。但是，包含 varchar、nvarchar、varbinary 等数据类型列的表不受这种限制。

每 8 个连续页称为一个区，一个区的大小是 64KB。这意味着每个 1MB 的数据库有 16 个区。区用于控制表、索引的存储。Microsoft SQL Server 系统提供了两种类型的区，即统一区和混合区。由单个对象所有的区是统一区，区中的所有 8 页只能由所属对象使用。由两个或两个以上对象共享的区被称为混合区。

通过理解数据库的空间管理，可以估算数据库的设计尺寸。数据库的大小等于数据库中的表大小、索引大小以及其他占据物理空间的数据库对象大小之和。假设某个数据库中只有一个表，该表的数据行字节是 800B。这时，一个数据页上最多只能存放 10 行数据。如果该表大约有 100 万行的数据，那么该表将占用 10 万个数据页的空间。因此，该数据库的大小估计为：100000×8KB=800000KB=781.25MB。根据数据库大小的估计值，再考虑其他因素，就可以得到数据库的设计值。

4.3　定义数据库

定义数据库就是创建数据库和设置数据库选项。本节从 3 个方面讲述定义数据库：创建数据库、设置数据库选项和查看数据库信息。

4.3.1　创建数据库

创建数据库就是确定数据库名称、文件名称、数据文件大小、数据库的字符集、是否自动增长以及如何自动增长等信息的过程。在一个 Microsoft SQL Server 实例中，最多可以创建 32767 个数据库。数据库的名称必须满足系统的标识符规则。在命名数据库时，一定要保证数据库名称简短并有一定的含义。

具有 CREATE DATABASE、CREATE ANY DATABASE 或 ALTER ANY DATABASE 权限的用户才可以执行创建数据库的操作。

注意：

在创建数据库时，系统自动将 model 数据库中的所用用户定义的对象都复制到新建的数据库中。用户可以在 model 系统数据库中创建希望自动添加到所有新建数据库中的对象，例如表、视图、数据类型、存储过程等。

在 Microsoft SQL Server 系统中，既可以使用 CREATE DATABASE 语句创建数据库，也可以使用 SQL Server Management Studio 工具创建数据库。下面介绍如何使用 CREATE DATABASE 语句创建数据库。

使用 CREATE DATABASE 语句创建数据库的最简单的方式如图 4-1 所示。在该示例脚本中，只是指明了数据库的名称为 ElecTravelCom，没有明确指定数据库的数据文件、日志文件的位置和大小。这时，数据库的数据文件和日志文件按照服务器属性中指定的默认数据库文件位置来放置，数据文件的默认大小是 3MB，日志文件的默认大小是 1MB。该默认数据库的数据文件和日志文件都自动增长。

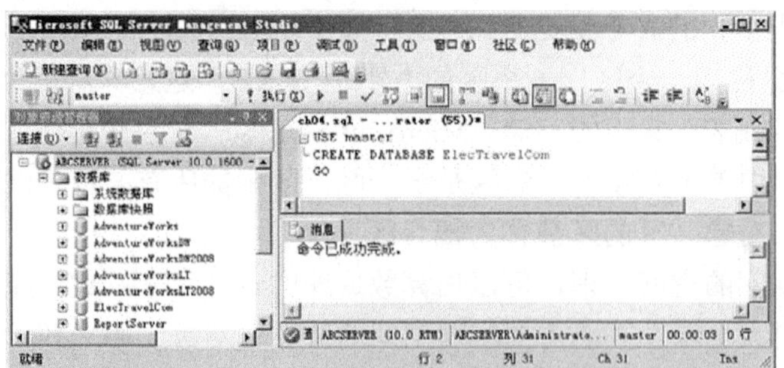

图 4-1　创建一个最简单的数据库

如果要在创建数据库时明确地指定数据库的文件和这些文件的大小以及增长方式，则可以使用如图 4-2 所示的示例脚本。在该示例中，创建了 LCBCom 数据库，其数据文件的逻辑名称是 LCBCom_DATA，其日志文件的逻辑名称是 LCBCom_LOG。LCBCom_DATA

数据文件的物理名称是通过 FILENAME 关键字指定的，SIZE 关键字指定该数据文件的大小为 6MB(由于没有明确地指定文件大小的单位，默认单位是 MB)，最大值是 20MB，可自动增长且增长速度是 10%。使用 LOG ON 子句指定日志文件的信息。由于该数据库的数据文件大小是 6MB，日志文件大小是 2MB，因此整个数据库的大小是 8MB。

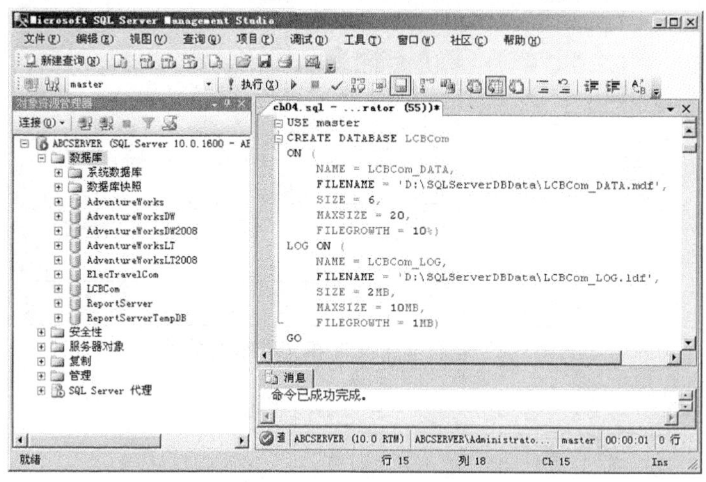

图 4-2　使用 CREATE DATABASE 语句创建数据库

注意：

数据库中的数据文件和日志文件大小可用的单位包括 KB、MB、GB、TB，默认值是 MB。对于文件增量，除了前面提到的几个单位之外，还可以使用%表示增长的百分比，取值为最接近的 64KB 的整数倍。

如果数据库的大小是不断增长的，则可以指定其增长方式。如果数据库的大小基本上是不变的，为了提高数据库的使用效率，一般不指定其增长方式。

如果数据库的数据文件或日志文件的数量超过 1 个，则多个文件之间使用逗号分割。当某个数据库有两个或两个以上的数据文件时，需要指定哪一个数据文件是主数据文件。主数据文件是数据库的起点，指向数据库中的其他文件。在默认情况下，第一个数据文件是主数据文件。也可以使用 PRIMARY 关键字指定主数据文件。

如果新建的数据库和服务器的字符集不同，可以在 CREATE DATABASE 语句中使用 COLLATE 关键字明确地指定该新建数据库将要使用的字符集。

在创建数据库时也可以同时创建文件组，并且指定文件组中包含的文件。在如图 4-3 所示的示例中，创建了一个 LCBSalesDB 数据库。该数据库包含了 3 个数据文件和一个日志文件。第一个数据文件在主文件组，其他两个数据文件放在了名称为 SG 的文件组中。注意，可以在 CREATE DATABASE 语句中使用 FILEGROUP 关键字指定文件组名称和其包含的文件名称。

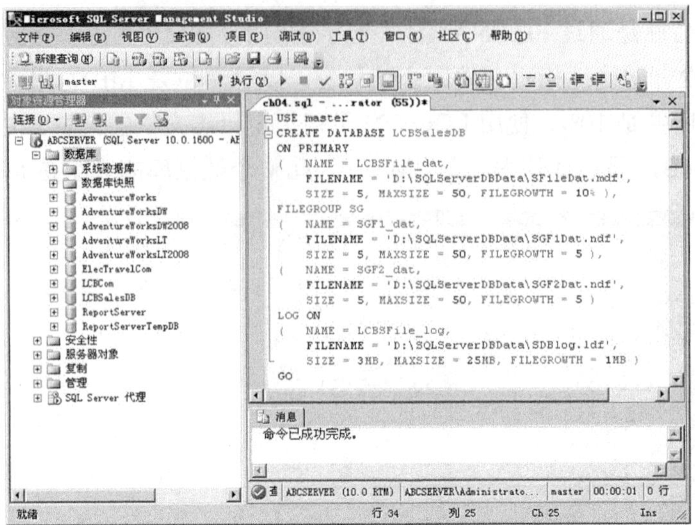

图 4-3　创建有多个文件和文件组的数据库

4.3.2　数据库的状态和选项

为了理解数据库的运行特征，需要了解数据库的状态和选项。下面分别介绍数据库的状态和选项。

数据库总是处在某个特定的状态中，例如，ONLINE 状态表示数据库处于正常的在线状态，可以对数据库执行正常的操作。数据库的状态清单和特征描述如表 4-1 所示。

表 4-1　数据库的状态

状　　态	描　　述
ONLINE	在线状态或联机状态，可以执行对数据库的访问
OFFLINE	离线状态或脱机状态，数据库不能正常使用。可以人工设置，用户可以执行对处于这种状态的数据库文件的移动等处理
RESTORING	还原状态，正在还原主文件组的一个或多个文件。这时，数据库不能使用
RECOVERING	恢复状态，正在恢复数据库。这是一个临时性状态。如果恢复成功，那么数据库自动处于在线状态；如果恢复失败，那么数据库处于不能正常使用的可疑状态
RECOVERY PENDING	恢复未完成状态。恢复过程中缺少资源造成的问题状态。数据库不可使用。必须执行其他操作来解决这种问题
SUSPECT	可疑状态，主文件组可疑或可能被破坏。数据库不能使用。必须执行其他操作来解决这种问题
EMERGENCY	紧急状态，可以人工通过更改数据库设置为该状态。这时数据库处于单用户模式和只读状态，只能由 sysadmin 固定服务器角色成员访问。主要用于对数据库的故障排除

设置数据库选项是定义数据库状态或特征的方式，例如可以设置数据库的状态为 EMERGENCY。每一个数据库都有许多选项，可以使用 ALTER DATABASE 语句中的 SET 子句来设置这些数据库选项。需要注意的是，使用 Microsoft SQL Server Management Studio

工具只能设置其中大多数的选项。下面，首先介绍 Microsoft SQL Server 2008 系统提供的数据库选项，然后讲述如何设置这些选项。

在 Microsoft SQL Server 2008 系统中，共有大约 30 多个数据库选项。这些数据库选项的清单和功能描述如表 4-2 所示。

表 4-2　数据库选项

选 项 类 型	选　　项	描　　述
数据库状态选项类型	ONLINE	在线状态或联机状态，表示数据库处于正常使用状态
	OFFLINE	离线状态或脱机状态，表示数据库被关闭，不能被正常使用
	EMERGENCY	紧急状态，这时数据库标记为 READ_ONLY，不能只执行日志记录，只能由 sysadmin 固定服务器角色成员访问。主要用于故障维护
控制用户对数据库访问选项	SINGLE_USER	单用户模式，一次只能有一个用户访问数据库
	RESTRICTED_USER	限制用户模式，只能由 sysadmin 固定服务器角色成员、db_owner 和 dbcreator 固定数据库角色成员访问数据库
	MULTI_USER	多用户模式，正常状态，有访问权限的用户都可以访问数据库
控制是否允许更新数据库选项	READ_ONLY	只读状态，用户只能从数据库中读取数据，不能修改数据库中的数据
	READ_WRITE	读写状态，正常状态，允许用户读写数据库
日期相关性优化选项	DATE_CORRELATION_OPTIMIZATION	当指定为 ON 时，SQL Server 将维护数据库中所有由 FOREIGN KEY 约束链接的包含 datetime 列的两个表中的相关统计信息。否则，不会维护这些信息
控制是否允许外部资源访问数据库	DB_CHAINING	ON 表示数据库可以作为跨数据库所有权链接的源和目标，OFF 表示不能
	TRUSTWORTHY	ON 表示使用模拟上下文的程序模块(例如，存储过程、用户定义的函数等)可以访问数据库以外的资源，OFF 表示不能
控制游标选项	CURSOR_CLOSE_ON_COMMIT	ON 表示在提交或回滚事务时关闭已经打开的所有游标，OFF 表示在提交事务时保持游标打开的状态，在回滚事务时关闭非 STATIC 和 INSENSITIVE 游标
	CURSOR_DEFAULT	用于控制游标的作用域，LOCAL 表示本地游标，GLOBAL 表示全局游标
控制自动选项	AUTO_CLOSE	ON 表示在最后一个用户退出后自动关闭数据库，释放资源。可以使用 USE 语句打开指定的数据库。OFF 表示在最后一个用户退出后，数据库仍保持打开状态

（续表）

<table>
<tr><th>选 项 类 型</th><th>选　　项</th><th>描　　述</th></tr>
<tr><td rowspan="3">控制自动选项</td><td>AUTO_CREATE_STATISTICS</td><td>ON 表示可以自动创建优化查询需要的统计信息，OFF 表示必须手动创建统计信息</td></tr>
<tr><td>AUTO_SHRINK</td><td>ON 表示允许数据库文件定义自动收缩，需要指出的是数据库文件是否能自动收缩还受到其他因素的影响。OFF 表示不允许数据库文件自动收缩</td></tr>
<tr><td>AUTO_UPDATE_STATISTICS</td><td>ON 表示在查询优化期间，系统自动更新查询优化需要的、已经过期的统计信息。OFF 表示必须手动修改统计信息</td></tr>
<tr><td rowspan="9">在数据库级控制 ANSI 编译选项</td><td>ANSI_NULL_DEFAULT</td><td>用于指定在定义表时未显示定义为空性的列的默认值，ON 表示默认值为 NULL，OFF 表示默认值为 NOT NULL</td></tr>
<tr><td>ANSI_NULLS</td><td>ON 表示与空值运算的所有结果为 UNKNOWN，OFF 表示当两个值都为 NULL 时结果为 TRUE</td></tr>
<tr><td>ANSI_PADDING</td><td>ON 表示不裁减 varchar 或 nvarchar 字符串的尾随空格或 varbinary 的尾随零，OFF 表示裁减 varchar 或 nvarchar 字符串的尾随空格或 varbinary 的尾随零</td></tr>
<tr><td>ANSI_WARNINGS</td><td>指定在运算过程中除数为 0 时是设置为空值，还是发出错误信息，ON 表示发出错误信息，OFF 表示设置为空值</td></tr>
<tr><td>ARITHABORT</td><td>ON 表示在查询执行过程中出现溢出或被零除等错误时，结束查询。OFF 表示如果在查询执行过程中出现溢出或被零除等其中一个错误则显示警告信息，但是查询、批处理、事务继续处理，就像没有发生错误一样</td></tr>
<tr><td>CONCAT_NULL_YIELDS_NULL</td><td>指定空值与字符串进行连接时的行为，ON 表示结果为 NULL，OFF 表示将空值作为空字符串处理</td></tr>
<tr><td>NUMERIC_ROUNDABORT</td><td>ON 表示当表达式中发生精度损失时发生错误，OFF 则表示不会</td></tr>
<tr><td>QUOTED_IDENTIFIER</td><td>ON 表示可以将分割标识符包含在双引号中，OFF 表示标识符不能包含在双引号中</td></tr>
<tr><td>NUMERIC_ROUNDABORT</td><td>当指定为 ON 时，表达式中出现失去精度时将产生错误。</td></tr>
<tr><td></td><td>RECURSIVE_TRIGGERS</td><td>ON 表示允许递归激发 AFTER 触发器，OFF 表示仅不允许 AFTER 触发器的直接递归</td></tr>
<tr><td>控制数据库恢复选框和磁盘 I/O 错误检查</td><td>RECOVERY</td><td>FULL 表示完全记录事务日志，可以执行事务日志备份和恢复；BULK_LOGGED 表示按照最小方式记录大量数据操作；SIMPLE 表示不记录事务日志。其默认值由 model 数据库设置</td></tr>
</table>

（续表）

选项类型	选　　项	描　　述
控制数据库恢复选框和磁盘 I/O 错误检查	PAGE_VERIFY	目标是验证和发现磁盘 I/O 路径错误引起的损坏的数据库页面。CHECKSUM 表示在向磁盘中写入页面时，计算整个页面内容的校验和并将该值存储在页头中；TORN_PAGE_DETECTION 将页面写入磁盘时，将每个 512 字节扇区的特定位保存在数据库页头中；NONE 表示不计算校验码
控制 Service Broker 的选项	ENABLE_BROKER	启用 Service Broker
	DISABLE_BROKER	禁用 Service Broker
	NEW_BROKER	接收新的 Broker
	ERROR_BROKER_CONVERSATIONS	指定数据库的会话接收错误消息
控制参数化选项	PARAMETERIZATION	SIMPLE 表示基于数据库的默认行为使查询参数化，FORCED 表示所有查询参数化
快照隔离选项	ALLOW_SNAPSHOT_ISOLATION	当指定为 ON 时，事务可以指定 SNAPSHOT 事务隔离级别。否则，无法指定
	READ_COMMITTED_SNAPSHOT	当指定为 ON 时，指定 READ COMMITTED 隔离级别的事务将使用行版本控制而不是锁定。当事务在 READ COMMITTED 隔离级别运行时，所有的语句都将数据快照视为位于语句的开头。当指定为 OFF 时，指定 READ COMMITTED 隔离级别的事务将使用锁定

在如图 4-4 所示的示例中，使用 ALTER DATABASE 语句设置了 AdventureWorks 数据库的两个选项，即将 RECOVERY 恢复选项设置为 FULL 和 PAGE_VERIFY 页面验证选项设置为 CHECKSUM。需要注意的是，设置数据库的选项应该在 master 数据库中执行。

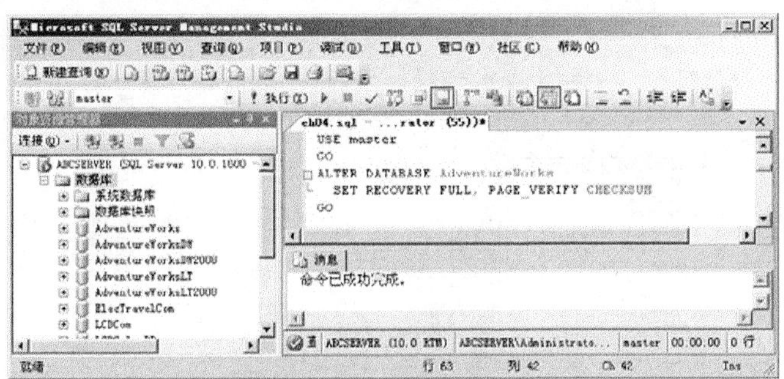

图 4-4　设置数据库选项

注意：

如果要更改当前系统中数据库选项的默认值，则可以通过更改 model 数据库中的相应数据库选项的值来实现。

需要说明的是，使用 sp_configure 存储过程可以设置服务器级别的选项，使用 ALTER DATABASE 语句可以设置数据库级别的选项，使用 SET 语句设置的选项只能影响当前用户的会话。

4.3.3　查看数据库信息

在 Microsoft SQL Server 2008 系统中，可以使用一些目录视图、函数、存储过程查看有关数据库的基本信息。

sys.databases 数据库和文件目录视图可以查看有关数据库的基本信息，sys.database_files 可以查看有关数据库文件的信息，sys.filegroups 可以查看有关数据库文件组的信息，sys.master_files 可以查看数据库文件的基本信息和状态信息。

DATABASEPROPERTYEX 函数可以查看指定数据库的指定选项的信息，一次只能返回一个选项的设置。例如，在如图 4-5 所示的示例中，使用 DATABASEPROPERTYEX 函数查看了 AdventrueWorks 数据库的 Recovery 选项的设置，其结果为“FULL”。

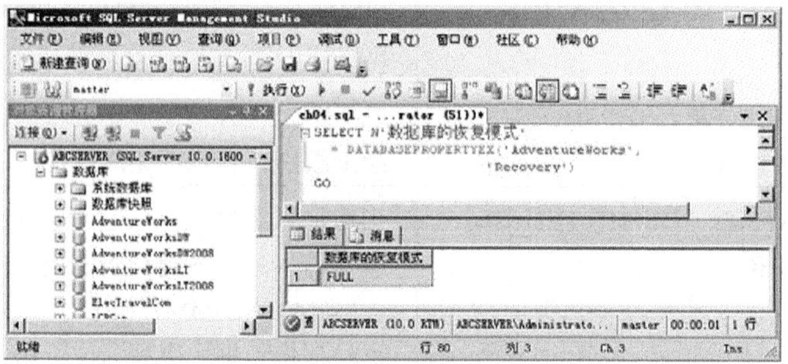

图 4-5　查看数据库选项的设置

使用 sp_spaceused 存储过程可以显示数据库使用和保留的空间。例如，在图 4-6 所示的示例中，查看了 AdventureWorks 数据库的空间大小、已经使用的空间等信息。可以看到在该数据库中，数据占了 87680KB 空间，索引占了 77920KB 空间，有 5248KB 空间没有被使用。

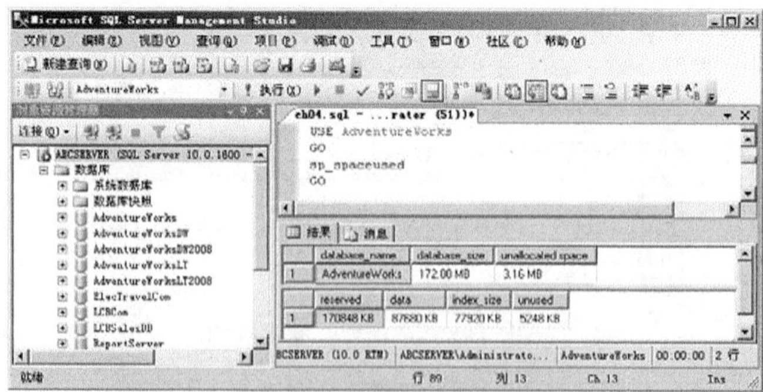

图 4-6　查看数据库空间使用状况信息

使用 sp_helpdb 存储过程可以查看所有数据库或指定数据库的基本信息。例如，使用 sp_helpdb AdventureWorks 命令可以查看 AdventureWorks 数据库的详细信息，包括数据库名称、数据库大小、数据库所有者、数据库的创建日期以及数据文件、日志文件的位置等，这些详细信息如图 4-7 所示。

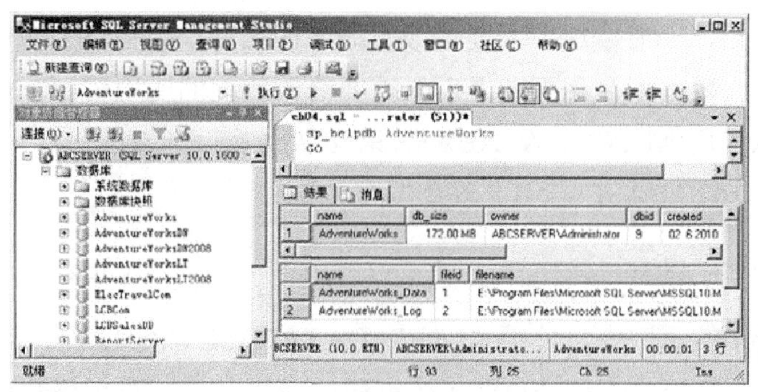

图 4-7　使用 sp_helpdb 存储过程查看数据库

在 SQL Server Management Studio 工具中，通过查看特定数据库的属性，可以查看有关数据库的基本信息。例如，在如图 4-8 所示的“数据库属性–AdventureWorks”对话框中，可以查看数据库的基本信息、文件信息、文件组信息、选项信息、权限信息以及有关字符排序规则、镜像和事务日志等信息。

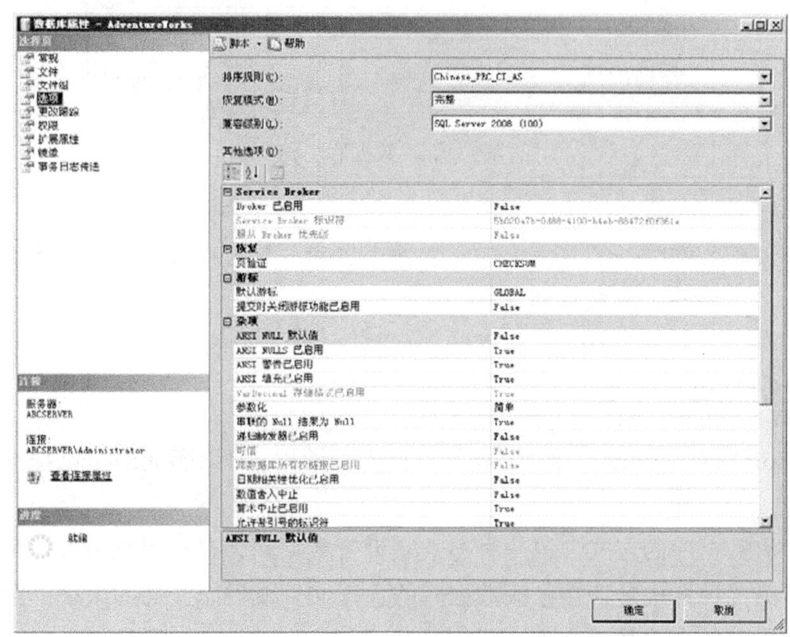

图 4-8　“数据库属性–AdventureWorks”对话框

4.4　修改数据库

数据库创建之后，可以根据需要使用 ALTER DATABASE 语句对数据库进行修改。除了前面讲过的设置数据库选项之外，修改操作还包括更改数据库名称、扩大数据库、收缩数据库、修改数据库文件、管理数据库文件组以及修改字符排列规则等。下面将详细讨论这些内容。

4.4.1　更改数据库名称

数据库创建之后，一般情况下不要更改数据库的名称，因为许多应用程序都可能使用了该数据库的名称。数据库名称更改之后，需要修改相应的应用程序。如果确实需要更改数据库名称，可以使用 ALTER DATABASE 语句做到。

使用 ALTER DATABASE 语句更改数据库名称的语法形式如下：

```
ALTER DATABASE database_name MODIFY NAME = new_database_name
```

在如图 4-9 所示的示例中，使用 ALTER DATABASE 语句将 LCBCom 数据库的名称更改为了 LGCom。这种更改只是更改了数据库的逻辑名称，对于该数据库的数据文件和日志文件没有任何影响。

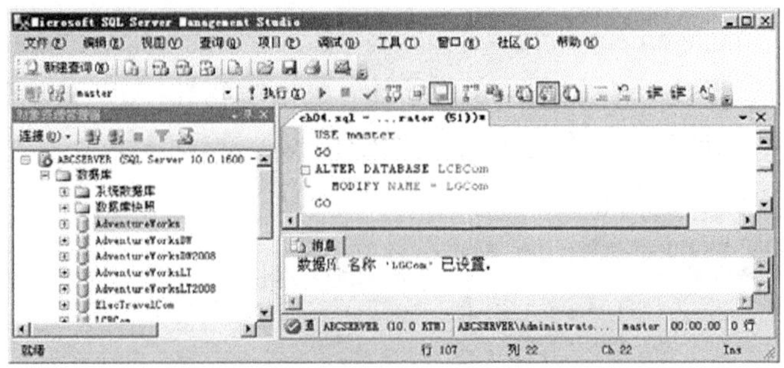

图 4-9　更改数据库名称

注意：

在创建数据库之前，一定要慎重确定数据库名称，数据库名称应该具有描述性。数据库创建之后，不要轻易更改数据库名称。

4.4.2　扩大数据库

在 Microsoft SQL Server 系统中，如果数据库的数据量不断膨胀，可以根据需要扩大数据库的尺寸。

有 3 种扩大数据库的方式。第一种方式是设置数据库为自动增长方式，可以在创建数据库时设置；第二种方式是直接修改数据库的数据文件或日志文件的大小；第三种方式是在数据库中增加新的次要数据文件或日志文件。

例如，现在 LGCom 数据库的大小是 8MB，现在要将其扩大到 10MB，则可以通过为该数据库增加一个大小为 3MB 的数据文件来实现。在如图 4-10 所示的示例中，在 ALTER DATABASE 语句中使用 ADD FILE 子句新增了一个次要数据文件，该数据文件的逻辑名称是 LGCom_02_DATA，其大小是 3MB，最大值是 10MB，并且按照 10%的速度自动增长。

数据库文件的自动增长功能由于消耗系统资源，因此会影响数据库的运行效率。如果要直接手工修改数据文件来扩大数据库，则可以在 ALTER DATABASE 语句中通过使用 MODIFY FILE 子句来实现。在如图 4-11 所示的示例中，使用 ALTER DATABASE 语句将 LGCom_02_DAT 文件大小由 3 直接修改为了 8MB。

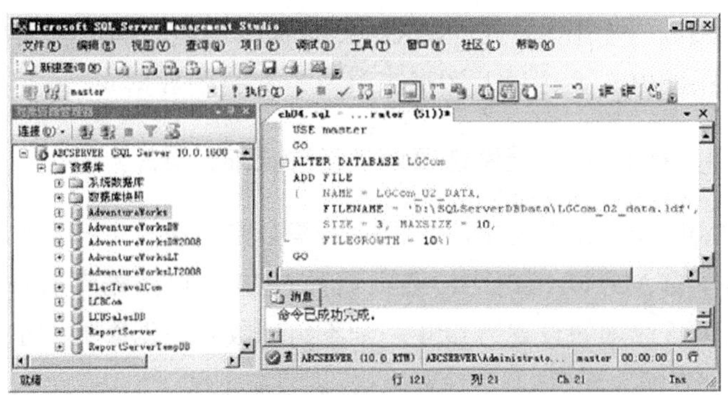

图 4-10　通过增加新的数据文件来扩大数据库

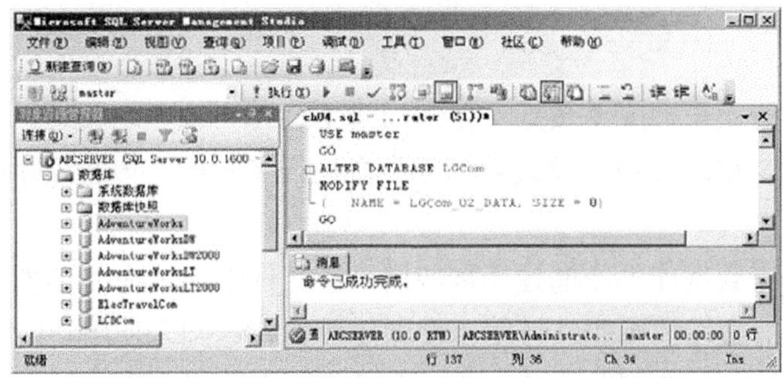

图 4-11　通过扩大数据文件的大小来扩大数据库

4.4.3　收缩数据库

如果数据库的设计尺寸过大了，或者删除了数据库中的大量数据，这时数据库会白白耗费大量的磁盘资源。根据用户的实际需要，可以收缩数据库的大小。

在 Microsoft SQL Server 系统中，有 3 种收缩数据库的方式。第一种方式是设置数据库为自动收缩，可以通过设置 AUTO_SHRINK 数据库选项实现；第二种方式是收缩整个数据库的大小，可以通过使用 DBCC SHRINKDATABASE 命令完成；第三种方式是收缩指定的数据文件，可以使用 DBCC SHRIKNFILE 命令实现。除了这些命令方式之外，也可以使用 SQL Server Management Studio 工具来收缩数据库。

能否在 ALTER DATABASE 语句中直接修改数据文件的大小来达到收缩数据库的目的呢？答案是不能。例如，在如图 4-12 所示的示例中，由于 LGCom_02_DATA 文件的大小是 8MB，现在要将其更改为 6MB，结果修改操作失败。

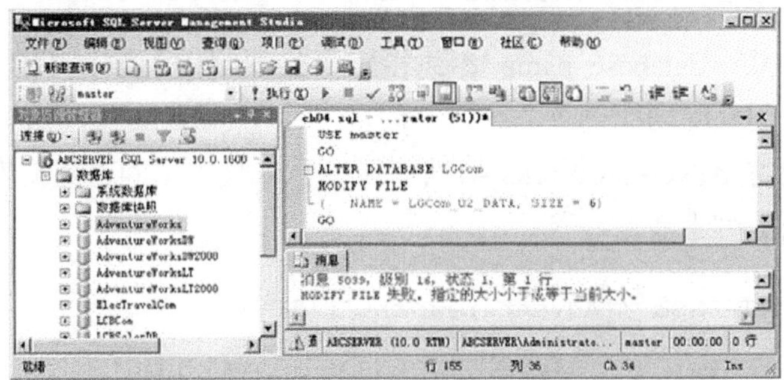

图 4-12　不能使用 ALTER DATABASE 语句直接收缩数据库文件

下面，详细介绍如何使用 AUTO_SHRINK 数据库选项、DBCC SHRINKDATABASE 命令、DBCC SHRIKNFILE 命令以及图形工具等方式收缩数据库。

1. 使用 AUTO_SHRINK 数据库选项设置自动收缩数据库

在 Microsoft SQL Server 系统中，数据库引擎会定期检查每一个数据库的空间使用情况。如果某个数据库的 AUTO_SHRINK 选项设置为 ON，则数据库引擎将自动收缩数据库中文件的大小。如果该选项的设置为 OFF，则不自动收缩数据库的大小。该选项的默认值是 OFF。

在 ALTER DATABASE 语句中，设置 AUTO_SHRINK 选项的语法形式如下：

```
ALTER DATABASE database_name SET AUTO_SHRINK ON
```

在收缩数据库时，数据库的数据文件和日志文件都可以自动收缩。需要注意的是，只有在数据库设置为 SIMPLE 恢复模式或事务日志已经备份时，该选项才可以减小事务日志文件大小。

数据库引擎检查数据库的空间使用情况时，当文件中超过 25%的部分都是未使用的空间时，开始执行收缩文件的操作。当文件收缩使数据库达到未使用空间占该文件 25%的大小或者收缩至文件初始创建时的大小两者中较大者时停止收缩。

数据库的大小不能收缩至低于其创建时的大小。例如，如果 LGCom 数据库创建时的初始大小为 3MB，后来扩大到 8MB。在收缩 LGCom 数据库时，该数据库可能会收缩至 7MB、6MB、5MB、4MB、3MB，但是不可能收缩至 2MB(因为低于初始大小)。

注意：

不能收缩只读数据库。

2. 使用 DBCC SHRINKDATABASE 命令收缩数据库

DBCC SHRINKDATABASE 命令是一种比自动收缩数据库更加灵活收缩数据库的方式，可以对整个数据库进行收缩。

DBCC SHRINKDATABASE 命令的基本语法形式如下：

```
DBCC SHRINKDATABASE ('database_name', target_percent)
```

在上面的语法中，database_name 参数指定了将要收缩的数据库名称，target_percent 参数指定文件中可用空间的比例。

例如，如果要将 AdventureWorks 数据库压缩至未使用空间占数据库大小的 10%时，那么可以使用下面的脚本命令：

```
DBCC SHRINKDATABASE ('AdventureWorks', 10%)
```

在收缩数据库时，用户可以在数据库中继续执行操作。如果 AdventureWorks 数据库是当前数据库并且要对其进行压缩，则可以使用下面的命令，其中 0 表示当前数据库：

```
DBCC SHRINKDATABASE (0, 10%)
```

在收缩数据库时，可以使用 NOTRUNCATE 或 NOTRUNCATEONLY 关键字。这两个关键字不能同时使用，并且只对数据文件起作用。

NOTRUNCATE 关键字表示将文件中的数据移动到前面的数据页，但是并不将未使用的空间释放给操作系统，文件的物理大小并不变化，好像没有收缩一样。

NOTRUNCATEONLY 关键字将文件末尾的未分配空间全部释放给操作系统，但是文件内部并不移动数据。当使用该关键字时，target_percent 参数指定的数据将失去意义，被系统忽视。在下面的脚本命令中，使用了 NOTRUNCATEONLY 关键字，表示仅仅将 AdventureWorks 数据库的数据文件末尾处未使用的空间删除，其中 20%参数没有实际意义：

```
DBCC SHRINKDATABASE ('AdventureWorks', 20%, NOTRUNCATEONLY)
```

同自动收缩数据库一样，使用 DBCC SHRINKDATABASE 命令不能将数据库的大小收缩至低于其初始创建时的大小。

3. 使用 DBCC SHRINKDFILE 命令收缩数据库文件

DBCC SHRINKDFILE 命令可以收缩指定的数据库文件，并且可以将文件收缩至小于其初始创建的大小，重新设置当前的大小为其初始创建的大小。这是该命令与自动收缩、DBCC SHRINKDATABASE 命令不同的地方。在执行收缩数据库操作时，DBCC SHRINKDFILE 命令的功能最强大。

DBCC SHRINKDFILE 命令的基本语法形式如下：

```
DBCC SHRINKFILE ('file_name', target_size)
```

在上面的语法中，file_name 参数指定将要收缩的文件逻辑名称，target_size 参数使用 MB 单位指定该文件将要收缩到的大小。

需要注意的是，收缩数据库文件只能是收缩未使用的空间，不能收缩数据正在使用的空间。例如，假设 LGCom 数据库的某个文件的大小是 15MB，包含了 8MB 数据。如果在收缩该文件时，指定的目标大小是 10MB，那么系统将该文件末尾的数据移动到前 10MB 的空间，然后将末尾处的 5MB 空间释放。但是，如果该文件包含了 12MB 数据，那么即使在收缩时指定的目标大小是 10MB，系统也只能将该文件收缩至 12MB。

能不能删除数据库中某个指定的包含有数据的数据文件？答案是可以。例如，如果 LGCom 数据库包含了 3 个数据文件，即 LGF1、LGF2、LGF3。现在要删除 LGF3 数据文件，可以使用下面的脚本命令：

```
DBCC SHRINKFILE ('LGF3', EMPTYFILE)
```

在上面的命令中，EMPTYFILE 关键字表示首先将当前数据库文件上的数据移动到其他文件上，然后删除该文件。

4. 使用 SQL Server Management Studio 工具收缩数据库

使用 SQL Server Management Studio 工具既可以收缩整个数据库的大小，也可以收缩指定的数据文件的大小。

从指定的 SQL Server 实例中，右击选中 LGCom 数据库，从弹出的快捷菜单中，选择"收缩" | "文件"命令，则弹出如图 4-13 所示的"收缩文件–LGCom_02_DATA"对话框。可以通过该对话框完成收缩 LGCom 数据库指定文件和收缩方式的操作。

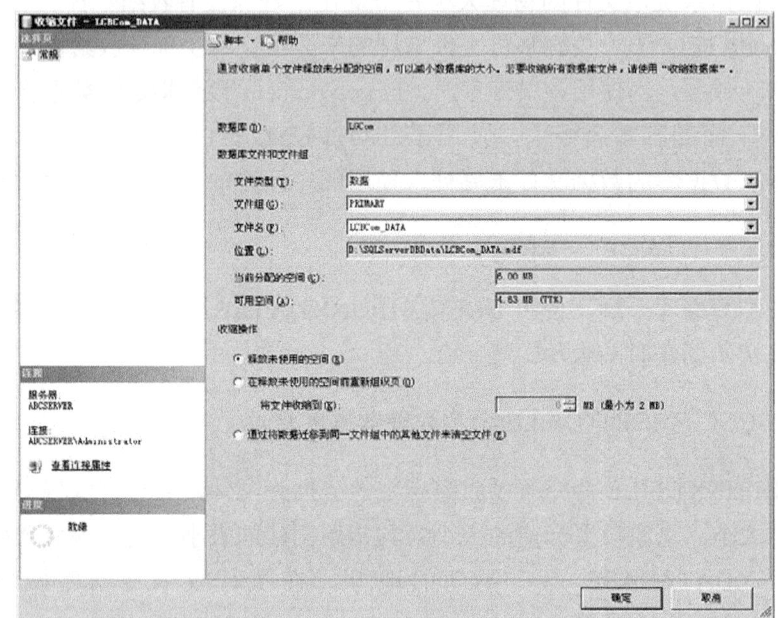

图 4-13　"收缩文件–LGCom_02_DATA"对话框

收缩文件时，可以选择的 3 种收缩操作方式分别是：直接释放文件中未使用的空间；在释放未使用的空间之前，重新组织数据页，并且将文件收缩到指定的大小；通过将数据迁移到同一文件组中的其他文件来清空文件。

4.4.4　修改数据库文件

用户可以根据需要使用 ALTER DATABASE 语句修改数据库中指定的文件。这些修改操作包括增加数据文件、在指定的文件组中增加指定文件、增加日志文件、删除指定的文件以及修改指定的文件等。增加数据文件、修改指定的文件等操作已经讲过了，下面通过一些示例讲述有关数据库文件的其他操作。

如果要在指定的文件组中增加文件，则可以使用 TO FILEGROUP 子句。例如，如果 LGCom 数据库包含了两个数据文件，即 LGF1 和 LGF2。现在要新增加一个 LGF3 文件并且将其放在 FG1 文件组(该文件组必须已经存在)中，那么可以使用如图 4-14 所示的命令。

如果要增加日志文件，那么可以使用 ADD LOG FILE 子句。

在一个 ALTER DATABASE 语句中，一次操作可以增加多个数据文件或日志文件，多个文件之间使用逗号隔开。

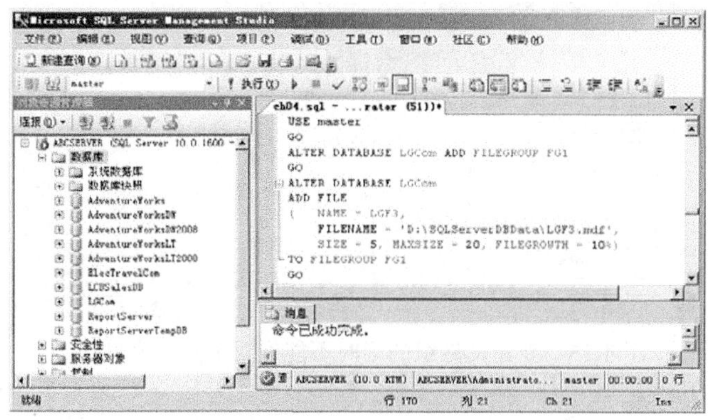

图 4-14　在指定的文件组中增加文件

如果要删除指定的文件，可以在 ALTER DATABASE 语句中使用 REMOVE FILE 关键字。例如，现在要删除 LGCom 数据库中的 LGF2 文件，则可以使用下面的命令：

```
ALTER DATABASE LGCom REMOVE FILE LGF2
```

4.4.5　管理文件组

文件组是数据库数据文件的逻辑组合，它可以对数据文件进行管理和分配，以便提高数据库文件的并发使用效率。Transact-SQL 语言没有提供独立的管理文件组的命令，只能通过 ALTER DATABASE 语句提供管理文件组的命令。这些管理文件组的命令包括新建文件组、设置默认的文件组、设置文件组的属性、修改文件组以及删除文件组等。下面详细介绍管理文件组的操作。

新建文件组就是在当前数据库中新建一个数据文件的逻辑组合。在默认情况下，每一个数据库都有一个默认的 PRIMARY 文件组。这个 PRIMARY 文件组是不能被删除的。用户可以定义自己的文件组。使用 ALTER DATABASE 语句新建文件组的命令如下：

```
ALTER DATABASE database_name
ADD FILEGROUP filegroup_name
```

默认文件组是指在新增数据库数据文件时，如果没有明确指定，那么该文件将放置在默认文件组中。用户可以使用 ALTER DATABASE 语句设置指定数据库中的默认文件组，其命令如下：

```
ALTER DATABASE database_name
MODIFY FILEGROUP filegroup_name DEFAULT
```

设置默认文件组时，只能将现有的文件组设置为默认文件组，不能在新建文件组的同时设置该文件组为默认文件组。在如图 4-15 所示的示例中，在新建 FG2 文件组的同时将其设置为默认文件组，结果操作失败。

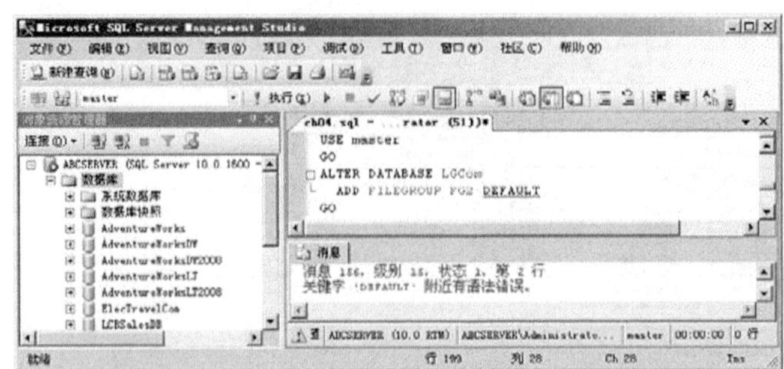

图 4-15　新建文件组的同时不能设置为默认文件组

注意：

虽然用户可以指定默认文件组，但是系统表等信息总是放在 PRIMARY 文件组中。

如果文件组的名称不合适，可以修改文件组名称。注意，修改文件组名称并不影响该文件组的属性和数据文件的组合状况。使用 ALTER DATABASE 语句修改文件组名称的语法形式如下：

```
ALTER DATABASE database_name
MODIFY FILEGROUP filegroup_name NAME new_filegroup_name
```

有关文件组中的属性，也可以通过 ALTER DATABASE 语句来完成。如果将文件组的读写属性设置为 READONLY 或 READ_ONLY，那么该文件组中的所有数据文件都是只读的。如果将其属性设置为 READWRITE 或 READ_WRITE，则可以对该文件组中的数据文件执行读写操作。例如，可以使用如图 4-16 所示的命令将 LGCom 数据库中的 FG1 文件组设置为只读。

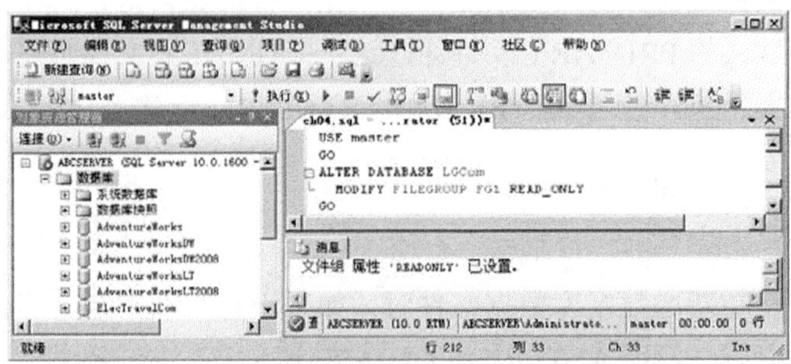

图 4-16　将文件组设置为只读状态

如果文件组不再需要了，可以将该文件组删除。需要注意的是，只有当文件组中不再包含数据文件时，才可以将该文件组删除。如果包含有其他文件，在将这些文件都移动到其他文件组中前，不能删除该文件组。删除文件组的语法如下：

```
ALTER DATABASE database_name
REMOVE FILEGROUP filegroup_name
```

4.5　管理数据库快照

相片是被照对象在照像时刻的静态图像表示，数据库快照与此类似。数据库快照提供了源数据库在创建快照时刻的只读、静态视图，可以有效地支持报表数据汇总和数据分析等只读操作。

如果源数据库中包含了未提交事务，那么这些事务不包含在数据库快照中。需要说明的是，数据库快照必须与源数据库在同一个服务器实例上。

数据库快照是在数据页级上进行的。当创建了某个源数据库的数据库快照时，数据库快照使用一种稀疏文件维护源数据页。如果源数据库中的数据页上的数据没有更改，那么对数据库快照的读操作实际上就是读源数据库中的这些未更改的数据页上的数据。如果源数据库中的某些数据页上的数据被更改了，那么更改前的源数据页就被复制到了数据库快照的稀疏文件中了，对这些数据的读操作实际上就是读取稀疏文件中的复制过来的数据页。如果源数据库中的数据更改频繁，那么数据库快照中的稀疏文件大小增长过快。为了避免数据库快照中的稀疏文件过大，可以通过创建新的数据库快照来解决这种问题。

数据库快照虽然是源数据库的影像，但是与源数据库相比，快照存在下面一些限制。

- 必须与源数据库在相同的服务器实例上创建数据库快照。
- 数据库快照捕捉开始创建快照的时刻点，不包括所有未提交的事务。
- 数据库快照是只读的，不能在数据库快照中执行修改操作。
- 不能修改数据库快照的文件。
- 不能创建基于 model、master、tempdb 等系统数据库的快照。
- 不能对数据库快照执行备份或还原操作。
- 不能附加或分离数据库快照。
- 数据库快照不支持全文索引，因此源数据库中的全文目录不能传输过来。
- 数据库快照继承快照创建时源数据库的安全约束。但是由于快照是只读的，源数据库中对权限的修改不能反映到快照中。
- 数据库快照始终反映创建该快照时的文件组状态。

在 Microsoft SQL Server 2008 系统中，可以使用 CREATE DATABASE 语句创建数据库快照。创建数据库快照的基本语法形式如下：

```
CREATE DATABASE database_shapshot_name
ON

(   NAME = source_database_logical_file_name,
FILENAME = 'os_file_name')
AS SNAPSHOT OF source_database_name
```

在上面的语法中，database_shapshot_name 参数是数据库快照名称，该名称应该符合数据库名称的标识符规范，并且在数据库中是唯一的。数据库快照对应的逻辑文件名称是源数据库的数据文件的逻辑名称，由 NAME 关键字指定。数据库快照的稀疏文件的物理名称由 FILENAME 关键字来指定。AS SNAPSHOT OF 子句用于指定该数据库快照对应的源数据库名称。

例如，在如图 4-17 所示的示例中，创建了一个名称为 AdventureWorks_snapshot_ 123456 的数据库快照，该快照的源数据库是 AdventureWorks。现在，可以使用该数据库快照执行有关 AdventureWorks 数据库的只读操作。

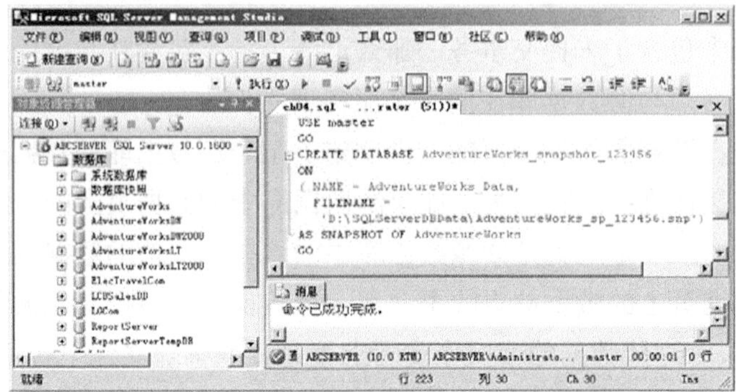

图 4-17　创建数据库快照

如果数据库快照不再需要了，可以使用 DROP DATABASE 语句就像删除数据库一样删除数据库快照。删除数据库快照将删除该快照的稀疏文件，但是对源数据库没有影响。删除数据库快照的语法形式如下：

```
DROP DATABASE database_snapshot_name
```

4.6　其他相关操作

除了前面讲述的数据库操作之外，数据库管理操作还包括分离数据库、附加数据库和删除数据库等。下面介绍这些操作。

1. 分离数据库

分离数据库是指将数据库从 Microsoft SQL Server 实例中删除，但是该数据库的数据文件和事务日志文件依然保持不变。这样可以将该数据库附加到任何的 Microsoft SQL Server 实例中。

可以使用 sp_detach_db 存储过程来执行数据库分离操作，当然也可以使用 SQL Server Management Studio 工具来执行分离操作。例如，如果要分离 LGCom 数据库，可以执行如图 4-18 所示的命令。

分离数据库是有限制条件的：已经复制并且发布的数据库不能被分离；有数据库快照的数据库不能被分离；处于可疑状态的数据库不能被分离。

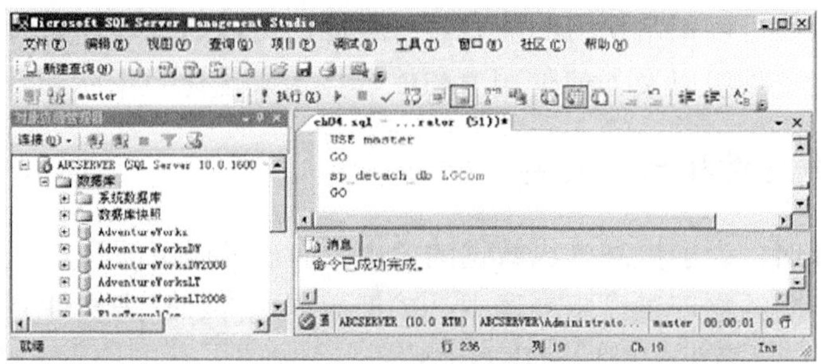

图 4-18　分离数据库

2. 附加数据库

当要将分离后的数据库附加到某个 Microsoft SQL Server 实例中时，可以使用 CREATE DATABASE 语句。附加数据库可以将其重置为分离时的状态。附加数据库时所有的数据文件必须都是可用的。在附加数据库过程中，如果没有日志文件，系统将自动创建一个新的日志文件。

例如，如果要将分离后的 LGCom 数据库附加到指定的 Microsoft SQL Server 实例中，可以在该实例上执行如图 4-19 所示的操作，并且附加该数据库原有的文件。

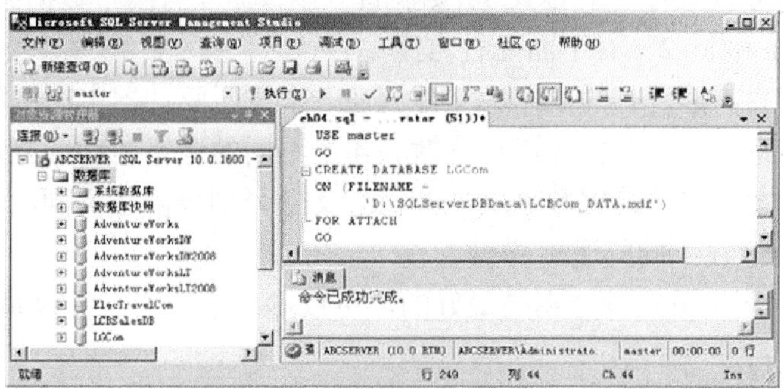

图 4-19　附加分离的数据库

如果分离后的数据库的日志文件不能使用了，那么可以使用 FOR ATTACH_REBUILD_LOG 关键字指定系统重建日志文件。

3. 删除数据库

如果数据库不再需要了，可以使用 DROP DATABASE 语句删除该数据库。例如，如果要删除 LGCom 数据库，可以使用下面的命令：

```
DROP DATABASE LGCom
```

4.7　优化数据库

在创建数据库时，有两个基本目标：提高数据库的性能和提高数据库的可靠性。提高数据库的性能就是提高操纵数据库的速度。提高数据库的可靠性就是数据库中某个文件破坏之后，数据库依然可以正常使用的能力。一般地，可以通过选择如何放置数据文件和日志文件、如何使用文件组以及如何使用 RAID 等技术来优化数据库和数据库文件。

4.7.1 放置数据文件和日志文件

在创建数据库时，为了提高操纵数据的效率，应该遵循下面两个原则：(1)尽可能地把数据文件分散在不同的物理磁盘驱动器中；(2)把数据文件和日志文件分散在不同的物理磁盘驱动器上。这样可以最大程度地允许系统执行并行操作，从而提高系统使用数据的效率。

假设某个 Microsoft SQL Server 服务器有两个物理驱动器，即 0 号物理驱动器和 1 号物理驱动器。在 0 号物理驱动器上，有两个逻辑磁盘，即 C 盘和 D 盘。在 1 号物理驱动器上，也有两个逻辑磁盘，即 E 盘和 F 盘。驱动器的配置示意图如图 4-20 所示。

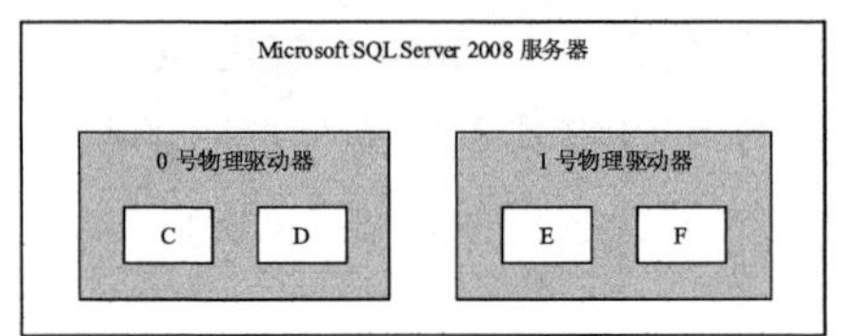

图 4-20　驱动器的配置示意图

现在，在该服务器上有一个 LGCom 数据库，该数据库有两个数据文件 data1 和 data2、两个日志文件 log1 和 log2。有下面几种方案。

(1) 第一种方案：把所有的数据库文件放在一个逻辑驱动器上，例如 C 盘。

(2) 第二种方案：把 4 个文件任意分散在 4 个不同的逻辑驱动器上。

(3) 第三种方案：首先，把数据文件和日志文件分别分散在不同的物理驱动器上，然后把不同的文件分散在不同的逻辑磁盘上。

在大多数情况下，第三种方案是最好的，可以提高系统的操作效率。

4.7.2 使用文件组

使用文件组的优势在于提高系统的操作性能。使用文件组的两个明显的优点是：第一，可以平衡多个磁盘上的数据访问负荷；第二，可以使用并行线程提高数据访问的效率。

另外，使用文件组还可以简化数据库的维护工作，可以备份或恢复单个的文件或文件组而不必备份或恢复整个数据库。对于海量数据库来说，备份文件或文件组是一个有效的备份策略，可以把表和索引分布到不同的文件组中。对于那些常用的表来说，这样可以提高查询语句的效率。

当使用文件组时，应该考虑下面一些因素。

(1) 监视系统的性能，理解数据库的结构、文件分布状况、表和索引信息以及使用的查询语句类型等。

(2) 如果使用用户定义的文件组，那么最好把默认的文件组改成用户定义的文件组，这样可以防止用户数据在 PRIMARY 文件组上的增长。

(3) 文件组只能提高性能，不能提高可靠性。如果文件组中的某个数据文件遭到了破坏，那么整个文件组中的数据都无法使用。

4.7.3　使用 RAID 技术

RAID 是 Redundant Array of Independent Disks 的缩写，中文含义是独立磁盘冗余阵列。RAID 是一种磁盘系统，可以将多个磁盘驱动器组合成一个磁盘阵列，以提供高性能、高可靠性、大存储能力及低成本。磁盘容错阵列可以分成 6 个等级，即 RAID0 到 RAID5。每一种等级都使用了不同的算法来提高系统的性能。

在 Microsoft SQL Server 2008 系统中，经常涉及的 RAID 技术包括 RAID0、RAID1 和 RAID5。下面介绍这 3 种容错等级的特点。

RAID0 级是数据并行。在这种等级中，所有的数据都并行分布在不同的物理存储设备上，以便有效执行多个并行的读写操作。但是，如果任何一个物理存储设备损坏了，那么整个数据都不能使用了。因此，RAID0 级只能提高性能，不能提供任何容错功能。

RAID1 级是设备镜像。设备镜像就是在所有的镜像设备上提供了数据的完全复制。这种方式可以提高系统的容错性能，但是由于写数据时需要涉及多个设备写相同的数据，因此性能受到影响。

RAID5 是最常使用的容错等级。在这种等级中，奇偶信息并行存储。因此，这种等级既可以提高性能，又可以提高可靠性。

4.8　本 章 小 结

本章全面研究数据库管理的内容。首先，分析了常见的数据库管理中的问题。第二，对数据库的文件和文件组的基本特征进行了介绍。第三，对数据库的定义、状态分析、属性设置、信息查看进行了研究。第四，讨论了数据库的扩大、收缩、文件组管理等操作。第五，对数据库快照的功能特点和操作进行了概述。第六，讲述了有关分离、附加数据库等操作。最后，研究了提高数据库性能和可靠性的技术。

【思考和练习】

1. 数据库管理中的主要问题是什么？
2. 数据文件和日志文件的作用分别是什么？
3. 如何规划数据库的大小？
4. 如何使用 CREATE DATABASE 语句创建数据库？
5. 数据库的状态和选项的作用是什么？如何设置这些状态和选项？
6. 为什么要扩大数据库？扩大数据库的方法是什么？比较这些方法的特点。
7. 为什么要收缩数据库？收缩数据库的方法是什么？比较这些方法的特点。
8. 如何管理文件组？
9. 为什么要引入数据库快照？如何创建数据库快照？
10. 如何理解数据库快照中稀疏文件的作用？
11. 如何执行数据库分离和附加操作？
12. 什么是 RAID 技术？讨论如何提高数据库的性能和可靠性。

第5章　Transact-SQL语言

如何方便地在数据库中执行访问数据库对象、查询业务数据等各种操作呢？这需要掌握使用 Transact-SQL 语言的技术。Transact-SQL 语言是微软公司在关系型数据库管理系统 Microsoft SQL Server 中的 ISO SQL 的实现。SQL(Structure Query Language，结构化查询语言)语言是国际标准化组织(International Standardize Organization，ISO)采纳的标准数据库语言。通过使用 Transact-SQL 语言，用户几乎可以完成 SQL Server 数据库中的各种操作。本章全面介绍 Transact-SQL 语言的特点和使用方式。

本章要点：

- Transact-SQL 语言和 SQL 语言之间的关系
- Transact-SQL 语言的特点和执行方式
- 数据定义语言的类型和特点
- 数据操纵语言的类型和特点
- 数据控制语言的类型和特点
- 事务管理语言的类型和特点
- 附加语言元素的类型和特点

5.1　概　　述

1970 年 6 月，埃德加•考特(Edgar Frank Codd)在 Communications of ACM 上发表了《大型共享数据库数据的关系模型》一文。首次明确而清晰地为数据库系统提出了一种崭新的模型，即关系模型。1970 年以后，考特继续致力于完善与发展关系理论。1972 年，他提出了关系代数和关系演算的概念，定义了关系的并、交、投影、选择、连接等各种基本运算，为 SQL 语言的形成和发展奠定了理论基础。1979 年，SQL 在商业数据库中成功得到了应用。

1986 年，美国国家标准化组织正式发表了编号为 X3.135-1986 的 SQL 标准，并且在 1987 年得到了 ISO 组织的认可，被命名为 ISO9075-1987。后来这个标准在 1992、1999、2003、2006、2008 年等不断地得到了扩充和完善。1992 年发布的标准是 SQL92，也称为 SQL2。1999 年发布的标准称为 SQL:1999，也称为 SQL3。该版本增加了迭代查询、触发器、控制流以及面向对象功能。2003 年，SQL 标准引入了 XML 支持、自动生成值等特征。2006 年的标准在 XML 数据的存储和查询方面有了更多的增强。

从 SQL 语言的历史来看，Transact-SQL 语言与 SQL 语言并不完全等同。不同的数据库供应商一方面采纳了 SQL 语言作为自己数据库的操作语言，另一方面又对 SQL 语言进行了不同程度的扩展。这种扩展的主要原因是不同的数据库供应商为了达到特殊目的和实现新的功能，不得不对标准的 SQL 语言进行扩展，而这些扩展往往又是 SQL 标准的下一个版本的主要实践来源。

Transact-SQL 语言是微软公司在 Microsoft SQL Server 系统中使用的语言，是对 SQL 语言的一种扩展形式。

Transact-SQL 语言是一种交互式查询语言，具有功能强大、简单易学的特点。该语言既允许用户直接查询存储在数据库中的数据，也可以把语句嵌入到某种高级程序设计语言中来使用，如可以嵌套到 Microsoft Visual C#.NET、Java 语言中。同任何其他程序设计语言一样，Transact-SQL 语言有自己的数据类型、表达式、关键字等。当然，Transact-SQL 语言与其他语言相比，要简单得多。

Transact-SQL 语言有 4 个特点：一是一体化的特点，集数据定义语言、数据操纵语言、数据控制语言、事务管理语言和附加语言元素为一体。二是有两种使用方式，即交互使用方式和嵌入到高级语言中的使用方式。三是非过程化语言，只需要提出“干什么”，不需要指出“如何干”，语句的操作过程由系统自动完成。四是类似于人的思维习惯，容易理解和掌握。

在 Microsoft SQL Server 2008 系统中，根据 Transact-SQL 语言的功能特点，可以把 Transact-SQL 语言分为 5 种类型，即数据定义语言、数据操纵语言、数据控制语言、事务管理语言和附加的语言元素。

数据定义语言(Data Definition Language，简称为 DDL)是最基础的 Transact-SQL 语言类型，被用来创建数据库和数据库中的各种对象。只有创建数据库和数据库中的各种对象之后，数据库中的各种其他操作才有了意义。例如，CREATE 语句是典型的 DDL，可以用来创建数据库中的表对象，DROP 语句则可以删除数据库中的表对象。

如何在表中插入数据、更新数据呢？这就需要使用到 INSERT、UPDATE、DELETE 等语句。这些操纵数据库中数据的语句被称为数据操纵语言(Data Manipulation Language，简简称为 DML)。例如，当使用 DDL 语言创建了表之后，就可以使用 DML 语言向表中插入数据、检索数据、更新数据等。

如何确保数据库的安全呢？如何允许一些用户使用表中的数据，但是禁止另外一些用户使用表中的数据呢？这些问题涉及到权限管理。在 Transact-SQL 语言中，涉及到权限管理的语言包括了 GRANT、REVOKE、DENY 等语句，这些语句被称为数据控制语言(Data Control Language，简称为 DCL)。

在数据库中执行操作时，经常需要多个操作同时完成或同时取消。例如，从一个账户中转出的款项应该进入另一个账户。这时需要使用事务的概念。事务就是一个单元的操作，这些操作要么全部成功，要么全部失败。在 Microsoft SQL Server 2008 系统中，可以使用 COMMIT 语句提交事务，可以使用 ROLLBACK 语句撤销某些操作。这些用于事务管理的语句被称为事务管理语言(Transact Management Language，简称为 TML)。

作为一种语言，Transact-SQL 语言还提供了有关变量、标识符、数据类型、表达式及控制流语句等语言元素。这些语言元素被称为附加的语言元素。

就像其他许多语言一样，Microsoft SQL Server 2008 系统使用 100 多个保留关键字来定义、操作或访问数据库和数据库对象，这些关键字包括 DATABASE、CURSOR、CREATE、INSERT、BEGIN 等。这些保留关键字是 Transact-SQL 语言语法的一部分，用于分析和理解 Transact-SQL 语言。一般地，不要使用这些保留关键字作为对象名称或标识符。

5.2　Transact-SQL 语言的执行方式

在 Microsoft SQL Server 2008 系统中，主要使用 SQL Server Management Studio 工具来执行 Transact-SQL 语言编写的查询语句。除此之外，还可以使用 sqlcmd 实用命令、PowerShell 工具来执行 Transact-SQL 语句。下面主要介绍 SQL Server Management Studio 工具的特点。

在 SQL Server Management Studio 主窗口中，关闭“已注册的服务器”窗口、“模板资源管理器”窗口、“对象资源管理器”窗口，可以最大限度显示查询窗口。在查询窗口中执行 Transact-SQL 语句后的结果如图 5-1 所示。

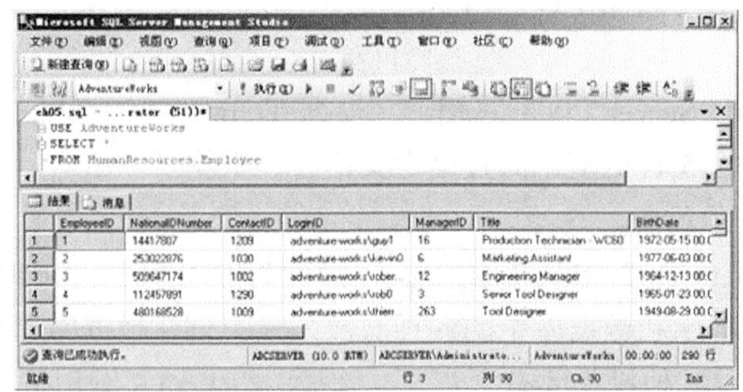

图 5-1　在查询窗口中执行 Transact-SQL 语句

在如图 5-1 所示的查询窗口中，可以通过单击“SQL 编辑器”工具栏快捷地执行操作。“SQL 编辑器”工具栏上的图标功能描述如图 5-2 所示。

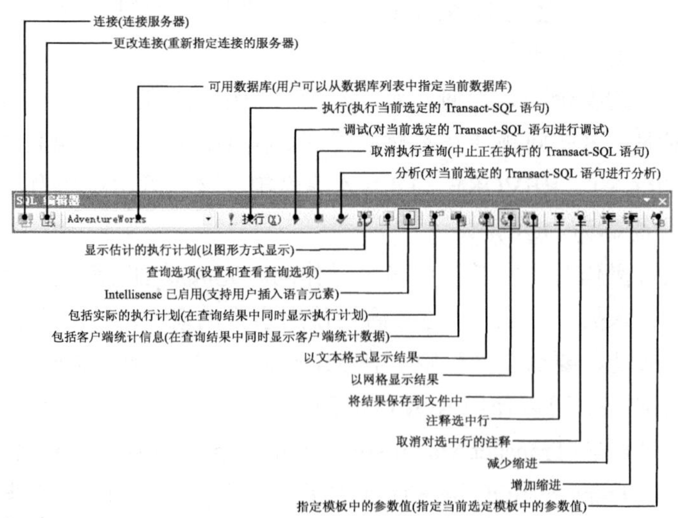

图 5-2　“SQL 编辑器”工具栏

5.3　数据定义语言

数据定义语言用于创建数据库和数据库对象，为数据库操作提供对象。例如，数据库以及表、触发器、存储过程、视图、索引、函数、类型及用户等都是数据库中的对象，需要定义后才能使用。在 DDL 中，主要的 Transact-SQL 语句包括 CREATE 语句、ALTER 语句和 DROP 语句。

CREATE 语句用于创建数据库以及数据库中的对象，是一个从无到有的过程。例如，如果要在 ElecTravelCom 数据库中创建一个 ContactDetail 表，可以使用如图 5-3 所示的命令。在这里，首先创建了 SaleManager 架构，然后创建 ContactDetail 表。该表可以用于存储有关合同的明细信息，包括合同编码、产品编码、产品数量、单价以及备注信息。创建之后，可以在数据库中使用 ContactDetail 表。

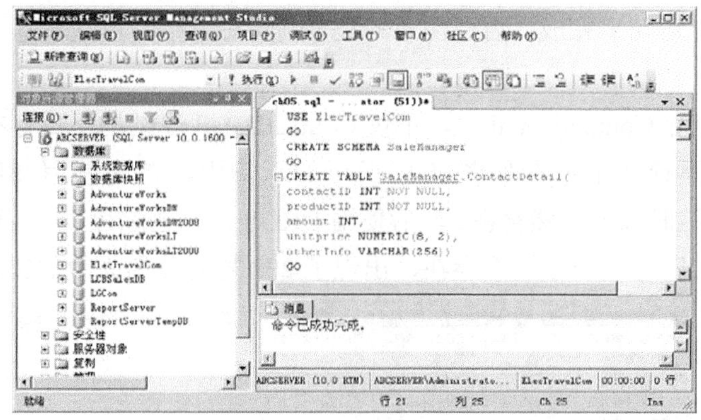

图 5-3　CREATE 语句示例

在 Microsoft SQL Server 2008 系统中，可以使用 CREATE 语句创建的对象包括：数据库、登录名、表、触发器、类型、用户、视图、数据库主密钥、非对称密钥、对称密钥、存储过程、全文目录、全文索引、索引、XML 索引、关联操作、函数、聚合函数、默认值、规则、架构、架构组件、服务、维度成员、计算成员、挖掘模型、挖掘结构、分区函数、分区方案、端点、事件通知、消息类型、角色、应用程序角色、程序集、元组计算、证书、约定、凭据、队列、绑定、路由、命名集、统计直方图、多维数据集以及同义词等。

注意：

针对不同的数据库对象，CREATE 语句有不同的用法。在某些情况下，当需要为数据库对象指定多个属性时，CREATE 语句可能相当复杂。具体的 CREATE 语句语法，在相应的章节讲述，这里不一一讨论了。

ALTER 语句用于更改数据库以及数据库对象的结构。也就是说，ALTER 语句的对象必须已经存在。ALTER 语句仅仅是更改其对象的结构，其对象中已有的数据不受任何影响。

例如，对于表对象来说，在表中增加一个新列、删除一个列等操作都属于对表结构的更改。在如图 5-4 所示的示例中，使用 ALTER 语句在 ContactDetail 表中增加一个 productName 列，该列用于存储合同明细中的产品名称。然后，使用 SELECT 语句查看 ContactDetail 表更改后的结果，这时 ContactDetail 表由 6 个列组成。

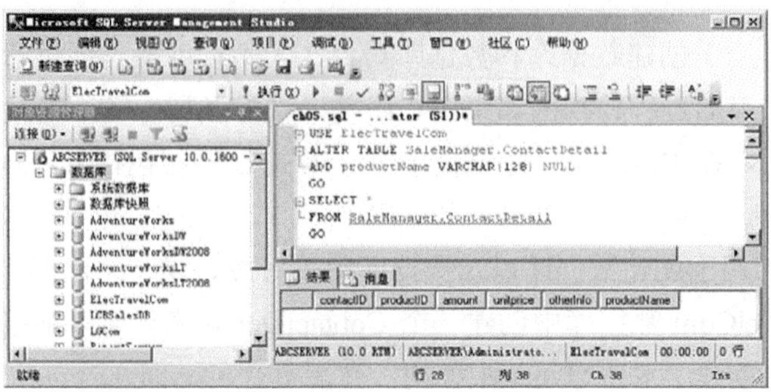

图 5-4　ALTER 语句示例

如果数据库或数据库对象不再需要了，可以把其删除。删除数据库或数据库对象的结构可以使用 DROP 语句来完成。需要注意的是，删除对象结构包括删除该对象中的所有内容和对象本身。

例如，如果删除 ContactDetail 表，不仅 ContactDetail 表结构不再存在了，该表中的所有数据也都自然不存在了。在如图 5-5 所示的示例中，首先使用 SELECT 语句查看 ContactDetail 表，这时该表依然存在；然后使用 DROP 语句删除该表，当再次使用 SELECT 语句查看该表时，发现该表已经不存在，出现了 208 号对象名无效的错误消息。

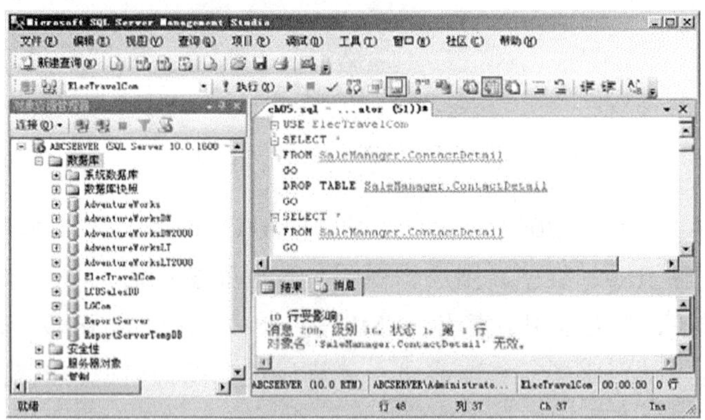

图 5-5　DROP 语句示例

在 Microsoft SQL Server 2008 系统中，学习某个数据库对象时，除了了解该对象的作用和特点外，更重要的是要掌握如何使用 CREATE、ALTER、DROP 语句创建、更改和删除该对象。

5.4　数据操纵语言

数据操纵语言主要是用于操纵表、视图中数据的语句。当创建表对象之后，初始状态时该表是空的，没有任何数据。如何向表中添加数据呢？这时需要使用 INSERT 语句。如何检索表中数据呢？可以使用 SELECT 语句。如果表中数据不正确，可以使用 UPDATE 语句进行更新。当然，也可以使用 DELETE 语句删除表中的数据。实际上，DML 语言包括了 INSERT、SELECT、UPDATE 和 DELETE 等语句。

INSERT 语句用于向已经存在的表中插入新的数据，一次插入一行数据。当需要向表中插入多行数据时，需要多次使用 INSERT 语句。

在如图 5-6 所示的 INSERT 语句示例中，向 ContactDetail 表中插入了 3 行数据，并且使用 SELECT 语句检索该表中的数据。注意，ContactDetail 表必须事先存在，才能对其使用 INSERT 语句插入数据。在输入汉字时，用单引号括起来，并在单引号前使用 N 字符。

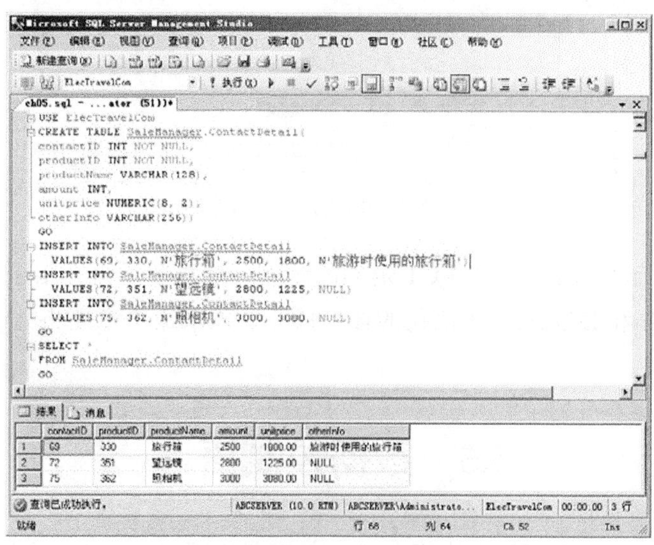

图 5-6　使用 INSERT 语句插入数据

如果表中的数据不正确、不合适或者已经变化，可以使用 UPDATE 语句更新这些数据。

例如，要将 ContactDetail 表中 330 号产品的销售数量由 2500 台更改为 3000 支，单价由 1800 元更改为 990 元。在如图 5-7 所示的示例中，首先使用 UPDATE 语句执行更改操作，然后使用 SELECT 语句查看更改后的结果。

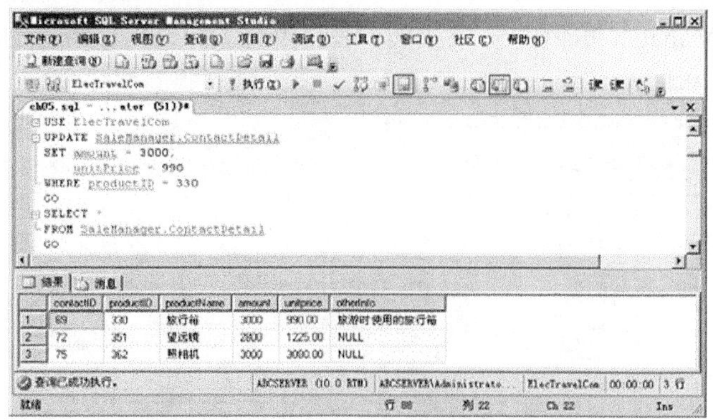

图 5-7　使用 UPDATE 语句更新数据

使用 DELETE 语句可以删除表中的数据。一般地，如果在 DELETE 语句中没有删除条件，将删除表中所有的数据。需要注意的是，DELETE 语句与 DROP 语句不同。DELETE 语句删除表中的数据，但是该表对象依然存在。DROP 语句则删除了表对象，表中的数据也自然不存在了。

例如，在如图 5-8 所示的示例中，使用 DELETE 语句删除 351 号产品的信息。然后，使用 SELECT 语句查看删除一行数据后的 ContactDetail 表。

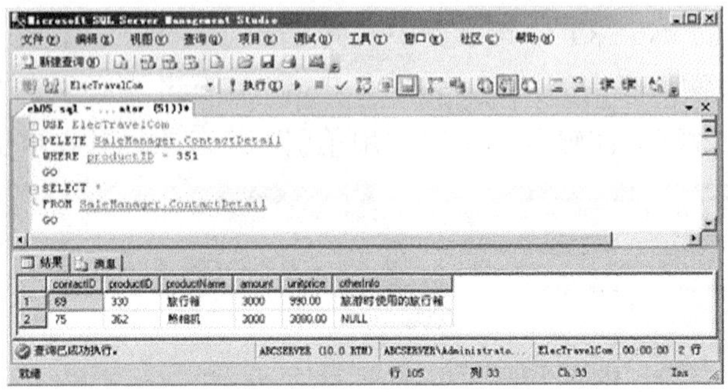

图 5-8　使用 DELETE 语句删除数据

在前面示例中已经看到了 SELECT 语句的示例，这里就不再介绍了。有关 SELECT、INSERT、UPDATE 和 DELETE 等语句的详细操作，本书第 7 章还将继续讲述，这里就不再多说了。

5.5　数据控制语言

数据控制语言(DCL)主要用来执行有关安全管理的操作，该语言主要包括 GRANT 语句、REVOKE 语句和 DENY 语句。GRANT 语句可以将指定的安全对象的权限授予相应的主体，REVOKE 语句则删除授予的权限，DENY 语句拒绝授予主体权限，并且防止主体通过组或角色成员继承权限。

本书第 3 章已经讲述了 DCL 语言的用法和在安全管理中的作用，这里不再重复了。下面，通过一个简单示例讲述 DCL 语言的特点。

假设 Cleon 是 ElecTravelCom 数据库中的一个用户，GManager 是该数据库中的一个角色，且 Cleon 是 GManager 角色的一个成员。图 5-9 示意了 DCL 语言的典型用法。

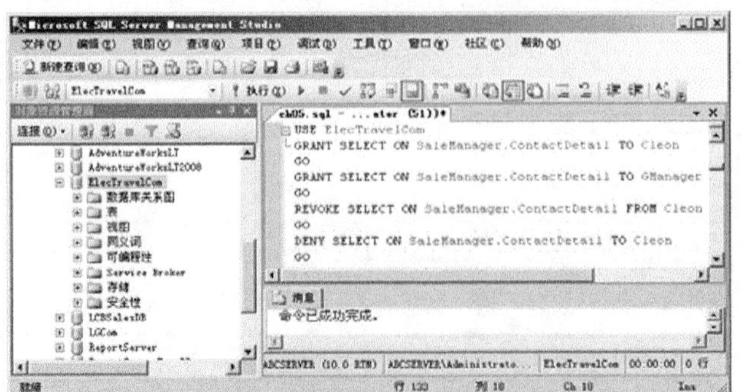

图 5-9　使用 DCL 语言示例

在如图 5-9 所示的示例中，首先使用 USE 语句将当前数据库置为 ElecTravelCom 数据库。然后，使用 GRANT 语句将 SaleManager.ContactDetail 表的 SELECT 权限授予 Cleon。之后，又将该权限授予 GManager 角色。接下来，使用 REVOKE 语句从 Cleon 处收回了对 SaleManager.ContactDetail 表的 SELECT 权限。这时，能否说 Cleon 不能对 Person.HRInfo 表执行 SELECT 操作了呢？不能，因为 Cleon 作为 GManager 角色的成员仍然从角色中继承了对 SaleManager.ContactDetail 表的 SELECT 操作权限。但是，如果使用 DENY 语句从 Peter 处收回了对 SaleManager.ContactDetail 表的 SELECT 权限，Cleon 就不能对 SaleManager.ContactDetail 表执行 SELECT 操作了。

5.6　事务管理语言

在 Microsoft SQL Server 系统中，可以使用 BEGIN TRANSACTION、COMMIT TRANSACTION 和 ROLLBACK TRANSACTION 等事务管理语言(TML)语句来管理显式事务。其中，BEGIN TRANSACTION 语句用于明确地定义事务的开始，COMMIT TRANSACTION 语句用于明确地提交完成的事务。如果事务中出现了错误，可以使用 ROLLBACK TRANSACTION 语句明确地取消定义的事务。

下面，通过一个示例讲述如何使用 TML 语言。假设 accounting 表中存储了有关账户、客户名称、账户金额和操作日期等信息。为了确保账户之间的转账过程准确无误，需要通过定义明确的事务来完成这种操作。在转账前，可以使用 SELECT 语句查看 accounting 表中当前各账户的信息，查看结果如图 5-10 所示(如果没有此表，用户应该建立该表并且向表中插入相应的数据)。

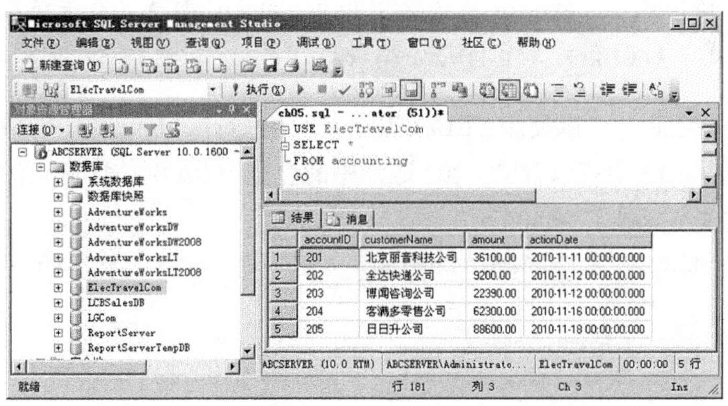

图 5-10　accounting 表中转账前各账户的信息

现在，希望从 202 账户向 205 账户转账 8000 元。这时，可以使用如图 5-11 所示的事务管理语言来实现。

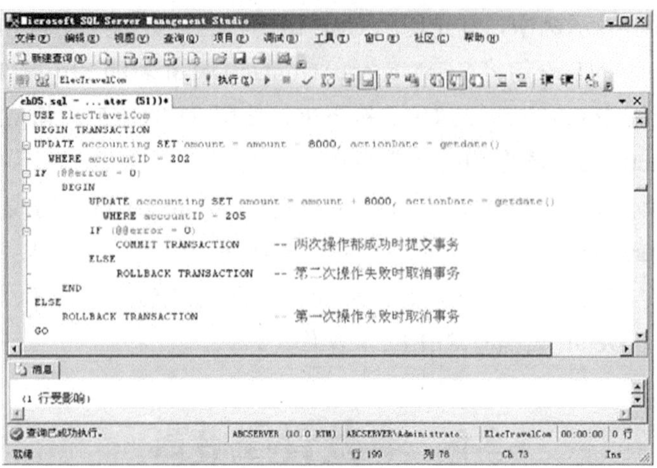

图 5-11　使用事务管理语言示例

在图 5-11 中，首先，使用 BEGIN TRANSACTION 语句明确地声明事务开始。然后，使用 UPDATE 语句从 202 账户中减去 8000 元，并且更新操作日期信息。之后，使用 IF 语句。在 IF 语句中，首先使用@@error 系统变量判断前面 UPDATE 语句的执行是否正确，0 表示正确，否则表示执行失败。如果前一个 UPDATE 语句执行正确，那么接下来执行第二个 UPDATE 语句，并判断该语句的执行是否正确，只有当第二个 UPDATE 语句执行也正确时，该事务才能被提交。否则，只要有一个 UPDATE 语句执行失败，那么这个事务的操作都会被自动取消。

注意：

在如图 5-11 所示的示例中，除了事务管理语言之外，还使用了 UPDATE、IF…ELSE、BEGIN…END 等语句以及@@error 系统变量和 getdate()函数等。有关这些语句、变量和函数的详细使用方式，后面有关章节将会详细讲述。

转账操作结束之后，可以使用 SELECT 语句查看 accounting 表中的数据，查看结果如图 5-12 所示。从图 5-12 中可以看出，202 账户中的金额由 9200 元变成 1200 元，而 205 账户中的金额由 88600 元变成了 96600 元。

图 5-12　accounting 表中转账后各账户的信息

5.7　附加的语言元素

除了前面介绍的语句之外，Transact-SQL 语言还包括了附加的语言元素。这些附加的语言元素主要包括标识符、变量和常量、运算符、表达式、数据类型、函数、控制流语言、错误处理语言和注释等。下面，详细介绍这些内容。

5.7.1　标识符

在 Transact-SQL 语言中，数据库对象的名称就是其标识符。在 Microsoft SQL Server 系统中，所有的数据库对象都可以有标识符，例如服务器、数据库、表、视图、索引、触发器和约束等。大多数对象的标识符是必需的，例如，创建表时必须为表指定标识符。但是，也有一些对象的标识符是可选的，例如，创建约束时用户可以不提供标识符，其标识符由系统自动生成。

按照标识符的使用方式，可以把这些标识符分为常规标识符和分割标识符两种类型。

符合标识符的格式规则，在 Transact-SQL 语句中使用时不用将其分割的标识符称为常规标识符。在 Microsoft SQL Server 2008 系统中，Transact-SQL 语言的常规标识符的格式规则如下。

规则一，第一个字符必须是下列字符之一。

(1) Unicode 标准定义的字母，这些字母包括 a-z、A-Z 以及其他语言的字母字符。

(2) 下划线(_)、符号(@)、数字符号(#)。不过，需要注意的是，以一个符号(@)开头的标识符表示局部变量，以两个符号(@)开头的标识符表示系统内置的某些函数。以一个数字符号(#)开头的标识符表示临时表或临时存储过程，以两个数字符号(#)开头的标识符表示全局临时对象。

规则二，后续字符可以包括下列字符。

(1) Unicode 标准中定义的字母。

(2) 基本拉丁字符或十进制数字。

(3) 下划线(_)、符号(@)、数字符号(#)、美元符号($)。

规则三，标识符不能是 Transact-SQL 语言的保留字，包括大写和小写形式。

规则四，不允许嵌入空格或其他特殊字符。

例如，companyProduct、_com_product 和 comProduct_123 等都是常规标识符，但是诸如 this product info、company 123 等则不是常规标识符。

包含在双引号("")或方括号([ ])内的标识符被称为分割标识符。符合标识符格式规则的标识符既可以分割，也可以不分割。但是，对于那些不符合格式规则的标识符必须进行分割。例如，companyProduct 标识符可以分割也可以不分割，分割后的标识符为[companyProduct]；但是，this product info 必须进行分割，分割后为[this product info]或"this product info"标识符。

有两种情况下使用分割标识符：对象名称中包含了 Microsoft SQL Server 保留字，例如[where]分割标识符；对象名称中使用了未列入限定字符的字符，例如[product[1] table]分割标识符。

使用双引号分割的标识符称为引用的标识符，使用方括号分割的标识符称为括在括号中的标识符。默认情况下，只能使用括在括号中的标识符。当 QUOTED_IDENTIFIER 选项设置为 ON 时，才能使用引用的标识符。

例如，在如图 5-13 所示的示例中，由于 QUOTED_IDENTIFIER 选项的值为 OFF，则"Employee Info"标识符为非法标识符。

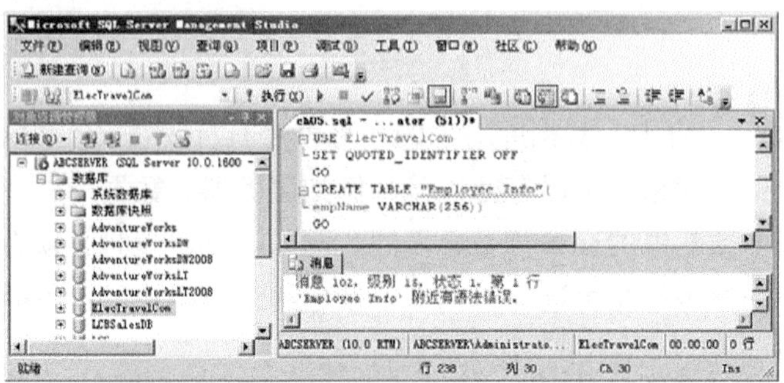

图 5-13　QUOTED_IDENTIFIER 选项的值为 OFF

但是，当 QUOTED_IDENTIFIER 选项的值为 ON 时，"Employee Info"标识符则是合法标识符。图 5-14 示意了这种正确的情况。

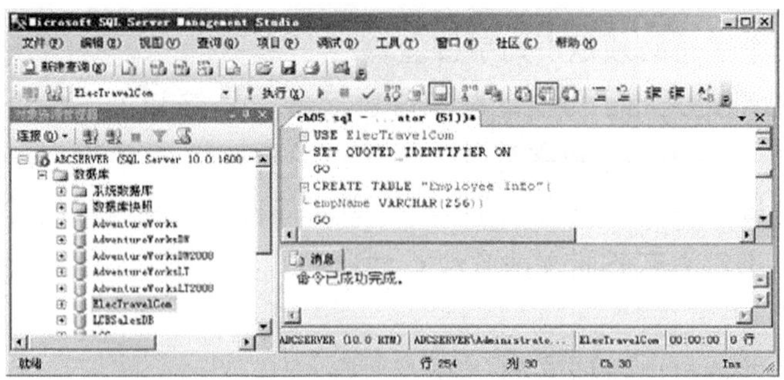

图 5-14　QUOTED_IDENTIFIER 选项的值为 ON

5.7.2　变量和常量

在 Microsoft SQL Server 2008 系统中，变量也被称为局部变量，是可以保存单个特定类型数据值的对象。一般地，经常在批处理和脚本中使用变量，这些变量可以作为计数器计算循环执行的次数或控制循环执行的次数；也可以保存数据值以供控制流语句测试；或者保存存储过程返回代码要返回的数据值或函数返回值。

在 Transact-SQL 语言中，可以使用 DECLARE 语句声明变量。在声明变量时需要注意：第一，为变量指定名称，且名称的第一个字符必须是@；第二，指定该变量的数据类型和长度；第三，默认情况下将该变量值设置为 NULL。

可以在一个 DECLARE 语句中声明多个变量，变量之间使用逗号分割开。变量的作用域是可以引用该变量的 Transact-SQL 语句的范围。变量的作用域从声明变量的地方开始到声明变量的批处理的结尾。

有两种为变量赋值的方式：使用 SET 语句为变量赋值和使用 SELECT 语句选择列表中当前所引用值来为变量赋值。

在如图 5-15 所示的示例中，首先使用 DECLARE 语句声明一个整数型@yearCounter 变量，然后使用 SET 语句为该变量赋初值。之后，使用 WHILE 语句循环为该变量赋值，直到其达到 2012，最后，使用 PRINT 语句打印出该变量的值。

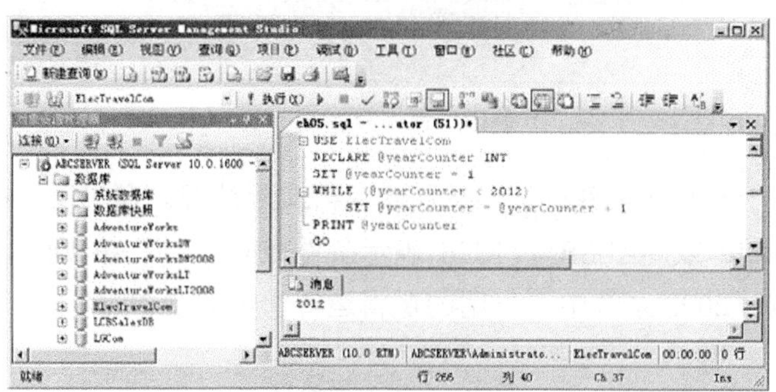

图 5-15　使用变量

常量是表示特定数据值的符号，常量也被称为字面量。常量的格式取决于它所表示的值的数据类型。例如，'This is a book.'、'May 1, 2006'、98321 等都是常量。对于字符常量或时间日期型常量，需要使用单引号引起来。

5.7.3　运算符

运算符是一种符号，用来指定要在一个或多个表达式中执行的操作。在 Microsoft SQL Server 2008 系统中，可以使用的运算符可以分为算术运算符、逻辑运算符、赋值运算符、字符串串联运算符、按位运算符、一元运算符和比较运算符等。

算术运算符可以用于对两个表达式进行数学运算，其类型如表 5-1 所示。

表 5-1　算术运算符

运　算　符	描　　述
+	加法运算，也可以将一个以天为单位的数字加到日期中
-	减法运算，也可以从日期中减去以天为单位的数字
*	乘法运算
/	除法运算，如果两个表达式都是整数，则结果是整数，小数部分被截断
%	取模运算，返回两数相除后的余数，例如 12%7 的模是 5，这是因为 12 除以 7，余数是 5

在如图 5-16 所示的示例中，注意到 12.0/5.0 的结果是 2.400000，但是 12/5 的结果是 2，两者的值并不相等。12.0/15.0 的结果是 0.800000，但是 12/15 的结果却是 0。因此，需要着重指出的是，在进行除法运算时，一定要确认除数和被除数是否是浮点数类型，否则，运算结果有可能与期望值不同。从图 5-16 中可以看出，12%7 的模是 5。

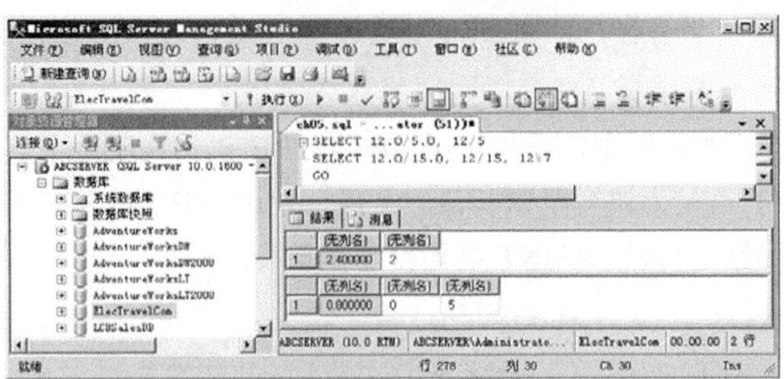

图 5-16　使用算术运算符

逻辑运算符用于对某些条件进行测试，以获得实际情况。逻辑运算符的运算结果值是布尔数据类型，TRUE 或 FALSE。TRUE 表示条件成立，FALSE 则表示条件不成立。在 Microsoft SQL Server 2008 系统中，可用的逻辑运算符如表 5-2 所示。

表 5-2　逻辑运算符

运　算　符	描　　述
ALL	用于比较标量值与单列集中的值。如果一组的比较都为 TRUE，则比较结果为 TRUE
AND	组合两个布尔表达式。如果两个表达式都为 TRUE，则组合结果为 TRUE
ANY	用于比较标量值与单列集中的值。如果一组的比较中任何一个为 TRUE，则比较结果为 TRUE
BETWEEN	如果操作数在某个范围之内，那么结果为 TRUE
EXISTS	如果自查询中包含了一些行，那么结果为 TRUE
IN	如果操作数等于表达式列表中的一个，那么结果为 TRUE
LIKE	如果操作数与某种模式相匹配，那么结果为 TRUE
NOT	对任何其他布尔运算符的结果值取反
OR	如果两个布尔表达式中的任何一个为 TRUE，那么结果为 TRUE
SOME	如果在一组比较中，有些比较为 TRUE，那么结果为 TRUE

在如图 5-17 所示的示例中，查询语句中的条件使用了 AND 和 OR 运算符。该查询语句检索的结果是合同编码小于 10 且称谓为 Mr.，或者 FirstName 名为 Tom 的合同信息。

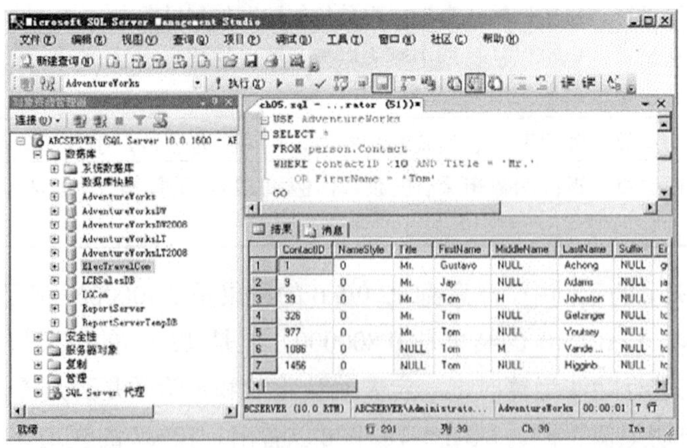

图 5-17　使用逻辑运算符

在 Transact-SQL 语言中，赋值运算符只有一个，这就是等号(=)。赋值运算符有两个主要用途，第一，可以给变量赋值，这是最主要的用途；第二，可以为表中的列改变列标题。在如图 5-18 所示的示例中，在 SET 语句中，使用赋值运算符为@Ename 变量赋值。在 SELECT 语句中，使用赋值运算符改变了 FirstName 列和 LastName 列的标题。

图 5-18　使用赋值运算符

就像赋值运算符一样，字符串串联运算符也只有一个，这就是加号(+)。使用字符串串联运算符可以把两个字符串连接起来。在如图 5-19 所示的示例中，通过使用字符串串联运算符，把员工的称谓、姓名及联系电话等信息连接起来。

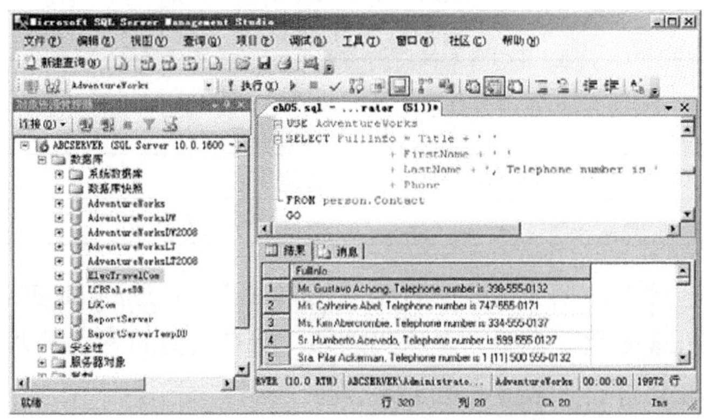

图 5-19　使用字符串串联运算符

位运算符可以在两个表达式之间执行位操作。这两个表达式可以是整数数据类型中的任何数据类型。Transact-SQL 语言提供的位运算符如表 5-3 所示。

表 5-3　位运算符

运 算 符	描　　述
&	位与逻辑运算，从两个表达式中取对应的位。当且仅当输入表达式中两个位的值都为 1 时，结果中的位才被设置为 1；否则，结果中的位被设置为 0
|	位或逻辑运算，从两个表达式中取对应的位。如果输入表达式中两个位只要有一个的值为 1 时(可以两个值都为 1)，结果中的位就被设置为 1；只有当两个位的值都为 0 时，结果中的位才被设置为 0

（续表）

运　算　符	描　　述
^	位异或运算，从两个表达式中取对应的位。如果输入表达式中两个位只有一个的值为1时(不可以两个值都为 1)，结果中的位就被设置为 1；只有当两个位的值都为 0 或 1 时，结果中的位才被设置为 0

在如图 5-20 所示的示例中，20 和 12 之间的位与值为 4，位或值为 28，位异或值为 24。20 的二进制是 0000 0000 0001 0100，12 的二进制是 0000 0000 0000 1100，这两个二进制的位与运算结果是 0000 0000 0000 0100。二进制 0000 0000 0000 0100 的十进制数据是 4。

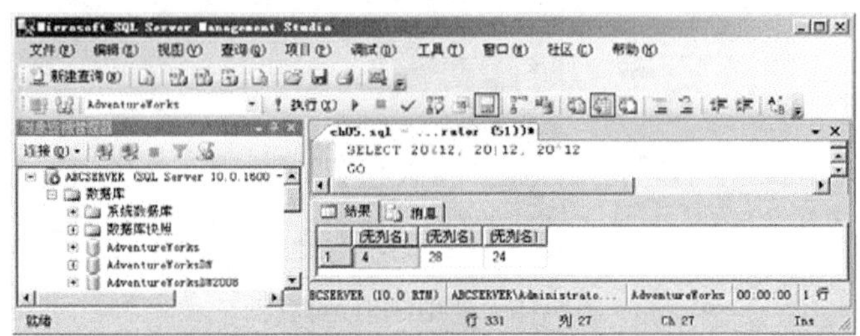

图 5-20　使用位运算符

一元运算符表示只对一个表达式执行操作。该表达式可以是 numeric 数据类型类别中的任何一种数据类型。在 Transact-SQL 语言中有 3 种一元运算符，如表 5-4 所示。

表 5-4　一元运算符

运　算　符	描　　述
+	数值为正
-	数值为负
~	返回数字的逻辑非

比较运算符用于测试两个表达式是否相同。如果相同，则返回 TRUE，否则返回 FALSE。除了 text、ntext 和 image 数据类型的表达式之外，所有其他的表达式之间都可以使用比较运算符。常用的比较运算符如表 5-5 所示。

表 5-5　比较运算符

运　算　符	描　　述
=	等于
>	大于
<	小于
>=	大于或等于
<=	小于或等于
<>	不等于
!=	不等于
!<	不小于
!>	不大于

在如图 5-21 所示的示例中，第一个 SELECT 语句检索合同编码小于 10 且姓大于 Kim 的合同信息，第二个 SELECT 语句检索的是合同编码小于 10 且姓小于或等于 Kim 的合同信息。这里需要注意的是，当使用字符串进行比较时，P 大于 K，则 Pilar 大于 Kim，C 小于 K，则 Catherine 小于 Kim。

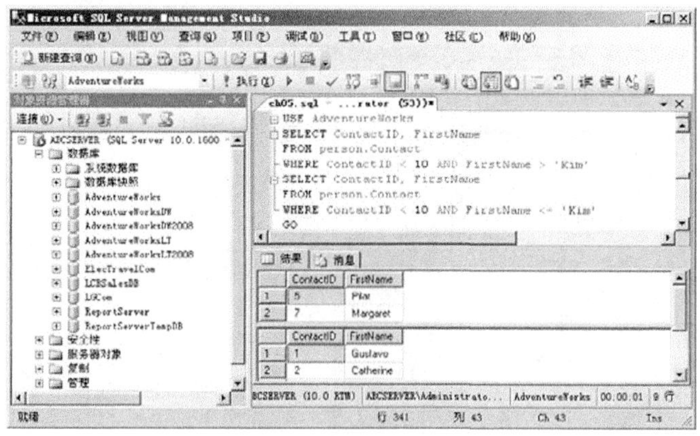

图 5-21　使用比较运算符

当某个复杂的表达式有多个运算符时，运算符优先级决定执行运算的先后顺序。运算符的优先级别如表 5-6 所示。当运算符的级别不同时，先对较高级别的运算符进行运算，然后对较低级别的运算符进行运算。当运算符的级别相同时，按照它们在表达式中的位置从左到右进行运算。需要强调的是，使用括号可以改变运算符的运算顺序，运算时先计算括号中的表达式的值。

表 5-6　运算符的优先级

级　别	运　算　符
1	~(位非)
2	*(乘)、/(除)、%(取模)
3	+(正)、-(负)、+(加)、+(连接)、-(减)、&(位与)
4	=、>、<、>=、<=、<>、!=、!>、!<(比较运算符)
5	^(位异或)、|(位或)
6	NOT
7	AND
8	ALL、ANY、BETWEEN、IN、LIKE、OR、SOME
9	=(赋值)

5.7.4　表达式

在 Transact-SQL 语言中，表达式是由标识符、变量、常量、标量函数、子查询以及运算符等的组合。在 Microsoft SQL Server 2008 系统中，表达式可以在多个不同的位置使用，这些位置包括查询中检索数据的一部分、搜索数据的条件等。

表达式可以分为简单表达式和复杂表达式两种类型。简单表达式只是一个变量、常量、列名或标量函数，复杂表达式是由两个或多个简单表达式通过使用运算符连接起来的表达式。在复杂表达式中，两个或多个表达式有相同的数据类型，优先级低的数据类型可以隐式地转换为优先级高的数据类型。

在如图 5-22 所示的示例中，Title+' '+SUBSTRING(FirstName,1,1)+'. '+LastName 表达式是由列名、函数以及字符串等组成的，是一个典型的复杂表达式。该表达式的含义是采用指定的格式描述员工信息：姓名前加头衔，然后空格后是名的首字母加圆点，然后是姓的全称。

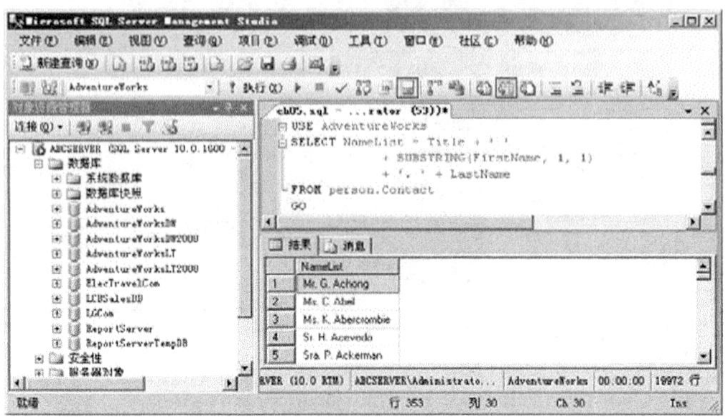

图 5-22　使用复杂表达式

对于那些由单个常量、变量、标量函数以及列名等组成的简单表达式来说，其数据类型、排序规则、精度、小数位数和值就是它所引用的单个元素的数据类型、排序规则、精度、小数位数和值。使用比较运算符或逻辑运算符组成两个或多个表达式时，生成的数据类型为布尔值，即 TRUE、FALSE 或 UNKNOWN。当使用算术运算符、位运算符、字符串运算符组合两个表达式时，生成的数据类型取决于运算符。例如，算术运算符组合两个表达式时，生成的数据类型是数值型数据类型。

5.7.5　控制流语言

一般地，结构化程序设计语言的基本结构是顺序结构、条件分支结构和循环结构。顺序结构是一种自然结构，条件分支结构和循环结构都需要根据程序的执行状况对程序的执行顺序进行调整。

在 Transact-SQL 语言中，用于控制语句流的语言被称为控制流语言。Microsoft SQL Server 2008 系统提供了 8 种控制流语句，这些语句如表 5-7 所示。

表 5-7　控制流语句

控制流语句	描　　述
BEGIN…END	定义语句块，这些语句块作为一组语句执行，允许语句块嵌套
BREAK	退出 WHILE 或 IF…ELSE 语句中最里面的循环。如果 END 关键字作为循环结束标记，执行 BREAK 语句后将执行出现在 END 关键字后面的任何语句
GOTO	使得 Transact-SQL 批处理的执行跳至指定标签的语句。也就是说，不执行 GOTO 语句和标签之间的所有语句。由于该语句破坏了结构化语句的结构，应该尽量减少该语句的使用
CONTINUE	重新开始一个新的 WHILE 循环

(续表)

控制流语句	描　述
IF…ELSE	用于指定 Transact-SQL 语句的执行条件。如果条件为 TRUE，则执行条件表达式后面的 Transact-SQL 语句。当条件为 FALSE 时，可以使用 ELSE 关键字指定要执行的 Transact-SQL 语句
WHILE	设置重复执行 Transact-SQL 语句或语句块的条件。当指定的条件为真时，重复执行循环语句。可以在循环体内设置 BREAK 和 CONTINUE 关键字，以便控制循环语句的执行
RETURN	无条件终止查询、存储过程或批处理的执行。存储过程或批处理中 RETURN 语句后面的所有语句都不再执行。在存储过程中使用 RETURN 语句时，可以使用该语句指定返回给调用应用程序、批处理或过程的整数值。如果 RETURN 语句未指定值，则存储过程的返回值是 0
WAITFOR	悬挂起批处理、存储过程或事务的执行，直到发生以下情况为止：已超过指定的时间间隔、到达一天中指定的时间、指定的 RECEIVE 语句至少修改一行数据。该语句是通过暂停语句的执行而改变语句的执行过程

在如图 5-23 所示的示例中，使用了 WHILE、BEGIN…END、IF…ELSE、BREAK 以及 CONTINUE 等控制流语句。

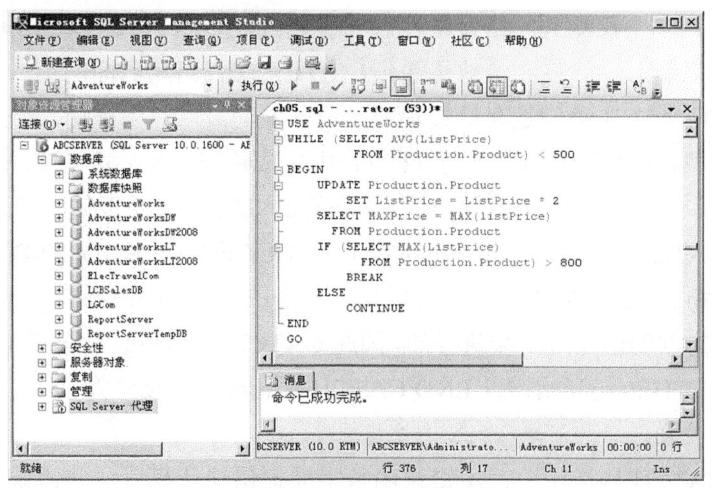

图 5-23　使用控制流语句

首先，使用 WHILE 语句，该语句的循环条件是 Production.Product 表中所有产品的平均价格小于 500 元。如果满足该循环条件，就执行循环体，否则结束循环。整个循环体是一个 BEGIN…END 语句块。对于 WHILE 语句来说，该语句块中所有的语句在逻辑上是一个语句。在 BEGIN…END 语句块中，首先使用 UPDATE 语句将该表中的所有产品价格增加一倍，然后检索该表中的价格最高的产品，如果最高价格大于 800 元，则结束循环，否则重新判断条件继续下一次循环。该语句的执行流程图如图 5-24 所示。

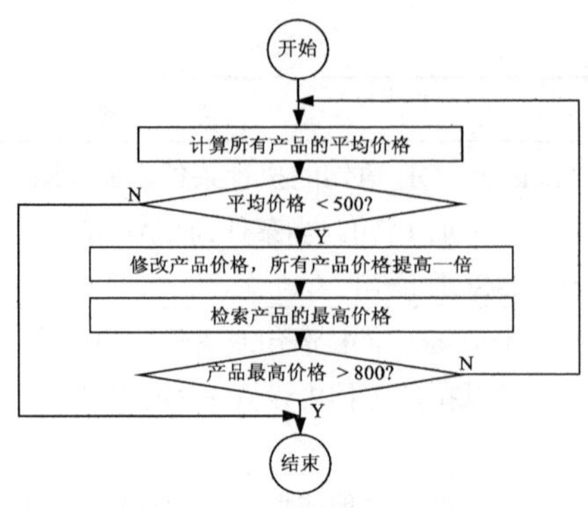

图 5-24　图 5-23 示例的流程图

5.7.6　错误捕捉语言

为了增强程序的健壮性，必须对程序中可能出现的错误进行及时的处理。在 Transact-SQL 语言中，可以使用两种方式处理发生的错误：使用 TRY…CATCH 构造和使用@@ERROR 函数。

在 Transact-SQL 语句中，可以使用 TRY…CATCH 构造来处理 Transact-SQL 代码中的错误。TRY…CATCH 构造由一个 TRY 块和一个 CATCH 块组成，如果在 TRY 块中包含了 Transact-SQL 语句中检测到的错误条件，控制将被传递到 CATCH 块中以便处理该错误。CATCH 块处理该错误之后，控制将被传递到 END CATCH 语句后面的第一个 Transact-SQL 语句。如果 END CATCH 语句是存储过程或触发器中的最后一条语句，控制将传递到调用该存储过程或触发器的代码，将不执行 TRY 块中生成错误语句后面的 Transact-SQL 语句。如果 TRY 块中没有错误，控制将被传递到关联的 END CATCH 语句后紧跟的语句。

在 TRY…CATCH 构造中，TRY 块以 BEGIN TRY 语句开头，以 END TRY 语句结尾。在 BEGIN TRY 和 END TRY 语句之间可以指定一个或多个 Transact-SQL 语句。由于 TRY 块和 CATCH 块之间的语句是不会执行的，因此 CATCH 块必须紧紧跟着 TRY 块。CATCH 块以 BEGIN CATCH 语句开始，以 END CATCH 语句结尾。要注意，每一个 TRY 块仅与一个 CATCH 块关联。

在 TRY…CATCH 构造中，使用错误函数来捕捉错误信息。这些错误函数如下。

ERROR_NUMBER()：返回错误号。

ERROR_MESSAGE()：返回错误消息的完整文本。

ERROR_SEVERITY()：返回错误的严重性。

ERROR_STATE()：返回错误状态号。

ERROR_LINE()：返回导致错误的例程中的行号。

ERROR_PROCEDURE()：返回出现错误的存储过程或触发器的名称。

在如图 5-25 所示的示例中，有一个 TRY 块和一个 CATCH 块。在 TRY 块中，出现了 0 作为除数的错误。在 CATCH 块中捕捉到了这个错误，并且显示该错误的错误号、错误的严重性、错误状态、产生错误的过程名称、产生错误的行号以及错误的消息文本。

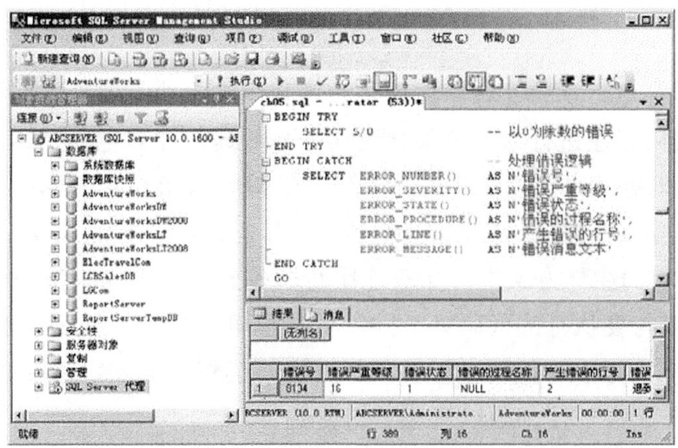

图 5-25　使用 TRY…CATCH 构造

注意：

在图 5-25 中，“N'错误号'” 中的 “N” 表示以 Unicode 字符集的方式显示 “错误号” 的文本。

@@ERROR 函数可以用于捕捉上一个 Transact-SQL 语句生成的错误号。需要注意的是，@@ERROR 函数仅在生成错误的 Transact-SQL 语句之后立即返回错误的信息。如果生成错误的语句在 TRY 块中，@@ERROR 函数的值必须在相关的 CATCH 块的第一条语句中进行测试。在如图 5-26 所示的示例中，执行第一个 SELECT 语句时，由于指定的对象不存在，因此产生了错误。使用@@ERROR 函数捕捉到了该错误的代号为 208。当第二个 SELECT 语句执行正确时，@@ERROR 函数的值是 0。注意，GO 不是 Transact-SQL 语句，是一批 Transact-SQL 语句结束的信号。

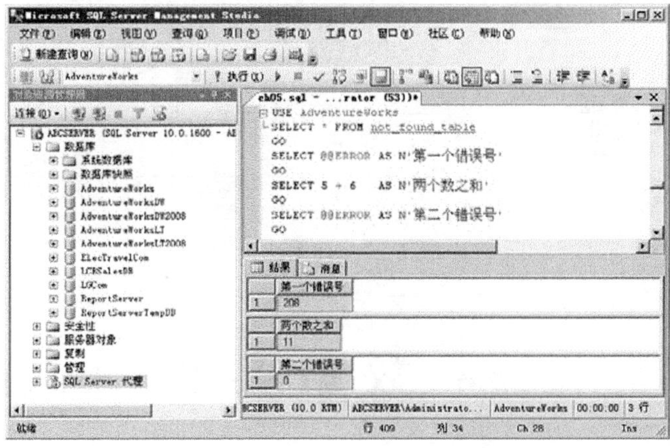

图 5-26　使用@@ERROR 函数

5.7.7　注释

所有的程序设计语言都有注释。注释是程序代码中不执行的文本字符串，用于对代码进行说明或暂时仅用正在进行诊断的部分语句。一般地，注释主要描述程序名称、作者名称、变量说明、代码更改日期以及算法描述等。在 Microsoft SQL Server 系统中，支持两种注释方式，即双连字符(--)注释方式和正斜杠星号字符对(/*…*/)注释方式。

- 在双连字符(--)注释方式中，从双连字符开始到行尾的内容都是注释内容。这些注释内容可以与要执行的代码处于同一行，也可以另起一行。双连字符(--)注释方式主要用于在一行中对代码进行解释和描述。当然，双连字符(--)注释方式也可以进行多行注释，每一行都须以双连字符开始。
- 在正斜杠星号字符对(/*…*/)注释方式中，开始注释对(/*)和结束注释对(*/)之间的所有内容均视为注释。这些注释字符可以用于多行注释，也可以与执行的代码处在同一行，甚至还可以在可执行代码的内部。

双连字符(--)注释和正斜杠星号字符对(/*…*/)注释都没有注释长度的限制。一般地，行内注释采用双连字符(--)，多行注释采用正斜杠星号字符对。

在如图 5-27 所示的示例中，使用正斜杠星号字符对(/*…*/)注释提供了程序名称、作者、最后一次修改日期以及程序描述等信息，使用双连字符(--)注释对表中的每一个字段进行了描述。由于提供了较多的注释，大大提高了该脚本的可阅读性。

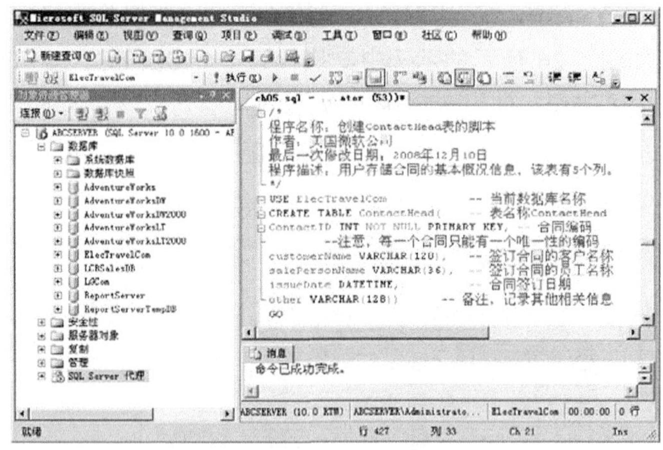

图 5-27　使用注释

5.8　数 据 类 型

本节将从 6 个方面介绍 Transact-SQL 语言的数据类型。首先，分析数据类型的概念、特点和主要类型。然后，讲述数字数据类型的主要内容和特点。之后，描述字符数据类型的使用方式。接下来，研究日期和时间数据类型的输入输出特点。接着，分析二进制数据类型的特点。最后，讲述其他数据类型的内容和特点。

5.8.1　数据类型的类型和特点

在 Microsoft SQL Server 2008 系统中，包含数据的对象都有一个数据类型。实际上，数据类型是一种用于指定对象可保存的数据的类型。例如，INT 数据类型的对象只能包含整数型数据，DATETIME 数据类型的对象只能包含符合日期时间格式的数据。

在 Microsoft SQL Server 2008 系统中，需要使用数据类型的对象包括表中的列、视图中的列、定义的局部变量、存储过程中的参数、Transact-SQL 函数及存储过程的返回值等。

Microsoft SQL Server 2008 系统提供了 33 种数据类型，比 SQL Server 2005 系统的 28 种数据类型增加了一些数据类型。这些数据类型可以分为数字数据类型、字符数据类型、日期和时间数据类型、二进制数据类型以及其他数据类型。

数字数据类型包括 BIGINT、INT、SMALLINT、TINYINT、BIT、DECIMAL、NUMERIC、MONEY、SMALLMONEY、FLOAT 和 REAL 这 11 种数据类型。

字符数据类型包括 CHAR、VARCHAR、TEXT、NCHAR、NVARCHAR 和 NTEXT 等 6 种数据类型。

日期和时间数据类型较以前有了很大的变化，除了 DATETIME 和 SMALLDATETIME 两种数据类型之外，还包括 DATE、TIME、DATETIME2、DATETIMEOFFSET 数据类型，共有 6 种数据类型。

二进制数据类型包括 BINARY、VARBINARY 和 IMAGE 这 3 种数据类型。

除此之外，Microsoft SQL Server 2008 系统中还有 7 种其他数据类型，分别是 CURSOR、SQL_VARIANT、TABLE、TIMESTAMP、UNIQUEIDENTIFIER、XML 和 HIERARCHYID 数据类型，其中，HIERARCHYID 是新增的数据类型。

当为数据对象指定数据类型时，需要提供：对象将要包含的数据类型；对象所存储值的长度或大小。对于数字数据类型来说，还需要指定数值的精度和数值的小数位数。

对象包含的数据种类往往是与具体的数据类型联系在一起的，例如，如果表中的某个列既可能包含字母数据，也可能包含数值数据，那么应该为该列指定一种字符数据类型。如果该列只可能存储数值数据，那么最好指定为某种数字数据类型。

字符数据类型的长度是字符的个数。例如，CHAR 数据类型最多可以存储的字符数是 128 个，那么表示，该字符数据类型的长度是 128，每一个字符占一个字节大小。数字数据类型的长度是存储此数值所占用的字节数。例如，INT 数据类型最多可以存储 10 位数，可以用 4 个字节来存储。

对于数字数据来说，精度是数字中的数字个数，小数位数是数中小数点右边的数字个数。例如，数字 569821.356 的精度是 9，小数位数是 3。

当两个具有相同数据类型的操作数表达式运用运算符组合后，运算结果依旧是当前的数据类型。但是，当两个不同数据类型的表达式运用运算符组合以后，数据类型优先级规则指定将优先级较低的数据类型转换为优先级较高的数据类型。实际上，这种数据类型优先级规则在最大程度上保护了运算结果的正确性和合理性。

5.8.2　数字数据类型

使用数字数据的数据类型被称为数字数据类型。这些数据类型的数字可以参加各种数学运算。还可以为这些数据类型继续进行分类。从这些数字是否有小数，可以把这些数据类型分为整数类型和小数类型。从这些数字的精度和位数是否可以明确地确定，可以把这些数据类型分为精确数字类型和近似数字类型。从是否可以表示金额，可以分为货币数字类型和非货币数字类型。下面，详细研究每一种数据类型的特点。

1. 整数数据类型

整数数据类型表示可以存储整数精确数据。在 Microsoft SQL Server 2008 系统中，有 4 种整数数据类型，即 BIGINT、INT、SMALLINT 和 TINYINT。可以从取值范围和长度两个方面理解这些整数数据类型。

BIGINT 数据类型的长度是 8 字节。由于每个字节的长度是 8 位，且可以存储正负数字，因此 BIGINT 数据类型的取值范围是-2^{63}至$2^{63}-1$，或者说-9 223 372 036 854 775 808 至 9 223 372 036 854 775 807。

INT 数据类型的长度是 4 字节，且可以存储正负数，因此 int 数据类型的取值范围是-2^{31}至$2^{31}-1$，或者说-2 147 483 648 至 2 147 483 647。实际上，int 数据类型是最常用的数据类型。当 INT 数据类型表示的数据长度不足时，才应该考虑使用 BIGINT 数据类型。

SMALLINT 数据类型的长度是 2 字节，也可以存储正负数，因此其取值范围是-2^{15}至$2^{15}-1$，或者说-32 768 至 32 767。

如果将要存储的整数大小是很有限的，且都是正数，可以考虑使用 TINYINT 数据类型。该数据类型的长度是 1 个字节，其取值范围是 0 至 255。

在选择整数数据类型时，默认情况下应该考虑使用 INT 数据类型，如果确认将要存储的数据可能很大或很小，可以考虑使用 BIGINT 数据类型或 SMALLINT 数据类型。只有当将要存储的数据不超过 255，且都是正数时，才能使用 TINYINT 数据类型。

在使用某种整数数据类型时，如果提供的数据超出其允许的取值范围时，则发生数据溢出错误。在如图 5-28 所示的示例中，由于 col1 列的数据类型是 INT，但是为其提供的数据 12345678987654321 超出了其允许的范围，因此出现了数据溢出错误。

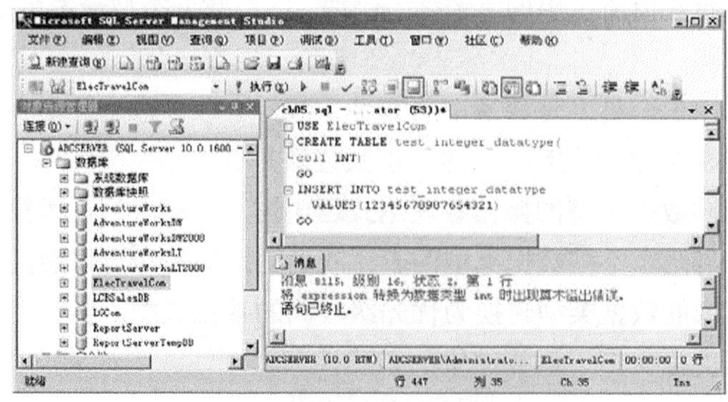

图 5-28　超出数据范围的溢出错误

2. DECIMAL 和 NUMERIC

DECIMAL 和 NUMERIC 数据类型都是带固定精度和位数的数据类型。这两种数据类型在功能是等价的，只是名称不同而已。在 Microsoft SQL Server 2008 系统中，把这两种数据类型实际上作为完全相同的一种数据类型来对待。下面主要介绍 DECIMAL 数据类型的特点和使用方式。

DECIMAL 数据类型的语法如下所示：

```
DECIMAL (p, s)
```

在上面的语法中，p 表示数字的精度，s 表示数字的小数位数。精度 p 的取值范围是 1 至 38，默认值是 18。小数位数 s 的取值范围必须是 0 至 p 之间的数值(包括 0 和 p)。从这些约定可以知道，DECIMAL 数据类型的取值范围是 $-10^{38}+1$ 至 $10^{38}-1$。

由于 DECIMAL 数据类型的精度是变化的，因此该数据类型的长度是不定的，随精度的变化而变化。当精度低于 9 或等于 9 时，其数据存储需要的字节数是 5。当精度达到 38 时，需要的字节数是 17。

例如，DECIMAL(10, 2)数据类型表示可以存储精度为 10、小数位数为 2 的数据。28921.51 可以存储在该数据类型中，但是 123.45678 则不能正确地存储，因为 123.45678 数据的小数位数是 5，大于 2。当 DECIMAL 数据类型的小数位数为 0 时，可以作为整数类型来对待。

3. MONEY 和 SMALLMONEY

如果要存储代表货币数值的数据，可以使用 MONEY 和 SMALLMONEY 数据类型。这两种数据类型的差别在于存储字节的大小和取值范围不同。在 Microsoft SQL Server 2008 系统中，MONEY 数据类型需要耗费 8 个存储字节，其取值范围是-922 337 203 685 477.5808 至 922 337 203 685 477.5807。SMALLMONEY 数据类型只需要 4 个存储字节，取值范围是-214 748.3648 至 214 748.3647。

可以说 MONEY 和 SMALLMONEY 它数据类型是一种确定性数值数据类型，它们的精度和小数位数都是确定的。但是，MONEY 和 SMALLMONEY 数据类型也有一些与其他数字数据类型不同的地方。第一，它们表示了货币数值，因此可以在数字前面加上$作为货币符号。第二，它们的小数位数最多是 4，也就是说可以表示出当前货币单位的万分之一。第三，当小数位数超过 4 时，自动按照四舍五入进行处理。

在如图 5-29 所示的示例中，创建了一个有 5 个列的 test_money_datatype 表，该表所有列的数据类型都是 MONEY。然后，使用 INSERT 语句为该表插入一行数据。最后，使用 SELECT 语句检索该表中的数据。从结果可以看到，当货币数值没有小数时，只保留了两位小数。当存储的数据的小数位数超出了 4 位时，自动执行了四舍五入的处理。

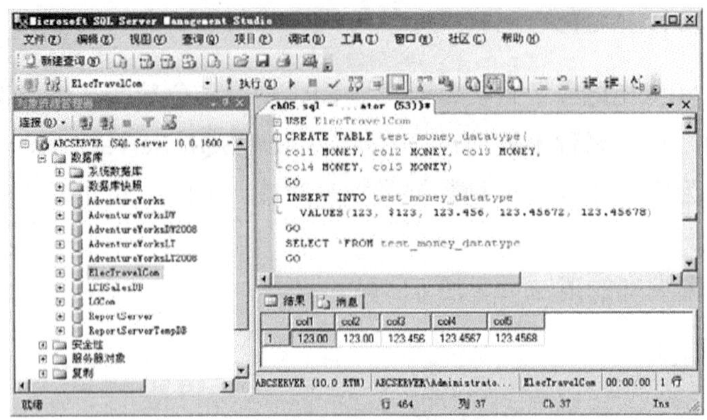

图 5-29　使用 MONEY 数据类型示例

4. FLOAT 和 REAL 数据类型

如果要进行科学计算，并且希望存储更大的数值，但是对数据的精度要求并不是绝对的严格，就应该考虑使用 FLOAT 或 REAL 数据类型。FLOAT 或 REAL 数据类型是用于表示数值数的大致数据值的数据类型。

从取值范围来看，REAL 数据类型的取值范围是-3.40E+38 至-1.18E-38、0、1.18E-38 至 3.40E+38，FLOAT 数据类型的取值范围是-1.79E+308 至-2.21E-308、0、2.23E-308 至 1.79E+308。REAL 数据类型的长度是 4 字节。如果 FLOAT 数据类型是 FLOAT(n)，n 的最大值是 53，默认值也是 53。FLOAT(53)数据类型的长度是 8 字节。

需要提示的是，如果某些列中的数据或变量将会参加某些科学计算，最好把这些数据对象指定为 FLOAT 或 REAL 数据类型。

5. BIT

BIT 是可以存储 1、0 或 NULL 数据的数据类型。这些数据主要是用于一些条件逻辑判断。也可以把 TRUE 和 FALSE 数据存储到 BIT 数据类型中，这时需要按照字符格式存储 TRUE 和 FALSE 数据。

5.8.3　字符数据类型

字符数据类型用于存储固定长度或可变长度的字符数据。在 Microsoft SQL Server 2008 系统中，提供了 CHAR、VARCHAR、TEXT、NCHAR、NVARCHAR 和 NTEXT 等 6 种数据类型。前 3 种数据类型是非 Unicode 字符数据，后 3 种是 Unicode 字符数据。

CHAR(n)是存储固定长度的字符数据，长度是 n 个字节。n 的取值范围是 1 至 8000。也就是说，如果使用 CHAR(n)数据类型存储字符数据，这些字符数据的最大长度是 8000 个字符。如果没有指定 n 的大小，默认值是 1。

VARCHAR(n)也是存储字符数据的数据类型，但是其存储的长度是可变长度的。n 的取值范围也是 1 至 8000。注意，VARCHAR(MAX)可以用来存储最大字节数为 2^{31}-1 的数据。实际上，VARCHAR(MAX)被称为大数值数据类型，可以使用 VARCHAR(MAX)来代替 TEXT 数据类型。

注意：

微软建议，尽量避免使用 TEXT 数据类型，应该使用 VARCHAR(MAX)存储大文本数据。

字符数据通常使用单引号括起来。如果在字符常量中包含了一个单引号本身，可以使用两个单引号表示该单引号字符。例如，'It''s a book.'字符表示 It's a book。当输出的字符数据长度超过 CHAR(n)或 VARCHAR(n)指定的长度时，字符数据就会被截断。对于固定长度的 CHAR(n)字符数据来说，如果输入的字符小于指定的长度，该字符尾部用空格补齐。但是，对于可变长度的 VARCHAR(n)字符数据来说，在默认情况下，如果输入的字符数据小于指定的长度，只是存储实际的字符长度。

一般地说，在选择使用 CHAR(n)或 VARCHAR(n)数据类型时，可以按照下面的原则来判断。

(1) 如果该列存储的数据的长度都相同，应该使用 CHAR(n)数据类型。如果该列中存储的数据的长度相差比较大，应该考虑使用 VARCHAR(n)数据类型。

(2) 如果存储的数据的长度虽然不是完全相同，但是长度差别不大，又希望提高查询的执行效率，可以考虑使用 CHAR(n)数据类型；如果希望降低数据存储的成本，可以考虑使用 VARCHAR(n)数据类型。

当数据库中存储的数据有可能涉及到多种语言时，应该使用 Unicode 数据类型。用于存储 Unicode 字符数据的数据类型包括 NCHAR、NVARCHAR 以及 NTEXT。就像 CHAR、VARCHAR 和 TEXT 数据类型一样，NCHAR 和 NVARCHAR 分别用于存储固定长度和可变长度的 Unicode 字符数据。NTEXT 也是将要被取消的数据类型，可使用 NVARCHAR(MAX)数据类型来代替 NTEXT 数据类型。由于每一个 Unicode 字符数据需要两个存储字节，因此 Unicode 数据类型的存储范围是 1 至 4000 字节。需要注意的是，Unicode 字符常量通常使用下面这种方式来表示：

```
N'清华大学出版社'
```

注意：

在使用 Microsoft SQL Server 2008 系统中，如果某些列需要存储中文字符，建议最好使用 NCHAR 或 NVARCHAR 数据类型。

除了前面提到的 TEXT 和 NTEXT 数据类型应该由 VARCHAR(MAX)和 NVARCHAR(MAX)大数值数据类型取代之外，IMAGE 数据类型也应该由 VARBINARY(MAX)大数值数据类型来代替。

5.8.4　日期和时间数据类型

与以前版本相比，Microsoft SQL Server 2008 系统增加了多个日期和时间数据类型。除了 DATETIME 和 SMALLDATETIME 两种数据类型之间，还包括 DATE、TIME、DATETIME2、DATETIMEOFFSET 数据类型，共有 6 种数据类型。

DATE 数据类型用于表示日期，其格式是 YYYY-MM-DD，表示的日期范围是 0001-01-01 至 9999-12-31，精确度是 1 天。

TIME 数据类型用于表示时间，其格式是 hh:mm:ss[.nnnnnnn]，涉及的时间范围是 00:00:00.0000000 至 23:59:59.9999999，精确度是 100 纳秒。

如果希望同时存储日期和时间数据，一般地可以使用 DATETIME 或 SMALLDATETIME 数据类型。这两种数据类型的差别在于其表示的日期和时间范围不同、时间精确度也不同。DATETIME 数据类型可以表示的范围是 1753 年 1 月 1 日至 9999 年 12 月 31 日，时间精确度是 3.33 毫秒。SMALLDATETIME 数据类型可以表示的范围是 1900 年 1 月 1 日至 2079 年 12 月 31 日，时间精确度是 1 分钟。建议用户在大型应用程序中不要使用 SMALLDATETIME 数据类型，避免出现类似千年虫的问题。因为 2079 年 12 月 31 日不是一个特别遥远的日期。

在同时存储日期和时间数据时，如果希望继续提高精确度，可以使用 DATETIME2，其格式是 YYYY-MM-DD hh:mm:ss[.nnnnnnn]，精确度是 100 纳秒。

如果希望在日期和时间中出现国际时区信息，那么可以使用 DATETIMEOFFSET 数据类型，其格式是 YYYY-MM-DD hh:mm:ss[.nnnnnnn][+|-]hh:mm。

Microsoft SQL Server 2008 系统既可以识别使用字母表示的日期，也可以识别使用数值表示的日期。例如，字母日期可以是 May 12, 2009 或者 12 May 2009。数值日期可以是 12/05/2009 或者 2009-05-12。日期的年月日的格式可以是 mdy、ymd、dmy、dym、ydm 等。

在向表中输入日期数据时，可以使用 SET DATEFORMAT 语句设置输入日期的格式。例如，在如图 5-30 所示的示例中，首先使用 CREATE TABLE 语句创建一个包含日期数据类型的列的表。然后，设置输入日期的格式为 mdy，且按照这种格式输入一个日期数据。接下来，设置日期格式为 ymd，又按照这种格式输入一个日期数据。最后，使用 SELECT 语句检索表中的数据，可以看到这些日期数据都可以正确显示。

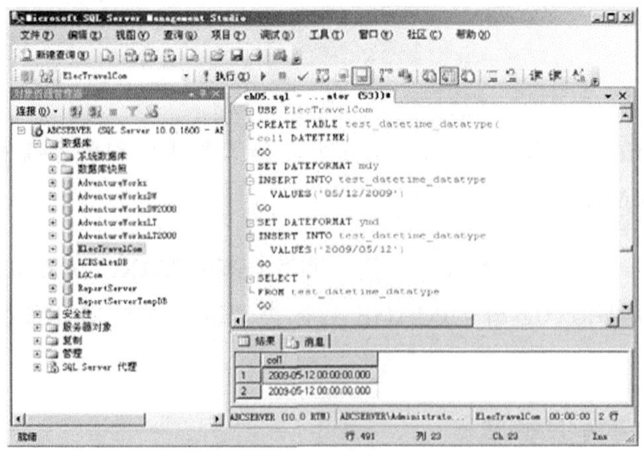

图 5-30　使用日期数据

注意：

如果输入的日期数据没有指定明确的日，系统将自动取当月的第一天作为该日期数据的日。

在 Microsoft SQL Server 2008 系统中，可以使用的时间格式是：hh:mm:ss.mmm。其中，hh 表示小时，mm 表示分钟，ss 表示秒，mmm 表示千分之一秒。

虽然 Microsoft SQL Server 2008 系统没有提供单独的日期或单独的时间数据类型，但是通过使用系统提供的日期和时间函数可以获取年、月、日、小时、分钟、秒等日期和时间的组成部分数据。有关日期和时间函数的内容，本章 5.9 节将详细讲述。

5.8.5 二进制数据类型

二进制数据类型包括 BINARY、VARBINARY 和 IMAGE 3 种数据类型，可以用于存储二进制数据。其中，BINARY 用于存储固定长度的二进制数据，VARBINARY 用于存储可变长度的二进制数据。BINARY(n)和 VARBINARY(n)的数据长度由 n 值来确定，n 的取值范围是 1~8000。IMAGE 数据类型用于存储图像信息。但是，在 Microsoft SQL Server 2008 系统中，微软建议使用 VARBINARY(MAX)代替 IMAGE 数据类型，其中 MAX 可以达到的最大存储字节为 2^{31}-1。

BINARY(n)和 VARBINARY(n)的默认值是 1。如果要存储的各种二进制数据的大小比较一致，建议使用 BINARY(n)数据类型。如果将要存储的二进制数据之间的大小差别比较大，应该使用 VARBINARY(n)数据类型。如果将要存储的二进制数据大于 8000 字节，必须使用 VARBINARY(MAX)数据类型。

当二进制数据存储到表中时，可以使用 SELECT 语句来检索。但是，检索结果以 16 进制数据格式来显示。例如，在如图 5-31 所示的示例中，表中的数据以 0x 开头的 16 进制数据来显示。

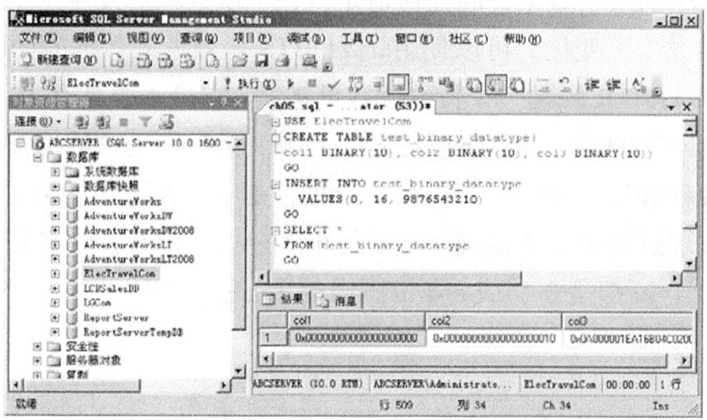

图 5-31 使用二进制数据

5.8.6 其他数据类型

除了前面介绍的数据类型之外，Microsoft SQL Server 2008 系统还提供了 CURSOR、

SQL_VARIANT、TABLE、TIMESTAMP、UNIQUEIDENTIFIER、XML 以及 HIERARCHYID 等数据类型。使用这些数据类型可以完成特殊数据对象的定义、存储和使用。

CURSOR 是变量或存储过程的输出参数使用的一种数据类型，有时也把这种数据类型称为游标。游标提供了一种逐行处理查询数据的功能。该变量只能用于与定义游标和使用游标有关的语句中，不能在诸如 CREATE TABLE 语句中使用。

SQL_VARIANT 也是一种特殊的数据类型，可以用来存储 Microsoft SQL Server 2008 系统支持的各种数据类型(不包括 TEXT、NTEXT、IMAGE、TIMESTAMP、SQL_VARIANT 数据类型的值)的值。该数据类型可以用在列、变量及用户定义的函数等返回值中。由于 SQL_VARIANT 数据类型不仅包括数据，而且包含了有关该数据的类型值信息，因此 SQL_VARIANT 数据类型可以存储的数据的最大长度是 8016 字节。在表中，SQL_VARIANT 数据类型列的数量是没有限制的。一般地，只是在不能准确确定将要存储的数据类型时，才使用这种数据类型。由于使用这种数据类型时，先要判断其基本的数据类型，因此 SQL_VARIANT 数据类型的性能会受到一定的影响。

TABLE 也是一种非常特殊的数据类型，主要用于存储结果集以便今后继续处理，这些结果集往往是通过表值函数返回的。在 Microsoft SQL Server 2008 系统中，可以将变量和函数声明为 TABLE 数据类型。在其作用范围内，TABLE 变量可以作为表一样使用。但是，如果 TABLE 数据类型的变量包含的数据量非常庞大时，会对系统的性能造成比较大的影响。

首先说，TIMESTAMP 不是一个日期时间数据类型，是一个特殊的用于表示先后顺序的时戳数据类型。该数据类型可以为表中数据行加上一个版本戳。每一个数据库都有一个时间戳计数器，当对该数据库中包含 TIMESTAMP 列的表执行插入或更新操作时，该计数器就会增加。一个表最多只能有一个 TIMESTAMP，每次插入或更新包含 TIMESTAMP 列的数据行时，就会在 TIMESTAMP 列中插入增量数据库时戳值。使用该 TIMESTAMP 列可以轻易地确定表中的某个数据行的任何值是否在上次读取后发生了更新。如果发生了更新，则该时戳值也发生了变化。可以使用@@DBTS 函数返回数据库的时戳值。

UNIQUEIDENTIFIER 也是一个特殊的数据类型。它是一个具有 16 字节的全局唯一性标志符，用来确保对象的唯一性。可以在定义列或变量时使用该数据类型，这些定义的主要目的是在合并复制和事务复制中确保表中数据行的唯一性。UNIQUEIDENTIFIER 数据类型的初始值可以通过两种方式得到，一是使用 NEWID 函数，二是使用如下格式的字符串常量，其中每一个 X 都是 0~9 或 a~f 范围内的 16 进制数据：

```
xxxxxxxx-xxxx-xxxx-xxxx-xxxxxxxxxxxx
```

XML 数据类型是从 Microsoft SQL Server 2005 版本开始新增的数据类型，用于存储 XML 数据。可以像使用 INT 数据类型一样地使用 XML 数据类型。需要提醒的是，存储在 XML 数据类型中的数据实例的最大值是 2GB。

HIERARCHYID 是 Microsoft SQL Server 2008 系统中新增的数据类型，是长度可变的系统数据类型，用于表示层次结构中的位置。

5.9 内置函数

Microsoft SQL Server 2008 系统提供了许多内置函数，这些函数可以完成许多特殊的操作，大大提高系统的易用性。本节介绍这些内置函数。

5.9.1 函数的特点和类型

可以把 Microsoft SQL Server 2008 系统提供的内置函数分为 14 种类型，每一种类型的内置函数都可以完成某种类型的操作，这些类型的函数名称和主要功能如表 5-8 所示。

表 5-8 内置函数类型和描述

函数类别	描述
聚合函数	将多个数值合并为一个数值，例如计算合计值
配置函数	返回当前配置选项配置的信息
加密函数	支持加密、解密、数字签名和数字签名验证等操作
游标函数	返回有关游标状态的信息
日期和时间函数	可以执行与日期、时间数据相关的操作
数学函数	执行对数、指数、三角函数、平方根等数学运算
元数据函数	返回数据库和数据库对象的属性信息
排名函数	可以返回分区中的每一行的排名值
行集函数	可以返回一个可用于代替 Transact-SQL 语句中表引用的对象
安全函数	返回有关用户和角色的信息
字符串函数	可以对字符数据执行替换、截断、合并等操作
系统函数	对系统级的各种选项和对象进行操作或报告
系统统计函数	返回有关 SQL Server 系统性能统计的信息
文本和图像函数	可以执行更改 TEXT 和 IMAGE 值的操作

在 Microsoft SQL Server 2008 系统中，根据函数得到的结果是否能够明确地确定，可以把这些内置函数分为确定性函数和非确定函数。

如果对于一组特定的输入值，函数始终可以返回相同的结果，这种函数就是确定的。例如，SQRT(81)的结果始终是 9，因此该平方根函数是确定性的函数。但是，如果对于一组特定的输入值，函数的结果可能会不同，那么这种函数就是非确定性的函数。例如，GETDATE()函数用于返回当前系统的日期和时间，不同时间运行该函数都有不同的结果，因此该函数是一种非确定性的函数。只有确定性函数才可以在索引视图、索引计算列、持久化计算列以及用户定义的函数中调用。

在 Microsoft SQL Server 2008 系统中，所有的配置函数、游标函数、元数据函数、安全函数以及系统统计函数等都是非确定性函数。

5.9.2　函数示例

聚合函数可以对一组值执行计算，并且返回单个值。除了 COUNT 函数之外，其他的聚合函数都忽略空值。Microsoft SQL Server 2008 系统提供了 12 个聚合函数。

在如图 5-32 所示的示例中，分别计算出了 Sales.SalesPerson 表中销售人员总数是 17 个、最高奖金额是 6700 元、最低奖金额是 0 元、平均奖金额是 2859.4117 元、奖金额方差是 2273.31454210651 元等聚合信息。

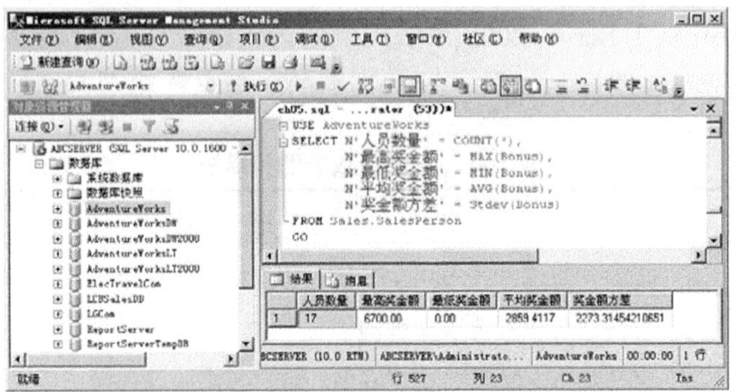

图 5-32　使用聚合函数

配置函数用于返回当前配置选项的信息。例如，如果希望得到当前数据库的时戳值，可以使用@@DBTS 函数。Microsoft SQL Server 2008 系统提供了 15 个配置函数。

在如图 5-33 所示的示例中，使用配置函数查看了当前一些配置选项的信息。这些信息包括当前使用语言的标识符、语言名称、数据库时戳、版本信息、服务名称以及当前的服务器名称。

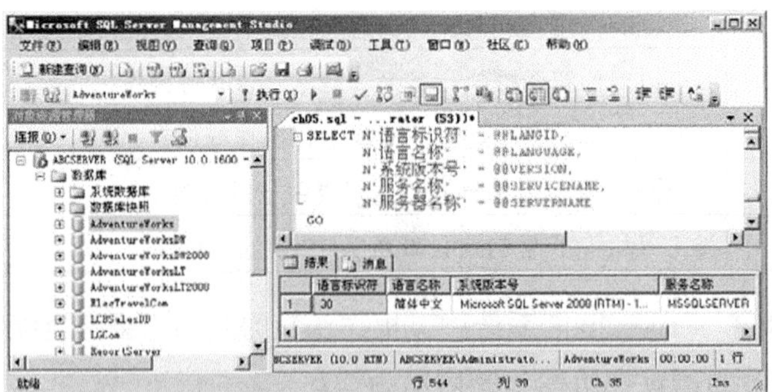

图 5-33　使用配置函数

Microsoft SQL Server 2008 系统使用分层加密和密钥管理基础结构来加密数据，每一层都使用证书、非对称密钥和对称密钥的组合对它下面一层进行加密。加密函数用于支持加密、解密、数字签名等操作。Microsoft SQL Server 2008 系统提供了 18 个加密函数。

游标函数可以返回所定义的游标状态信息。Microsoft SQL Server 2008 系统提供了 3 个游标函数，即@@CURSOR_ROWS、@@FETCH_STATUS 和 CURSOR_STATUS。

很显然，日期和时间函数用于对日期和时间数据的处理。Microsoft SQL Server 2008 系统提供的 9 个日期和时间函数，其名称和功能描述如表 5-9 所示。

表 5-9　日期和时间函数

日期和时间函数	描　述
DATEADD	返回给指定日期加上一个时间间隔后的新 datetime 值
DATEDIFF	返回两个指定日期的日期边界数和时间边界数
DATENAME	返回表示指定日期的指定日期部分的字符串
DATEPART	返回表示指定日期的指定日期部分的整数
DAY	返回指定日期的“天”部分的整数
GETDATE	以标准格式返回当前系统的日期和时间
GETUTCDATE	返回当前 UTC 日期和时间
MONTH	返回指定日期的“月”部分的整数
YEAR	返回指定日期的“年”部分的整数

DATEADD 函数的语法形式如下所示：

```
DATEADD(datepart, number, date)
```

在上面的语法中，datepart 参数指定要返回新值的日期的组成部分，SQL Server 系统可用的日期部分及其缩写形式如表 5-10 所示。number 参数表示新增加的数值。date 参数用于指定原先的日期时间数据。

表 5-10　日期部分和缩写

日 期 部 分	缩　写
year	yy, yyyy
quarter	qq, q
month	mm, m
dayofyear	dy, y
day	dd, d
week	wk, ww
weekday	dw, w
hour	hh
minute	mi, n
second	ss, s
millisecond	ms

在使用数据库中的数据时，经常需要对数字数据进行数学运算，得到一个数值。在 Microsoft SQL Server 2008 系统中可以使用常见的数学函数参加各种数学运算，这些数学函数的名称和功能描述如表 5-11 所示。

表 5-11　数 学 函 数

数 学 函 数	描　　述
ABS	绝对值函数，返回指定数值表达式的绝对值
ACOS	反余弦函数，返回其余弦值是指定表达式的角(弧度)
ASIN	反正弦函数，返回其正弦值是指定表达式的角(弧度)
ATAN	反正切函数，返回其正切值是指定表达式的角(弧度)
ATN2	反正切函数，返回其正切值是两个表达式之商的角(弧度)
CEILING	返回大于或等于指定数值表达式的最小整数，与 FLOOR 函数对应
COS	正弦函数，返回指定表达式中以弧度表示的指定角的余弦值
COT	余切函数，返回指定表达式中以弧度表示的指定角的余切值
DEGREES	弧度至角度转换函数，返回以弧度指定的角的相应角度，与 RADIANS 函数对应
EXP	指数函数，返回指定表达式的指数值
FLOOR	返回小于或等于指定数值表达式的最大整数，与 CEILING 函数对应
LOG	自然对数函数，返回指定表达式的自然对数值
LOG10	以 10 为底的常用对数，返回指定表达式的常用对数值
PI	圆周率函数，返回 14 位小数的圆周率常量值
POWER	幂函数，返回指定表达式的指定幂的值
RADIANS	角度至弧度转换函数，返回指定角度的弧度值，与 DEGREES 函数对应
RAND	随机函数，随机返回 0 至 1 之间的 float 数值
ROUND	圆整函数，返回一个数值表达式，并且舍入到指定的长度或精度
SIGN	符号函数，返回指定表达式的正号、零或负号
SIN	正弦函数，返回指定表达式中以弧度表示的指定角的正弦值
SQRT	平方根函数，返回指定表达式的平方根
SQUART	平方函数，返回指定表达式的平方
TAN	正切函数，返回指定表达式中以弧度表示的指定角的正切值

在如图 5-34 所示的示例中，分别演示了 LOG 函数、EXP 函数、SIGN 函数、PI 函数、SIN 函数以及 COS 函数的用法。需要注意的是，虽然 COS(PI()/2.0)理论上的值是 0，但是由于 PI()函数本身的误差，所以其实际值不是 0。这一点，在进行条件判断时要十分小心。在包含了函数的表达式的条件中，应该尽可能地通过误差来判断。

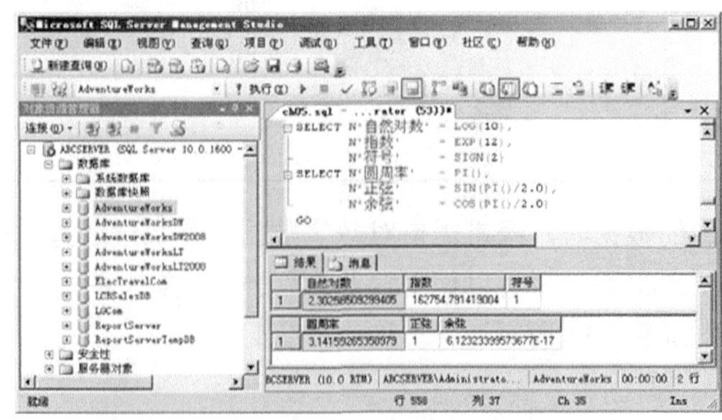

图 5-34　使用数学函数

通过使用系统提供的元数据函数，可以返回有关数据库和数据库对象的信息。Microsoft SQL Server 2008 系统提供了 20 多个元数据函数。这些函数包括 DATABASEPROPERTYEX、FILE_NAME、INDEXKEY_PROPERTY 等。

在 Microsoft SQL Server 2008 系统中，可以使用排名函数为分区中的数据进行排名。这些排名函数如表 5-12 所示。使用排名函数可以为分区中的每一行返回一个排名值。在排名过程中，某些行的排名值有可能相同。

表 5-12　排 名 函 数

排 名 函 数	描　　述
RANK	返回结果集的分区内每一行的排名值，排名中有可能间断
DENSE_RANK	返回结果集的分区内每一行的排名值，且排名中没有任何间断
NTILE	将有序分区中的数据分发到指定数量的组中。每个组都有一个从 1 开始的编号。对于每一行数据，返回该行所属的组的编号
ROW_NUMBER	返回结果集分区内数据行的序列号。在每一个分区内，序列号都从 1 开始

在如图 5-35 所示的示例中，使用了 RANK 函数和 DENSE_RANK 函数。RANK 函数的使用方式是 RANK() OVER (PARTITION BY i.LocationID order by i.Quantity) as RANK，其中，RANK() OVER 是函数的关键字，PARTITION BY i.LocationID 表示对结果集按照 LocationID 列的数据分区，order by i.Quantity 表示分区内的数据按照数量从低到高排序。DENSE_RANK 函数的使用方式与 RANK 函数类似。当同一个区内的销售数量相同时这两个排名函数的排名值也相同。例如，1 区内有两个销售数量都是 169，所以其排名值也相同，都是 7。但是，这两个函数的差别在于：RANK 函数有间断，因为有两个 7 排名值，所以下一个排名值是 9；DENSE_RANK 函数没有排名值，虽然有两个 7 排名值，但是其下一个排名值依然是 8。

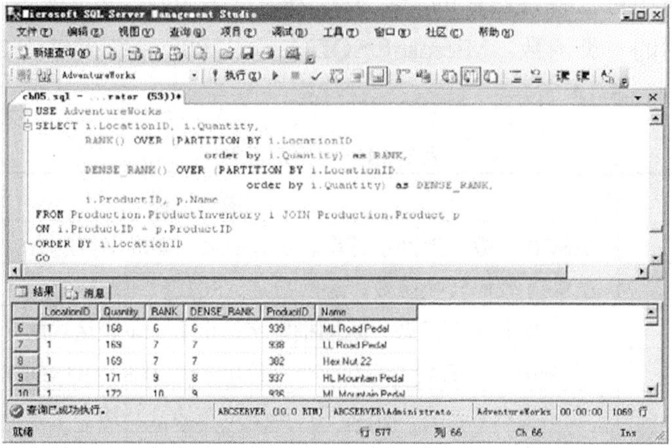

```
USE AdventureWorks
SELECT i.LocationID, i.Quantity,
       RANK() OVER (PARTITION BY i.LocationID
                    order by i.Quantity) as RANK,
       DENSE_RANK() OVER (PARTITION BY i.LocationID
                    order by i.Quantity) as DENSE_RANK,
       i.ProductID, p.Name
FROM Production.ProductInventory i JOIN Production.Product p
ON i.ProductID = p.ProductID
ORDER BY i.LocationID
GO
```

	LocationID	Quantity	RANK	DENSE_RANK	ProductID	Name
6	1	168	6	6	939	ML Road Pedal
7	1	169	7	7	938	LL Road Pedal
8	1	169	7	7	382	Hex Nut 22
9	1	171	9	8	937	HL Mountain Pedal
10	1	172	10	9	936	ML Mountain Pedal

图 5-35　使用排名函数

行集函数的特点是其返回的结果集，可以像表一样用在 Transact-SQL 语句中引用表对象的地方。Microsoft SQL Server 2008 系统提供了 6 个行集函数，即 CONTAINSTABLE、FREETEXTTABLE、OPENDATASOURCE、OPENQUERY、OPENROWSET 和 OPENXML。

如何检索和查看有关安全性管理的信息呢？可以使用安全函数。安全函数可以返回有关用户、架构及角色等信息。Microsoft SQL Server 2008 系统提供的 17 个安全函数清单和功能描述如表 5-13 所示。

表 5-13 安 全 函 数

安 全 函 数	描 述
CURRENT_USER	返回当前用户名称。该函数等价于 USER_NAME 函数
sys.fn_builtin_permissions	返回对服务器内置权限层次的说明
Has_Perms_By_Name	评估当前用户对指定安全对象的有效权限
IS_MEMBER	指示当前用户是否为指定的 Windows 组或 SQL Server 数据库角色的成员
IS_SRVROLEMEMBER	指示 SQL Server 登录名是否为指定的固定服务器角色的成员
PERMISSIONS	指示当前用户的语句、对象或列权限
SCHEMA_ID	返回与指定的架构名称关联的标识符
SCHEMA_NAME	返回与指定的架构标识符关联的架构名称
SESSION_USER	返回当前数据库中当前上下文中的用户名
SETUSER	允许 sysadmin 固定服务器角色的成员或 db_owner 固定数据库角色的成员模拟另一个用户
SUSER_ID	返回用户的登录标识符。建议使用 SUSER_SID
SUSER_SID	返回指定登录名的安全标识符
SUSER_SNAME	返回与安全标识符关联的登录名
SYSTEM_USER	返回当前登录名
SUSER_NAME	返回用户的登录标识符。建议使用 SUSER_SNAME 函数
USER_ID	返回数据库用户的标识符
USER_NAME	返回指定标识符的数据库用户名

对输入的字符串进行各种操作的函数被称为字符串函数。就像数学函数一样，字符串函数也是经常使用的一类函数。Microsoft SQL Server 2008 系统提供的 23 个字符串函数的清单和功能描述如表 5-14 所示。

表 5-14 字符串函数

字符串函数	描 述
ASCII	ASCII 函数，返回字符串表达式中最左端的字符的 ASCII 代码值
CHAR	ASCII 代码转换函数，返回指定 ASCII 代码的字符
CHARINDEX	确定字符位置函数，返回指定字符串中指定表达式的开始位置
DIFFERENCE	字符串差异函数，返回两个字符串表达式的 SOUNDEX 值之间的差别
LEFT	左子串函数，返回指定字符串中从左边开始指定个数的字符
LEN	字符串长度函数，返回指定字符串表达式中字符的个数
LOWER	小写字母函数，返回指定表达式的小写字母，将大写字母转换为小写字母
LTRIM	删除前导空格函数，返回删除了前导空格的字符表达式
NCHAR	Unicode 字符函数，返回指定整数代码的 Unicode 字符

（续表）

字符串函数	描　　述
PATINDEX	模式定位函数，返回指定表达式中指定模式第一次出现的起始位置。0 表示没有找到指定的模式
QUOTENAME	返回带有分隔符的 Unicode 字符串
REPLACE	替换函数，用第三个表达式替换第一个字符串表达式中出现的所有第二个指定字符串表达式的匹配项
REPLICATE	复制函数，以指定的次数重复字符串表达式
REVERSE	逆向函数，返回指定字符串的逆向表达式
RIGHT	右子串函数，返回字符串表达式中从右边开始指定个数的字符
RTRIM	删除尾随空格函数，返回删除所有尾随空格的字符串表达式
SOUNDEX	相似函数，返回一个由 4 个字符组成的代码，用于评估两个字符串的相似性
SPACE	空格函数，返回由重复的空格组成的字符串
STR	数字向字符转换函数，返回由数字转换过来的字符串
STUFF	插入替代函数，删除指定长度的字符串，并在指定的起点处插入另外一组字符
SUBSTRING	子串函数，返回字符表达式、二进制表达式等的指定部分
UNICODE	UNICODE 函数，返回指定表达式中第一个字符的整数代码
UPPER	大写函数，返回指定表达式的大写字母形式

在如图 5-36 所示的示例中，使用了 LEN 函数计算 FirstName 列中字符串的长度，SUBSTRING 函数计算 FirstName 列的前 5 个字符串，并且使用 UPPER 函数将其转换为大写字母，最后使用 REPLICATE 函数将 FirstName 列的字符串重复 5 次。

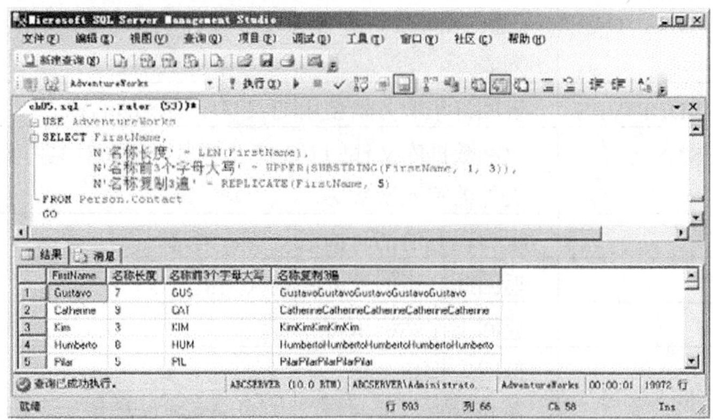

图 5-36　使用字符串函数

在 Microsoft SQL Server 2008 系统中，对各种选项或对象进行操作或报告的函数被称为系统函数。这些系统函数清单和功能描述如表 5-15 所示。

表 5-15　系 统 函 数

系 统 函 数	描　　述
APP_NAME	返回当前会话的应用程序名称
CASE	计算条件列表，返回多个候选结果表达式中的一个表达式
CAST	将一种数据类型的表达式显式转换为另外一种数据类型的表达式，同 CONVERT 函数
CONVERT	将一种数据类型的表达式显式转换为另外一种数据类型的表达式，同 CAST 函数
COALESCE	返回参数中第一个非空表达式
COLLATIONPROPERTY	返回指定规则的属性信息
COLUMNS_UPDATED	返回指示表或视图中插入或更新了哪些列的信息，可以用于触发器中的条件测试或判断
CURRENT_TIMESTAMP	返回系统的当前日期和时间，等价于 GETDATE 函数
CURRENT_USER	返回当前用户的名称，等价于 USER_NAME 函数
DATALENGTH	返回指定表达式的字节数
@@ERROR	返回已经执行的上一个 Transact-SQL 语句的错误号
ERROR_LINE	返回发生错误的代码行号，该错误将导致运行 CATCH 块
ERROR_MESSAGE	返回导致 TRY…CATCH 构造 CATCH 块运行的错误的文本
ERROR_NUMBER	返回导致 TRY…CATCH 构造 CATCH 块运行的错误的错误号
ERROR_PROCEDURE	返回导致 TRY…CATCH 构造 CATCH 块运行的错误所在的存储过程或触发器名称
ERROR_SEVERITY	返回导致 TRY…CATCH 构造 CATCH 块运行的错误的严重级别
ERROR_STATE	返回导致 TRY…CATCH 构造 CATCH 块运行的错误的错误状态号
FN_HELPCOLLATIONS	返回 Microsoft SQL Server 2008 系统支持的所有排序规则的名称列表
FN_SERVERSHAREDDRIVES	返回群集服务器使用的共享驱动器的名称
FN_VIRTUALFILESTATS	返回数据库文件的 I/O 统计信息，例如对文件发出的读取次数、对文件的写入次数等
FORMATMESSAGE	根据现有的消息构造一条新消息
GETANSINULL	返回此会话的数据库默认空值
HOST_ID	返回工作站标识符
HOST_NAME	返回工作站名称
IDENT_CURRENT	返回为某个会话和作用域中指定的表或视图声称的最新的标识值
IDENT_INCR	返回标识列的增量值
IDENT_SEED	返回标识列的初始值
@@IDENTITY	返回最后插入的标识值
IDENTITY	使用 SELECT INTO 语句将标识值插入到新表中
ISDATE	确认输入的表达式是否为有效的日期
ISNULL	使用指定的替换表达式替换空值
ISNUMERIC	确认输入的表达式是否为有效的数值

（续表）

系 统 函 数	描　　述
NEWID	创建 UNIQUEIDENTIFIER 数据类型的唯一值
NULLIF	如果两个指定的表达式相等，则返回空值
PARSENAME	返回对象名称的指定部分
@@ROWCOUNT	返回已执行的上一行 Transact-SQL 语句影响的行数
ROWCOUNT_BIG	返回已执行的上一行 Transact-SQL 语句影响的行数，与@@ROWCOUNT 函数等价，但是返回的数据类型是 BIGINT
SCOPE_IDENTITY	返回为某个会话或作用域指定的表或视图生成的最新的标识值
SERVERPROPERTY	返回有关服务器实例的属性信息，例如默认的排列规则名称、安装的全文索引组件、是否出于单用户模式等
SESSIONPROPERTY	返回当前会话的 SET 选项设置，共有 7 个 SET 选项设置
SESSION_USER	返回当前数据库中当前上下文中的用户名
STATS_DATE	返回上次更新指定索引的统计信息的日期
SYS.DM_DB_INDEX_PHYSICAL_STATS	返回指定表或视图的数据和索引的大小和碎片信息
SYSTEM_USER	返回当前登录名
@@TRANCOUNT	返回当前连接的活动事务数
UPDATE()	确认是否对表中的指定列进行了 INSERT 或 UPDATE 操作
USER_NAME	返回指定标识符的数据库用户名
XACT_STATE	确认会话是否具有活动事务以及是否可以提交事务

在如图 5-37 所示的示例中，使用了 CASE 函数。如果某个客户的头衔是 Mr.，则显示“先生”。如果头衔是 Ms.，则显示“女士”。并且将客户的姓、名、头衔连接起来显示。从显示的结果来看，使用 CASE 函数增强了查询结果的可读性。

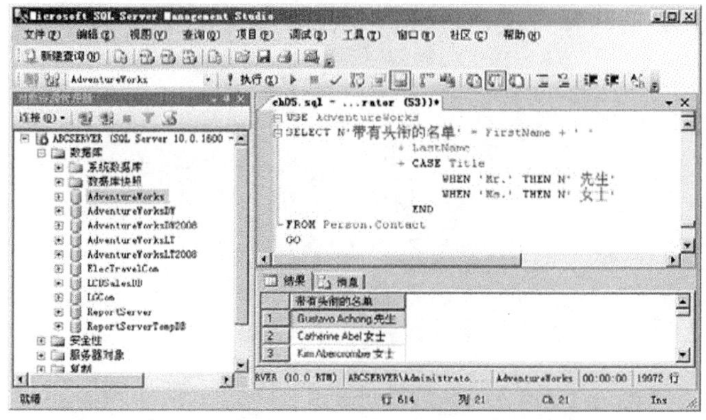

图 5-37　使用系统函数

可以使用系统统计函数获取系统的各种统计信息。Microsoft SQL Server 2008 系统提供了 12 个系统统计函数。

可以对文本或图像输入值进行操作的函数被称为文本和图像函数。Microsoft SQL Server 2008 系统提供了 3 个文本和图像函数。

5.10　本 章 小 结

本章全面讲述了 Transact-SQL 语言的基本功能。首先，介绍了 Transact-SQL 和 SQL 语言的关系。接下来，对 Transact-SQL 语言的特点和执行方式进行了分析。之后，分别讲述了数据定义语言、数据操纵语言、数据控制语言以及事务管理语言的类型和特点。最后，对 Transact-SQL 语言的其他语言元素进行了详细讲述，这些语言元素包括标识符、变量和常量、运算符、数据类型、内置函数等内容。

【思考和练习】

1. Transact-SQL 和 SQL 的关系是什么？
2. 数据定义语言的类型和作用是什么？
3. 数据操纵语言的类型和作用是什么？
4. 数据控制语言的类型和作用是什么？
5. 事务管理语言的类型和作用是什么？
6. Transact-SQL 的标识符必须遵循哪些原则？
7. TRY…CATCH 构造的作用是什么？
8. 如何使用 IF…ELSE 和 WHILE 控制流语句？
9. 如何使用字符数据类型？
10. Timestamp 数据类型与日期时间关联吗？请读者谈谈自己的理解。
11. 排名函数的作用和使用方式是什么？
12. Transact-SQL 的注释方式是什么？

第6章　表

数据库中的数据是如何组织和存储的？数据库中的数据之间的关系是如何描述的？数据库中的主要的数据对象是什么？为何更好地回答这些问题，需要理解表的概念和特点。表是数据库中最基本、最重要、最核心的对象，是组织数据的方式，是存储数据的地方。其他许多数据库对象，例如索引、视图等，都是依附于表对象存在的。从某种意义上，管理数据库实际上就是管理数据库中的表。表结构的设计质量直接影响到数据库中数据的使用效率。本章将全面讲述有关表的管理技术。

本章要点：

- 设计表时应该考虑的因素
- 表的基本特点和类型
- 使用 CREATE TABLE 语句创建表
- 修改表的结构
- 标识符列的作用和特点
- 已分区表的作用和管理方式

6.1　设计表时应该考虑的因素

设计数据库实际上就是设计数据库中的表。在设计表时，要使用尽可能少的表数量，在达到设计要求的前提下，使每个表中包含的列的数量尽可能地少。合理的表结构，可以大大提高整个数据库数据的查询效率。

为了提高数据库的效率，设计出高质量的存储数据的表，在设计表时，应该从整体上考虑下面 7 个因素。

1. 因素一：考虑表将要存储哪些数据对象，绘制出 ER 图。

ER 图是描述数据库中所有实体以及实体之间关系的图形，是辅助设计关系模型的工具。实际上，表就是关系模型，也对应着模型中的实体，是存储数据的对象。在设计表时，应该综合考虑这些问题：数据库的目的是什么？数据库中将要包含哪些数据？数据库中应该包含多少表？每一个表将要包含哪些数据？表和表之间是否存在关系？如果存在关系，那么存在什么样的关系？对这个因素的深入思考，有助于创建合理、完整的表。

图 6-1 是一个简单的 ER 图。在该 ER 图，有 7 个实体，实体之间有各种不同的关系形式，每一个实体都包含了数量不等的属性。依据该 ER 图，可以创建表和表之间的关系。

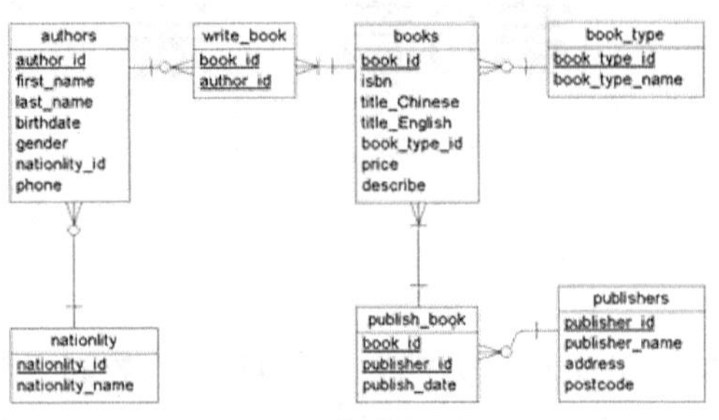

图 6-1　简单的 ER 图

图 6-2 是一个复杂数据库的 ER 图一部分。实际上，这是 AdventureWorks 数据库的 ER 图。该 ER 图详细描述了 AdventureWorks 数据库表、表中的列、表和表之间的关系。通过 ER 图，可以清晰地理解 AdventureWorks 数据库的结构。

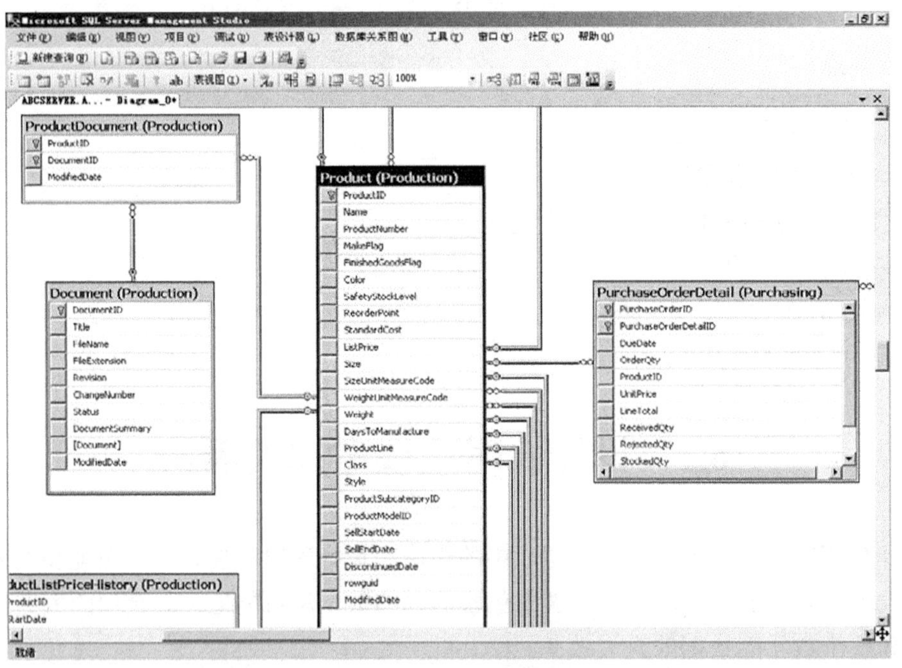

图 6-2　AdventureWorks 数据库的部分 ER 图

2. 因素二：考虑表中将要包含的列以及这些列的数据类型、精度等属性。

确定了表之后，就要确定表的内容。每一个表包含多个列，每一个列都有一个数据类型，数字数据类型的列还需要确定列的精度和约度，这些都是设计表时必不可少的因素。数字列应该使用数字数据类型，字符列应该使用字符数据类型，日期列应该使用日期数据类型。对于数字列，需要认真考虑其精度和约度，对于字符列，应该考虑其是否使用定长字符列和字符长度。考虑这些因素的目标是：使得表中的列的数量尽可能地少。如果列的数量过多，应该考虑将该表分解成两个表或多个表。

3. 因素三：考虑列的属性，例如哪些列允许空值，哪些列不允许空值。

列允许空值，表示该列可以不包含任何的数据，空值既不是数字 0，也不是空字符，而是表示未知。如果允许列包含空值，表示可以不为该列输入具体的数据；如果不允许列包含空值，在输入数据时必须为该列提供数据。例如，在包含订单的 orders 表中，订单代码、产品代码、客户代码等列不允许空置，但是订单描述列则可以包含空值。考虑这个因素的目标是，尽可能地不使用允许空值的列，因为空值列有可能带来意想不到的查询效果。如果不得不允许某些列为空，那么应该使得这些列的数量最少。

4. 因素四：考虑表是否使用主键，如果使用则在何处使用主键。

主键是唯一确定每一行数据的方式，是一种数据完整性对象。主键往往是一个列或多个列的组合。一个表中最多只能有一个主键。一般地，应该为每一个表都指定主键，借此可以确定行数据的唯一性。

5. 因素五：考虑是否使用约束、默认值、规则，以及在何处使用这些对象。

约束、默认值、规则等都是数据完整性对象，用来确保表中的数据质量。对表中数据的查询操作，只能在满足定义的约束、默认值、规则等条件下，才能执行成功。这些因素的考虑往往与表中数据的商业特性相关。

6. 因素六：考虑是否使用外键，在何处使用外键。

在 ER 图中，需要绘制出实体之间的关系。在表的设计时，实体之间的关系需要借助主键——外键对来实现。因此，该因素也是确保 ER 图完整实施的一个重要内容。只有通过这种关系，才能确保表和表之间强制的商业性关系。

7. 因素七：考虑是否使用索引，在何处使用索引，使用什么样的索引？

索引也是一种数据库对象，是加快对表中数据检索的手段，是提高数据库使用效率的一种重要方法。在哪些列上使用索引，在哪些列上不使用索引，是使用聚集索引，还是使用非聚集索引，是否使用全文索引，等等。对这些因素的认真考虑和实现，也是对表质量的更高的要求。

6.2　表的基本特点和类型

到底什么是表呢？数据库中有多少种表呢？为何需要回答这些问题，本节将讲述两方面的内容，首先分析和描述表的基本特点，然后讨论表的分类方式和表的类型。

6.2.1　表的基本特点

表是关系模型中表示实体的方式，是用来组织和存储数据、使之具有行列结构的数据库对象。一般而言，表具有下列一些基本特点：代表实体、由行和列组成、行和列的顺序是不重要的等等。下面，详细讲述这些特点。

表代表实体，有唯一的名称用来确定实体。例如，在北京家用电器制造公司的销售数据库中，有一个 orders 表，如表 6-1 所示。orders 表中的数据表示该公司的订单实体，也就是说该公司的订单信息都存储在该表中，该公司的非订单信息或其他公司的订单信息都不会存储在该表中。例如，该公司的设备信息不能存储在 orders 表中，北京吉普汽车制造公司的销售信息也不能存储在该表中。

表 6-1　北京家用电器制造公司的订单表 orders

订 单 代 号	客 户 代 号	产 品 代 号	订单金额/元	订 单 日 期
…	…	…	…	…
2009030563	109804	CK2000-A	3 500.000 0	2009-03-05
2009030629	A19005	CK2010-C	2 899.000 0	2009-03-06
2009030630	375880	CKA109	4 800.000 0	2009-03-06
2009050811	A19005	CKA109	4 600.000 0	2009-05-08
2009060822	289022	CKC100A	6 050.000 0	2009-06-08
2009061563	109804	CK2000-A	3 500.000 0	2009-06-15
2009070629	A19005	CK2010-C	2 899.000 0	2009-07-06
2009070630	375880	CKA109	4 800.000 0	2009-07-06
2009091881	A19005	CKA109	4 600.000 0	2009-09-18
2009091882	289022	CKC100A	6 050.000 0	2009-09-18
…	…	…	…	…

表是由行和列组成的，行有时也称为记录，列有时也称为字段或域。每一行都是这种实体的一个完整描述，例如，在表 6-1 中，订单代号为 2009030563 的这一行记录表示了该公司的一个完整的订单信息。一行数据就是该实体的一个实例。

表中的每一个字段都是对该实体的某种属性的描述，例如客户代号列表示订单信息中的客户信息，订单日期列表示订单信息中的签约日期。

在表中，行的顺序可以是任意的，一般是按照数据插入的先后顺序存储的。在使用过程中，经常对表中的行或按照索引进行排序，或在检索时使用排序语句。

列的顺序也可以是任意的。对于每一个表，用户最多可以定义 1 024 个列。在一个表中，列名必须是唯一的，即不能有名称相同的两个或两个以上的列同时存在于同一个表中。但是，在同一个数据库的不同表中，可以使用相同的列名，这样两个名称相同的列可以没有任何关系。实际上，在定义表时，用户还必须为每一个列指定一种数据类型。

列名在一个表中的唯一性是由 Microsoft SQL Server 强制实现的。行在一个表中的唯一性一般是由用户通过增加列的主键来强制实现的，即在一个表中，为了满足实际应用的需要，应该没有相同的两行同时出现。例如，在 orders 表中，如果有两行的数据完全一样，那么表示这两行数据都是描述了同一个订单信息，因此这是没有存在必要的。

在 Microsoft SQL Server 2008 系统的数据库中，对指定的架构来说，表名必须是唯一的，这是由系统强制性实现的。但是，如果为表指定了不同的架构，那么可以创建多个具有相同名称的表。例如，在一个数据库中，可以创建两个表 employees，其中一个 employees 表的架构所有者是 Peter，另外一个 employees 表的架构所有者是 Hillary。当引用这些表时，区分的方法是在表名前面加上架构所有者，即 Peter.employees 和 Hillary.employees。

6.2.2　表的类型

在 Microsoft SQL Server 2008 系统中，按照表的作用，可以把表分为 4 种类型，即普通表、已分区表、临时表和系统表。每一种类型的表都有自己的作用和特点。

普通表，又称标准表，就是通常提到的作为数据库中存储数据的表，是最经常使用的表的对象，也是最重要、最基本的表。普通表经常简称为表。其他类型的表都是有特殊用途的表，它们往往是在特殊应用环境下，为了提高系统的使用效率，派生出来的表。

已分区表是将数据水平划分成多个单元的表，这些单元可以分布到数据库中的多个文件组中，实现对单元中数据的并行访问。如果表中的数据量非常庞大，并且这些数据经常被以不同的使用方式来访问，那么建立已分区表是一个有效的选择。已分区表的优点在于可以方便地管理大型表，提高对这些表中数据的使用效率。

临时表，顾名思义，是临时创建的、不能永久生存的表。临时表又可以分为本地临时表和全局临时表。临时表被创建之后，可以一直存储到 SQL Server 实例断开连接后。本地临时表只对创建者是可见的，全局临时表在创建之后对所有的用户和连接都是可见的。

系统表与普通表的主要区别在于，系统表存储了有关 SQL Server 服务器的配置、数据库设置、用户和表等对象的描述等系统信息。一般地，只能由 DBA 来使用该表。

6.3　创建和修改表

如果希望在数据库中新增加表，如何执行操作呢？如果希望修改已经存在的表的结构，那么如何进行修改呢？本节将主要围绕创建和修改表展开讨论。内容包括创建表、增加和删除列、修改列的属性、设置标识符列、查看表的信息、删除表等。

6.3.1　创建表

在 Microsoft SQL Server 2008 系统中，可以使用 CREATE TABLE 语句或可视化的 SQL Server Management Studio 图形工具来创建表。下面主要研究如何使用 CREATE TABLE 语句创建表。

CREATE TABLE 语句是一种经常使用的创建表的方法，也是一种最灵活、最强大的创建表的方式。在如图 6-3 所示的脚本命令中，创建了一个 students 表。该表包含了有关学生的信息，这些信息是学号、姓名、性别、出生日期、籍贯、联系电话、住址和备注等。

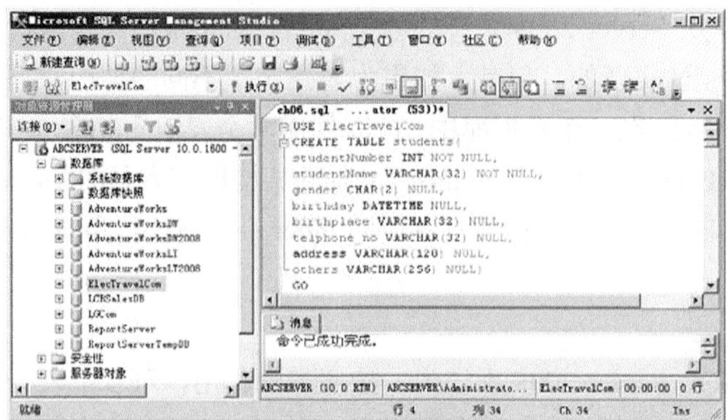

图 6-3　创建 students 表

在如图 6-3 新创建的 students 表中，有 8 个列，每一个列都是由列名、数据类型和是否为 NULL 属性组成。studentNumber 表示学生代号，数据类型为 INT，不允许空；studentName 表示学生姓名，数据类型为 VARCHAR，长度为 32，不允许空；gender 表示学生的性别，数据类型为 CHAR，长度为 2，允许空；birthday 表示学生的出生日期，数据类型为 DATETIME，允许空；birthplace 表示学生的籍贯，字段类型为 VARCHAR，长度为 32，允许空；telephone_no 表示学生的联系电话，字段类型为 VARCHAR，长度为 32，允许空；address 表示学生的住址，字段类型为 VARCHAR，长度为 128，允许空；others 表示学生的备注信息，字段类型为 VARCHAR，长度为 256，允许空。

虽然在 students 表中，没有定义主键、外键、索引、约束等对象，但是这确实是一个完整的数据表，可以用来存储描述学生基本信息的数据。

在 6.2 节的表 6-1 中，引用了一个北京家用电器制造公司的 orders 表，该表存储了该公司的订单信息，即订单代号、客户代号、产品代号、订单金额和订单日期等。可以使用 CREATE TABLE 语句创建该表，其创建过程如图 6-4 所示。

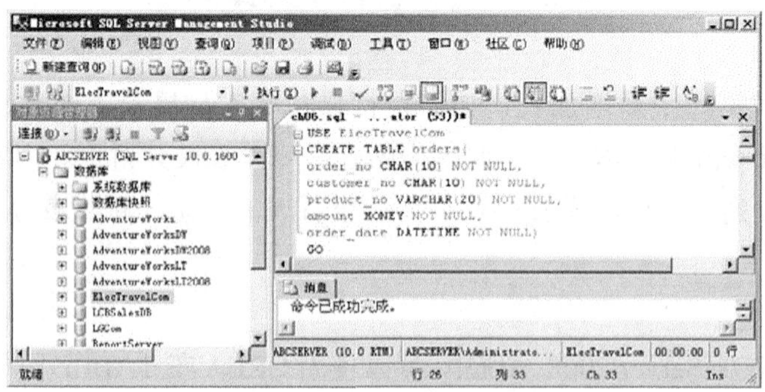

图 6-4　创建 orders 表

在图 6-4 新建的 orders 表中，有 5 个列。order_no 表示订单号码，字段的数据类型为 CHAR，长度为 10，不允许空；customer_no 表示客户代号，字段的数据类型为 CHAR，长度为 10，不允许空；product_no 表示产品代号，字段的数据类型为 VARCHAR，长度为 20，不允许空；amount 表示订单的金额，字段的数据类型为 MONEY，不允许空；order_date 表示订单的签约日期，字段的数据类型为 DATETIME，不允许空。

在创建表的过程中，除了在列中直接指定数据类型和属性之外，还可以对某些列进行计算。也就是说，某些列的值不必通过输入得到，而是通过计算得到。例如，在如图 6-5 所示的创建表的示例中，使用了一个计算列。

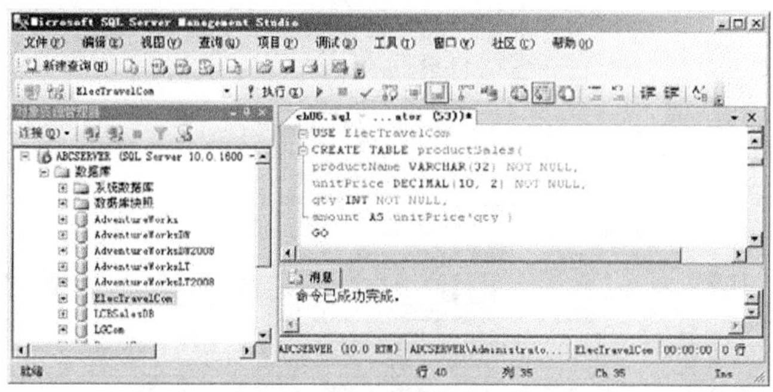

图 6-5　在创建表中使用计算列

在图 6-5 的脚本中，创建了一个 productSales 表。在该表中，有 4 个列，productName 列的数据类型是 VARCHAR(32)，unitPrice 列的数据类型为 DECIMAL(10, 2)，qty 列的数据类型为 INT，amount 列没有指定数据类型，但是它的值是 unitPrice*qty，也就是说该列的值是通过计算得到的。在 productSales 表中的第 4 个字段中，AS 是 Microsoft SQL Server 使用的关键字。需要注意的是，在这个计算列中，默认情况下系统并不将 amount 列中的数据物理存储，该列仅仅是一个虚拟列，只能用于显示。但是，如果希望将该列的数据物理化，以便在该列上创建索引，那么可以使用 PERSISTED 关键字。

例如，在如图 6-6 所示的脚本中，由于在 amount 计算列中使用了 PERSISTED 关键字，指定由该列保存计算得到的数据，因此该列是一个物理列，当该列所依赖的其他列中的数据发生改变时该列中的数据也会自动更新。

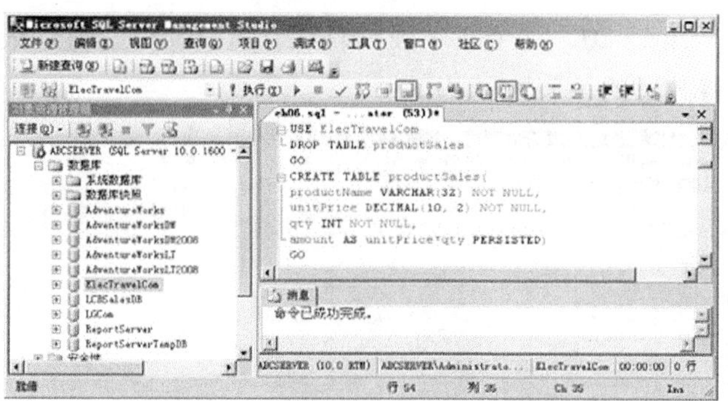

图 6-6　使计算列中的数据物理化

在表名称前面添加#或##符号可以创建临时表。当在表名称前面使用一个#符号时，表示创建的表是本地临时表，该表只能由创建者使用。如果表名称前使用了两个#符号，那么表示该表是全局临时表，在其生存期间可以为所有的用户使用。在如图 6-7 所示的示例中，使用 CREATE TABLE 语句创建了一个全局临时表，该表的名称是##studentsInfo。

在创建表时，可以为表中的列指定排列规则。如果没有为列指定排列规则，那么该列使用当前数据库的默认排列规则。

实际上，在使用 CREATE TABLE 语句创建表时，可以同时指定列的主键、外键以及其他约束、缺省、规则等属性。本书后面有关章节将详细讲述这些内容。

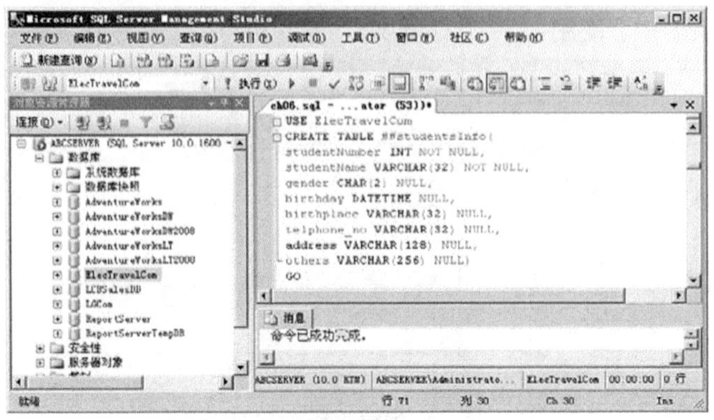

图 6-7　创建全局临时表

6.3.2　增加或删除列

表创建之后，用户可以根据需要使用 ALTER TABLE 语句修改表的结构。在表中增加新列、删除已有的列是修改表结构时常见的操作。

当用户向表中增加一个新列时，Microsoft SQL Server 为表中该列在已有数据的每一行中的相应位置插入一个数据值。因此，向表中增加一个新列时，最好为该列定义一个默认约束，使该列有一个默认值。如果该新列没有默认约束，并且表中已经有了其他数据，那么必须指定该新列允许空值，否则，系统将产生一个错误信息。

在如图 6-8 所示的示例脚本中，首先创建一个 abc_table 表，然后使用 sp_help 系统存储过程查看该表的结构信息。接下来，在该表中增加一个 column_b 字段，该字段的数据类型是 VARCHAR，长度是 20，这个新字段没有默认值，允许空值。最后，再使用 sp_help 系统存储过程查看修改过的该表的结构。

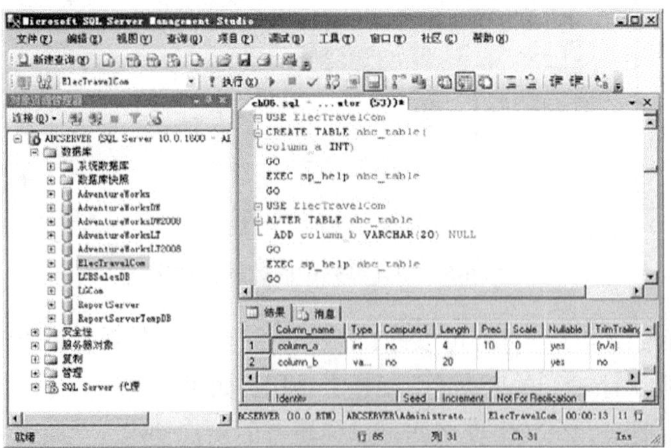

图 6-8　在表中新增列

但是，如果创建 abc_table 表之后，在该表中插入了一行数据。然后，执行新增数据列的操作，并且没有为该新增列指定允许空值，那么就会产生如图 6-9 所示的错误。

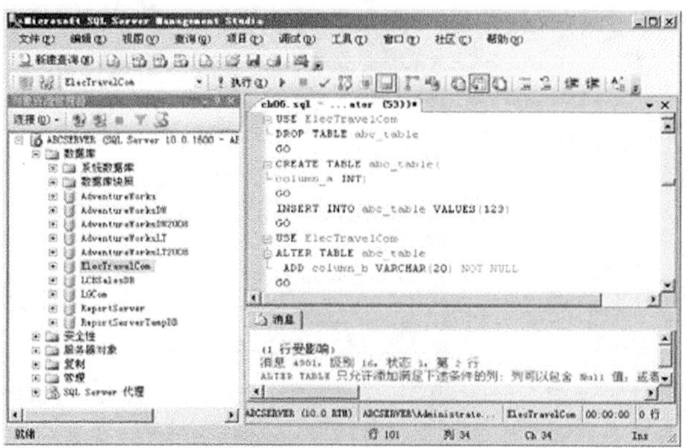

图 6-9　新增列不允许空值时产生的错误消息

使用 ALTER DATABASE 语句可以删除表中列。例如，在如图 6-10 所示的示例中，首先创建一个 abc_table 新表，该表有两个列：column_a 和 column_b。然后，使用 ALTER TABLE 语句修改该表的定义，从表中删除其中的 column_b 列。最后，使用 SELECT 语句查看修改过的表的数据，从查询结果中可以看到该表现在只有一个列。

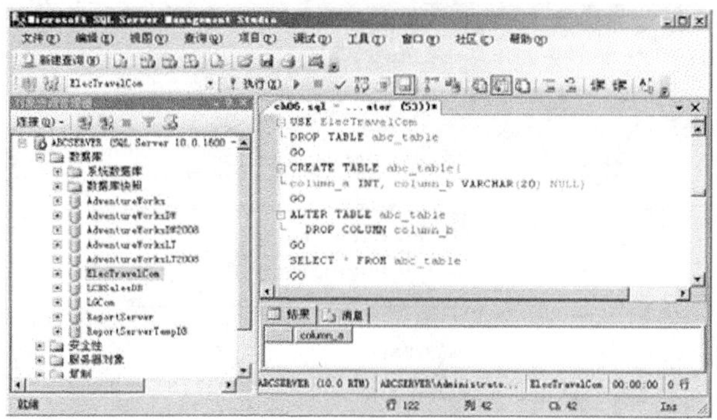

图 6-10　删除表中的列

6.3.3　更改该列的数据类型

使用 ALTER TABLE 语句除了可以增加新列和删除列之外，还可以对列的属性进行更改。本节主要讲述如何更改列的数据类型。使用 ALTER TABLE 语句更该列的数据类型的基本语法形式如下所示：

```
ALTER TABLE table_name ALTER COLUMN column_name new_type_name
```

在上面的语法中，table_name 参数指定将要更改的表名称，ALTER COLUMN 子句用于指定将要更改的列名称和新的数据类型名称，column_name 参数指定列名称，new_ type_name 参数指定新的数据类型名称。

在如图 6-11 所示的示例中，首先新建一个 abc_table 表，该表包括了两个列。然后，使用 ALTER TABLE 语句更改该列的数据类型。第一个列 column_a 的原有数据类型是 INT，更改后数据类型是 VARCHAR(128)。第二个列 column_b 的原有数据类型是 VARCHAR(20)，更改后的数据类型是 INT。最后，使用 sp_help 存储过程查看了 abc_table 表的结构。从操作结果来看，更改成功了。

图 6-11　更改空表中的列的数据类型

但是，如果表中已经包含了数据，那么不能对表中列的数据类型进行任意更改。例如，在如图 6-12 所示的示例中，由于 abc_table 表中已经包含了数据，column_b 列中数据是无法自动转换为更改后的新数据类型(INT)的数据的。因此，此次对该列数据类型的更改操作将归于失败。

图 6-12　更改非空表中的列的数据类型

通过上面的示例可以看出，如果表中没有数据，那么对表中列的数据类型的更改可以是任意的。但是，如果表中已经包含了数据，对表中列的数据类型的更改将涉及这些列中的数据是否能够与新数据类型一致的问题。因此，这时要求更改后的列的数据类型应该是更改前的数据类型可以隐式转换的数据类型。否则，这种对列的数据类型的更改操作不能成功。

6.3.4　创建和修改标识符列

标识符列是唯一标识表中每一行数据的符号。在 Microsoft SQL Server 2008 系统中，可以创建两种类型的标识符列，即 IDENTITY 列和 ROWGUIDCOL 列。下面，详细研究这两种标识符列的创建和修改方式。

1. IDENTITY 列

使用 IDENTITY 属性的列是 IDENTITY 列，每一个表中最多只能有一个 IDENTITY 列。

定义 IDENTITY 属性时需要指定两个值：种子值和增量值。表中第一行的 IDENTITY 列的值是种子值，其他行 IDENTITY 列的值是在前一行的值的基础上增加一个增量值得到的。

IDENTITY 属性的语法形式如下所示：

```
IDENTITY (seed, increment)
```

在上面的语法中，seed 参数指定该列的种子值，increment 参数指定该列的增量值。这两个值的默认值都是 1。

可以在 CREATE TABLE 语句或 ALTER TABLE 语句中使用 IDENTITY 属性。由于 IDENTITY 属性是作为列的属性在列上定义，因此对 IDENTITY 列的数据类型有所限制，SQL Server 系统要求 IDENTITY 列的数据类型可以是整数数据类型或者是可以转换为整数数据的数据类型，并且不允许是空值。

例如，在如图 6-13 所示的示例中，创建了一个 DCInfo 表。该表包括 3 个列，其中 DCSerial 列的数据类型是 INT，且具有 IDENTITY 属性，该属性的初始值是 1，增量值也是 1。其他两个列分别是 DCName 和 others。该表创建之后，当在表中插入数据时，不能为 DCSerial 列直接插入数据，该列的值是按照定义的规则自动增长的。

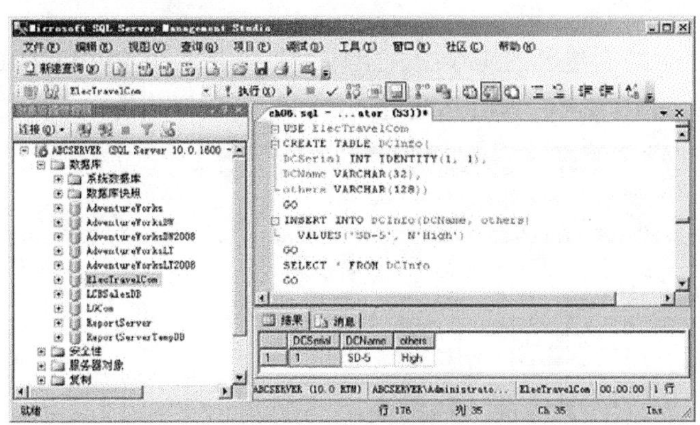

图 6-13　创建具有 IDENTITY 属性的表

在查询 DCInfo 表时，除了可以直接使用 DCSerial 列名引用该列之外，还可以使用 $IDENTITY 关键字引用该列。这样使得查询时不必每次使用明确的列名来访问具有 IDENTITY 属性的列。

IDENTITY 属性列的值的增长是单方向的。如果在具有 IDENTITY 标识符列的表中删除了大量的数据，那么可能造成标识符序列短缺，已删除的标识符值是不能重用的。可以通过两种方式解决这种标识符值短缺的情况。第一，使用 SET IDENTITY_INSERT 语句将该表的 IDENTITY 属性设置为可以插入数据的状态，然后由手工插入这些缺失的标识符。第二，在插入数据时，使用触发器判断标识符列是否短缺，如果确实短缺某些标识符列，那么触发器会执行一些可以补充这些标识符的操作。

有一些系统函数与 IDENTITY 属性相关。@@IDENTITY 函数可以返回最后插入的标识符的值，该函数不受作用范围的限制。SCOPE_IDENTITY 函数返回当前作用域内的最后插入的标识符的值，例如在一个模块、存储过程中等等。IDENT_CURRENT 函数则返回指定表的最后插入的标识符值。这 3 个函数的差别在于它们的作用范围是不同的。

IDENT_SEED 函数返回指定表的 IDENTITY 属性列的初始值，IDENT_INCR 函数则返回指定表的 IDENTITY 属性列的增量值。

2. ROWGUIDCOL 列

IDENTITY 属性的作用范围是表。也就是说，在一个指定的表中，IDENTITY 属性列的值不会有重复值。但是，不同的表之间是有可能存在 IDENTITY 属性列的值相同的现象。在执行合并多个表的复制操作中，这种现象是必须避免的。Microsoft SQL Server 系统提供的用于标识符列的 ROWGUIDCOL 属性可以解决这种问题。

ROWGUIDCOL 列是全局唯一标识符列。每一个表中最多允许创建一个 ROWGUIDCOL 列。从理论上来看，分布在 Internet 上的两个不同的计算机中的 ROWGUIDCOL 列的值出现相同的现象的概率是微乎其微的。在创建表时，可以使用 UNIQUEIDENTIFIER 数据类型定义 ROWGUIDCOL 列。需要注意的是，不像 IDENTITY 列可以自动生成数据那样，ROWGUIDCOL 列的值是不能自动生成的，一般使用 NEWID 函数来为该列提供数据。当然，也可以由手工为该列输入值。

在如图 6-14 所示的创建表的操作中，第一个列就是一个 ROWGUIDCOL 列，其数据类型是 UNIQUEIDENTIFIER，其值是通过 NEWID 函数得到的。

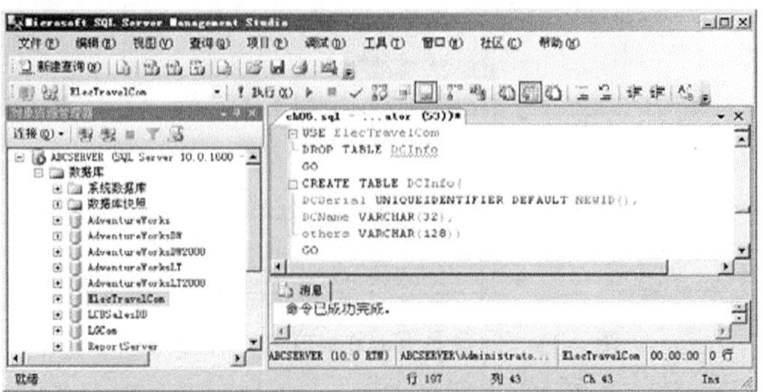

图 6-14　创建具有 ROWGUIDCOL 列的表

如果希望获取有关 ROWGUIDCOL 列的信息，可以使用$ROWGUID、OBJECTPROPERTY、COLUMNPROPERTY 函数。可以使用$ROWGUID 函数返回当前表中 ROWGUIDCOL 列的值，使用 OBJECTPROPERTY 函数判断指定的表是否包含了 ROWGUIDCOL 列，使用 COLUMNPROPERTY 函数获取指定表中的 ROWGUIDCOL 列名称。

6.3.5　查看表的信息

表创建之后，可以使用许多函数、存储过程查看有关表的各种信息。

COLUMNPROPERTY 函数用于查看有关表中的列的信息，这些信息包括是否为空、是否是计算得到的列、是否具有 IDENTITY 属性、是否 ROWGUIDCOL 列等。

sp_depends 存储过程用于查看指定表的依赖对象，这些依赖对象包括依赖于表的视图、存储过程等。

sp_help 存储过程用于查看有关表结构的信息。前面示例中已经使用过该存储过程，这里就不再重复了。

6.3.6　删除表

删除表就是将表中数据和表的结构从数据库中永久性去除。表被删除之后，就不能再恢复该表的定义。删除表可以使用 DROP TABLE 语句来完成，该语句的语法形式如下：

```
DROP TABLE table_name
```

不能使用 DROP TABLE 语句删除正在被其他表中的外键约束参考的表。当需要删除这种有外键约束参考的表时，必须首先删除外键约束，然后才能删除该表。表的所有者可以删除自己的表。当删除表时，绑定在该表上的规则和默认自动也失效了。属于该表的约束或触发器也被自动删除。重新创建表时，必须再重新绑定相应的规则和默认、重新创建触发器和增加必要的约束。

可以使用 DROP TABLE 语句一次性地删除多个表，表之间使用逗号分开。如果一个将要删除的表引用了另外一个也将要被删除的表的主键，则必须先列出包含该外键的引用表，然后再列出包含要引用的主键的表。

6.3.7　使用图形工具执行有关表的操作

在 Microsoft SQL Server 2008 系统中，可以使用可视化工具执行有关表的操作，这些操作包括创建表、修改表的结构、查看依赖关系、查看有关属性信息等。

打开 Microsoft SQL Server 2008 实例的指定数据库(如 AdventureWorks 数据库)节点，然后打开“表”节点，选中某个表，例如 Person.Contact 表，右击则出现一个快捷菜单，该菜单如图 6-15 所示。从该菜单中可以看到可执行的操作包括新建表、修改、打开表、编写表脚本、查看依赖关系等。

如果希望得到 Person.Contact 表的 CREATE TABLE 脚本，可以选择“编写表脚本为”|“CREATE 到”以及新建的查询窗口或记事本或剪贴板等命令，可以得到如图 6-16 所示的脚本。可以把该脚本保存到指定的位置。

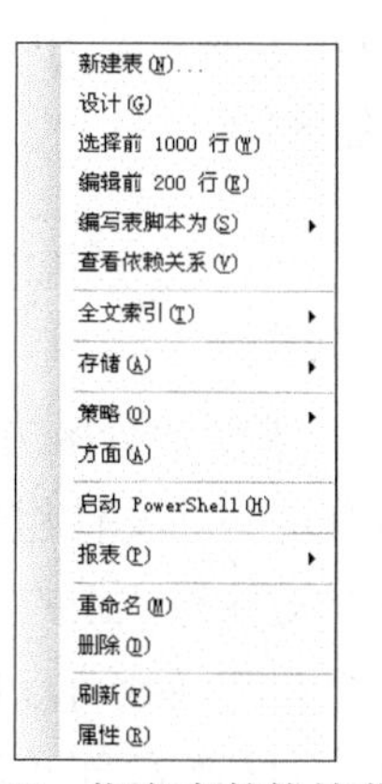

图 6-15　指定表的快捷菜单

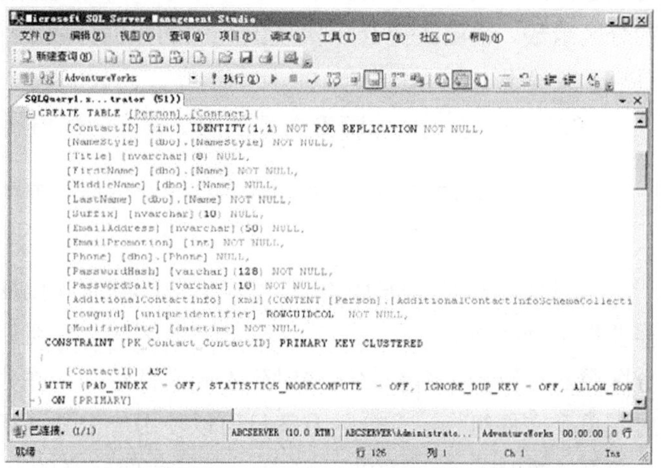

图 6-16　Person.Contact 表的 CREATE TABLE 脚本

6.4 已分区表

如果一个表中包含了大量的、以多种不同方式使用的数据，一般的查询又不能按照预期的成本完成，就应该考虑使用已分区表。已分区表是指按照数据水平方式分区，将数据分布于一个数据库的多个不同的文件组中。在对数据进行查询或更新时，这些已分区表将被视为独立的逻辑单元。

注意：

只有 Microsoft SQL Server 2008 企业版支持已分区功能。

通过采用分区技术，对于数据子集执行的维护操作只是针对所需数据而不是整个表，实现了高效率地管理和访问大型表的数据子集。例如，在某公司的数据库中，有一个存放销售数据的 sales 表，该表中的数据量巨大。但是，不同的应用程序使用表中数据的方式是不同的。有些应用程序需要对当前月份中的数据执行 INSERT、UPDATE、DELETE 等操作，但是有些应用程序对以前月份中的数据执行 SELECT 操作。这时，如果按照月份对表进行分区，那么可以提高对 sales 表的管理效率。如果 sales 表没有分区，由于对该表的维护操作需要针对整个数据集，就会频繁地操作，从而消耗大量资源。

在对表进行分区之前，必须考虑如何创建分区函数和分区方案。分区函数定义如何根据某些列中的值将表中的数据行映射到一组分区，分区方案则将分区函数指定的分区映射到文件组中。

创建分区表的主要步骤如下。

(1) 创建分区函数，指定如何分区。

(2) 创建分区方案，指定分区函数的分区在文件组上的位置。

(3) 创建使用分区方案的表。

下面，通过示例讲述如何创建分区表。可以使用 CREATE PARTITION FUNCTION 语句创建分区函数。在下面的示例中，针对 INT 类型的列创建了一个名称为 saleAmountPF 的分区函数。该函数把 INT 类型的列中的数据分成 5 个区，即小于或等于 10 区、大于 10 且小于或等于 100 区、大于 100 且小于或等于 1000 区、大于 1 000 且小于或等于 10 000 区、大于 10000 区。其中，LEFT 关键字用于指定间隔值属于左侧的间隔区间。

```
CREATE PARTITION FUNCTION saleAmountPF(INT)
AS RANG LEFT FOR VALUES(10, 100, 1000, 10000)
```

可以使用 CREATE PARTITION SCHEME 语句创建分区方案。由于创建分区方案时，需要根据分区函数的参数，定义映射表分区的文件组。因此，必须有足够的文件组来容纳分区数。可以指定所有分区映射到不同文件组、某些分区映射到单个文件组或所有分区映射到单个文件组。一个分区方案只可以使用一个分区函数，但是一个分区函数可以用于多个分区方案中。在下面的示例中，根据前面定义的 saleAmountPF 分区函数创建了一个

saleAmountPS 分区方案，这个分区方案表示 5 个分区分别放在文件组 saleFG1、saleFG2、saleFG3、saleFG4、saleFG5 上。其中，使用 AS PARTITION 子句可指定分区函数名称。

```
CREATE PARTITION SCHEME saleAmountPS
AS PARTITION saleAmountPF
TO (saleFG1, saleFG2, saleFG3, saleFG4, saleFG5)
```

分区函数和分区方案创建之后，就可以创建分区表了。创建分区表依然使用 CREATE TABLE 语句，但是需要在该语句中使用 ON 关键字指定分区方案名称和分区列。在下面的示例中，创建一个已分区 salePT 表，该表中的 saleAmount 列是分区列。在该分区表中，销售数量不同的数据按照分区函数和分区方案确定的方式在不同的文件组上存储。

```
CREATE TABLE salePT (
serialID INT,
saleAmount INT,
saleDate DATETIME,
salePerson VARCHAR(32))
ON saleAmountPF (saleAmount)
```

需要强调的是，已分区表中的分区列在数据类型、长度、精度方面应该与分区方案中引用的分区函数中使用的数据类型、长度、精度等保持一致。

6.5 本章小结

本章详细研究了表对象的管理特点。首先，分析了设计表时应该考虑的主要因素，有效地确定这些因素可以提高表的设计质量。其次，对表的基本特点、类型进行了介绍。接下来，详细研究了表的各种管理操作，包括创建表、修改表的结构、标识符列的特点、查看表的信息、删除表等。最后，介绍了已分区表的特点。

【思考和练习】

1. 设计表时应该考虑的主要因素是什么？
2. ER 图的作用是什么？
3. Microsoft SQL Server 2008 系统提供了哪些类型表？
4. 如何使用 CREATE TABLE 语句创建表？
5. 如何在表中添加新列和删除已有列？
6. 是否可以任意修改表中列的数据类型？为什么？
7. 标识符列的特点是什么？
8. 已分区表的作用是什么？
9. 创建已分区表的步骤是什么？

第7章　操 纵 数 据

如何向表中插入数据呢？如何查看或浏览表中的数据呢？如何修改表中的数据呢？这些都涉及到对表的操纵。表创建之后，就可以对表执行各种操纵了。操纵表实际上就是操纵数据。用户可以根据需要向表中添加数据或更新表中已有的数据，甚至可以删除表中不再使用的数据。在更多情况下，用户需要检索表中的数据。如果需要的数据在一个表中，检索操作就比较简单。如果需要的数据分散在多个不同的表中，就需要执行复杂的检索操作。本章将全面研究操纵数据的内容。

本章要点：

- 操纵数据需要解决的问题
- 使用 INSERT 语句插入数据
- 使用 UPDATE 语句更新数据
- 使用 DELETE 语句删除数据
- 使用 SELECT 语句检索数据
- 理解分组、子查询、连接、集合运算、CTE 等检索特点
- 理解数据加密的方式和特点

7.1　概　　述

下面，通过一个具体示例，研究表创建之后用户面临的操纵数据问题和解决这些操纵数据问题的思路。

按照图 7-1 所示创建 books 表，该表用于存储图书的书号、书名、出版社名称、图书页数、图书价格以及出版日期等信息。在这个创建 books 表的脚本中，NOT NULL 表示该列不允许空值，NULL 表示该列允许空值。那么，如果没有明确指定 NOT NULL 或 NULL 关键字时，该列是否允许为空呢？这时需要根据在服务器、数据库上的有关空值选项的设置来确定。当 ANSI_NULL_DEFAULT 选项的设置为 ON 时，默认值为 NULL；当该选项的设置为 OFF 时，默认值为 NOT NULL。

表创建之后，表只是一个空表。如何向表中添加数据呢？如果表中已有数据了，但是数据不合适或不正确，那么如何更新这些数据呢？如果表中的数据不再需要了，那么如何删除这些过时的数据呢？如何按照用户需要，将表中的数据检索出来呢？这些问题都是数

据操纵问题。用户可以使用 INSERT、UPDATE、DELETE、SELECT 等语句来解决这些数据操纵问题。

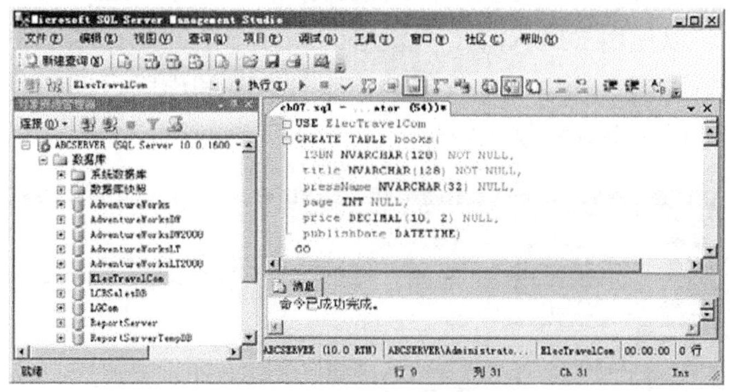

图 7-1　创建 books 表

7.2　插 入 数 据

表创建之后往往只是一个空表，因此向表中插入数据是在表结构创建之后，首先需要执行的操作。向表中插入数据，应该使用 INSERT 语句。该语句包括了两个子句，即 INSERT 子句和 VALUES 子句。INSERT 子句指定要插入数据的表名或视图名称，它可以包含表或视图中列的列表。VALUES 子句指定将要插入的数据。

一般地，使用 INSERT 语句一次只能插入一行数据。INSERT 语句的基本语法形式如下所示：

```
INSERT INTO table_or_view_name (column_list)
VALUES (expression)
```

向表中插入数据时要注意，数字数据可以直接插入，但是字符数据和日期数据要使用引号引起来。如果是 Unicode 数据，应该在字符数据的引号前使用 N 字符。

图 7-2 是一个向 books 表中插入一行数据的示例。需要注意的是，字符数据都需要使用引号引起来，数字数据可以直接插入。如果字符数据包含了特殊字符，例如“XML 编程技术大全”和“清华大学出版社”，为了保证这些数据的正确性，还需使用 N 符号。

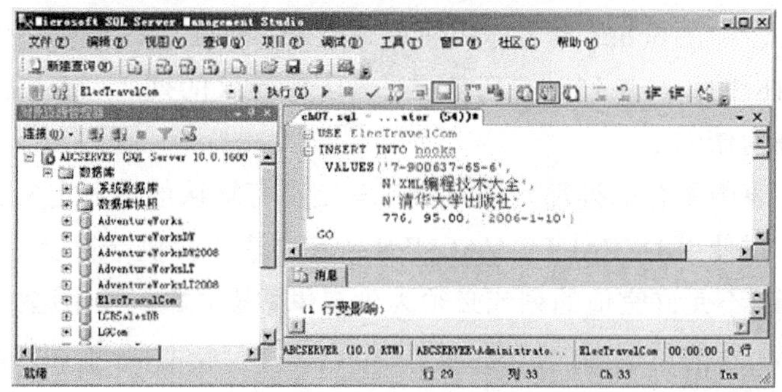

图 7-2　一般的插入数据示例

在使用 INSERT 语句向表中插入数据时，有时某些列的数据是未知的，这时可以插入空值。当然，这时该列必须允许空值，否则就会报错。当为某些列插入空值时，可以使用 NULL 关键字，也可以使用 DEFAULT 关键字。在如图 7-3 所示的示例中，向 books 表中又插入了一行数据。这时，由于不知该书的出版社名称和出版日期，分别使用 NULL 和 DEFAULT 关键字为这两个列提供了空值。

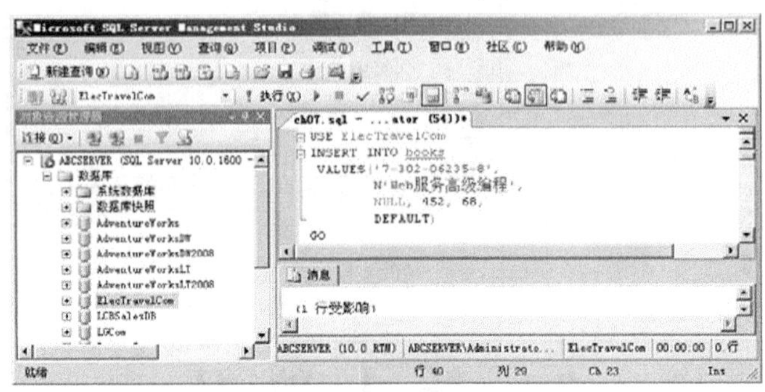

图 7-3　向表中插入空值

注意：

虽然 DEFAULT 和 NULL 都可以为某个列提供空值，但是这两个关键字的作用是不同的。NULL 关键字仅是向允许为空的列提供空值，而 DEFAULT 关键字则为指定的列提供一个默认值。如果列上没有定义默认值或者其他可以自动获取数据的类型，这两个关键字的作用才是相同的。

在前面的两个示例中，都是为 books 表中的所有列插入数据。这时，VALUES 子句中的数据顺序应该与定义 books 表中的列顺序相同。

实际上，使用 INSERT 语句可以向表中部分列插入数据。也就是说，在一个 INSERT 语句中，可以为指定的列提供明确的数据，没有出现在 INSERT 语句中的列应该允许为空、或有默认值、或可以自动获取数据等。

在向部分列插入数据时，应该注意下面两个问题。

(1) 在 INSERT 子句中，明确指定要插入数据的列名。

(2) 在 VALUES 子句中，列出与列名对应的数据。列名顺序和数据顺序应该完全对应。

例如，在如图 7-4 的示例中，使用 INSESRT 语句执行向 books 表中部分列插入数据的操作。这几个列的名称在 books 表名称后面列了出来，VALUES 子句中的数据的顺序与列出的列名顺序是对应的。虽然列出的列名顺序与表中定义的列名顺序不同，但是这对插入数据的操作没有任何影响。

实际上，如果表中所有的列都允许为空或者定义有默认值或者定义了其他可以获取数据的特征，那么可以使用 DEFAULT VALUES 子句向表中提供一行全部是默认值的数据。当然，如果表中存在不允许空值的列或必须为列提供数据，那么使用这种子句就可能失败。例如，在如图 7-5 所示的示例中，试图使用 DEFAULT VALUES 子句向 books 表中插入一行数据，结果这种插入操作失败。原因是 ISBN 列不允许空值。

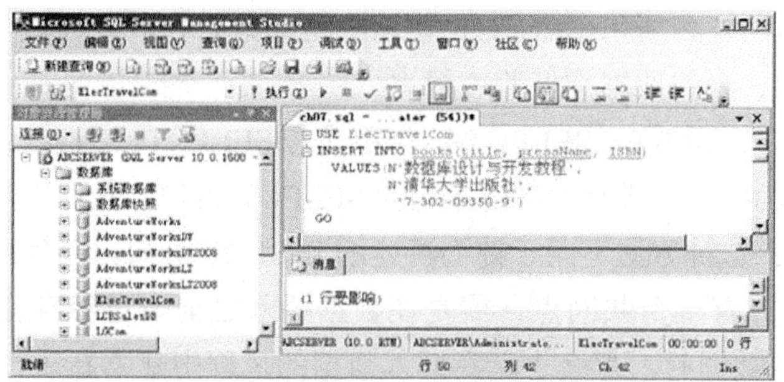

图 7-4　向表中插入部分列的数据

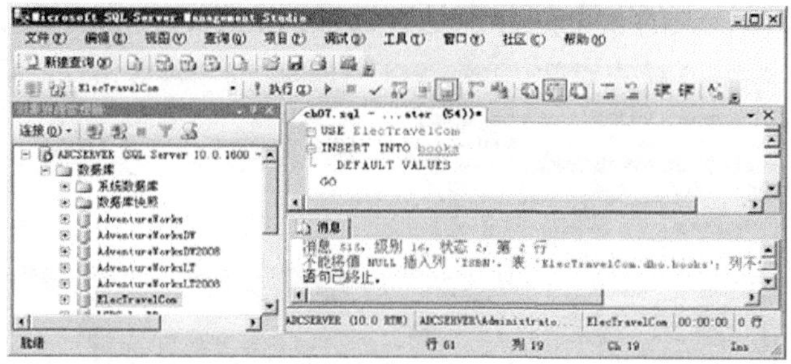

图 7-5　使用 DEFAULT VALUES 子句插入数据

虽然说使用 INSERT 语句一次只能插入一行数据，但是如果在 INSERT 语句中包含了 SELECT 语句，那么这时可以一次插入多行数据。这种使用 SELECT 语句插入数据的基本语法形式如下所示：

```
INSERT INTO table_or_view_name
select_statement
```

例如，在如图 7-6 所示的示例中，使用 INSERT…SELECT 形式向 books 表中插入了从 AdventureWorks 数据库中 Production.Product 表中检索出来的数据。从业务角度来看，把有关产品的数据添加到图书表中是不合适的。但是，从技术的角度来看，这种操作是可以实现的。因此，在实际应用中，一定要选择合适的技术。

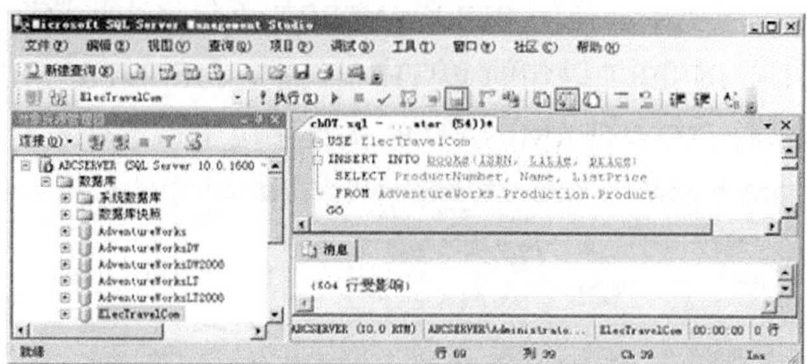

图 7-6　使用 INSERT…SELECT 形式插入数据

在使用 INSERT…SELECT 形式插入数据时，应该注意下面几点。

- 在 INSERT 语句中使用 SELECT 时，它们引用的表既可以是相同的，也可以是不相同的。
- 要插入数据的表必须已经存在。

- 要插入数据的表必须和 SELECT 语句的结果集兼容。兼容的含义是列的数量和顺序必须相同、列的数据类型兼容等。

需要注意的是，INSERT…SELECT 语句形式与 SELECT…INTO 语句形式非常类似，但是两者又有根本的区别。带有 INTO 子句的 SELECT 语句，允许用户创建一个新表再把数据插入到新表中。这种方法不同于前面讲述的 INSERT 语句。在使用 INSERT 语句插入数据的各种方法中，有一个共同点，就是在数据插入之前表已经存在。但是，如果使用 SELECT INTO 插入数据时，那么表示在插入数据的过程中建立新表。

例如，图 7-7 是一个使用 SELECT…INTO 语句的示例。在该操作中，创建了一个名称为 new_table 的新表，该表的 3 个列分别是 ProductNumber、Name 和 ListPrice。

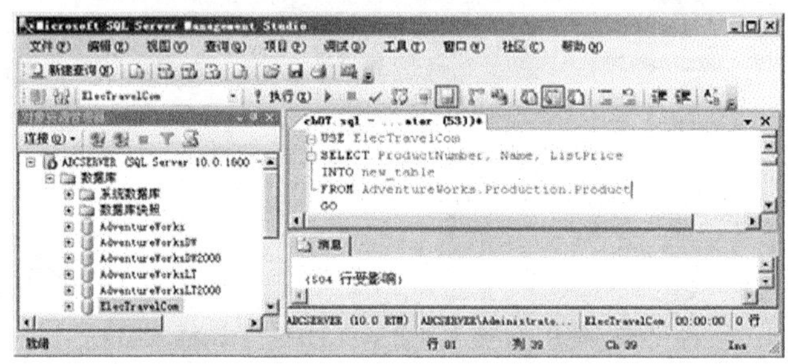

图 7-7　使用 SELECT…INTO 语句

可以使用 BULK INSERT 语句按照用户指定的格式把大量数据插入到数据库的表中，这是批量加载数据的一种方式。例如，图 7-8 是一个包含多个图书数据的文本文件，该文件的位置是 C:\temp\ch07.txt。

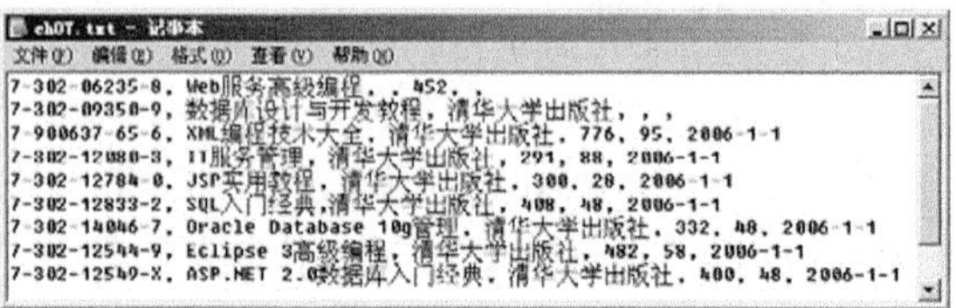

ch07.txt - 记事本

```
7-302-06235-8, Web服务高级编程, , 452, ,
7-302-09350-9, 数据库设计与开发教程, 清华大学出版社, , ,
7-900637-65-6, XML编程技术大全, 清华大学出版社, 776, 95, 2006-1-1
7-302-12080-3, IT服务管理, 清华大学出版社, 291, 88, 2006-1-1
7-302-12784-0, JSP实用教程, 清华大学出版社, 300, 28, 2006-1-1
7-302-12833-2, SQL入门经典,清华大学出版社, 408, 48, 2006-1-1
7-302-14046-7, Oracle Database 10g管理, 清华大学出版社, 332, 48, 2006-1-1
7-302-12544-9, Eclipse 3高级编程, 清华大学出版社, 482, 58, 2006-1-1
7-302-12549-X, ASP.NET 2.0数据库入门经典, 清华大学出版社, 400, 48, 2006-1-1
```

图 7-8　包含了图书数据的文本文件

在如图 7-9 所示的示例中，使用 BULK INSERT 语句将这些数据批量加载到了 books 表中。注意，在 BULK INSERT 语句的 WITH 子句中，FIELDTERMINATOR 关键字用于指定字段之间的分隔符，ROWTERMINATOR 关键字用于指定行之间的分隔符。

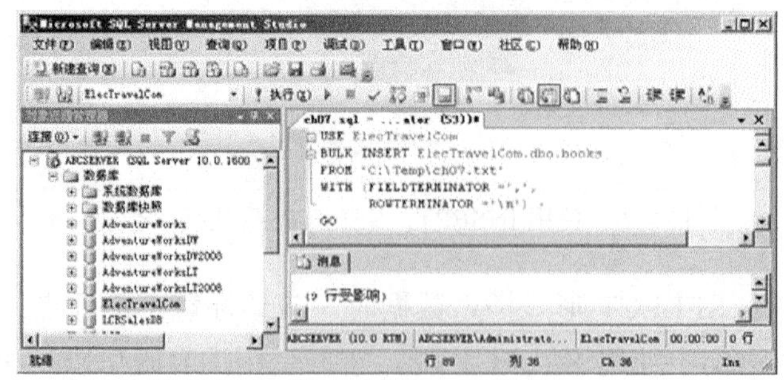

图 7-9　使用 BULK INSERT 语句插入数据

7.3　更 新 数 据

可以使用 UPDATE 语句更新表中已经存在的数据。UPDATE 语句既可以一次更新一行数据，也可以一次更新许多行，甚至可以一次更新表中的全部数据行。

在 UPDATE 语句中，使用 WHERE 子句指定要更新的数据行满足的基本条件，使用 SET 子句给出新的数据。新数据既可以是常量，也可以是指定的表达式。

UPDATE 语句的基本语法形式如下：

```
UPDATE table_or_view_name
SET column_name = expression, …
WHERE search_condition
```

在使用 UPDATE 语句时，如果没有使用 WHERE 子句，那么就对表中所有的行进行更新。如果使用 UPDATE 语句更新数据时，数据与数据类型等约束定义有冲突，那么更新就不会发生，整个更新事务全部被取消。

在如图 7-10 的示例中，可以看到 books 表中已经包含了 3 行数据(删除并重新创建该表，只插入 3 行数据，以方便后面的操作)。如果这些数据存在不足或错误，可以使用 UPDATE 语句来更新。

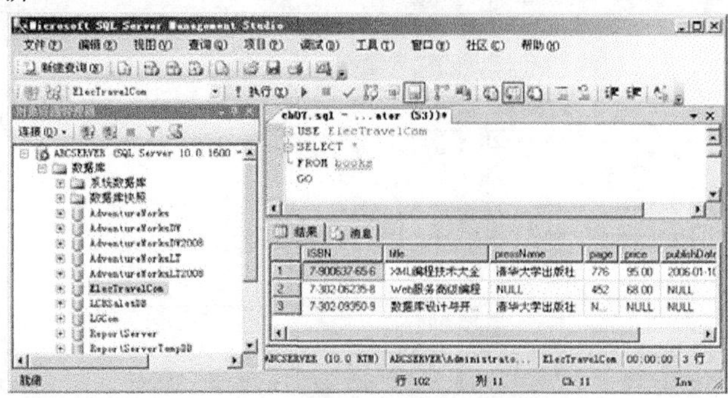

图 7-10　books 表中的 3 行数据

现在，假设已经知道了《数据库设计与开发教程》图书的页数为 720 页、价格为 81 元，那么可以更新表中的图书数据。在如图 7-11 所示的示例中，使用 UPDATE 语句更新《数据库设计与开发教程》图书的页数和价格。这个示例使用了 WHERE 子句，限定此次更新操作只能针对满足 WHERE 条件的数据行。

图 7-11　更新 books 表中指定的数据

如果出版社根据经营方面的原因，降低了 10%的图书价格，这时需要更新 books 表中所有的价格数据。这时，可以使用如图 7-12 所示的 UPDATE 命令。这个 UPDATE 语句中没有 WHERE 子句，表示更新表中所有的图书价格。

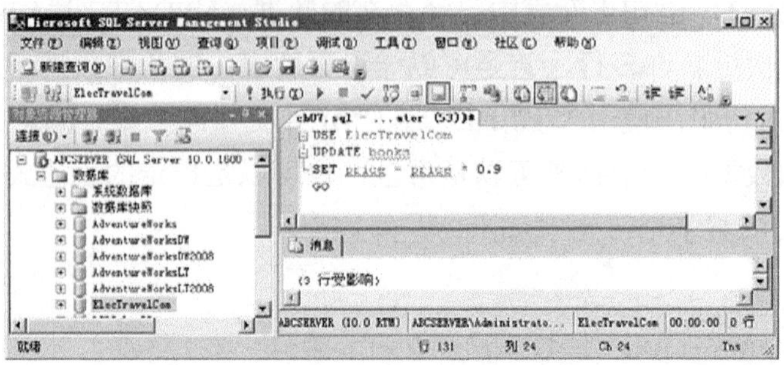

图 7-12　更新表中所有的图书价格数据

在 UPDATE 语句中，可以在 WHERE 子句中使用子查询来完成复杂条件的更新操作。另外，在 UPDATE 语句中还可以使用 FROM 子句。使用 FROM 子句可以提供有关其他表或视图的更新条件。

例如，在如图 7-13 所示的 UPDATE 示例中，使用了 FROM 子句增加了更新数据的条件。在 FROM 子句中又包含了一个子查询。

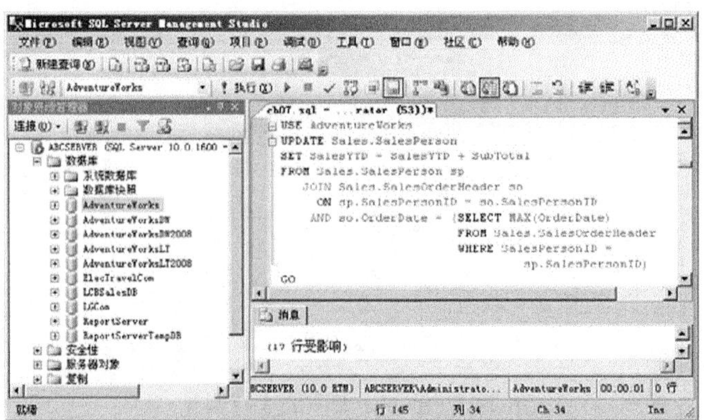

图 7-13　在 UPDATE 语句中使用 FROM 子句

7.4　删除数据

当表中的数据不再需要时，可以删除。一般情况下，可以使用 DELETE 语句删除数据。DELETE 语句可以从一个表中删除一行或多行数据。

删除数据的 DELEE 语句的基本语法形式如下：

```
DELETE
FROM table_or_name
WHERE search_condition
```

在 DELETE 语句中，如果使用了 WHERE 子句，那么就从指定的表中删除满足 WHERE 子句条件的数据行。如果没有使用 WHERE 子句，那么删除指定表中的全部数据。

例如，在如图 7-14 所示的示例中，使用 DELETE 语句删除 books 表中那些 5 年前出版的图书信息。在这个示例中，使用了两个函数。GETDATE 函数返回当前系统的日期，DATEDIFF 函数用于计算两个指定日期的差别。DATEDIFF 函数包含 3 个参数，第 1 个参数用于指定日期差别的类型，其中 YEAR 指定差别的年数。第 2 个参数和第 3 个参数分别指定两个日期。注意，这个示例结果是“0 行受影响”，表明表中没有满足此条件的数据。

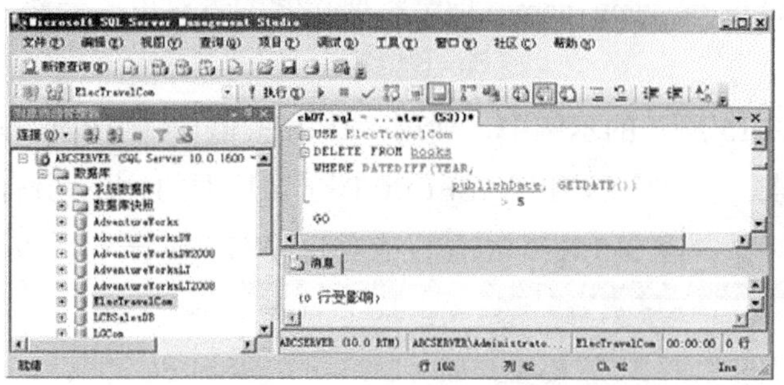

图 7-14　删除表中的数据

如果在 DELETE 语句中，没有指定 WHERE 子句，那么就将表中所有的记录全部删除，即 DELETE books 语句将删除 books 表中的全部图书数据。

就像 UPDATE 语句一样，在 DELETE 语句中，还可以再使用 FROM 子句指定将要删除的数据与其他表或视图之间的关系。也就是说，一个 DELETE 语句可以包含两个 FROM 子句，但是这两个 FROM 子句的作用是不同的。第一个 FROM 子句用于指定将要删除的数据所在的表或视图名称，第二个 FROM 子句用于指定将要删除数据的其他复杂条件。

注意：

DELETE 语句只是删除表中的数据，表结构依然存在于数据库中。如果需要删除表结构，那么应该使用 DROP TABLE 语句。

在删除表中的全部数据时，还可以使用 TRUNCATE TABLE 语句。TRUNCATE TABLE 语句和 DELETE 语句都可以将表中的全部数据删除，但是，两种语句又有不同的特点。一般情况下，当用户使用 DELETE 语句删除数据时，被删除的数据记录在日志中。当使用 TRUNCATE TABLE 语句删除表中的数据时，系统立即释放表中数据和索引所占的空间，并不把这种数据的变化记录在日志中。因此，使用 TRUNCATE TABLE books 语句删除数据的速度快于使用 DELETE FROM books 语句删除表中数据的速度。

7.5　检索操作概述

检索表中数据可以使用 SELECT 语句。在 SELECT 语句中，有 3 个基本的组成部分：

SELECT 子句、FROM 子句和 WHERE 子句。SELECT 子句用于指定将要检索的列名称，FROM 子句指定将要检索的对象，WHERE 子句则用于指定数据应该满足的条件。

在一般的检索操作中，SELECT 子句和 FROM 子句是必不可少的。只有当 SELECT 子句中仅包括常量、变量或算术表达式(没有列名)时，FROM 子句才可以省略。WHERE 子句是可选的。如果没有使用 WHERE 子句，表示检索所有的数据。

最基本的检索操作是这样的，SELECT * FROM table_or_view_name。其中，*表示检索表中所有的列，table_or_view_name 指定将要检索的表对象，当然，也可以检索视图对象中的数据。

例如，在如图 7-15 所示的示例中，使用 SELECT 语句将 Production.Product 表中的所有数据都检索了出来。在这个示例中，SELECT 子句后面的*表示所有列，FROM 子句后面的表名称是检索对象。该 SELECT 语句没有使用 WHERE 子句，表示检索所有的数据。

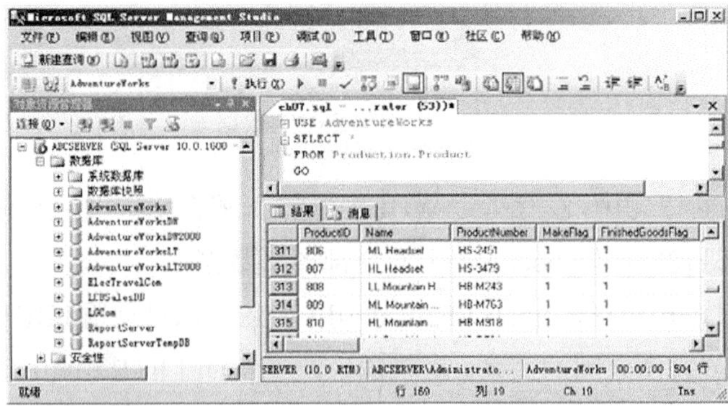

图 7-15　最基本的检索语句(网格显示形式)

在实际应用中，常常是根据需要检索表中的数据。这些需要是通过选择表中的部分列名称和指定数据应该满足的条件来实现的。

在 Microsoft SQL Server 2008 系统中，SELECT 语句的检索结果有两种显示方式，一种是网格形式，如图 7-15 所示，另外一种是文本格式，如图 7-16 所示。默认情况下是以网格形式显示检索结果。可以通过 SQL Server Management Studio 工具的“工具”菜单中选择“选项”命令改变检索结果的显示方式。

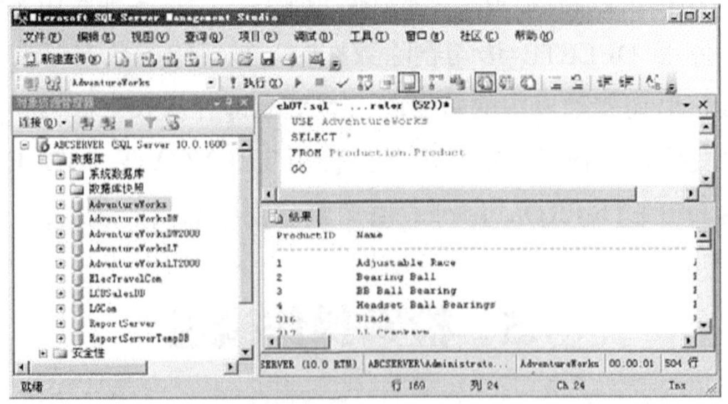

图 7-16　最基本的检索语句(文本显示形式)

7.6　使用 SELECT 子句检索数据

在 SELECT 语句中，可以在 SELECT 子句中选择指定的数据列、使用文字串、改变列标题、执行数据运算、使用 ALL 关键字、使用 DISTINCT 关键字等。

7.6.1　选择指定的数据列

选择指定的数据列是指可以在 SELECT 子句中指定将要检索的列名称。选择指定的列名称要注意以下几点：第一，这些列名称应该与表中定义的列名称一致，否则就可能出错或者得到意想不到的结果；第二，列名称之间的顺序既可以与表中定义的列顺序相同，也可以不相同；第三，SELECT 语句的检索结果只是影响数据的显示，对表中存储的数据没有任何影响。

例如，在如图 7-17 所示的示例中，使用 SELECT 语句检索了描述产品编码的 ProductNumber 列、描述产品名称的 Name 列、描述产品安全库存量的 SafeStockLevel 列、描述产品订货点的 ReorderPoint 列和描述该产品第一次销售日期的 SellStartDate 列。在这个示例中，ProductNumber 列和 Name 列的显示顺序与定义顺序不同，但是对存储的数据没有丝毫影响。

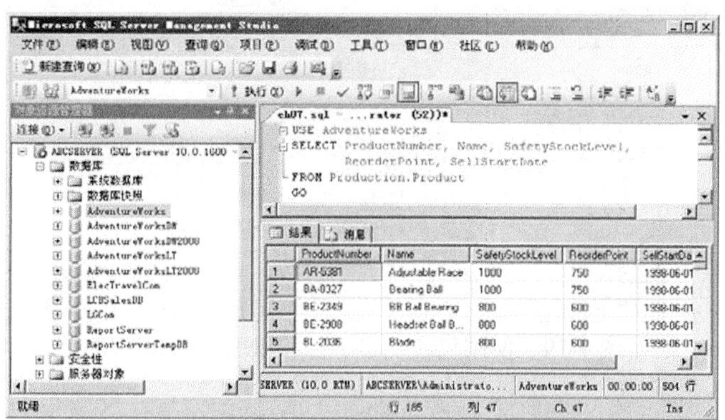

图 7-17　检索指定的数据列

在实际的分布式应用中，为了减少网络中的数据传输量，提高检索效率，往往仅检索指定的数据列来满足实际的需要。在一个表中，不同的列往往满足不同的需要。

7.6.2　使用文字串

通常，直接阅读 SELECT 语句的检索结果，是一件头疼的事情，因为显示出来的数据，是一些不连贯的、阅读性不强的信息。为了提高 SELECT 语句检索结果的可读性，可以通过在 SELECT 关键字后面增加文字串。通常情况下，使用单引号将文字串引起来。

例如，图 7-18 是一个使用文字串的示例。在该示例中，The number of 和 product is 都是使用单引号引起来的文字串。通过使用文字串，可以将检索结果组成一个完整的句子。

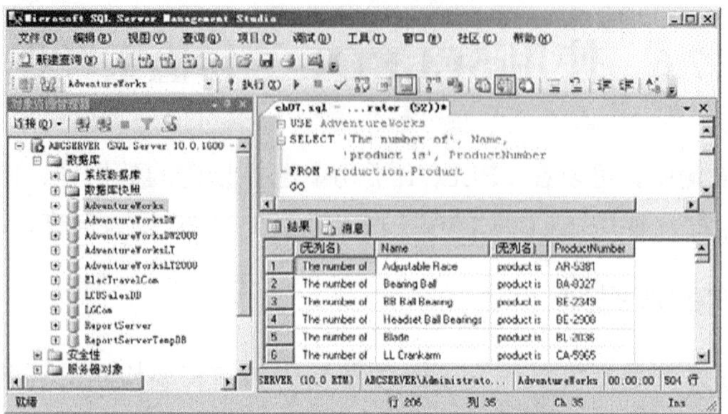

图 7-18　使用简单的文字串

如果文字串中包含了单引号，那么该怎么办呢？很简单。在文字串中出现单引号的地方，使用两个单引号。也就是说，文字串中两个紧连的单引号表示一个单引号。例如，在如图 7-19 所示的示例中，在 The number of 文字串中使用了单引号，在 product is 文字串中使用了双引号。可以看出，文字串中的两个单引号表示一个单引号，文字串中的双引号可以作为正常字符使用。

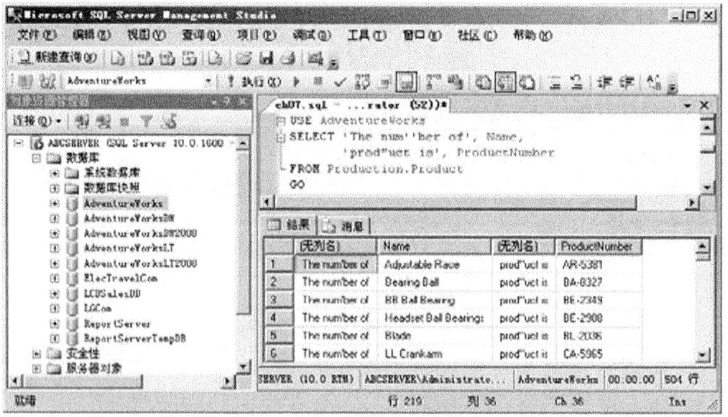

图 7-19　使用包含了单引号和双引号的文字串

7.6.3　改变列标题

在默认情况下，数据检索结果中所显示出来的列标题就是在定义表时使用的列名称。但是，在检索过程中可以根据用户的需要改变显示的列标题。实际上，改变列标题也就是为指定的列定义一个别名。改变列标题有两种方法，一种方法是使用等号(=)，另一种方法是使用 AS 关键字。

当使用=时，其语法形式是：新标题=列名。当使用 AS 关键字时，其形式是：列名 AS 新标题。由于 AS 关键字是可以省略的，因此改变列标题也可以写成这种形式：列名 新标题。注意，使用等号和使用 AS 关键字时，新标题和列名的位置是不同的。

在如图 7-20 所示的示例中，使用了改变列标题的 3 种方式。“'产品编码'= ProductNumber”方式使用了等号，由于新标题中有空格，因此使用了单引号。“Name AS 产品名称”方式使用了 AS 关键字，这时新标题在 AS 关键字之后。在 SafetyStockL evel SSL 方式中，省略了 AS 关键字，SSL 是新标题。

如果列名称很长，或者列名称不具有描述意义，或者只有表达式而没有列名称，这时使用改变列名称可以为用户提供极大的方便。

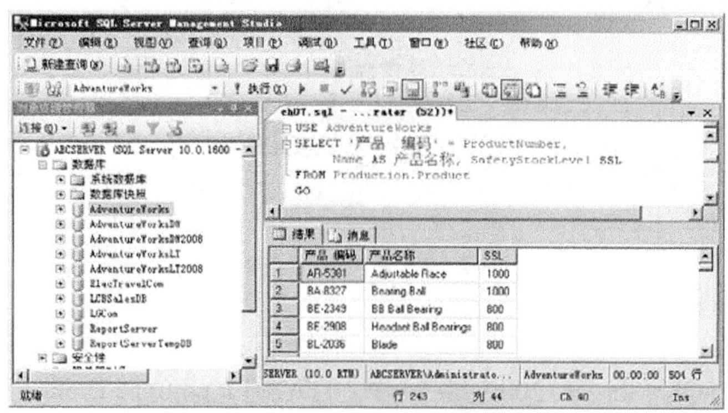

图 7-20 改变列标题

7.6.4 数据运算

数据运算是指对检索的数据进行各种运算。也就是说，可以在 SELECT 关键字后面列出的列项中使用各种运算符和函数。这些运算符和函数包括算术运算符、数学函数、字符串函数、日期和时间函数、系统函数等。

算术运算符可以用在各种数值列上，这些列的数据类型可以是 INT、SMALLINT、TINYINT、FLOAT、REAL、MONEY 或 SMALLMONEY。算术运算符包括+、–、*、/和%。在如图 7-21 的示例中，使用了*，根据当前安全库存量和给定的比率，可以确定每一个产品的最低库存量(安全库存量的 81%)和最高库存量(安全库存量的 129%)。

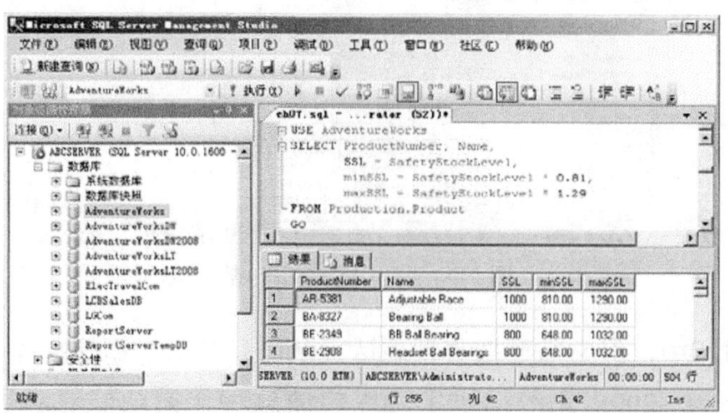

图 7-21 使用算术运算符

数学函数返回通常需要运算的数据的数值。在如图 7-22 所示的检索语句中，使用了求绝对值的 ABS 函数、求圆周率的 PI 函数、求正弦值的 SIN 函数、求余弦值的 COS 函数、求正切值的 TAN 函数等。从结果中可以看到，使用 PI 函数求圆周率时能得到小数点后 15 位的值。

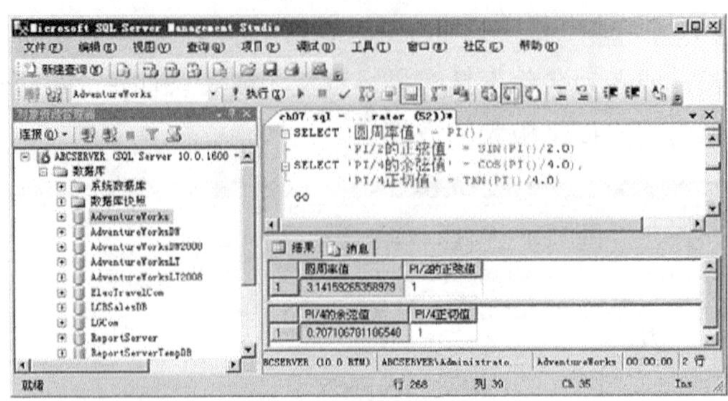

图 7-22　使用数学函数

注意：

在 Microsoft SQL Server 2000 系统中，TAN(PI()/4.0)的结果是一个近似值，即 0.99999999999999989，但是在 Microsoft SQL Server 2005/2008 系统中，TAN(PI()/4.0)的结果是准确值 1。从这一点可以看出，Microsoft SQL Server 2005/2008 系统的科学计算精确度比 Microsoft SQL Server 2000 系统有了很大的提高。

字符串数据由字母、数字、符号等组成。大多数字符串函数只能用于 CHAR 和 VARCHAR 数据类型以及明确转换成 CHAR 和 VARCHAR 的数据类型。例如，在如图 7-23 所示的示例中，使用"+"运算符将一系列字符数据串联起来，使用 UPPER 函数把 Name 列中的所有产品名称都转换为大写字母，并且使用了新标题。

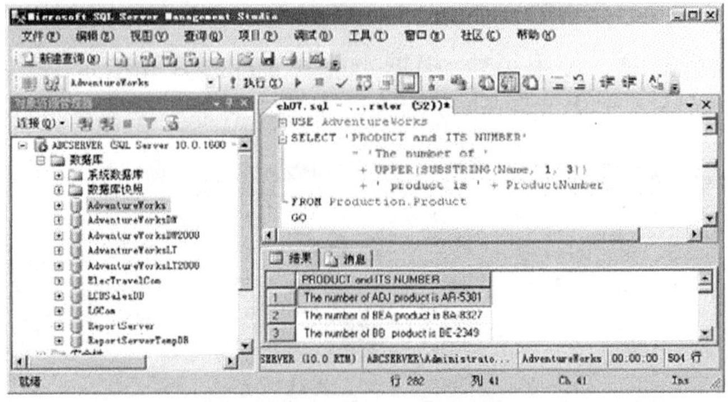

图 7-23　使用字符串函数

在数据运算过程中，经常需要把某种表达式从一种数据类型转换为另一种数据类型。Microsoft SQL Server 2008 系统提供了可以完成这种转换功能的函数，CAST 函数和 CONVERT 函数。这两个函数的使用方式不同，但是可以完成相似的功能。使用转换函数转换数据类型的方式称为显式转换。

注意：

不是所有数据类型都可以执行显式转换。例如，可以把特定格式的字符数据转换为时间日期数据类型，但是不能把大值数据类型转换为 sql_variant 数据类型。

CAST 函数和 CONVERT 函数的基本语法形式如下所示，其中 expression 参数指定将要转换的表达式对象，data_type 参数指定目标数据类型：

```
CAST(expression AS data_type)
CONVERT(data_type, expression)
```

需要指出的是，CONVERT 函数不仅允许把表达式从一种数据类型转变成另外一种数据类型，还允许把日期数据转变成不同的样式。当执行向日期数据类型转换时，CONVERT 函数的语法形式如下所示：

```
CONVERT(data_type, expression, style)
```

其中，style 参数用于指定将要显示的日期样式，该样式常用取值如表 7-1 所示。

表 7-1 常用的日期样式表

无世纪(yy)	有世纪(yyyy)	描　　述	输出的日期格式
-	0 或 100	默认	mon dd yyyy hh:mi AM(PM)
1	101	美国	mm/dd/yyyy
2	102	ANSI	yy.mm.dd
3	103	英国、法国	dd/mm/yy
4	104	德国	dd.mm.yy
5	105	意大利	dd-mm-yy
6	106	-	dd mon yy
7	107	-	mon dd, yy
8	108	-	hh:mi:ss
-	9 或 109	默认+毫秒	mon dd, yyyy hh:mi:ss:ms AM(PM)
10	110	美国	mm-dd-yy
11	111	日本	yy/mm/dd
12	112	ISO	yymmdd
-	13 或 113	欧洲+毫秒	dd mon yyyy hh:mi:ss:ms AM(PM)
14	114	-	hh:mi:ss:ms(24h)
-	126	ISO8601	yyyy-mm-ddThh:mm:ss.mmm

7.6.5 使用 ALL 和 DISTINCT 关键字

在 SELECT 语句中，可以在 SELECT 子句中通过使用 ALL 或 DISTINCT 关键字控制查询结果集的显示样式。ALL 关键字表示检索所有的数据，包括重复的数据行。DISTINCT 关键字表示仅显示那些不重复的数据行，重复的数据行只显示一次。由于 ALL 关键字是默认值，所以当没有显式使用 ALL 或 DISTINCT 关键字时，默认使用 ALL 关键字。

需要明确的是，数据行是否重复，由 SELECT 子句中 ALL 或 DISTINCT 关键字后面的所有表达式项的组合决定。

在如图 7-24 所示的示例中，由于在 SELECT 语句中使用了 ALL 关键字，所以包括重复数据行在内的所有数据都被显示了出来。

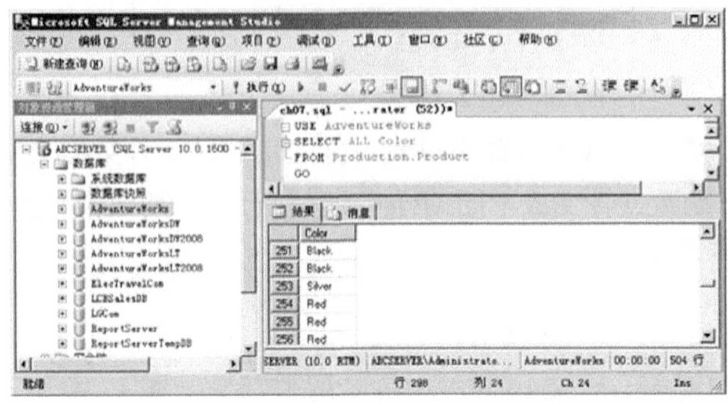

图 7-24　使用 ALL 关键字

在如图 7-25 所示的示例中，在 SELECT 语句中使用了 DISTINCT 关键字，所以结果集中仅显示非重复的数据行。也就是说，结果集中没有重复的数据行。

图 7-25　使用 DISTINCT 关键字

注意：

在应用程序中，如果强调结果集中不能包含重复的数据，那么在 SELECT 语句中使用 DISTINCT 关键字是一种非常简便、有效的手段。

7.7　排　　序

在使用 SELECT 语句时，排序是一种常见的操作。排序是指按照指定的列或其他表达式对结果集进行排列顺序的方式。SELECT 语句中的 ORDER BY 子句负责完成排序操作。在排序时，可以按照升序排列，也可以按照降序排列。关键字 ASC 表示升序，DESC 表示降序，默认情况下是升序。

例如，在如图 7-26 所示的 SELECT 语句中，由于没有使用排序子句，所以结果集中的安全库存量、订货点、标准成本等数据的排列是紊乱的。

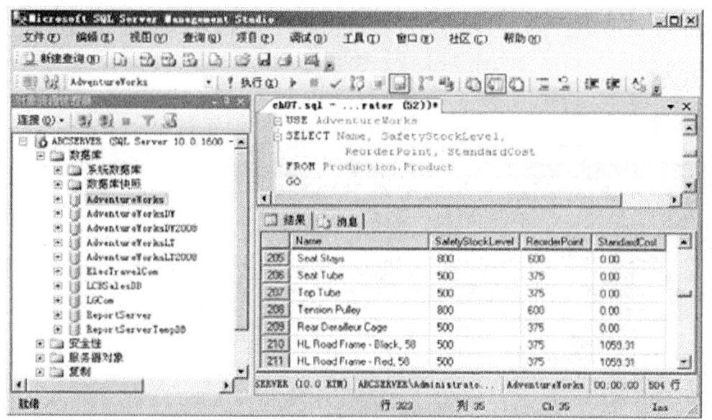

图 7-26　没有使用 ORDER BY 子句的检索操作

为了在结果集中排序，可以在 SELECT 语句中使用排序子句。例如，在如图 7-27 所示的示例中，使用 ORDER BY 子句按照 SafetyStockLevel 列中的数据排序。由于没有明确指定是升序或降序，因此默认是升序排列。

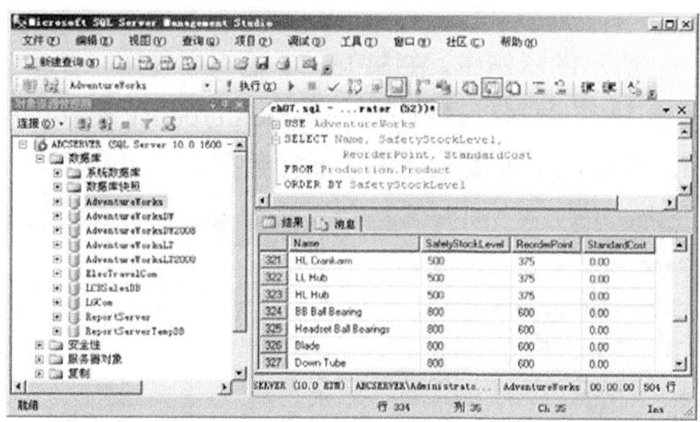

图 7-27　使用一个列进行排序

可以在 ORDER BY 子句中同时使用多个列进行排序。使用多列进行排序时，出现在 ORDER BY 子句中的列的顺序是非常重要的。因为系统首先按照第一个排序列进行排序，如果第一个排序列的值相同，那么才按照第二个列进行排序，以此类推。在执行多列排序时，每一个列都可以指定是升序或降序。

例如，在如图 7-28 所示的示例中，结果集中的数据按照 3 个列进行排序。第一个排序列是 StandardCost，关键字 DESC 表示降序排列。第二个排序列是 ListPrice，默认升序排序。第三个排序列是 SafetyStockLevel，默认升序排列。

在 SELECT 语句中使用 ORDER BY 子句时，同时也经常使用 TOP 关键字。TOP 关键字表示仅仅在结果集中从前向后列出指定数量的数据行。如果在使用 TOP 关键字的 SELECT 语句中，没有使用排序子句，那么只是随机地返回指定数量的数据行。

如果仅仅是返回指定数量的数据行，那么可以按照下列的方式使用 TOP 子句，其中 n 表示将要返回的数据行：

```
TOP (n)
```

如果希望按照百分比列出指定数量的数据行，那么可以在 TOP 子句中使用 PERCENT 关键字，形式如下所示：

TOP (n) PERCENT

图 7-28　使用 3 个列进行排序

例如，在如图 7-29 所示的示例中，在 SELECT 语句中使用了 TOP (1) PERCENT 子句，表示仅在结果集中列出 1%的数据行。由于 Production.Product 表中共有 504 行数据，1%则是 5.04，取整后为 6。因此，结果集中列出了 6 行数据。

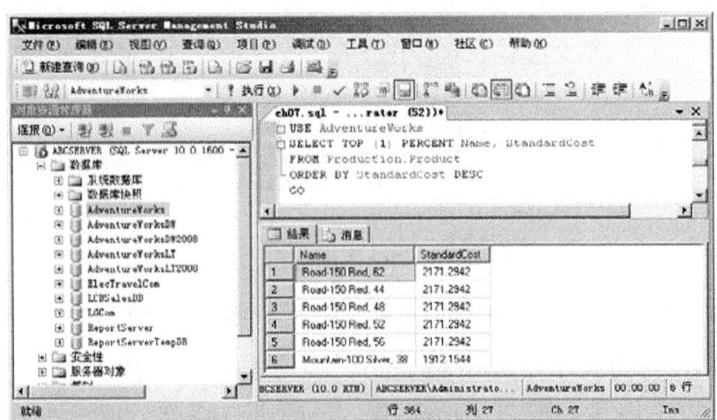

图 7-29　使用 TOP (1) PERCENT 子句

在按照定数量列出了排列在前面的数据时，有时会碰到这种情况：希望列出 6 行数据，但是第 7 行或者更多行的数据与第 6 行相同，那么这些行的数据是否被显示呢？如果在结果集中不显示这些数据，有可能会丢失一些重要的信息。可以使用 WITH TIES 子句解决这种问题。在如图 7-30 所示的示例中，由于使用了 TOP (1) PERCENT WITH TIES 子句，因此结果集包括了 9 行数据。其中多出来的 3 行数据与第 6 行 StandardCost 数据有相同之处。

注意：

TOP 关键字后面的表达式的括号原则上可以省略，但是为了增加语句的可读性，建议不要省略该表达式的括号。

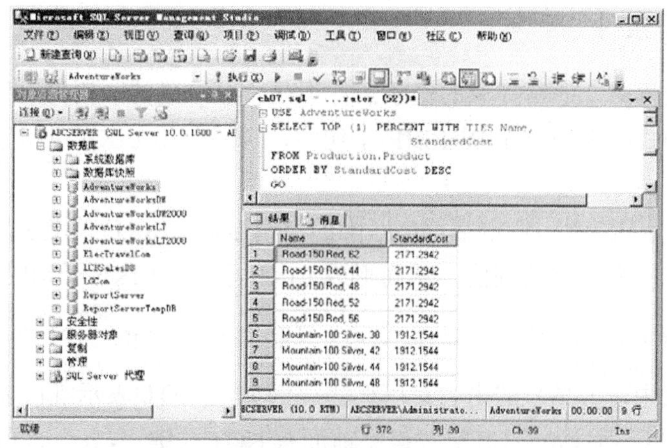

图 7-30 使用 TOP (1) PERCENT WITH TIES 子句

7.8 使用 WHERE 子句选择数据

在 7.7 节的示例中，都是检索表中的全部数据行。但在很多实际应用情况下，只需要表中的一部分数据。例如，在包含有数百万、数千万行数据的表中，可能永远也不会执行一个检索表中全部数据的语句，因为在一次查询中处理表中全部数据几乎是不现实的。在 SELECT 语句中，WHERE 子句指定将要搜索的数据行的条件。也就是说，只有满足 WHERE 子句条件的数据行才会出现在结果集中。这些搜索条件可以分为简单搜索条件、模糊搜索条件和复合搜索条件。

7.8.1 简单搜索条件

在 WHERE 子句中，简单搜索条件是指使用比较运算符、范围、列表、合并以及取反等运算方式形成的搜索条件。

比较运算符是搜索条件中最常使用的。WHERE 子句的语法允许在列名称和列值之间使用比较运算符。例如，比较运算符>(大于)可以用来检索那些大于在 WHERE 子句中指定的列值的行。在如图 7-31 的示例中，从 Production.Product 表中检索出标准成本高于 2000 的产品名称、编码、标准成本、价格等数据。

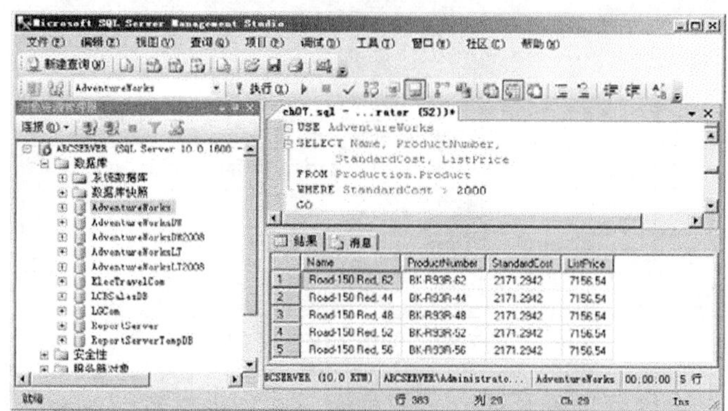

图 7-31 使用比较运算符作为搜索条件

7.8.2　模糊搜索条件

在检索字符数据时，通常提供的检索条件不是十分准确的，例如这种搜索条件仅仅是包含、类似某种样式的字符。在 WHERE 子句中，可以使用 LIKE 关键字灵活地实现这种模糊搜索条件。

LIKE 关键字用于检索与特定字符串匹配的字符数据。LIKE 关键字后面可以跟一个列值的一部分而不是一个完整的列值，从而形成 LIKE 子句。LIKE 子句的语法形式如下：

```
match_expression [NOT] LIKE pattern [ESCAPE escape_character]
```

在上面的语法中，方括号的内容是可选的。例如，[NOT]表示既可以在 LIKE 关键字前面加 NOT，也可以不加。如果 LIKE 关键字前面有 NOT 关键字，表示该条件取反。ESCAPE 子句用于指定转义符。

在使用 LIKE 关键字的模糊匹配中，可以使用 4 种通配符：%、_、[]和[^]。其中，%代表 0 个、1 个或多个任意字符，_代表一个任意字符，[]指定范围或集合中的任意单个字符，[^]代表不在指定范围或集合中的任意单个字符。

需要强调的是，带有通配符的字符串必须使用引号引起来，例如，下面这些都是一些带有通配符的示例：

LIKE 'AB%' 返回以“AB”开始的任意字符串。

LIKE 'Ab%' 返回以“Ab”开始的任意字符串。

LIKE '%abc' 返回以“abc”结束的任意字符串。

LIKE '%abc%' 返回包含“abc”的任意字符串。

LIKE '_ab' 返回以“ab”结束的 3 个字符的字符串。

LIKE '[ACK]%' 返回以“A”、“C”或“K”开始的任意字符串。

LIKE '[A-T]ing' 返回 4 个字符的字符串，结尾是“ing”，首字符的范围从 A 到 T。

LIKE 'M[^c]%' 返回以“M”开始且第二个字符不是“c”的任意长度的字符串。

在如图 7-32 所示的示例中，WHERE 子句中的条件是 Name LIKE '%Yellow%'，该条件表示产品名称中包含 Yellow 字符的任何产品。

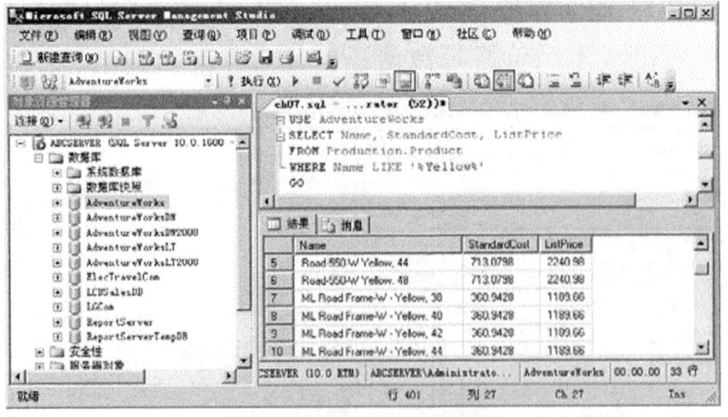

图 7-32　使用 LIKE 子句

需要指出的是，当指定搜索条件时，有可能出现搜索字符中包含了与通配符一样的特殊字符。例如，在图 7-32 所示的示例中，如果希望搜索产品名称中包含 Red%字符的产品信息，那么需要明确指出该字符串中的%是字符，不是通配符。可以使用 ESCAPE 子句解决这个问题。通过在 ESCAPE 子句中指定转义符、在搜索条件下使用转义符指定某个通配符是正常字符，可以搜索产品名称中包含 Red%字符的产品信息。该条件可以写成下面的形式：

```
WHERE Name LIKE '%Red!%%' ESCAPE '!'
```

在上面的示例中，ESCAPE 指定!符号是转义符，'%Red!%%'中的!转义符表示其后面的一个%是正常的字符，不是通配符。

7.8.3 复合搜索条件

在 WHERE 子句中可以使用逻辑运算符把若干个搜索条件合并起来，组成复杂的复合搜索条件。这些逻辑运算符包括 AND，OR 和 NOT。

AND 运算符表示只有在所有条件都为真时，才返回真。OR 运算符表示只要有一个条件为真时，就返回真。NOT 运算符取相反。当在一个 WHERE 子句中，同时包含多个逻辑运算符时，其优先级从高到低依次是 NOT、AND 和 OR。

在如图 7-33 的示例中，使用了一个复合条件 Name LIKE '%Ball%' OR StandardCost>2000。该条件由 Name LIKE '%Ball%'条件和 StandardCost>2000 条件通过逻辑运算符 OR 连接而成，表示检索产品名称中包含 Ball 字符串或标准成本高于 2000 的产品信息。

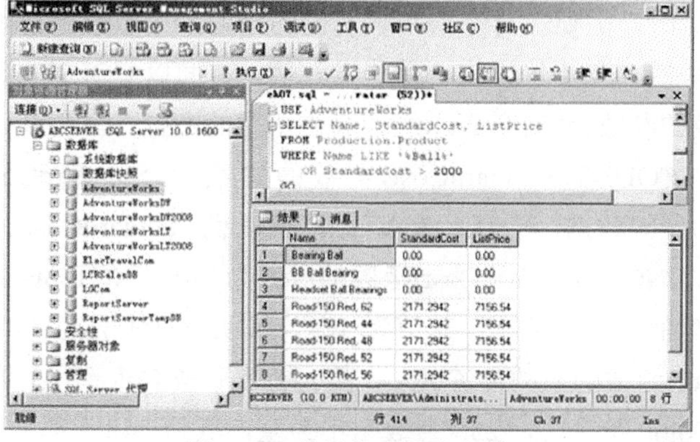

图 7-33 使用复合搜索条件

7.9 聚 合 技 术

聚合技术是指对一组数据进行聚合运算得到聚合值的过程。在聚合运算中主要是使用聚合函数。在 Microsoft SQL Server 2008 系统中，一般情况下，可以在 3 个子句中使用聚合函数，即 SELECT 子句、COMPUTE 子句和 HAVING 子句。本节主要讲述如何在 SELECT 子句和 COMPUTE 子句中使用聚合函数，有关 HAVING 子句使用聚合函数的内容在 7.10 节介绍。

7.9.1 SELECT 子句中的聚合

在 SELECT 子句中可以使用聚合函数进行运算，运算结果作为新列出现在结果集中。在聚合运算的表达式中，可以包括列名、常量以及由算术运算符连接起来的函数。

例如，在如图 7-34 所示的示例中，在 SELECT 子句中使用聚合函数计算了 Production.Product 表中的数据量以及有关标准成本的最大值、最小值、平均值、标准偏差、方差等。注意 COUNT 函数的特点。

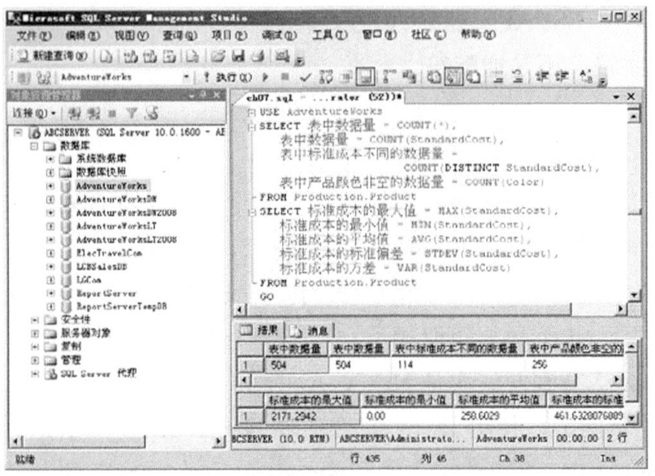

图 7-34　在 SELECT 子句中使用聚合函数

在使用聚合函数时，需要注意空值和重复值的问题。大多数聚合函数忽略空值，如果使用了 DISTINCT 关键字表示仅仅统计那些唯一值。下面以 COUNT 函数为例讲述这种特点。COUNT(*)函数的参数为*时，表示统计表中所有的数据，其值为 504，这时包括空值数据也统计在内。COUNT(StandardCost)函数的参数为 StandardCost，表示统计那些 StandardCost 列不为空的数据，其值为 504，因此可以说 StandardCost 列中的所有数据都不为空。COUNT(DISTINCT StandardCost)函数的参数为 DISTINCT StandardCost，表示统计那些 StandardCost 列值不同的数据，其值为 114，说明该列中只有 114 个不同的标准成本数据。COUNT(Color)函数的参数为 Color，表示统计那些 Color 列不为空的数据，其值为 256，因此可以说 Color 列中只有 256 个数据不为空，其他 248 个数据都为空。

7.9.2 COMPUTE 子句中的聚合

需要指出的是，在 SELECT 子句中出现聚合函数时，结果集中的数据全是聚合值，没有明细值。这是使用 SELECT 子句计算聚合值的缺点。能否解决这种问题呢？能，解决方法就是使用 COMPUTE 子句。

COMPUTE 子句使用聚合函数计算聚合值，并且可以依然保持原有的明细值，新的聚合值作为特殊的列出现。COMPUTE 子句有两种形式，一种形式是不带 BY 子句，另一种形式是带 BY 子句。COMPUTE 子句中如果没有包含 BY 子句，则表示对所有的明细值计算聚合值；如果包含了 BY 子句，则按照 BY 子句的要求对明细值分组，然后给出每一组的聚合值。

在如图 7-35 所示的示例中，使用 COMPUTE 子句计算 SubTotal 和 TotalDue 两个汇总值。可以看到，结果集中既包含了明细值，又包含了汇总值，且汇总值是作为单独的列出现在结果集中的。由于没有使用 BY 子句，因此两个汇总值是针对整个数据的。

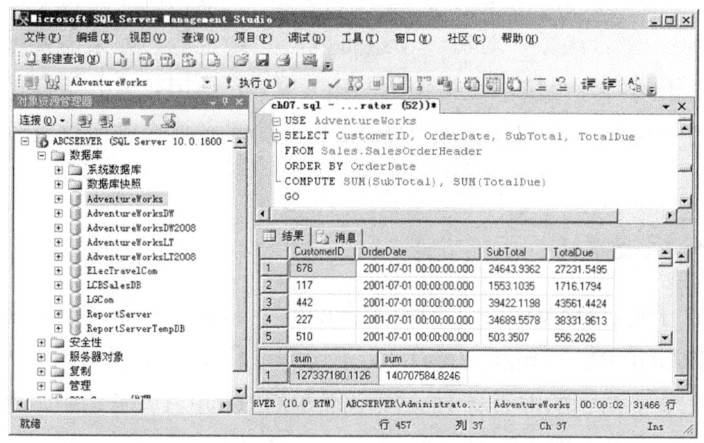

图 7-35　使用没有 BY 子句的 COMPUTE 子句

在如图 7-36 所示的示例中，使用了 COMPUTE BY 子句。结果集中不仅包含了明细值和汇总值，而且该汇总值是按照 BY SalesPersonID 分组汇总的。需要强调的是，这时必须使用 ORDER BY 子句对结果集中的数据进行排序，否则无法使用 COMPUTE BY 子句执行这种分组聚合的操作。

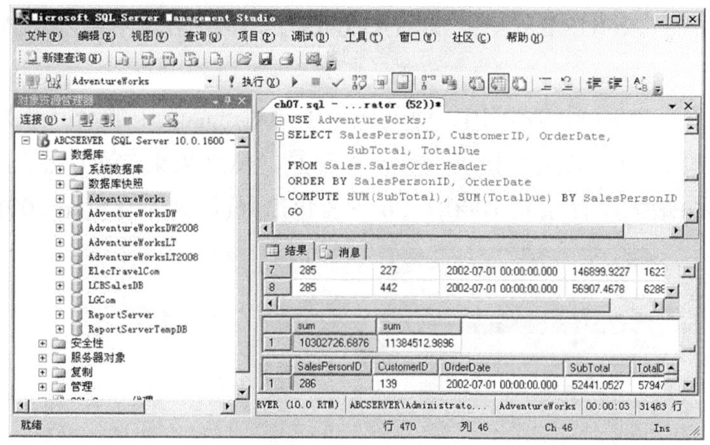

图 7-36　使用没有 BY 子句的 COMPUTE 子句

ORDER BY 子句和 COMPUTE BY 子句存在一定的关系，COMPUTE BY 子句后面的多个排序列的顺序一定是 ORDER BY 子句后面多个排序列顺序的真子集。例如，如果 OR DER BY 子句后面的 3 个列的顺序是 a, b, c，那么 COMPUTE BY 子句的排序列的顺序只能是下面 3 种情况之一：COMPUTE BY a，或 COMPUTE BY a, b，或 COMPUTE BY a, b, c。

7.10　分 组 技 术

聚合函数只能产生一个单一的汇总数据，使用 GROUP BY 子句，则可以生成分组的汇总数据。GROUP BY 子句把数据组织起来分成组。一般情况下，可以根据表中的某一列进行分组，通过使用聚合函数，对每一个组可以产生聚合值。如果需要过滤某些分组，可以使用 HAVING 子句。分组技术是指使用 GROUP BY 子句完成分组操作的技术。如果在 GROUP BY 子句中没有使用 CUBE 或 ROLLUP 关键字，那么表示这种分组技术是普通分组技术。

7.10.1　普通分组技术

GROUP BY 子句、HAVING 子句和聚合函数一起完成对每一个组生成一行和一个汇总值。在使用 GROUP BY 子句和 HAVING 子句的过程中，要求考虑下列一些条件。

- 在 SELECT 子句中的非合计列必须出现在 GROUP BY 子句中。这是因为这些非合计列必须作为组出现，否则不能满足一组只能有一行汇总值的条件。
- 在 HAVING 子句中的列只返回一个值。
- 因为 HAVING 子句是作为 GROUP BY 子句的条件出现的，所以 HAVING 子句必须与 GROUP BY 子句同时出现，并且必须在 GROUP BY 子句之后出现。
- GROUP BY 子句可以包括表达式。
- GROUP BY ALL 显示出所有的组，甚至那些不满足 WHERE 子句条件的组也显示出来。如果 GROUP BY ALL 和 HAVING 子句同时出现，那么 HAVING 条件将覆盖 ALL。

例如，在如图 7-37 所示的示例中，使用分组子句对产品表中的产品数据按照颜色分组，并且计算出每种颜色的产品数量和最大安全库存量。从结果集中可以看到，产品表中包含了 93 种黑色产品(最大库存量是 1000)，26 种蓝色产品(最大库存量是 500)。

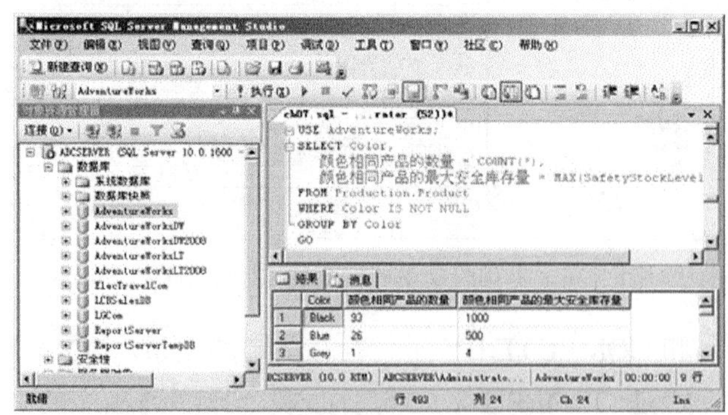

图 7-37　没有分组条件的分组语句

在如图 7-38 所示的示例中，在分组计算中添加了条件。其中，WHERE Color IS NOT NULL 条件是过滤 FROM 子句的结果，HAVING COUNT(*)>25 是过滤分组条件。该示例结果集中的数据是那些有明确颜色的且同种颜色中产品数量超过 25 个。

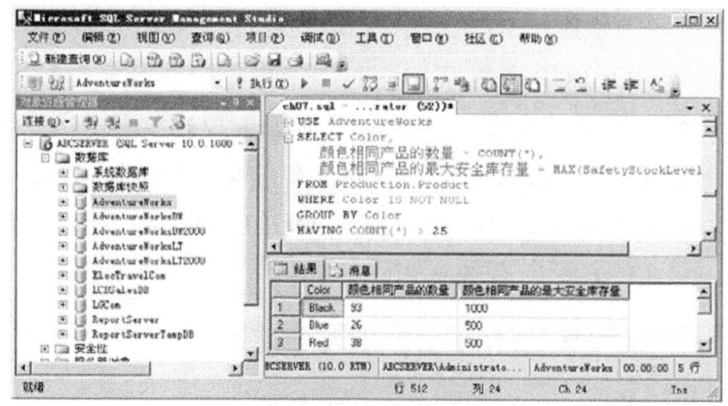

图7-38　有分组条件的分组语句

从逻辑上来看，图7-38中示例的执行顺序是。

第一步，执行 FROM Production.Product 子句，把 Production.Product 表中的数据全部检索出来。

第二步，执行 WHERE Color IS NOT NULL 子句，对第一步中得到的数据进行过滤。过滤后的数据只包括那些有明确颜色值的产品数据。

第三步，执行 GROUP BY Color 子句，对第二步中的数据进行分组，计算每一组的统计数据和最大安全库存。

第四步，执行 HAVING COUNT(*)>25 子句，对第三步中的分组数据进行过滤，只有产品数量超过25个的数据才能出现在最终的结果集中。

第五步，按照 SELECT 子句指定的样式显示结果集。

7.10.2　ROLLUP 和 CUBE 关键字

在 GROUP BY 子句中，可以使用 ROLLUP 或 CUBE 关键字获得附加的分组数据，这些附加的分组数据是通过各组之间的组合得到的。使用 ROLLUP 关键字可以得到各组的单项组合，使用 CUBE 关键字可以得到各组之间的任意组合。在结果集中，通过组组合起来的组名称是 NULL，可以使用 GROUPING 函数来判断该组是否是经过组合得到的。实际上，使用 CUBE 关键字可以生成多维数据。下面，通过一个示例讲述这两个关键字的特点。

例如，在如图7-39所示的示例中，Inventory 表中的数据按照商品名称和颜色进行了简单的分组。这时，结果集中共有5组数据。

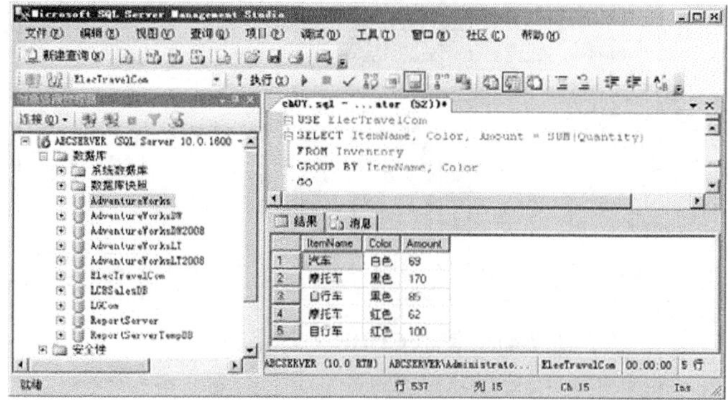

图7-39　简单的分组

在 GROUP BY 子句中使用了 ROLLUP 关键字之后的效果如何呢。例如，在如图 7-40 所示的示例中，使用了 ROLLUP 关键字。这时，结果集中共有 9 行数据，比图 7-39 示例多出 4 行数据。这 4 行数据是什么呢？“摩托车, NULL, 232”表示所有颜色的摩托车的总数是 232，“汽车, NULL, 69”表示所有颜色的汽车的总数是 69，“自行车, NULL, 185”表示所有颜色的自行车总数是 185 辆，“NULL, NULL, 486”表示所有颜色的所有车辆的总数是 486。其中，NULL 表示所有的意思。

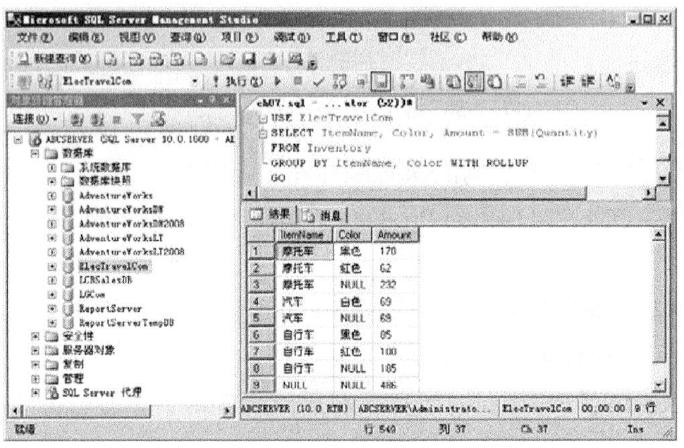

图 7-40　使用 ROLLUP 关键字的分组

使用 CUBE 关键字后的效果与 ROLLUP 关键字的效果的主要区别是什么呢？在如图 7-41 所示的示例中，分组子句中使用了 CUBE 关键字。这时，得到了 12 行数据，比使用 ROLLUP 关键字时多 3 行数据。这 3 行数据的含义是，“NULL, 白色, 69”表示白色车辆共计 69 辆，“NULL,红色,162”表示红色车辆共计 162 辆，“NULL, 黑色, 255”表示黑色车辆共计 255 辆。也就是说，CUBE 关键字不仅得到按照车辆类型进行的组合，而且还得到了按照颜色进行的各种组合的数据。

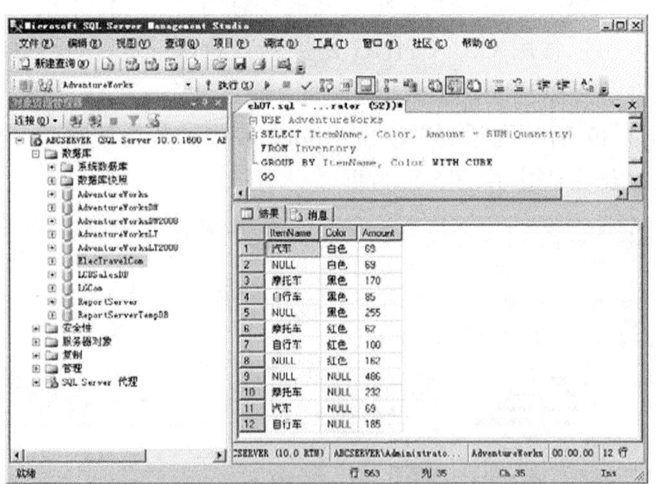

图 7-41　使用 CUBE 关键字的分组

在使用 ROLLUP 或 CUBE 关键字进行分组时，结果集中的 NULL 表示所有的含义。

这种表示方式与通常的空值 NULL 是不同的。可以看出，在这种分组组合情况下，使用 NULL 表示所有的组合是不妥当的，如果在结果集中使用 ALL 表示所有的组合可能效果会更好。不过，微软采取了一种补救的方式，使用 GROUPING 函数的值来区分某一行中的 NULL 是由于使用 ROLLUP 或 CUBE 关键字分组组合得到的，还是由于空值得到的。

7.11　连 接 技 术

前面介绍的检索操作都是从一个表中检索数据。在实际应用中，经常需要同时从两个或两个以上表中检索数据，并且每一个表中的数据往往作为一个单独的列出现在结果集中。实现从两个或两个以上表中检索数据且结果集中出现的列来自于两个或两个以上表中的检索操作被称为连接技术，或者说连接技术是指对两个表或两个以上表中数据执行乘积运算的技术。在设计表时，为了提高表的设计质量，经常把相关数据分散到不同的表中。但是，在使用数据时，需要把这些数据集中在一个查询语句中。连接技术可以满足这种客观需求。在 Microsoft SQL Server 2008 系统中，这种连接操作又可以细分为交叉连接、内连接、外连接等。下面分别研究这些连接技术。

7.11.1　交叉连接

交叉连接也被称为笛卡尔乘积，返回两个表的乘积。在检索结果集中，包含了所连接的两个表中所有行的全部组合。例如，如果对 A 表和 B 表执行交叉连接，A 表中有 5 行数据，B 表中有 12 行数据，那么结果集中可以有 60 行数据。

交叉连接使用 CROSS JOIN 关键字来创建。实际上，交叉连接的使用是比较少的，但是交叉连接是理解外连接和内连接的基础。

在如图 7-42 的示例中，对 Production.Product 表和 Production.ProductInventory 表等两个表执行了交叉连接检索。由于 Production.Product 表有 504 行数据，Production.ProductInventory 表有 1069 行数据，因此交叉连接的结果集中包含了 538776 行数据。

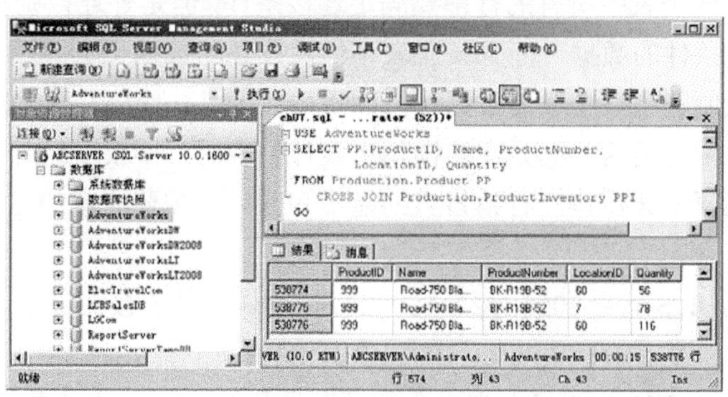

图 7-42　交叉连接

需要注意的是，在图 7-42 的示例中，使用了表的别名。Production.Product 表的别名是 PP，Production.ProductInventory 表的别名是 PPI，并且在 SELECT 子句中使用 PP 别名对

ProductID 列进行了限定。由于 ProductID 列在两个表中都出现，如果不对其进行限定，则系统会报错。

7.11.2　内连接

内连接把两个表中的数据连接生成第 3 个表，在这个表中，仅包含那些满足连接条件的数据行。在内连接中，使用 INNER JOIN 连接运算符和 ON 关键字指定连接条件。内连接是一种常用的连接方式，如果在 JOIN 关键字前面没有明确指定连接类型，那么默认为内连接。

在如图 7-43 所示的示例中，使用了内连接技术。在这个示例中，结果集中的数据分别来自 Production.Product 表和 Production.ProductInventory 表。其中，ProductID、Name、ProductNumber、SafetyStockLevel 4 个列的数据来自 Production.Product 表，LocationID 和 Quantity 列中的数据来自 Production.ProductInventory 表。连接条件使这两个表中的 ProductID 值相等。

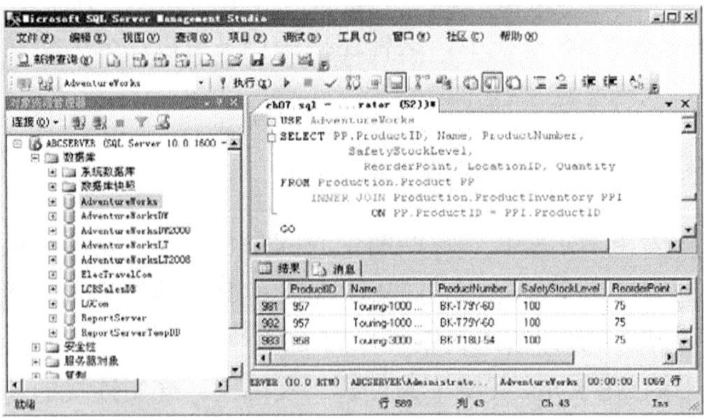

图 7-43　内连接

7.11.3　外连接

内连接是保证两个表中所有的行都要满足连接条件，但是外连接则不然。在外连接中，不仅包括那些满足条件的数据，而且某些表不满足条件的数据也会显示在结果集中。也就是说，外连接只限制其中一个表的数据行，而不限制另外一个表中的数据。这种连接形式在许多情况下是非常有用的，例如在连锁超市统计报表时，不仅要统计那些有销售量的超市和商品，而且还要统计那些没有销售量的超市和商品。需要注意的是，外连接只能用于两个表中。

在 Microsoft SQL Server 2008 系统中，可以使用 3 种外连接关键字，即 LEFT OUTER JOIN、RIGHT OUTER JOIN 和 FULL OUTER JOIN。

LEFT OUTER JOIN 包括了左表中全部不满足条件的数据(左表指 FROM 子句中的第一个表)，对应另外一个表中的数据为 NULL。

在如图 7-44 的示例中，是一个使用了左外连接的检索语句。在这个 SELECT 语句中，Production.Product 表在连接运算符的左边，称为左表；Sales.SalesOrderDetail 表在连接运算符的右边，称为右表。PP.Name 表示来自 Production.Product 表中的产品名称数据，SOD.SalesOrderID 表示来自 Sales.SalesOrderDetail 表中的销售订单编码数据。因为使用了外连接，所以在这个示例中，左表中的全部产品名称数据都显示了出来，如果在右表中有对应的销售订单，那么显示该产品对应的销售订单，否则显示 NULL 空值。从图 7-44 中可以看到，Adjustable Race 产品没有对应的订单编码，表示实际上没有客户订购这种产品。

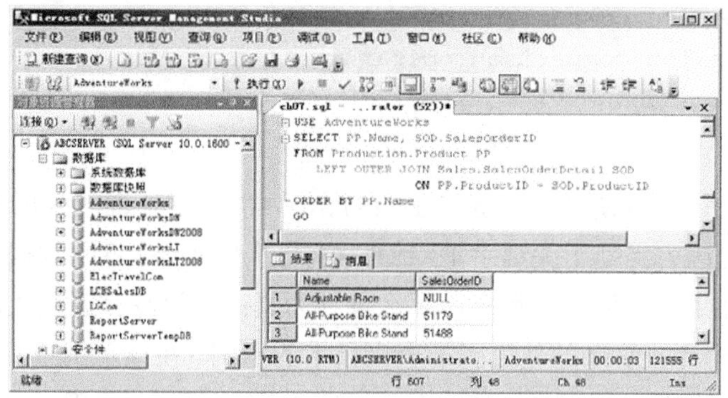

图 7-44　左外连接

RIGHT OUTER JOIN 包括了右表中全部不满足条件的数据(右表指 FROM 子句中的第二个表)，对应另外一个表中的数据为 NULL。实际上，右外连接是与左外连接对应的，只是表在 FROM 子句中的先后顺序不同。

FULL OUTER JOIN 包括了左表和右表中所有不满足条件的数据，这些数据在另外一个表中的对应值是 NULL。实际上，全外连接综合了左外连接和右外连接的特点，可以把左右两个表中不满足连接条件的数据集中起来显示在结果集中，这样为查看和研究特殊数据提供了极大的便利。

7.12　子查询技术

SELECT 语句可以嵌套在其他语句中，这些语句包括 SELECT、INSERT、UPDATE 或 DELETE 等，这些嵌套的 SELECT 语句被称为子查询。当一个查询依赖于另外一个查询结果时，则可以使用子查询。在某些查询中，查询语句比较复杂不容易理解，因此可以使用子查询方式把这些复杂的查询语句分解成多个比较简单的查询语句形式。使用子查询方式完成查询操作的技术是子查询技术。

在很多情况下子查询可以写成连接的形式，那么子查询和连接相比，哪一种方法更有效呢？一般地说，由于子查询的执行需要增加一些附加的操作例如排序，而连接不需要执行附加的操作。从这个意义上来讲，应该优先使用连接。如果使用连接时语句过于复杂，再考虑使用子查询。

在子查询语句中，可以使用 WHERE、GROUP BY、HAVING 等子句，但是不能包含 COMPUTE 子句。如果子查询语句中包含了 TOP 子句，那么子查询语句必须使用 ORDER BY 子句。

任何使用表达式的地方都可以使用子查询。子查询必须使用圆括号括起来。除了在表达式中使用之外，包含子查询的语句主要按照下列一些方式使用：

```
WHERE expression IN (subquery)
WHERE expression NOT IN (subquery)
WHERE expression comparison_operator (subquery)
WHERE expression comparison_operator ANY (subquery)
WHERE expression comparison_operator ALL (subquery)
WHERE EXISTS (subquery)
WHERE NOT EXISTS (subquery)
```

需要指出的是，只有使用了关键字 EXISTS，才能在子查询的列项中使用星号(*)代替所有的列名。这是因为当使用关键字 EXISTS 时，子查询不是返回数据，而是判断子查询是否存在数据。如果子查询返回数据，那么条件为真；如果没有返回数据，则条件为假。

图 7-45 是一个比较复杂的使用了子查询技术的示例。在该示例中，有两处使用了子查询，第一处是在 SELECT 子句中，第二处是在 WHERE 子句中。第一个子查询，SELECT COUNT(*) FROM Sales.SalesOrderDetail SSOD WHERE SSOD.SalesOrderID = SSOH.SalesOrderID，计算 Sales.SalesOrderDetail 表中当前订单上的产品数量。第二个子查询，位于 WHERE 子句中，用于检索 Sales.SalesOrderDetail 表中订单上产品数量位于前 3 位的订单编码。整个查询语句的执行结果是：检索所有的订单信息，将订单上产品数量位于前 3 位的订单编码、订购日期、交货日期以及该订单上的产品数量放在最后的结果集中。

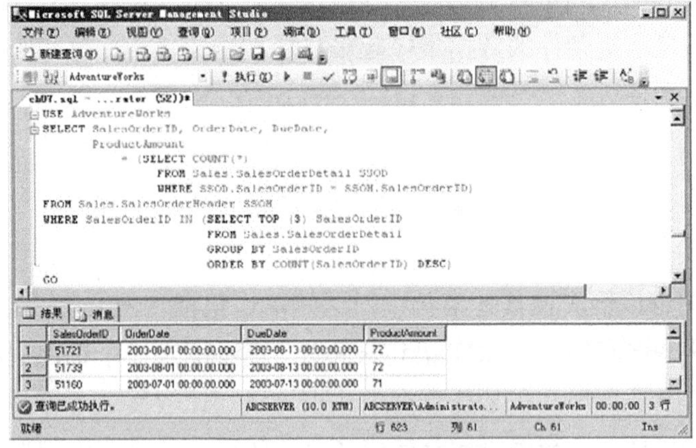

图 7-45　在 WHERE 子句中使用子查询

7.13　集合运算技术

查询语句的结果集往往是一个包含了多行数据的集合。集合之间可以进行并、差、交等运算。在 Microsoft SQL Server 2008 系统中，两个查询语句之间也可以进行集合运算。其中，UNION 运算符表示并集运算，EXCEPT 运算符从左查询中返回右查询中没有找到的重复值，INTERSECT 运算符则返回左右两个查询语句都包含的所有非重复值。需要注意的是，在集合运算时，所有查询语句中列的数量和顺序必须相同，且数据类型必须兼容。

集合运算与连接运算是不同的。在集合运算的结果集中，结果集中列的数量不发生变化，只是行的数据量可能发生变化。但是，在连接运算的结果集中，结果集中的列数据经常会发生变化，并且行的数量也有可能发生变化。

下面，通过一个示例来讲述如何执行集合运算。从图 7-46 所示的结果中可以看到，T1 表中的 3 行数据分别是 1、2 和 3，T2 表中的 2 行数据分别是 2 和 5。这两个表都只有一个整数类型的数据，可以执行集合运算。

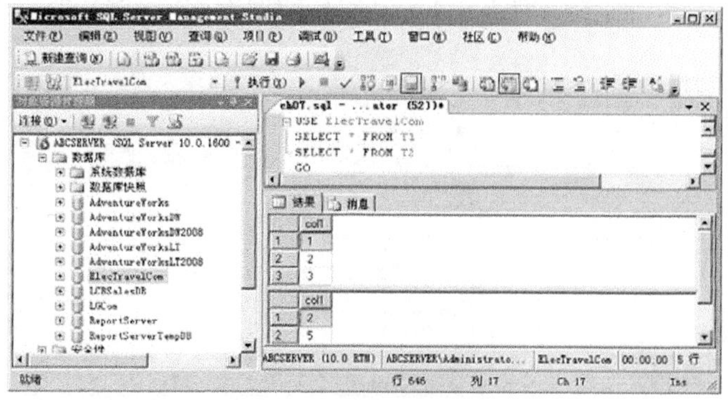

图 7-46　T1 表和 T2 表

在如图 7-47 所示的示例中，使用了 EXCEPT 运算符对查询语句执行集合差运算。在这个示例中，对 T1 表的查询操作是左查询，对 T2 表的操作是右查询。左查询的结果集是 1、2、3，右查询的结果集是 2、5，这里 2 出现在两个查询中。从左查询中减去 2，则得到最终的结果集是 1 和 3。

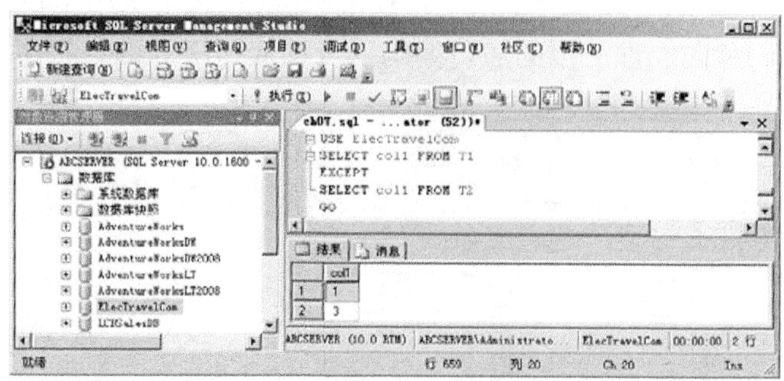

图 7-47　使用 EXCEPT 运算符

7.14　公用表表达式

在 Microsoft SQL Server 2008 系统中，可以使用公用表表达式(common table expression，CTE)。CTE 是定义在 SELECT、INSERT、UPDATE 或 DELETE 语句中临时命名的结果集，CTE 也可以用在视图的定义中。在 CTE 中，可以包括对自身的引用，因此这种表达式也被称为递归 CTE。

在 SELECT 语句中，可以使用 WITH 子句定义 CTE。CTE 的基本语法形式如下所示：

```
WITH expression_name (column_name, …)
AS
(CTE_query_definition)
```

下面通过示例讲述如何定义和使用 CTE。在如图 7-48 所示的示例中，使用 WITH 子句定义了一个名称为 AmountOrder 的 CTE。该 CTE 可以返回每一个销售人员签订的订单数量和最新的签订合同的日期。这个 CTE 可以在随后的 SELECT 语句中使用，并且可以多次使用。

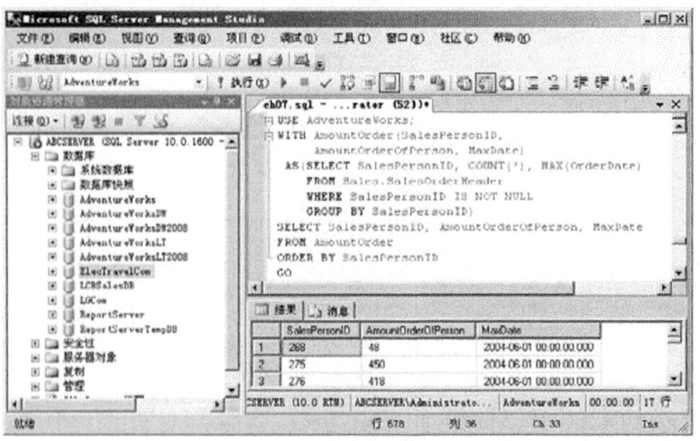

图 7-48　使用简单的 CTE

CTE 的主要作用是实现递归，完成一些复杂的查询操作。在如图 7-49 所示的示例中，使用 CTE 实现了递归操作。在这个示例中，在 CTE 的定义中引用了自身。该查询的结果集中包含了经理编码和向经理汇报的雇员编码以及该雇员所处的汇报层次。

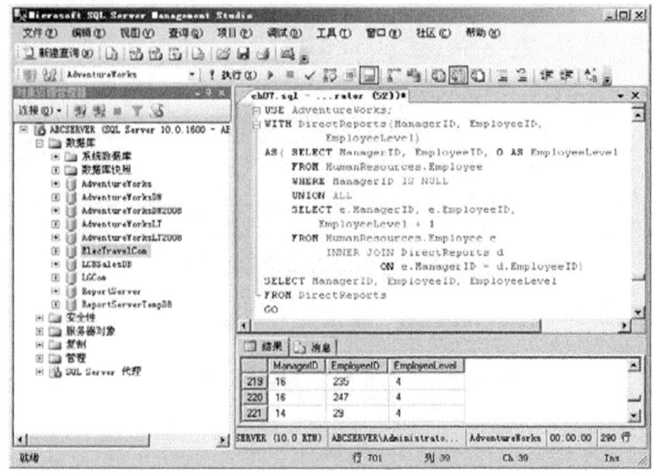

图 7-49　使用递归的 CTE

7.15 PIVOT 和 UNPIVOT

PIVOT 和 UNPIVOT 是从 Microsoft SQL Server 2005 开始新增的关系运算符，提供了一种把列数据转换为行数据的方式。PIVOT 运算符把表达式中某一列中的数据转换为输出中的多个列，UNPIVOT 运算符则相反。

在图 7-50 所示的示例中，PIVOT 运算符与 SELECT 语句一起使用，创建了一个新的结果集。COUNT (PurchaseOrderID)合计了每个轴转值的订单数，FOR 关键字指定了要轴转的列是 EmployeeID，IN 关键字列表中确定的值是轴转列中被用作列标题的值。

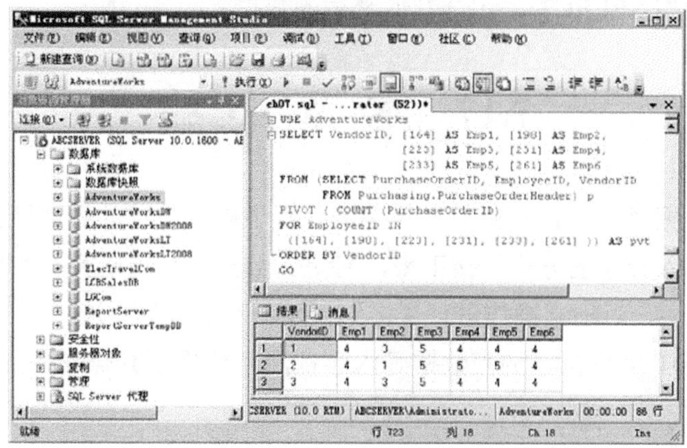

图 7-50 使用 PIVOT 运算符

7.16 加密表中数据

下面，通过一个示例讲述如何加密表中的数据，该示例的加密过程如图 7-51 所示。首先，使用 CREATE MASTER KEY 语句在当前数据中创建一个数据库主密钥。

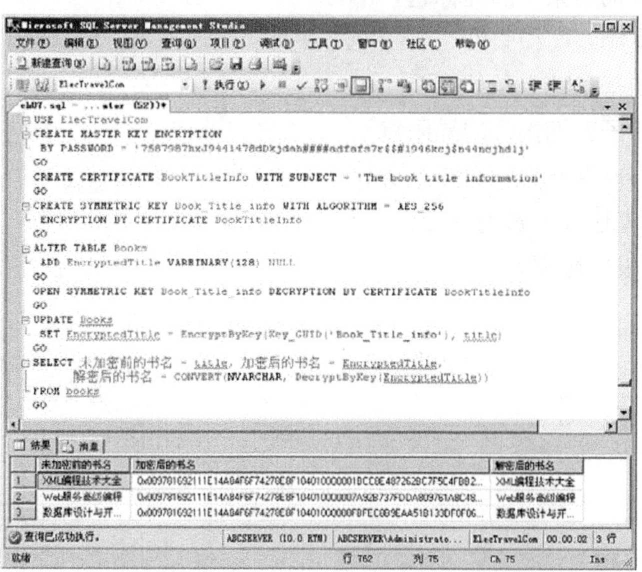

图 7-51 加密表中的数据

接下来，使用 CREATE CERTIFICATE 语句创建一个名称为 BookTitleInfo 的证书，该证书用来加密对称密钥。

接着，使用 CREATE SYMMETRIC KEY 语句创建一个对称密钥，Book_Title_info。该对称密钥的算法是 AES_256，采用 BookTitleInfo 证书加密。

之后，修改 Books 表的结构，增加一个 EncryptedTitle 列，用来存放加密的数据。这项工作由 ALTER TABLE 语句完成。

这时，可以执行加密操作了。首先，使用 OPEN SYMMETRIC KEY 语句打开对称密钥，然后，使用 EncryptByKey 函数加密数据。

最后，可以使用 SELECT 语句查看加密后的数据。

7.17　本 章 小 结

本章对操纵数据进行了详细讲述。首先，分析了操纵数据的必要性。其次，讲述了使用 INSERT 语句插入数据的方式。接下来，对更新数据进行了研究。然后，演示了删除数据的操作方式。最后，对检索操作进行了详细讨论。对于分组、连接、子查询、集合运算、公用表达式、PIVOT 运算符、加密数据等内容都深入分析了其操作特点。

【思考和练习】

1. 为什么要操纵数据？
2. 如何向表中插入数据？
3. 如何将文件中的数据批量加载到表中？
4. 如何更新指定行、列的数据？
5. DELETE 语句与 DROP 语句的操作结果一样吗？
6. 如何改变查询结果中的列标题？
7. 如何执行模糊匹配检索？
8. 排序操作的基本特点是什么？
9. 比较连接和子查询操作的异同点。
10. 如何执行分组操作？
11. 使用公用表达式的目的是什么？
12. 如何加密表中数据？

第8章　索引和查询优化

为了加快对表中数据的检索，数据库管理系统通常使用索引技术。索引类似于图书的目录。目录允许用户不必翻阅整本图书就能根据页数迅速找到所需内容。在数据库中，索引也允许数据库应用程序迅速找到表中特定的数据，而不必扫描整个数据库。在图书中，目录是内容和相应页码的列表清单。在数据库中，索引是表中数据和相应存储位置的列表。本章详细研究有关索引和查询优化的内容。

本章要点：

- 索引的优点和缺点
- 堆的结构特点
- 聚集索引和非聚集索引的特点
- 索引的类型
- 使用 CREATE INDEX 语句创建索引的方式
- 索引统计信息的特点和获得方式
- 查询优化的方式

8.1　概　　述

在 Microsoft SQL Server 系统中，可管理的最小空间是页。一个页是 8KB 字节的物理空间。插入数据的时候，数据就按照插入的时间顺序被放置在数据页上。一般地，放置数据的顺序与数据本身的逻辑关系之间没有任何联系。因此，从数据之间的逻辑关系方面来讲，数据是乱七八糟堆放在一起的。数据的这种堆放方式称为堆。当一个数据页上的数据堆放满之后，数据就得堆放在另外一个数据页上，称为页分解。

索引是一种与表或视图关联的物理结构，可以用来加快从表或视图中检索数据行的速度。为什么要创建索引呢？这是因为，创建索引可以大大提高系统的性能。第一，创建唯一性索引，可以保证每一行数据的唯一性。第二，可以大大加快数据的检索速度。第三，可以加速表和表之间的连接，特别是在实现数据的参考完整性方面特别有意义。第四，在使用 ORDER BY 和 GROUP BY 子句进行数据检索时，可以显著减少查询中分组和排序的时间。第五，通过使用索引，可以在查询的过程中，使用优化隐藏器，提高系统的性能。

也许会有人要问：增加索引有如此多的优点，为什么不对表中的每一个列创建一个索引呢？虽然索引有许多优点，但是为表中的每一个列都增加索引是非常不明智的做法。这是因为增加索引也有其不利的一面。第一，创建索引和维护索引要耗费时间。第二，索引需要占物理空间，除了数据表占数据空间之外，每一个索引还要占一定的物理空间，如果要建立聚集索引，需要的空间就会更大。第三，对表中的数据进行增加、删除和修改时，索引也要动态地维护，这样就降低了数据的维护速度。

索引是建立在列的上面。因此，在创建索引时，应该考虑这些指导原则：在经常需要搜索的列上创建索引；在主键上创建索引；在经常用于连接的列上创建索引，即在外键上创建索引；在经常需要根据范围进行搜索的列上创建索引，因为索引已经排序，其指定的范围是连续的；在经常需要排序的列上创建索引，因为索引已经排序，这样查询可以利用索引的排序，加快排序查询时间；在经常用在 WHERE 子句中的列上创建索引。

同样，某些列不适合创建索引。这时候，应该考虑这些指导原则：对于那些在查询中很少使用和参考的列不应该创建索引，这是因为既然这些列很少使用到，所以有无索引，并不能提高查询速度，相反由于增加了索引，反而降低了系统的维护速度和增大了空间需求；对于那些只有很少值的列也不应该增加索引，这是因为，由于这些列的取值很少，例如人事表的性别列，在查询的结果中，结果集的数据行占了表中数据行的很大比例，即需要在表中搜索的数据行的比例很大，增加索引，并不能明显加快检索速度；当 UPDATE、INSERT、DELETE 等性能远远大于 SELECT 性能时，不应该创建索引。这是因为，UPDATE、INSERT、DELETE 的性能和 SELECT 的性能是互相矛盾的。当增加索引时，会提高 SELECT 的性能，但是会降低 UPDATE、INSERT、DELETE 性能。当减少索引时，会提高 UPDATE、INSERT、DELETE 性能，降低 SELECT 性能。因此当 UPDATE、INSERT、DELETE 性能远远大于 SELECT 性能时，不应该创建索引。

8.2　索引的类型和特点

在 Microsoft SQL Server 2008 系统中，有两种基本的索引类型：聚集索引和非聚集索引。除此之外，还有唯一性索引、包含性列索引、索引视图、全文索引、XML 索引等。在这些索引类型中，聚集索引和非聚集索引是数据库引擎中索引的基本类型，是理解唯一性索引、包含性列索引、索引视图的基础，本节主要研究这两种索引类型。另外，为了更好地理解索引结构，有必要对堆结构有所了解。最后，简单介绍一下系统访问数据的方式。

8.2.1　堆

堆是不含聚集索引的表，表中的数据没有任何的顺序。堆的信息记录在 sys.partitions 目录视图中。每一个堆都可能有多个不同的分区，每一个分区都有一个堆结构，每一个分区在 sys.partitions 目录视图中都有一行，且 index_id=0。也就是说，每一个堆都可能有多个堆结构。

sys.system_internals_allocation_units 系统视图中的 first_iam_page 列指向堆结构中的一系列 IAM(index allocation map，即：索引分配图)页的第一页。数据堆是通过使用 IAM 页来维护的。IAM 页包含了数据堆所在区域的存储信息。系统使用 IAM 页在数据堆中浏览和寻找可以插入新的记录行的空间。这些数据页和这些数据页中的记录没有任何特定顺序并且也没有链接在一起。在这些数据页之间的唯一的连接是 IAM 中记录的顺序。堆的结构示意图如图 8-1 所示。

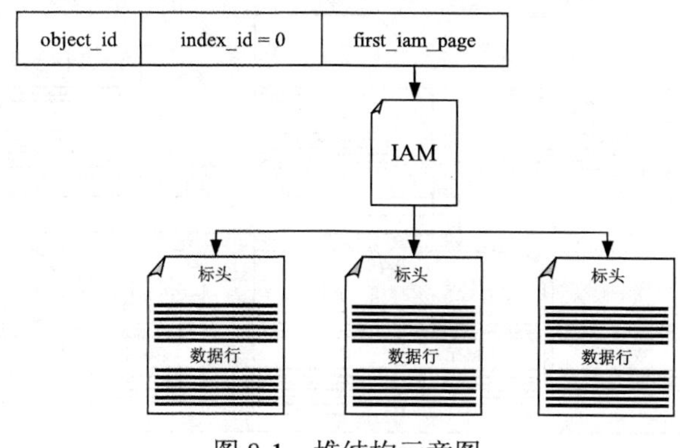

图 8-1　堆结构示意图

8.2.2　聚集索引

聚集索引是一种数据表的物理顺序与索引顺序相同的索引，非聚集索引则是一种数据表的物理顺序与索引顺序不相同的索引。

聚集索引的叶级和非叶级构成了一个特殊类型的 B 树结构。B 树结构中的每一页称为一个索引节点。索引的最低级节点是叶级节点。在一个聚集索引中，某个表的数据页是叶级，在叶级之上的索引页是非叶级。在聚集索引中，页的顺序是有序的。应该在表中经常搜索的列或按照顺序访问的列上创建聚集索引。其中，用于指定聚集索引第一页地址信息的 root_page 来自 sys.system_internal_allocation_units 系统视图中。聚集索引的结构示意图如图 8-2 所示。

当创建聚集索引时，应该考虑下列因素。

- 每一个表最多只能有一个聚集索引。
- 表中行的物理顺序和索引中行的物理顺序是相同的。在创建任何非聚集索引之前创建聚集索引，这是因为聚集索引改变了表中行的物理顺序。数据行按照一定的顺序排列，并且自动维护这个顺序。
- 索引键值的唯一性可以使用 UNIQUE 关键字明确维护，或由一个内部的唯一标识符明确维护。这些唯一性标识符是系统使用的，用户不能访问。
- 聚集索引的平均大小大约是数据表的 50%。但是实际聚集索引的大小常常根据索引列的大小不同而变化。
- 对于频繁更改的列不适合创建聚集索引。否则，由于列中数据的频繁更改，会引起大量数据行的排序移动。

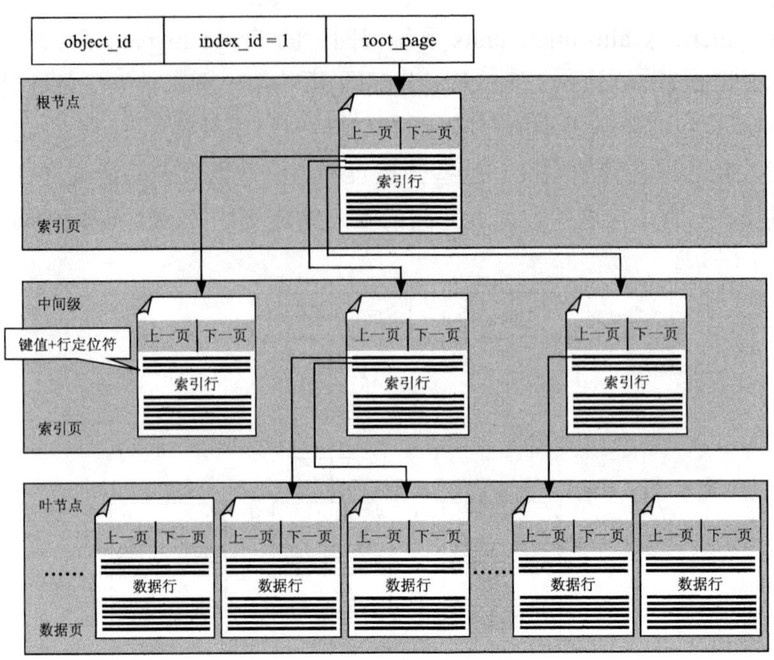

图 8-2　聚集索引的结构示意图

在索引的创建过程中，Microsoft SQL Server 临时使用当前数据库的磁盘空间。当创建聚集索引时，往往需要额外的 1.2 倍的表空间的大小。因此，一定要保证有足够的空间来创建聚集索引。

8.2.3　非聚集索引

非聚集索引与聚集索引具有相同的 B 树结构，但是，在非聚集索引中，基础表的数据行不是按照非聚集键的顺序排序和存储，且非聚集索引的叶级是由索引页而不是由数据页组成。

非聚集索引既可以定义在表或视图的聚集索引上，也可以定义在表或视图的堆上。非聚集索引中的每一个索引行都是由非聚集键值和行定位符组成，该行定位符指向聚集索引或堆中包含该键值的数据行。如果表或视图中没有聚集索引(堆)，则行定位符是指向行的指针 RID，RID 由文件标识符 ID、页码和页上的行数生成。如果表或视图上有聚集索引，则行定位符是行的聚集索引键。非聚集索引的结构示意图如图 8-3 所示。

由于非聚集索引中数据类型的不同，每一个非聚集索引结构都会有一个或多个分配单元，在其中存储和管理特定分区的数据。对于索引使用的每一个分区，非聚集索引在 sys.partitions 表中都有对应的一行，且 index_id>1。在默认情况下，一个非聚集索引只有一个分区。如果一个非聚集索引有多个分区，那么每一个分区都有一个包含该特定分区的索引行的 B 树结构。

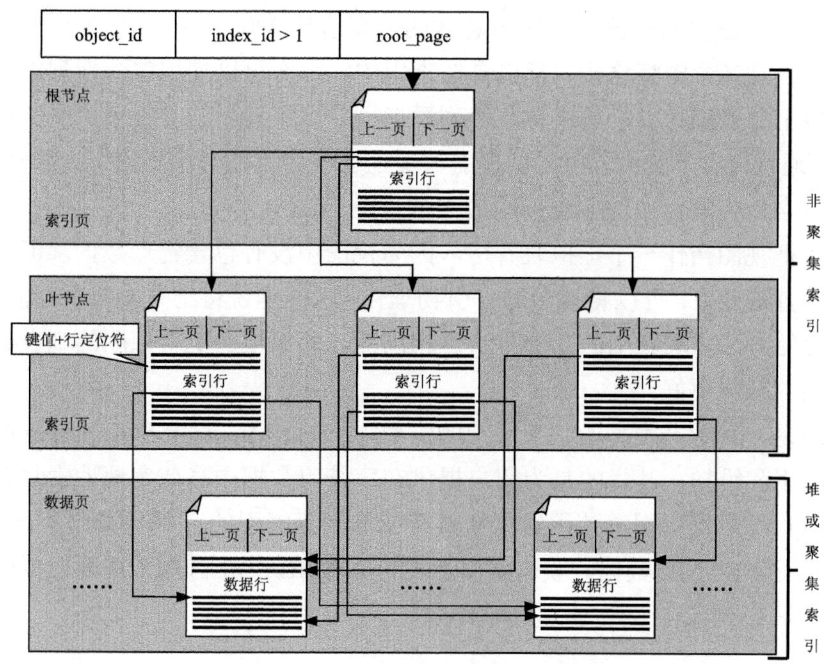

图 8-3　非聚集索引的结构示意图

由于非聚集索引表示行的逻辑顺序。当需要以多种方式检索数据时，非聚集索引是非常有用的。例如，某个读者非常喜欢园艺，经常搜索有关园艺书籍，并且希望能够按照植物的学名和俗名来检索。那么，这时就可以为学名创建一个聚集索引，为俗名创建一个非聚集索引。当创建非聚集索引时，要考虑下列情况。

- 在默认情况下，所创建的索引是非聚集索引。
- 在每一个表上，可以创建 249 个非聚集索引。
- 索引页的叶级只包含索引的关键字，不包含实际的数据。

当需要以多种方式检索数据时，非聚集索引是非常有用的。创建非聚集索引时，要考虑这些情况：在默认情况下，所创建的索引是非聚集索引；在每一个表上，可以创建最多 249 个非聚集索引，而聚集索引最多只能有一个。

8.2.4　其他类型的索引

除了聚集索引和非聚集索引之外，Microsoft SQL Server 2008 系统还提供了一些其他类型的索引或索引表现形式，这些内容包括唯一性索引、包含性列索引、索引视图、全文索引和 XML 索引。

在创建聚集索引或非聚集索引时，索引键既可以都不相同，也可以包含重复值。如果希望索引键都各不相同，那么必须创建唯一性索引。当然，在创建聚集索引或非聚集索引时，都可以指定该索引具有唯一性的特点。这种唯一性与前面讲过的主键约束是关联的，某种程度上可以说，主键约束等于唯一性的聚集索引。

索引中索引列的数量和字节总数是受到限制的，在 Microsoft SQL Server 2008 系统中，索引列的最大数量是 16 个，索引列字节总数的最高值是 900 字节。如果多个列的字节总数大于 900 字节，且又希望将这些列都包含在索引中，那么可以使用包含性列索引。包含性列索引只能用于非聚集索引，通过将非键列添加到非聚集索引的叶级来扩展非聚集索引的功能。这样，通过包含非键列，可以创建能够覆盖更多查询的非聚集索引。需要提醒的是，可以出现在包含性列索引中的非键列的最大数量是 1024。

一般地，把视图当作一个虚拟表看待，因为视图中没有包含物理数据。但是，如果希望提高视图的查询效率，可以将视图的索引物理化，也就是说将结果集永久存储在索引中。视图索引的存储方法与表索引的存储方法是相同的。如果很少更新视图的基表数据，那么使用视图索引的效果更好。

全文索引是一种特殊类型的基于标记的索引，是通过 Microsoft SQL Server 的全文引擎服务创建、使用和维护，其目的是为用户提供在字符串数据中高效率地搜索复杂的词语。这种索引的结构与数据库引擎使用的聚集索引或非聚集索引的 B 树结构是不同的。

XML 索引是与 XML 数据关联的索引形式，是 XML 二进制 BLOB 的已拆分持久表示形式。XML 索引又可以分为主索引和辅助索引。

8.2.5　访问数据的方式

一般地，访问数据库中数据时，可以采用两种方法：表扫描和索引查找。

1. 表扫描

表扫描是指系统将指针放在该表的表头数据所在的数据页上，然后按照数据页的排列顺序，一页一页地从前向后扫描该表数据所占有的全部数据页，直至扫描完表中的全部记录。在扫描时，如果找到符合查询条件的记录，那么就将这条记录挑选出来。最后，将全部挑选出来符合查询语句条件的记录显示出来。

2. 索引查找

索引是一种树状结构，其中存储了关键字和指向包含关键字所在记录的数据页的指针。当使用索引查找时，系统沿着索引的树状结构，根据索引中关键字和指针，找到符合查询条件的记录。最后将全部查找到的符合查询语句条件的记录显示出来。当系统沿着索引值查找时，使用搜索值与索引值进行比较判断。这种比较判断一直进行下去，直到满足下面两个条件为止。

(1) 搜索值不大于或等于索引值。

(2) 搜索值大于或等于索引页上的最后一个值。

在 Microsoft SQL Server 系统中，当访问数据库中的数据时，由系统确定该表中是否有索引存在。如果没有索引，那么系统使用表扫描的方法访问数据库中的数据。查询处理器根据分布的统计信息生成该查询语句的优化执行规划，以提高访问数据的效率为目标，确定是使用表扫描还是使用索引。

8.3 创 建 索 引

在 Microsoft SQL Server 2008 系统中，既可以直接创建索引，也可以间接创建索引。当直接创建索引时，可以使用 CREATE INDEX 语句，也可以使用图形工具。

8.3.1 直接方法和间接方法

创建索引的方式可以分为直接方法和间接方法。直接创建索引的方法就是使用命令和工具直接创建索引。间接创建索引就是通过创建其他对象而附加创建了索引，例如在表中定义主键约束或唯一性约束时，同时也创建了索引。虽然，这两种方法都可以创建索引，但是，它们创建索引的具体内容是有区别的。

使用 CREATE INDEX 语句或使用创建索引向导来创建索引，是最基本的索引创建方式，并且这种方法最具有柔性，可以定制创建出符合自己需要的索引。在使用这种方式创建索引时，可以使用许多选项，例如指定数据页的充满度、进行排序、整理统计信息等优化索引。使用这种方法，可以指定索引的类型、唯一性、包含性和复合性，也就是说，既可以创建聚集索引，也可以创建非聚集索引，既可以在一个列上创建索引，也可以在两个或两个以上的列上创建索引。

通过定义主键约束或唯一性约束，也可以间接创建索引。主键约束是一种保持数据完整性的逻辑，它限制表中的记录有相同的主键记录存在。在创建主键约束时，系统自动创建了一个唯一性的聚集索引。虽然在逻辑上主键约束是一种重要的结构，但是在物理结构上与主键约束相对应的结构是唯一性的聚集索引。换句话说，在物理实现上不存在主键约束，只存在唯一性的聚集索引。同样在创建唯一性约束时，也同时创建了索引，这种索引则是唯一性的非聚集索引。因此当使用约束创建索引时，索引的类型和特征基本上都已经确定了，由用户定制的余地比较小。

在表上定义主键或唯一性约束时，如果表中已经有了使用 CREATE INDEX 语句创建的标准索引时，那么主键约束或唯一性约束创建的索引会覆盖以前创建的标准索引。也就是说，主键约束或唯一性约束创建的索引的优先级高于使用 CREATE INDEX 语句创建的索引。

8.3.2 使用 CREATE INDEX 语句

在 Microsoft SQL Server 2008 系统中，使用 CREATE INDEX 语句可以在关系表上创建索引，其基本的语法形式如下：

```
CREATE [ UNIQUE ] [ CLUSTERED | NONCLUSTERED ] INDEX index_name
ON table_or_view_name ( column [ ASC | DESC ] [ ,...n ] )
[INCLUDE (column_name[, …n])]
[ WITH
(    PAD_INDEX = {ON | OFF}
```

```
  | FILLFACTOR = fillfactor
  | SORT_IN_TEMPDB = {ON | OFF}
  | IGNORE_DUP_KEY = {ON | OFF}
  | STATISTICS_NORECOMPUTE = {ON | OFF}
  | DROP_EXISTING = {ON | OFF}
  | ONLINE = {ON | OFF}
  | ALLOW_ROW_LOCKS = {ON | OFF}
  | ALLOW_PAGE_LOCKS = {ON | OFF}
  | MAXDOP = max_degree_of_parallelism)
     | DATA_COMPRESSION={NONE|ROW|PAGE}[, …n]]
ON {partition_schema_name (column_name) | filegroup_name | default}
```

下面简要讲述 CREATE INDEX 语句中主要选项的作用。

- UNIQUE：表示创建唯一性的索引，在索引列中不能有相同的两个列值存在。
- CLUSTERED：表示创建聚集索引。
- NONCLUSTERED：表示创建非聚集索引。这是 CREATE INDEX 语句的默认值。
- 第一个 ON 关键字：表示索引所属的表或视图，这里用于指定表或视图的名称和相应的列名称。列名称后面可以使用 ASC 或 DESC 关键字，指定是升序排列还是降序排列，默认值是 ASC。
- INCLUDE 子句用于指定将要包含到非聚集索引的页级中的非键列。
- PAD_INDEX 选项用于指定索引的中间页级，为非叶级索引页指定填充度。这时的填充度由 FILLFACTOR 选项指定。
- FILLFACTOR 选项用于指定叶级索引页的填充度。
- SORT_IN_TEMPDB 选项为 ON 时，用于指定创建索引时产生的中间结果，在 tempdb 数据库中进行排序。为 OFF 时，在当前数据库中排序。
- IGNORE_DUP_KEY 选项用于指定唯一性索引键冗余数据的系统行为。为 ON 时，系统发出警告信息，只有违反唯一性行的数据插入失败。为 OFF 时，取消整个 INSERT 语句，并且发出错误信息。
- STATISTICS_NORECOMPUTE 选项用于指定是否重新计算分发统计信息。为 ON 时，不自动计算过期的索引统计信息。为 OFF 时，启动自动计算功能。
- DROP_EXISTING 选项用于是否可以删除指定的索引，并且重建该索引。为 ON 时，可以删除并且重建已有的索引。为 OFF 时，不能删除重建。
- ONLINE 选项用于指定索引操作期间基础表和关联索引是否可用于查询。为 ON 时，不持有表锁，允许用于查询。为 OFF 时，持有表锁，索引操作期间不能执行查询。
- ALLOW_ROW_LOCKS 选项用于指定是否使用行锁，如果是 ON，表示使用行锁。
- ALLOW_PAGE_LOCKS 选项用于指定是否使用页锁，如果是 ON，表示使用页锁。
- MAXDOP 选项用于指定索引操作期间覆盖最大并行度的配置选项。主要目的是限制执行并行计划过程中使用的处理器数量。
- DATA_COMPRESSION 选项用于为指定的索引、分区号或分区范围指定数据压缩选项，NONE 表示不压缩索引或指定的区域，ROW 表示使用行压缩来压缩索引或指定的区域，PAGE 表示使用页压缩方式。

在如图 8-4 的示例中，使用 CREATE INDEX 语句在 books 表中的 ISBN 列上创建一个唯一性的聚集索引，该索引的名称是 ind_books_ISBN。这样，ISBN 列中不能有重复值出现，这种限制符合实际情况。这是最常见的创建索引的方式。

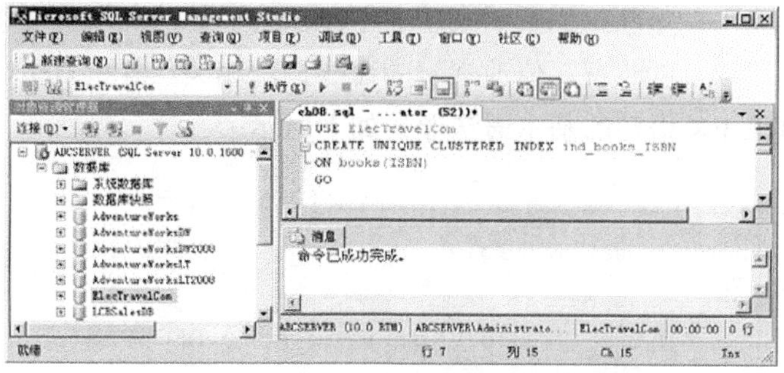

图 8-4　创建一个唯一性的聚集索引

除了在 ISBN 列上创建索引之外，如果还希望在 title 列上创建索引，这时只能创建非聚集索引(读者可以思考一下，可以在 title 列上创建聚集索引吗？)。在如图 8-5 的示例中，在 books 表中的 title 列上创建一个唯一性的非聚集索引。从这个示例可以看出，虽然在一个表上聚集索引最多只能有一个，但是唯一性的索引可以有多个。

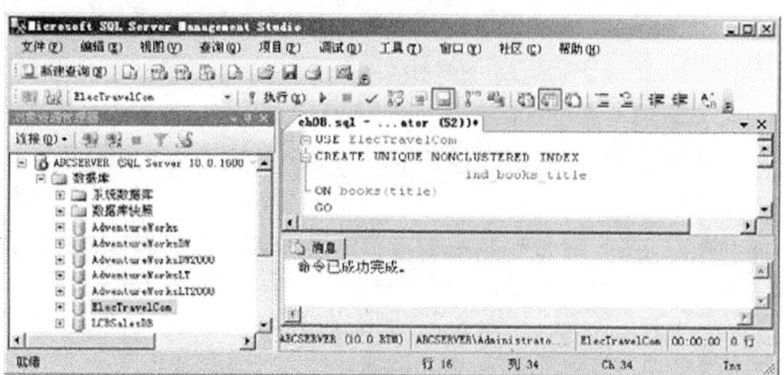

图 8-5　创建一个唯一性的非聚集索引

在如图 8-6 的示例中，使用 CREATE INDEX 语句创建了一个包含性列索引。在这个索引中，索引键列是 title 列，非键列是 pressName 列。这时，pressName 列的数据包含在 ind_books_title 非聚集索引的页级中。

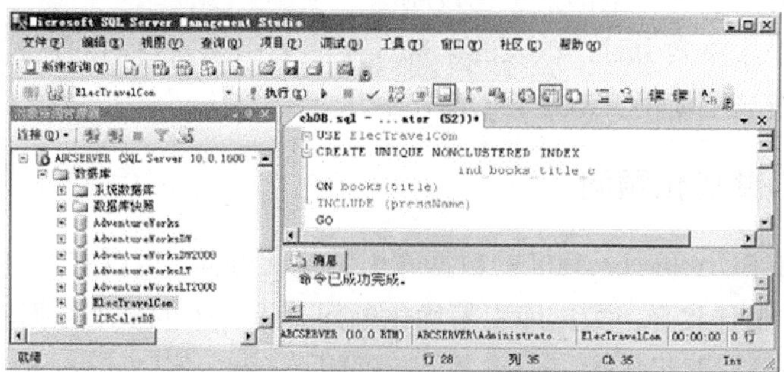

图 8-6　创建包含性列索引

如果在空表上创建索引，是否使用 FILLFACTOR 选项和 PAD_INDEX 选项都是一样的。因此这种指定索引填充度的行为只在创建索引和重新生成索引时起作用。从这种意义上来看，这两个选项都是静态选项。

使用 ALTER INDEX 语句可以重新生成索引、重新组织索引或者禁止索引。重新生成索引表示删除索引并且重新生成，这样可以根据指定的填充度压缩页来删除碎片、回收磁盘空间、重新排序索引。重新组织索引表示在不删除索引的情况下整理索引碎片，索引碎片的整理程度与索引碎片的状况、修改索引的命令选项相关。禁止索引则表示禁止用户访问索引。ALTER INDEX 语句的基本语法形式如下所示：

```
-- 重新生成索引
ALTER INDEX index_name ON table_or_view_name REBUILD
-- 重新组织索引
ALTER INDEX index_name ON table_or_view_name REORGANIZE
-- 禁用索引
ALTER INDEX index_name ON table_or_view_name DISABLE
```

当索引不再需要的时候，可以使用 DROP INDEX 语句删除索引。在如图 8-7 的示例中，使用 DROP INDEX 语句删除了 books 表上的 ind_books_title 索引。

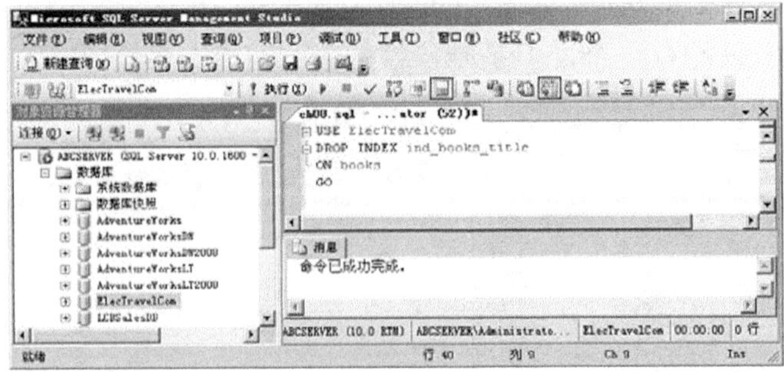

图 8-7　删除索引

在删除索引时，要注意下面的情况。

- 当执行 DROP INDEX 语句时，SQL Server 释放被该索引所占的磁盘空间。
- 不能使用 DROP INDEX 语句删除由主键约束或唯一性约束创建的索引。要想删除这些索引，必须删除这些约束。
- 当删除表时，该表的全部索引也被删除。
- 当删除一个聚集索引时，该表的全部非聚集索引重新自动创建。
- 不能在系统表上使用 DROP INDEX 语句。

8.3.3　数据库引擎优化顾问

使用 Microsoft SQL Server 2008 的数据库引擎优化顾问，可以方便地选择和创建索引、索引视图和分区的最佳集合。数据库引擎优化顾问分析一个或多个数据库的工作负荷和实现，其中工作负荷是对要优化的一个或多个数据库执行的一组 Transact-SQL 语句。数据库引擎优化顾问的输入是由 SQL Server Profiler 生成的跟踪文件、指定的跟踪表或工作负荷。数据库引擎优化顾问的输出是修改数据库的物理设计结构的建议，其中物理设计结构包括聚集索引、非聚集索引、索引视图、分区等。

具体地说，数据库引擎优化顾问的功能包括以下几项。

- 通过使用查询优化器分歧工作负荷中的查询，并且推荐数据库的最佳索引组合。
- 为工作负荷中引用的数据库推荐分区。
- 推荐工作负荷中引用的数据库的索引视图。
- 分析所建议的更改将会产生的影响，包括索引的使用、查询在表之间的分布以及查询在工作负荷中的性能。
- 推荐为执行一个小型的问题查询集而对数据库进行优化的方法。
- 允许通过指定磁盘空间约束等高级选项对推荐进行自定义。
- 提供对所给工作负荷的建议执行效果的汇总报告。

在 Microsoft SQL Server Management Studio 中，从“工具”|“数据库引擎优化顾问”中启动数据库引擎优化顾问工具，如图 8-8 所示。注意，由于中文版本的翻译问题，数据库引擎优化顾问有时又直接使用 Database Engine Tuning Advisor 名称。

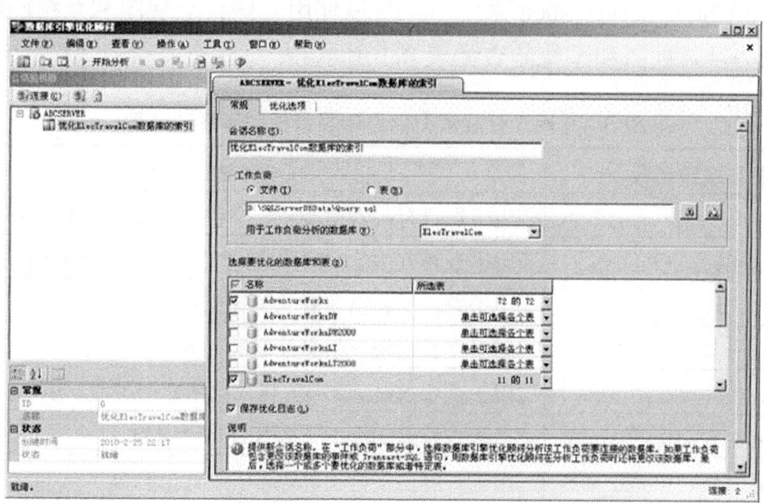

图 8-8　“数据库引擎优化顾问”的“常规”选项卡

在如图 8-8 所示的“常规”选项卡中，可以指定本次将要优化的会话名称、选择工作负荷、选择将要优化的数据库和表。工作负荷可以是包含了查询语句的文件，也可以是由 SQL Server Profiler 工具生成的保存在表中的跟踪。如果单击“工作负荷”区域内的望远镜图标，可以选择相应的工作负荷文件或工作负荷表(根据选定的“文件”单选按钮和“表”单选按钮确定)。

选择工作负荷之后，可以在如图 8-9 所示的“优化选项”选项卡中设置有关优化时间、物理设计结构、分区策略等优化选项。例如，如果要优化整个索引和索引视图，可以选择“索引和索引视图”单选按钮；如果仅优化非聚集索引，可以选择“非聚集索引”单选按钮。

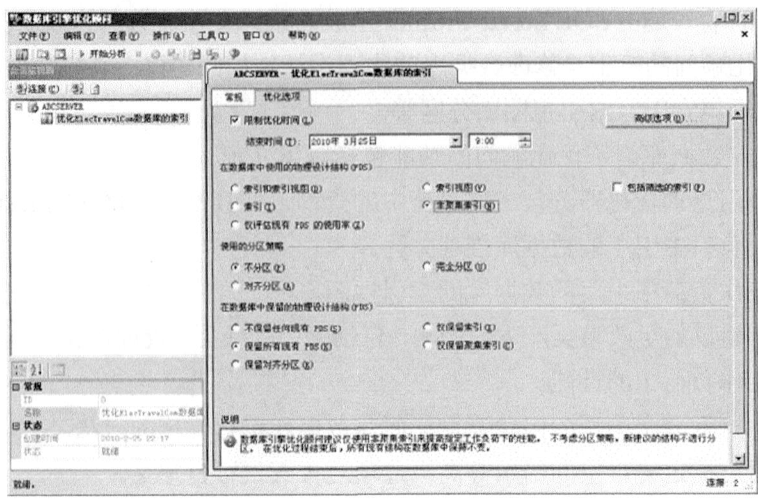

图 8-9　“数据库引擎优化顾问”的“优化选项”选项卡

8.3.4　查看索引信息

在 Microsoft SQL Server 2008 系统中，可以使用一些目录视图和系统函数查看有关索引的信息。这些目录视图和系统函数如表 8-1 所示。

表 8-1　用于查看索引信息的目录视图和系统函数

目录视图和系统函数	描　述
sys.indexes	用于查看有关索引类型、文件组、分区方案、索引选项等信息
sys.index_columns	用于查看列 ID、索引内的位置、类型、排列顺序等信息
sys.stats	用于查看与索引关联的统计信息
sys.stats_columns	用于查看与统计信息关联的列 ID
sys.xml_indexes	用于查看 XML 索引信息，包括索引类型、说明等
sys.dm_db_index_physical_stats	用于查看索引大小、碎片统计信息等
sys.dm_db_index_operational_stats	用于查看当前索引和表 I/O 统计信息等
sys.dm_db_index_usage_stats	用于查看按查询类型排列的索引使用情况统计信息
INDEXKEY_PROPERTY	用于查看索引内的索引列的位置以及列的排列顺序
INDEXPERPERTY	用于查看元数据中存储的索引类型、级别数量和索引选项的当前设置等信息
INDEX_COL	用于查看索引的键列名称

在如图 8-10 所示的示例中，使用 sys.dm_db_index_operational_stats 系统函数查看当前数据库引擎服务器中所有数据库中的所有索引统计信息，具体内容包括 I/O、锁定、访问方式等信息。

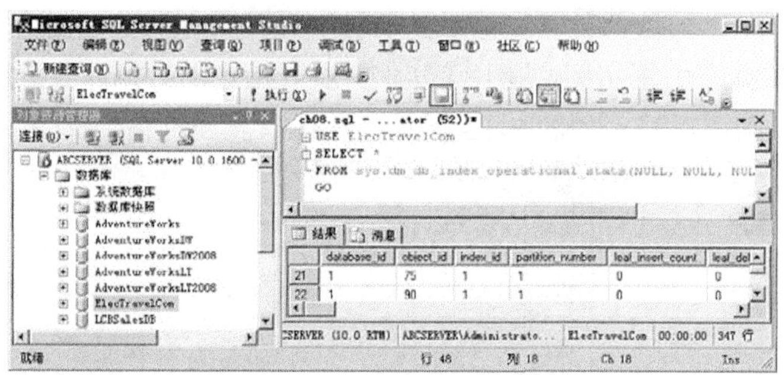

图 8-10　使用 sys.dm_db_index_operational_stats 系统函数

8.4　索引维护

索引在创建之后，由于数据的增加、删除、更新等操作使得索引页发生碎块，因此为了提高系统的性能，必须对索引进行维护。这些维护包括查看碎块信息、维护统计信息、分析索引性能、删除重建索引等。

8.4.1　查看索引统计信息

索引统计信息是查询优化器用来分析和评估查询、确定最优查询计划的基础数据。一般地，用户可以通过常用的方式访问指定索引的统计信息。一种方式是使用 DBCC SHOW_STATISTICS 命令，另一种是使用图形化工具。

DBCC SHOW_STATISTICS 命令可以用来返回指定表或视图的特定对象的统计信息，这些特定对象可以是索引、列等。在如图 8-11 的示例中，使用该命令查看 Production.Product 表中的 AK_Product_Name 索引的统计信息。这些统计信息包括 3 部分，即统计标题信息、统计密度信息和统计直方图信息。统计标题信息主要包括表中的行数、统计的抽样行数、所有索引列的平均长度等。统计密度信息主要包括索引列前缀集的选择性、平均长度等信息。统计直方图信息则指定显示直方图时的信息。

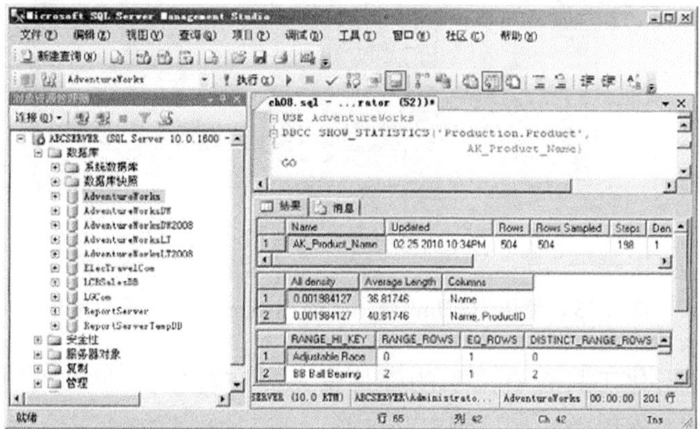

图 8-11　使用 DBCC SHOW_STATISTICS 命令查看统计信息

也可以使用图形化工具查看统计信息。在对象资源管理器中，连接到指定的 Microsoft SQL Server 2008 数据库引擎实例，展开该实例，展开指定的数据库、指定的表、统计信息，选择指定的对象，则可以显示如图 8-12 所示的统计信息属性窗口。

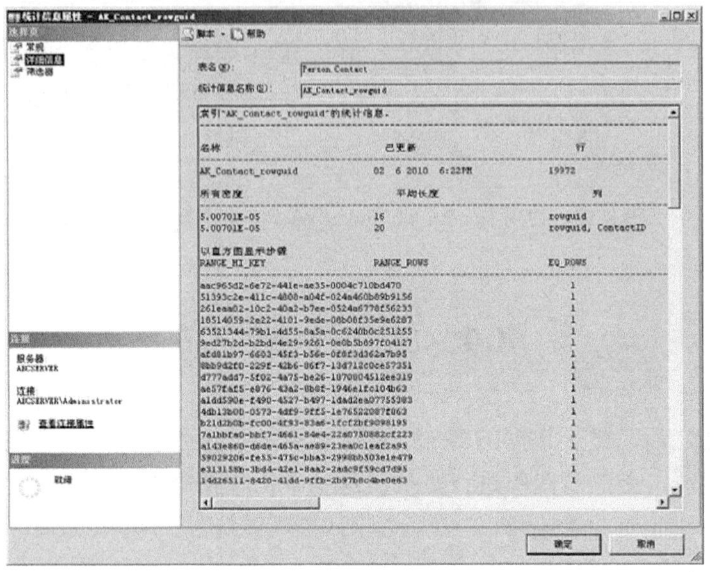

图 8-12　统计信息属性窗口

8.4.2　查看索引碎片信息

可以使用两种方式查看有关索引的碎片信息，使用 sys.dm_db_index_physical_stats 系统函数和使用图形化工具。注意，sys.dm_db_index_physical_stats 系统函数替代了以前版本中的 DBCC SHOWCONTIG 命令。

在如图 8-13 所示的示例中，使用 sys.dm_db_index_physical_stats 系统函数查看了 AdventureWorks 数据库中所有索引的碎片信息。

图 8-13　使用 sys.dm_db_index_physical_stats 系统函数

也可以使用图形化工具查看索引的碎片信息。在对象资源管理器中，连接到指定的 SQL Server 2008 数据库引擎实例，展开该实例，展开指定的数据库、指定的表、索引，选择指定的对象，则可以显示如图 8-14 所示的索引属性的碎片选项页。

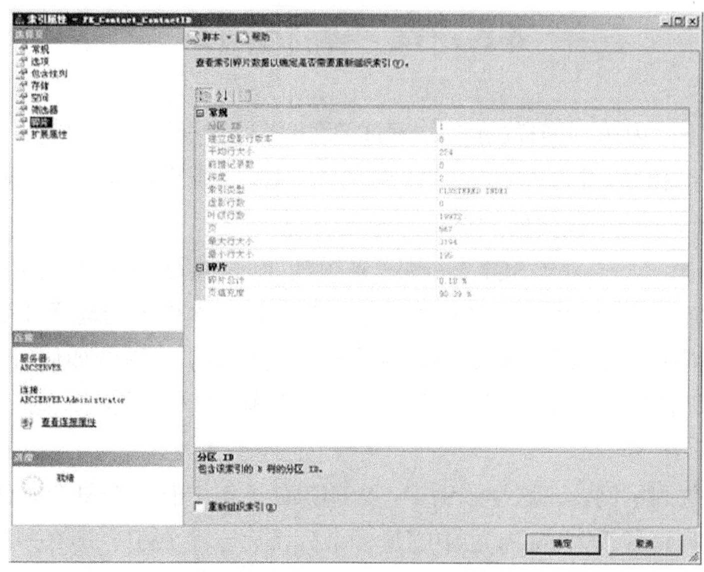

图 8-14　索引属性的碎片选项页

8.4.3　维护索引统计信息

统计信息是存储在 Microsoft SQL Server 中列数据的样本。这些数据一般用于索引列，但是还可以为非索引列创建统计。Microsoft SQL Server 维护某一个索引关键值的分布统计信息，并且使用这些统计信息来确定在查询进程中哪一个索引是有用的。查询的优化依赖于这些统计信息的分布准确度。查询优化器使用这些数据样本来选择使用表扫描或使用索引。

当表中数据发生变化时，Microsoft SQL Server 周期性地自动修改统计信息。索引统计会自动地修改，索引中的关键值也发生显著变化。统计信息修改的频率由索引中的数据量和数据改变量确定。例如，如果表中有 10 000 行数据，1 000 行数据修改了，那么统计信息可能需要修改。然而，如果只有 50 行记录修改了，那么仍然保持当前的统计信息。

索引统计信息既可以自动创建，也可以使用 CREATE STATISTICS 语句创建。同样，除了系统自动修改索引统计信息之外，用户还可以通过执行 UPDATE STATISTICS 语句来手工修改统计信息。使用 UPDATE STATISTICS 语句既可以修改表中的全部索引统计信息，也可以修改指定的索引统计信息。在如图 8-15 所示的示例中，使用 UPDATE STATISTICS 语句修改了 Production.Product 表中全部索引的统计信息。

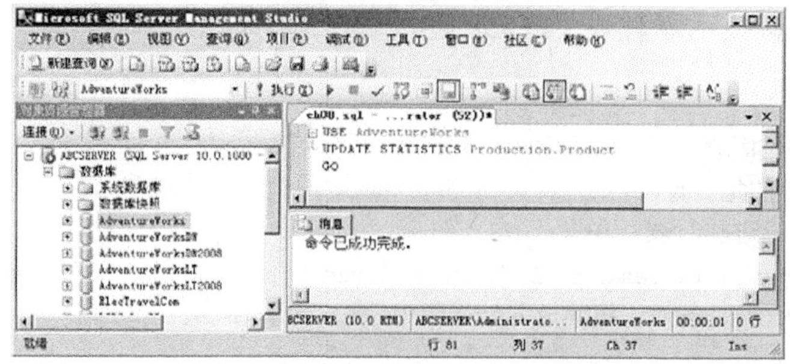

图 8-15　使用 UPDATE STATISTICS 语句

8.5 查询优化

在很多情况下，为达到同样的结果，可以写出多种查询形式。但是，不同的查询形式往往消耗的时间不相同，因此有不同的性能。如何提高查询语句的性能呢？下面，介绍 Microsoft SQL Server 查询优化器和优化隐藏的特点。

在查询语句中，Microsoft SQL Server 系统是如何判断是否使用索引或使用哪些索引呢？一般地，系统是根据索引的选择性和索引类型。如果索引列的选择性很高，也就是说，索引列中的只有很少几行数据将被选中，那么应该使用索引。系统如何得到选择性呢？这就需要系统的统计信息来确定。下面，通过一个示例讲述系统是如何选择索引执行查询操作的。

下面是一个查询示例。在这个示例中，WHERE 子句中有一个复合条件，涉及 Title 列和 publicateDate 列。假设，books 表中的每一个列都有一个索引，那么系统首先使用 Title 列上的索引好呢？还是首先使用 publicateDate 列上的索引好呢？

```
USE ETravelCom
SELECT *
FROM books
WHERE Title = 'SQL Server 简明教程' AND publicateDate = '2008-01-01'
```

假设系统有下面的统计信息：

```
表中的行数：100000
估计的行数(对于 books.Title 列)：30000
估计的行数(对于 books.publicateDate 列)：200
```

按照上面的统计信息，Microsoft SQL Server 查询优化器计算得到，Title 列的选择性是 0.2%，publicateDate 列的选择性是 30%。Title 列的选择性远远高于 publicateDate 列的选择性，因此查询优化器选择基于 Title 列的索引生成执行计划。

现在讨论一下优化隐藏的特点。查询中的连接是特别耗时的，因此 Microsoft SQL Server 系统提供了 3 种连接技术，即 LOOP 连接、MERGE 连接和 HASH 连接。

在 LOOP 连接中，对于外表中的每一行，都与内表中的所有行进行比较。这种连接的效率是非常低的。对于外表中的每一行，内表都执行扫描一遍。只有当内表中的连接列上有索引时，这种连接技术才有效。LOOP 连接算法思路如下：

```
For 外表中每一行
    把该行读进临时表 A 中
    For 内表中的每一行
        把该行读进临时表 B 中
        If A.join_column = B.join_column
            该行满足条件，将其放入结果集中
        End if
```

```
    End for
End for
```

如果连接中的内表和外表的数据是按照连接列进行物理存储的，那么使用 MERGE 连接技术是一个好的选择，这时查询优化器不需要索引。如果两个表中的数据都没有排序，那么不要使用这种连接方式。MERGE 连接算法的思路如下：

```
使用连接列按照升序排列外表数据
使用连接列按照升序排列内表数据
For 外表中每一行
        把该行读进临时表 A 中
        For 内表中那些值小于或等于连接列的每一行
            把该行读进临时表 B 中
            If A.join_column = B.join_column
         该行满足条件，将其放入结果集中
       End if
        End for
End for
```

如果连接中的两个表的数据没有任何顺序，且都没有索引，那么可以考虑使用 HASH 连接技术。在这种连接方式中，系统使用散列函数对连接列进行计算得到散列值，然后按照散列值进行连接查询。

8.6 本 章 小 结

本章对索引技术和查询优化技术进行了详细研究。首先，分析了索引的优点和缺点。然后，讨论了索引的结构特点和类型特点。接下来，详细讲述了创建索引技术，这些技术包括如何创建各种类型的索引、如何使用数据库引擎优化顾问、如何查看索引信息等。之后，对索引维护问题进行了阐述。最后，讨论了有关查询优化器和优化隐藏等提高查询性能技术。

【思考和练习】

1. 分析索引的优点和缺点。
2. 堆结构的特点是什么？
3. 什么是聚集索引？什么是非聚集索引？比较这两种索引结构的特点。
4. 什么是包含性索引？
5. 如何使用 CREATE INDEX 语句创建索引？
6. 如何使用数据库引擎优化顾问？
7. 索引的碎片是如何产生的？如何查看索引的碎片信息？
8. 统计信息的作用是什么？
9. 什么是索引的选择性？其作用是什么？
10. 比较 LOOP 连接、MERGE 连接和 HASH 连接技术的特点。

第9章　数据完整性

无论是产品，还是信息，质量都是非常重要的。信息质量是指信息的准确性、完整性、一致性等。在许多数据库应用系统中，数据质量的高低往往是影响该系统成功与否的重要因素。数据完整性是保证数据质量的一种重要方法，是现代数据库系统的一个重要特征。Microsoft SQL Server 2008 系统提供了一系列的数据完整性方法和机制，例如约束、触发器等。其中，约束技术是应用最为广泛的数据完整性方法。本章详细讨论有关数据完整性的技术和方法。

本章要点：

- 操纵数据时的问题和解决机制
- 约束的基本概念和类型
- 管理 DEFAULT 约束
- 管理 CHECK 约束
- 管理主键约束
- 管理 UNIQUE 约束
- 管理外键约束
- 禁止约束的场景

9.1　概　　述

本节讨论两个方面的内容。首先，分析操纵数据时经常遇到的问题。其次，提出解决这些问题的方法。

当操纵表中数据时，由于种种原因，经常会遇到一些问题。下面，分析一下这些问题的表现形式和特征。

当向表中的某个列插入数据时，插入了不合适的数据，当时却没有被发现，例如员工进入公司的日期早于该员工的出生日期。

一般地，某个公司中员工的姓名有可能是重复的，但是员工的编号是不会重复的。可是，人力资源部门的工作人员不小心，某个员工的编码出错了，造成有两个员工的编号是相同的。但是，当时并没有发现这种问题。

在许多公司的数据库中，往往有很多表，每一个表中都存在某个领域的数据。例如，人事表中存储了员工的基本信息，借款表中记录了员工的借款信息。但是，后来发现，借款表中的某个员工不是本公司的员工，因为人事表中没有该员工的基本信息。这种问题为什么会发生呢？

诸如此类的问题，不能仅靠数据录入人员和操纵人员的认真和负责，而是应该建立一套保障机制：要么防止这些问题发生，要么发生这些问题时可以及时地发现。数据完整性就是解决这些问题的机制。

数据完整性就是指存储在数据库中的数据的一致性和准确性。在评价数据库的设计时，数据完整性的设计是数据库设计好坏的一项重要指标。在 Microsoft SQL Server 2008 系统中，有 3 种数据完整性类型，即域完整性、实体完整性和引用完整性。

域完整性，也可以称为列完整性，指定一个数据集对某一个列是否有效和确定是否允许空值。域完整性通常是经过使用有效性检查来实现的，并且还可以通过限制数据类型、格式或者可能的取值范围来实现。例如，设置员工进入公司的日期大于员工的出生日期，

在性别列中，限制其取值范围为“男”和“女”，这样就不能在该列输入其他一些无效的值。最简单的域完整性方法是数据类型，例如，在出生日期列中定义该列的数据类型是 DATETIME，则该列就不会出现其他一些不符合日期格式的数据。

实体完整性，也可以称为行完整性，要求表中的所有行有一个唯一的标识符，这种标识符一般称为主键值。例如，对于所有的中国公民来说，居民身份证号码是唯一的，使用居民身份证号码可以唯一地确定某一个人，因此可以把公民的居民身份证号码作为主键对待。主键值是否能够被修改或表中的全部数据是否能够被全部删除都要依赖于主键表和其他表之间要求的完整性。对于一个公司来说，可以设置员工编号为主键，避免重复数据出现。

引用完整性保证在主键(在被参考表中)和外键之间的关系总是得到维护。如果被参考表中的一行被一个外键所参考，那么这一行数据便不能直接被删除，用户也不能直接修改主键值。例如，在一个数据库中有两个表，即人事表和财务表。人事表中记录了本单位的所有员工的基本信息，财务表记录了本单位员工的借款信息。一般地，如果某个公司员工有借款，那么他就不能从人事表中直接删除。当然，这种引用完整性的限制是有条件的，可以通过设置 ON DELETE CASCADE 和 ON UPDATE CASCADE 来改变这种限制。

在 Microsoft SQL Server 2008 系统中，可以使用两种方式实现数据完整性，即声明数据完整性和过程数据完整性。

声明数据完整性就是通过在对象定义中定义的数据标准来实现数据完整性，是由系统本身自动强制来实现的。声明数据完整性的方式包括使用各种约束、缺省和规则。例如，在某个表中定义了主键约束，那么这种定义就由系统自动强制实现。

过程数据完整性是通过在脚本语言中定义的数据完整性标准来实现的。在执行这些脚本的过程中，由脚本中定义的强制完整性实现。过程数据完整性的方式包括使用触发器和存储过程等。

9.2　约束的概念和类型

约束是通过限制列中数据、行中数据和表之间数据来保证数据完整性的非常有效的方法。约束可以确保把有效的数据输入到列中并维护表和表之间的特定关系。Microsoft SQL Server 2008 系统提供了 5 种约束类型，即 PRIMARY KEY(主键)、FOREIGN KEY(外键)、UNIQUE、CHECK、DEFAULT 约束。

每一种数据完整性类型，例如域完整性、实体完整性和引用完整性，都由不同的约束类型来保障。表 9-1 描述了不同类型的约束和完整性之间的关系。

表 9-1　约束和完整性之间的关系

完整性类型	约束类型	描述
域完整性	DEFAULT	在使用 INSERT 语句插入数据时，如果某个列的值没有明确提供，则将定义的默认值插入到该列中
	CHECK	指定某一个列中的可保存值的范围
实体完整性	主键	每一行的唯一标识符，确保用户不能输入冗余值和确保创建索引，提高性能，不允许空值
	UNIQUE	防止出现冗余值，并且确保创建索引，提高性能。允许空值
引用完整性	外键	定义一列或者几列，其值与本表或者另外一个表的主键值匹配

定义约束表示从无到有地创建约束，可以使用 CREATE TABLE 语句或 ALTER TABLE 语句完成操作。使用 CREATE TABLE 语句表示在创建表的时候定义约束，使用 ALTER TABLE 语句表示在已有的表中添加约束。即使表中已经有了数据，也可以在表中增加约束。

定义约束时，可以把约束放在一个列上，也可以把约束放在多个列上。如果把约束放在一个列上，那么该约束称为列级约束，因为它只能由约束所在的列引用。如果把约束放在多个列上，那么把该约束称为表级约束，这时可以由多个列来引用该约束。

当定义约束或修改约束的定义时，应该考虑下列因素。

- 不必删除表，就可以直接创建、修改和删除约束的定义。
- 应该在应用程序中增加错误检查机制，测试数据是否与约束相冲突。
- 当在表上增加约束时，SQL Server 系统将检查表中的数据是否与约束冲突。

当创建约束时，可以指定约束的名称。否则，Microsoft SQL Server 系统将提供一个复杂的、系统自动生成的名称。对于一个数据库来说，约束名称必须是唯一的。一般来说，约束的名称遵照这种格式：约束类型简称_表名_列名_代号。

可以使用目录视图查看有关约束的信息，这些目录视图包括 sys.key_constraints、sys.check_constraints、sys.default_constraints。sys.key_constraints 目录视图用于查看有关主键和 UNIQUE 约束的信息，sys.check_constraints 目录视图用于查看有关 CHECK 约束的信息，在 sys.default_constraints 目录视图中可以查看到有关 DEFAULT 约束的信息。例如，在图 9-1 中，使用 sys.key_constraints 目录视图查看 AdventureWorks 数据库中的有关主键约

束和 UNIQUE 约束的信息。

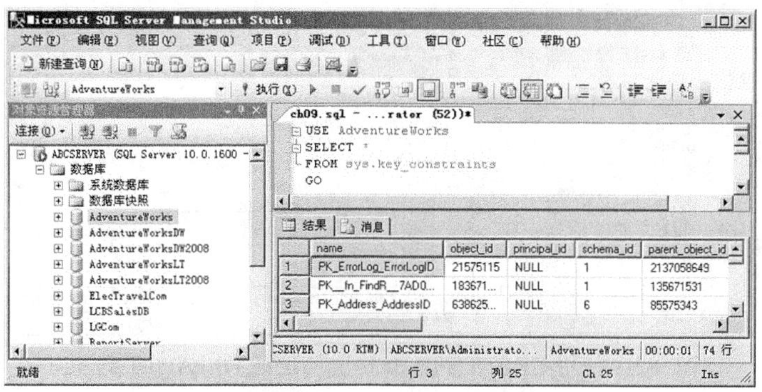

图 9-1　使用 sys.key_constraints 目录视图

9.3　管理约束

本节详细研究各种 DEFAULT、CHECK、主键、UNIQUE、外键等约束的特点、创建方式、修改等内容。

9.3.1　DEFAULT 约束

当使用 INSERT 语句插入数据时，如果没有为某一个列指定数据，那么 DEFAULT 约束就在该列中输入默认值。

例如，在记录了人事信息的 person 表的性别列中定义了一个 DEFAULT 约束为“男”。那么当向该表中输入数据时，如果没有为性别列提供数据，那么 DEFAULT 约束把默认值“男”自动插入到该列中。因此，DEFAULT 约束可以实现指定的域完整性。

定义 DEFAULT 约束的基本语法在 CREATE TABLE 语句中和在 ALTER TABLE 语句中的形式不完全相同。下面列出了两种不同的语法形式：

```
-- 在 CREATE TABLE 语句的列的属性中
CONSTRAINT constraint_name DEFAULT constant_expression
DEFAULT constant_expression
-- 在 ALTER TABLE 语句的 ADD 子句中
CONSTRAINT constraint_name DEFAULT constant_expression FOR column_name
DEFAULT constant_expression FOR column_name
```

在上面的语法中，CONSTRAINT constraint_name 部分是可以省略的，但是 DEFAULT constant_expression 是必须的。

例如，在如图 9-2 所示的示例中，使用 CREATE TABLE 语句创建了一个 students 表，该表用于存储学生的学号、姓名、性别、出生日期、身份证号等。其中，为 gender 列定义了一个默认值，该值为 M。也就是说，在向 students 表中插入一行数据时，如果没有为 gender 列指定明确的数据，那么为该列提供 M 值。

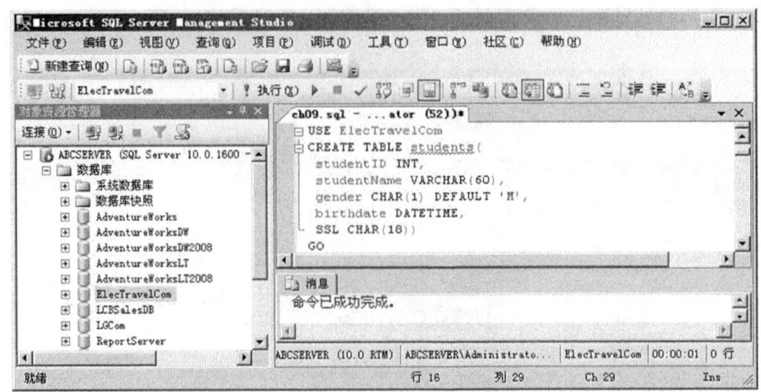

图 9-2　使用 CREATE TABLE 语句定义 DEFAULT 约束

在如图 9-3 所示的示例中，使用 ALTER TABLE 语句为 students 表中的 birthdate 列增加 DEFAULT 约束。由于 birthdate 列已经存在了，所以在 ALTER TABLE 语句中使用 FOR 子句指定将要新增约束的列名称。

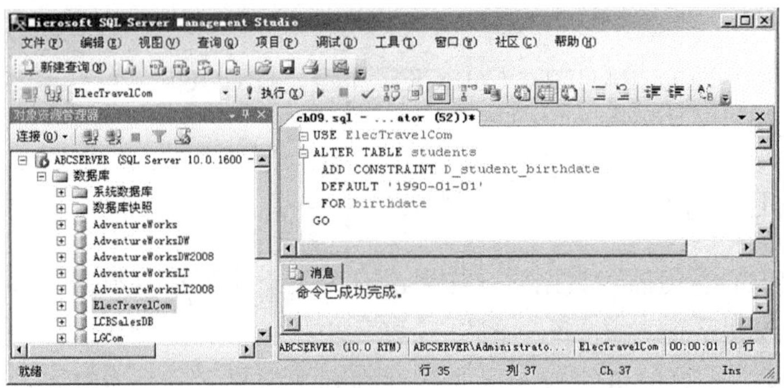

图 9-3　使用 ALTER TABLE 语句定义 DEFAULT 约束

需要注意的是，如果在已经存在的表中定义 DEFAULT 约束，可以使用 WITH VALUES 子句，表示将新定义的常量值添加到表中已有数据中。

当使用 DEFAULT 约束时，需要考虑下列因素。

- 定义的常量值必须与该列的数据类型和精度是一致的。
- DEFAULT 约束只能应用于 INSERT 语句。
- 每一个列只能定义一个 DEFAULT 约束。这是很显然的，如果能定义多个约束，那么系统将无法确定使用哪一个约束。
- DEFAULT 约束不能放在有 IDENTITY 属性的列上或者数据类型为 timestamp 的列上。因为这两种列都会由系统自动提供数据。实际上，即使在这些列上定义了 DEFAULT 约束，那么该 DEFAULT 约束也是没有意义的。
- DEFAULT 约束允许指定一些由系统函数提供的值，这些系统函数包括 SYSTEM_USER、GETDATE、CURRENT_USER 等。

9.3.2　CHECK 约束

CHECK 约束用来限制用户输入某一个列的数据，即在该列中只能输入指定范围的数据。CHECK 约束的作用类似于外键约束，两者都是限制某个列的取值范围，但是外键是通过其他表来限制列的取值范围，CHECK 约束是通过指定的逻辑表达式来限制列的取值范围。

例如，在描述学生性别的 gender 列中可以创建一个 CHECK 约束，指定其取值范围是“男”或者“女”。这样，当向 gender 列输入数据时，要么输入数据“男”，要么输入数据“女”，而不能输入其他不相关的数据。

检查约束的两种基本语法形式如下所示：

```
CONSTRAINT constraint_name CHECK (logical_expression)
CHECK (logical_expression)
```

在如图 9-4 所示的示例中，使用 CREATE TABLE 语句创建了一个用于存储学生信息的 students 表。在该示例中定义了一个 CHECK 约束，该约束是与 gender 列关联的，其逻辑表达式是 gender='F' OR gender='M'，表示 gender 列要么取 F 值，要么取 M 值。

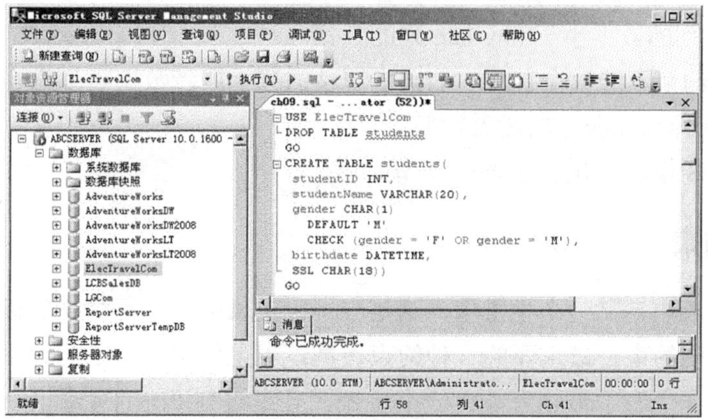

图 9-4　使用 CREATE TABLE 语句定义 CHECK 约束

注意：

在图 9-4 中，gender 列上同时定义了两个不同类型的约束，DEFAULT 和 CHECK 约束。这种情况是系统允许的。

如果希望在已经存在的表中添加 CHECK 约束，可以使用 ALTER TABLE 语句。在如图 9-5 所示的示例中，使用 ALTER TABLE 语句在 students 表上增加了一个 CHECK 约束，该约束的逻辑表达式是 birthdate>='1980-01-01' AND birthdate<='1990-12-31'，表示限定学生的出生日期必须在 1980 年 1 月 1 日至 1990 年 12 月 31 日之间。

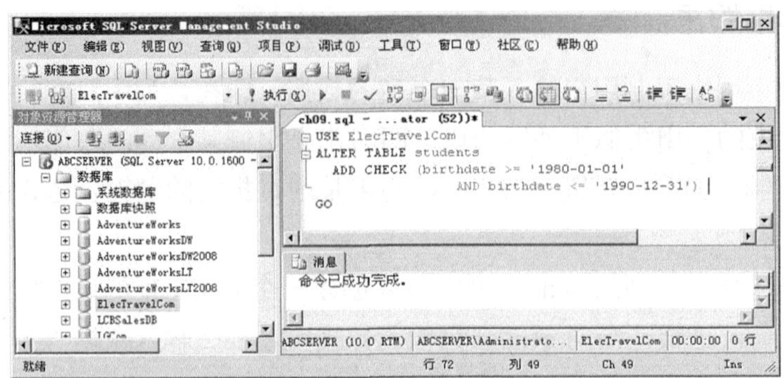

图 9-5　使用 ALTER TABLE 语句定义 CHECK 约束

当使用检查约束时，需要考虑下列因素。

- 一个列上可以定义多个 CHECK 约束。
- 执行 INSERT 语句或者 UPDATE 语句时，该约束验证相应的数据是否满足 CHECK 约束的条件。但是，执行 DELETE 语句时不检查 CHECK 约束。
- CHECK 约束可以参考本表中的其他列。例如，在 employee 表中包含了出生日期(birthdate)列和雇佣日期(hiredate)列，那么 birthdate 列可以引用 hiredate 列，使得 birthdate 列的数据小于 hiredate 列的数据。
- CHECK 约束不能放在有 IDENTITY 属性的列上或者数据类型为 timestamp 的列上。因为这两种列都会自动插入数据。
- CHECK 约束不能包含子查询语句。

9.3.3　主键约束

主键约束在表中定义一个主键值，这是唯一确定表中每一行数据的标识符。在所有的约束类型中，主键约束是最重要的一种约束类型，也是使用最广泛的约束类型。该约束强制实体完整性。一个表中最多只能有一个主键，且主键列不允许空值。

例如，在 students 表中，一般将描述学生学号的 studentID 列作为主键值，因为 studentID 列中的值是唯一的。主键经常定义在一个列上，但是也可以定义在多个列上。当主键定义在多个列上时，虽然某一个列中的数据可能重复，但是这些列的组合值不能重复。

定义主键约束的 4 种基本语法形式如下所示：

```
CONSTRAINT constraint_name PRIMARY KEY
PRIMARY KEY
CONSTRAINT constraint_name PRIMARY KEY (column_list)
PRIMARY KEY (column_list)
```

在上面的语法形式中，前面两种形式可以直接作为属性出现在列名称后面，后面两种形式不是作为列的属性而是作为表的组成部分出现。需要再次强调的是，CONSTRAINT constraint_name 子句是可以省略的。

在定义主键约束时，同时定义了聚集索引或非聚集索引。默认的主键约束是唯一性的聚集索引。

常用的主键约束应该创建在这些列上：如居民的身份证号码、学生的学生代号、产品的产品代号和图书的国际标准书号等。

在如图 9-6 所示的示例中，在使用 CREATE TABLE 语句创建 students 表的脚本中，在 studentID 列上定义了一个主键约束。这样，就不能向 students 表中插入学号相同的两个或更多个学生信息，确保每一个学生的信息都是唯一的。注意，studentID 列不能为空。

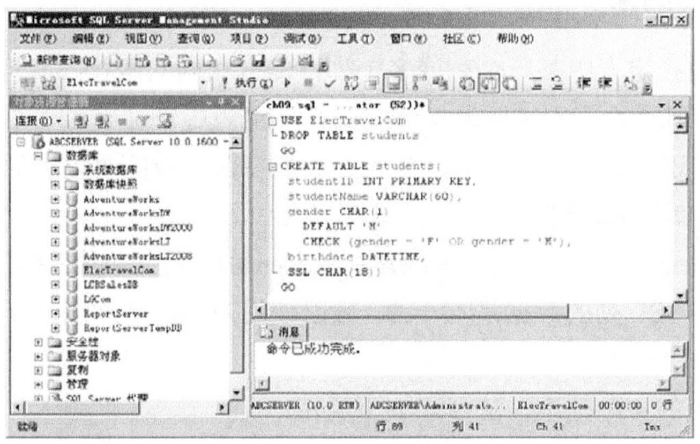

图 9-6　在 CREATE TABLE 语句中定义主键约束

当然，也可以在表创建之后，根据需要使用 ALTER TABLE 语句在表中增加主键约束。在定义主键约束时，也可以把约束放在两个或两个以上的列上。例如，在如图 9-7 所示的示例中，定义了一个包含两个列的主键约束。由于 nationalStudents 表用于存储多个大学的学生的学生信息。这时，单单根据某个学校自己编写的学号来唯一地标识学生是不行的，因为不同的大学里面有可能有相同学号的学生。在这种情况下，应该将学校编号和学号的组合作为主键约束列。

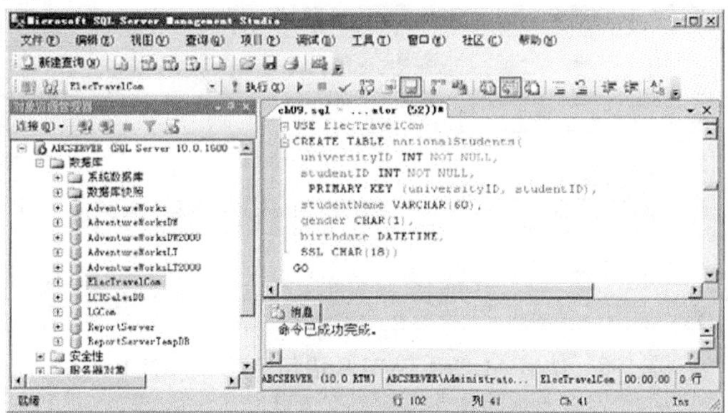

图 9-7　定义包含了两个列的主键约束

当使用主键约束时，应该考虑下列因素。

- 每一个表最多只能定义一个主键约束。
- 主键列所输入的值必须是唯一的。如果主键约束由两个或两个以上的列组成，那么这些列的组合必须是唯一的。
- 主键列不允许空值。

- 主键约束在指定的列上创建了一个唯一性索引。该唯一性索引既可以是聚集索引，也可以是非聚集索引。在默认情况下创建的是聚集索引。如果表中已经有聚集索引，那么在创建主键约束之前，要么把已有的聚集索引删除，要么指定所创建的索引是非聚集索引。
- 可以在定义主键约束时添加级联操作选项。

9.3.4　UNIQUE 约束

UNIQUE 约束指定表中某一个列或多个列不能有相同的两行或两行以上的数据存在。这种约束通过实现唯一性索引来强制实体完整性。当表中已经有了一个主键约束时，如果需要在其他列上实现实体完整性，又因为表中不能有两个或两个以上的主键约束，所以只能通过创建 UNIQUE 约束来实现。

例如，在 students 表中，主键约束创建在 studentID 列上，如果这时还需要保证该表中的存储身份证号的 SSL 列的数据是唯一的，可以使用 UNIQUE 约束。一般地，把 UNIQUE 约束称为候选的主键约束。

UNIQUE 约束的 4 种基本语法形式如下所示：

```
CONSTRAINT constraint_name UNIQUE
UNIQUE
CONSTRAINT constraint_name UNIQUE (column_list)
UNIQUE (column_list)
```

在如图 9-8 所示的示例中，使用 ALTER TABLE 语句在 students 表中的 SSL 列上定义了一个 UNIQUE 约束。首先，SSL 列是允许为空的。其次，每一位学生的身份证号码也是不相同的。

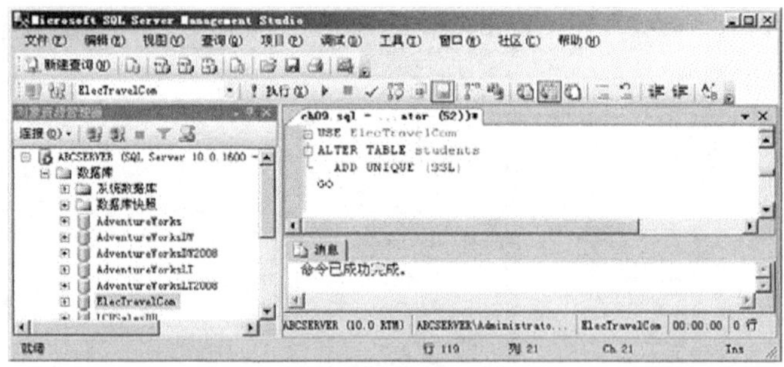

图 9-8　使用 ALTER TABLE 语句定义 UNIQUE 约束

在创建 UNIQUE 约束时，需要考虑下列因素。

- UNIQUE 约束所在的列允许空值，但是主键约束所在的列不允许空值。
- 一个表中可以有多个 UNIQUE 约束。
- 可以把 UNIQUE 约束放在一个或者多个列上，这些列或列的组合必须有唯一的值。但是，UNIQUE 约束所在的列并不是表的主键列。
- UNIQUE 约束强制在指定的列上创建一个唯一性索引。在默认情况下，创建唯一性的非聚集索引。但是，在定义 UNIQUE 约束时也可以指定所创建的索引是聚集索引。

9.3.5　外键约束

外键约束强制引用完整性。外键约束定义一个列或多个列，这些列可以引用同一个表或另外一个表中的主键约束列或 UNIQUE 约束列。实际上，通过创建外键约束可以实现表和表之间的依赖关系。一般情况下，在 Microsoft SQL Server 关系型数据库管理系统中，表和表之间经常存在着大量的关系，这些关系都是通过定义主键约束和外键约束实现的。

例如，在如图 9-9 所示的关系图中，可以看到 Production.Product 表中的 ProductSubcategoryID 列是外键，引用了 Production.ProductSubcategory 表中的主键列，即 ProductSubcategoryID 列。Production.ProductInventory 表中的 ProductID 列和 Purchasing.PurchaseOrderDetail 表中的 ProductID 列都是外键列，都引用了 Production.Product 表中的主键列：ProductID。这也表明，Production.Product 表中没有的产品信息是不能出现在其他外键表中的。

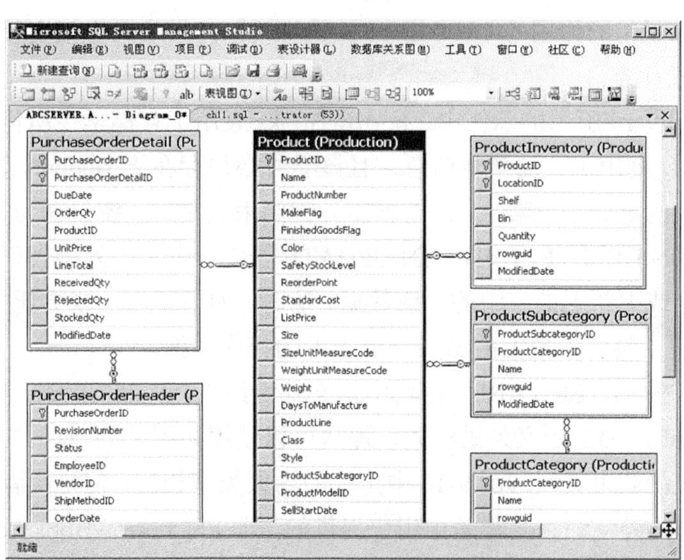

图 9-9　包含了多个关系的关系图

外键约束的基本语法形式如下所示：

```
-- 在 CREATE TABLE 语句中定义只有一个列的外键约束
FOREITN KEY REFERENCES referenced_table_name (referenced_column)
ON DELETE {NO ACTION | CASCADE | SET NULL | SET DEFAULT}
ON UPDATE {NO ACTION | CASCADE | SET NULL | SET DEFAULT}
-- 在 ALTER TABLE 语句中定义只有一个列的外键约束
FOREITN KEY (column) REFERENCES referenced_table_name (referenced_column)
ON DELETE {NO ACTION | CASCADE | SET NULL | SET DEFAULT}
ON UPDATE {NO ACTION | CASCADE | SET NULL | SET DEFAULT}
-- 在 CREATE TABLE 语句中定义有多个列的外键约束
FOREIGN KEY (column_list) REFERENCES referenced_table_name
```

```
(referenced_column_list)
ON DELETE {NO ACTION | CASCADE | SET NULL | SET DEFAULT}
ON UPDATE {NO ACTION | CASCADE | SET NULL | SET DEFAULT}
```

在上面的定义外键约束的语法中，如果直接在列名称后面使用 FOREIGN KEY 关键字定义外键约束，那么没有必要再指定该列的名称。但是，如果在表上定义外键约束，那么需要明确地指定外键约束所在的列名称。REFERENCES 关键字用于指定外键约束引用的主键约束所在的表名和列名。

在外键约束的定义中，ON DELETE 子句是可选的，用于描述删除主键表中数据时外键表的行为。该子句有 4 个选项。NO ACTION 选项表示不执行任何操作，也就是说当删除主键表中数据时，如果外键表中有相应的数据，那么主键表中的删除操作失败。该选项是默认选项。CASCADE 选项表示执行级联删除操作。也就是说，当删除主键表中数据时，外键表中相应的数据会被自动删除。SET NULL 选项表示执行级联删除操作，并且将外键表中的所有数据都设置为空值。当然，只有外键表中所有列都允许空值，该选项才有意义。SET DEFAULT 选项与 SET NULL 选项类似，只是外键表中的数据都设置为默认值。

ON UPDATE 子句的作用与 ON DELETE 子句类似，只是用于指定更新主键表中数据时外键表中的级联行为。

例如，在如图 9-10 所示的示例中，borrowBooks 表用于存储学生所借的图书信息。该表有一个 studentID 列用于存储学号信息，且该学号必须存在于 students 表的 studentID 列中。在该外键约束的定义中，第一，没有使用外键约束名称，系统自动为其赋予一个名称；第二，没有使用 ON DELETE 子句和 ON UPDATE 子句，表示当外键表引用了主键表中的数据时，不能删除或更新主键表中的相应数据。这时，如果要删除或更新主键表中的数据，必须首先删除引用主键表中数据的所有外键表中的相应数据。

当然，也可以在 ALTER TABLE 语句中定义外键约束。例如，假设在创建 borrowBooks 表时没有在 studentID 列上定义外键约束，那么可以使用如图 9-11 所示的脚本增加外键约束。虽然这里定义的约束类型与图 9-10 中定义的约束类型相同，但是两者也有许多不同的地方。第一，这里的外键约束名称是由用户提供的，即 FK_borrowBooks_sID_A6D。第二，这里使用了 ON DELETE CASCADE 子句和 ON UPDATE CASCADE 子句，表示删除或更新主键表中的数据，外键表中的数据随其级联操作。

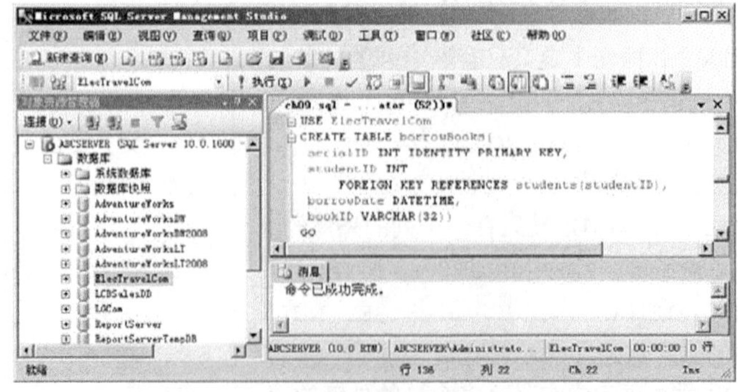

图 9-10　在 CREATE TABLE 语句中定义外键约束

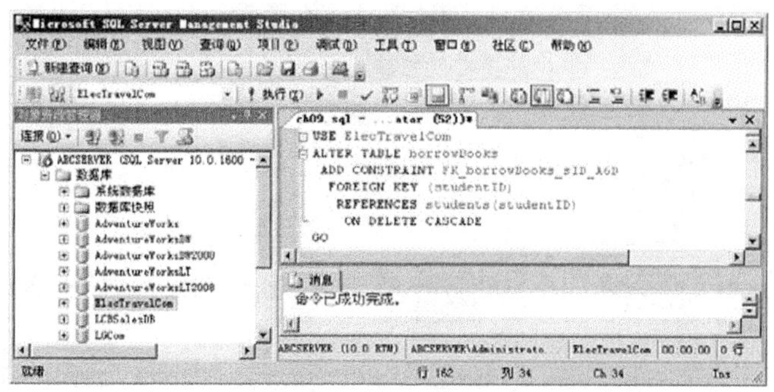

图 9-11　在 ALTER TABLE 语句中定义外键约束

当约束不再需要时，可以执行删除约束的操作。就像定义约束一样，删除约束也没有单独的语句，只能通过 ALTER TABLE 语句中来执行。在如图 9-12 的示例中，执行了删除 FK_borrowBooks_sID_A6D 外键约束的操作。当然，只有首先知道外键约束的名称，才能执行删除外键约束的操作。

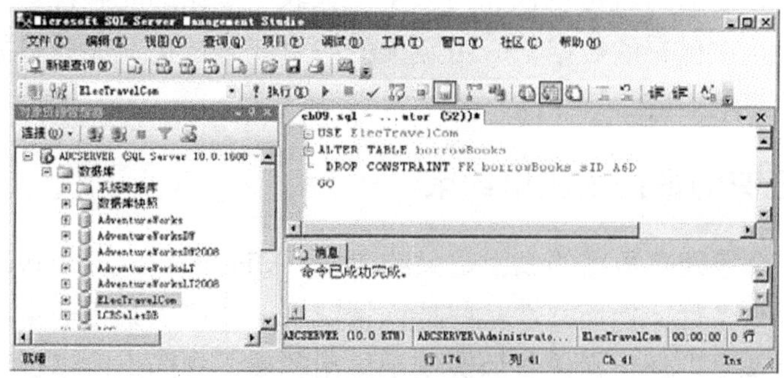

图 9-12　删除外键约束

当使用外键约束时，需要考虑下列规则。

- 外键约束提供了单列引用完整性和多列引用完整性。在 FOREIGN KEY 子句中的列的数量和数据类型必须和 REFERENCES 子句中的列的数量和数据类型匹配。
- 不像主键约束或唯一性约束，外键约束不能自动创建索引。然而，如果在数据库中经常使用连接查询，那么，为了加快连接查询的速度、提高连接查询的性能，用户应该在外键约束列上手工创建索引。
- 当用户修改外键约束所在表中的数据时，该用户必须拥有外键约束所参考表的 SELECT 权限或 REFERENCES 权限。
- 在定义外键约束时，如果引用同一个表中的列时，只能使用 REFERENCES 子句，不能使用 FOREIGN KEY 子句。例如，在如图 9-13 所示的示例中创建了两个约束。一个约束是主键约束，用来确保雇员代号的唯一性；另外一个约束是外键约束，用来确保经理代号是一个有效的雇员代号。注意，在这个外键约束中，引用了同一个表的主键列。

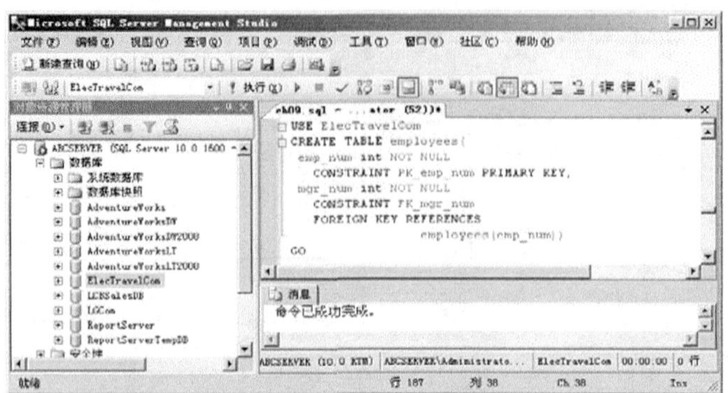

图 9-13　定义引用同一个表中主键列的外键约束

9.4　禁 止 约 束

在表上定义约束之后，就可以依靠约束来保证表中数据的完整性。但是，在某些特殊的情况下，需要禁止在已有的数据上应用定义的约束或者禁止在加载数据时应用约束。下面讨论有关禁止约束的内容。

9.4.1　禁止在已有的数据上应用约束

一般地，在一个已经有数据的表上定义约束时，Microsoft SQL Server 系统自动检查这些数据是否满足约束条件。然而，在某些特殊情况下，还可以禁止约束检查已经存在的数据是否满足约束的定义。禁止在已有的数据上应用约束，实际上就是说这些约束对表中已有的数据不起作用。这种禁止只有在向表中增加约束时才能指定。

当禁止在已有的数据上应用约束时，应该考虑下列规则。

- 只能禁止 CHECK 约束和外键约束应用到表中已有的数据上，其他类型的约束例如主键约束则不能禁止。
- 在已有数据的表中增加 CHECK 约束或者外键约束时，为了禁止这些约束检查已有的数据，应该在 ALTER TABLE 语句的约束定义中使用 WITH NOCHECK 选项。
- 如果已经存在的数据不会再改变，可以在定义 CHECK 约束或外键约束时使用 WITH NOCHECK 选项。但是，如果这些数据今后还要修改，那么这些修改的数据必须满足 CHECK 约束或外键约束的定义，即使是在这些约束的定义中使用了 WITH NOCHECK 选项也是如此。
- 一般情况下，不禁止约束对已有数据的检查。如果确实需要禁止对已有数据的检查，那么在增加这些约束之前，应该使用查询语句检查已经存在的数据，使其满足指定的条件。

增加 CHECK 约束或外键约束之后的数据更新必须满足全部的约束条件，这些更新包括那些没有包括在约束列中其他列的数据。例如，在某个表中有 COL1 和 COL2 两个列，如果在 COL1 列中增加了一个 CHECK 约束，并且使用了 WITH NOCHECK 选项，那么该

CHECK 约束不检查 COL1 列中已经存在的数据。但是，如果以后更新 COL2 中的数据，并且，COL1 中的数据有不满足所定义的 CHECK 约束的数据，那么这种对 COL2 中的数据的更新操作将失败。

在如图 9-14 所示的示例中，在 students 表上增加了一个 CHECK 约束，该约束用于验证输入的学生的出生日期不等于 1985 年 5 月 1 日。在这个 ALTER TABLE 语句中，使用了 WITH NOCHECK 子句，表示该约束对 students 表中已有的数据不强制检查。但是，如果以后更新表中已有数据时，该约束要检查更新后的数据是否满足约束条件。如果满足约束条件，那么这种更新操作成功；否则，更新操作失败。

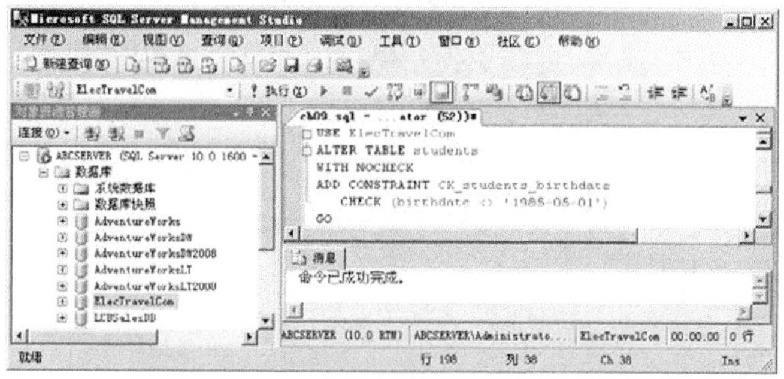

图 9-14　使用 WITH NOCHECK 子句

9.4.2　禁止在加载数据时应用约束

对于 CHECK 约束和外键约束，除了可以禁止对已有的数据应用约束之外，也可以在加载数据时禁止应用这些定义的约束。也就是说，在更新表中数据或向表中添加数据时，可以不判断这些数据是否与所定义的 CHECK 约束或外键约束冲突。

为了避免应用约束的开支，在下列情况下应该禁止对加载的数据应用约束：

- 已经确保所更新或输入的数据与约束要求一致。
- 希望加载与约束有冲突的数据。对于这些与约束有冲突的数据，加载之后，可以执行查询语句来更新这些数据，使其满足指定的条件，然后重新允许约束检查。

注意：

禁止某一个表上的约束并不影响参考该表的其他表上的约束。

可以使用 NOCHECK 子句禁止 CHECK 约束或外键约束应用到加载的数据上。如果以后允许已经禁止的约束时，则需要执行另外一个带有 CHECK 子句或 CHECK ALL 子句的 ALTER TABLE 语句。ALTER TABLE 语句中禁止约束或允许的基本语法形式如下所示：

```
-- 禁止约束应用到加载的数据上
NOCHECK CONSTRAINT constraint_name
NOCHECK CONSTRAINT ALL
-- 解禁以前禁止的约束，允许将约束应用到加载的数据上
CHECK CONSTRAINT constraint_name
CHECK CONSTRAINT ALL
```

在上面的语法中，如果使用了关键字 ALL，那么表示这种禁止或允许对该表上所有的 CHECK 检查约束和外键约束都起作用；如果明确指定了约束名称，则禁止或允许只对该指定的约束起作用。

例如，在如图 9-15 所示的示例中，使用 ALTER TABLE 语句完成了禁止和解禁两个操作。首先，使用 NOCHECK 子句禁止 students 表上的 CK_students_birthdate 约束应用到加载的数据上。接下来，使用 CHECK 子句解禁 students 表上的 CK_students_birthdate 约束，允许该约束应用到加载的数据。

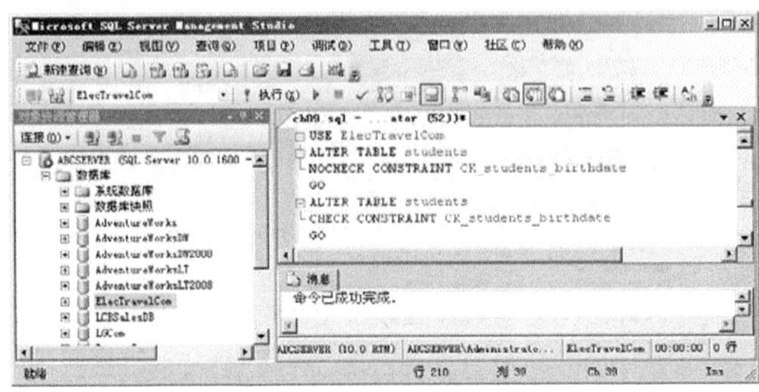

图 9-15　禁止和解禁约束应用到加载的数据

9.5　本 章 小 结

本章研究了数据完整性技术。首先，提出了有关数据完整性方面存在的问题和解决的思路。其次，指出约束是数据完整性领域的一个重要技术，并且研究了约束的类型和特点。接下来，对 DEFAULT、CHECK、主键、UNIQUE、外键等约束类型进行了详细分析，分析内容包括这些约束的创建方式和使用特点。最后，讨论了有关禁止约束方面的问题。

【思考和练习】

1. 数据完整性的主要问题是什么？
2. 什么是域完整性、实体完整性和引用完整性？
3. 约束的作用和类型是什么？
4. DEFAULT 约束的特点是什么？
5. 为什么要引入 CHECK 约束？
6. 主键约束的作用和创建方式是什么？
7. UNIQUE 约束的使用场景是什么？
8. 外键约束的特点是什么？
9. 如何理解主键和外键之间的关系？
10. 如何删除表中的约束？
11. 为什么在加载数据时考虑禁止约束？

第10章　视　　图

从表的角度来看，每一个表都存储了大量数据，通过表可以查看到表中的数据。但是，从业务数据角度来看，同一种业务数据有可能分散在不同的表中，如何从一个数据库对象中查看这些分散存储的数据呢？从安全角度来看，不同的操作人员或许只能看到表中不同部分的数据。从数据的应用角度来看，一个报表中的数据往往来自于多个不同的表中，如何提高报表的设计效率呢？视图是解决这些问题的一种有效手段。本章全面讲述有关视图管理的内容。

本章要点：

- 数据管理中存在的问题和解决思路
- 视图的概念、特点和类型
- 使用 CREATE VIEW 语句创建视图
- 创建索引视图
- 查看和加密视图定义文本
- 通过视图修改基表中的数据
- 使用图形工具管理视图

10.1　概　　述

数据存储在表中，对数据的操纵主要是通过表进行的。但是，仅通过表操纵数据会带来一系列的性能、安全、效率等问题。下面，对这些问题进行分析。

从业务数据角度来看，由于数据库设计时考虑到数据异常等问题，同一种业务数据有可能被分散在不同的表中，但是对这种业务数据的使用经常是同时使用的。前面讲过的连接、子查询、联合等技术就是解决这种问题的一种手段。但是，对于多个表来说，这些操作都是比较复杂的，能不能只通过一个数据库对象就可以同时看到这些分散存储的业务数据呢？如果能的话，可以大大简化查询语句的复杂程度。

从数据安全角度来看，由于工作性质和需求不同，不同的操作人员只需查看表中的部分数据，不能查看表中的所有数据。例如，人事表中存储了员工的代码、姓名、出生日期、薪酬等信息。一般地，员工的代码和姓名是所有操作人员都可以查看的数据，但是薪酬等信息则只能由人事部门管理人员查看，如何有效地解决这种不同操作人员查看表中不同数据的问题呢？

从数据的应用角度来看，一个报表中的数据往往来自于多个不同的表中。在设计报表时，需要明确地指定数据的来源途径和方式。能不能采取有效手段，提高报表的设计效率呢？

解决上述问题的一种有效手段就是视图。视图可以把表中分散存储的数据集成起来，让操作人员通过视图而不是通过表来访问数据，提高报表的设计效率等。

10.2　视图的概念、特点和类型

视图是查看数据库表中数据的一种方式。视图提供了存储预定义的查询语句作为数据库中的对象以备以后使用的能力。视图是一种逻辑对象，是虚拟表。除非是索引视图，否则视图不占物理存储空间。在视图中被查询的表称为视图的基表。大多数的 SELECT 语句都可以用在视图的创建中。

一般地，视图的内容包括以下几项。

- 基表的列的子集或行的子集，也就是说视图可以是基表的一部分。
- 两个或多个基表的联合，也就是说视图是对多个基表进行联合运算检索的 SELECT 语句。
- 两个或多个基表的连接，也就是说视图是通过对若干个基表的连接生成的。
- 基表的统计汇总，也就是说视图不仅是基表的投影，还可以是经过对基表的各种复杂运算的结果。
- 另外一个视图的子集，也就是说视图既可以基于表，也可以基于另外一个视图。
- 来自于函数或同义词中的数据。
- 视图和基表的混合，在视图的定义中，视图和基表可以起到同样的作用。

从技术上讲，视图是 SELECT 语句的存储定义。最多可以在视图中定义一个或多个表的 1 024 列，所能定义的行数是没有限制的。

使用视图有许多优点，例如集中用户使用的数据、掩码数据的复杂性、简化权限管理以及为向其他应用程序输出而重新组织数据等。

(1) 集中用户使用的数据

视图创建了一种可以控制的环境，即表中的一部分数据允许访问，而另外一部分数据则不允许访问。那些没有必要的、敏感的或不适合的数据都从视图中排除掉了。用户可以操纵视图中显示的数据，就像操纵表中的数据那样。另外，如果具有一定的权限和了解一些限制，那么可以修改视图中显示出来的数据。

(2) 掩码数据库的复杂性

视图把数据库设计的复杂性与用户的使用方式屏蔽开了。这样就为数据库开发人员提供了一种改变数据库的设计而不影响用户使用的能力。另外，在数据库设计时，使用的名称经常是难以理解的，而在视图中可以把这些列的名称替换为容易理解的友好名称，从而为用户的使用提供了很大的便利。复杂的查询，甚至包括分布查询异构数据，也可以通过视图掩码。这样，用户只需查询视图就可以得到所需的数据，而不用编写复杂的查询语句或执行脚本。

(3) 简化用户权限的管理

数据库所有者可以把视图的权限授予需要查询的用户，而不必将基表中某些列的查询权限授予用户。这样，就能保护修改基表的设计，而用户可以连续查询视图，而不被影响。

(4) 为向其他应用程序输出而重新组织数据

可以创建一个基于连接两个或多个表的复杂查询的视图，然后把视图中的数据引出到另外一个应用程序，以便对这些数据进行进一步的分析和使用。

在 Microsoft SQL Server 2008 系统中，可以把视图分成 3 种类型，即标准视图、索引视图和分区视图。一般情况下的视图都是标准视图，它是一个虚拟表，不占物理存储空间。如果要提高聚合多行数据的视图性能，可以创建索引视图。索引视图是被物理化的视图，它包含经过计算的物理数据。通过使用分区视图，可以连接一台或多台服务器中成员表中的分区数据，使得这些数据看起来就像来自一个表中一样。

10.3 创 建 视 图

在 Microsoft SQL Server 2008 系统中，主要使用 CREATE VIEW 语句创建视图。只能在当前数据库中创建视图。创建视图时，Microsoft SQL Server 首先验证视图定义中所引用的对象是否存在。

视图的名称应该符合命名规则。是否指定视图的架构则是可选的。因为视图的外表和表的外表是一样的，因此，为了区别表和视图，建议采用一种命名机制，使人容易分辨出视图和表，例如可以在视图名称之前使用 vw_ 作为前缀。

使用 CREATE VIEW 语句创建视图的基本语法形式如下：

```
CREATE VIEW view_name
AS
select_statement
```

视图的内容就是 SELECT 语句指定的内容。根据 SELECT 语句的不同，视图的定义既可以非常简单，也可以非常复杂。在下列情况下，必须在定义视图时指定列的名称。

- 由算术表达式、系统内置函数或常量得到的列。
- 共享同一个表名连接得到的列。
- 希望视图中的列名与表中的列名不同时。

需要注意的是，在视图的定义中，SELECT 子句中不能包含下面这些内容。

- COMPUTE 或 COMPUTE BY 子句。
- ORDER BY 子句，除非 SELECT 语句中的选择列表中有 TOP 子句。
- INTO 关键字。
- OPTION 子句。

- 引用临时表或表变量。

在如图 10-1 所示的示例中，使用 CREATE VIEW 语句创建了一个 vw_EmpHireDate 视图。在这个视图中，EmployeeName 是由 Person.Contact 表中的 FirstName 列和 LastName 列连接而成。EmployeeID 列的数据来自 HumanResources.Employee 表。使用 SELECT 语句对 vw_EmpHireDate 视图进行检索，可以很方便地得到雇员名称、雇员代号、雇佣日期等信息。

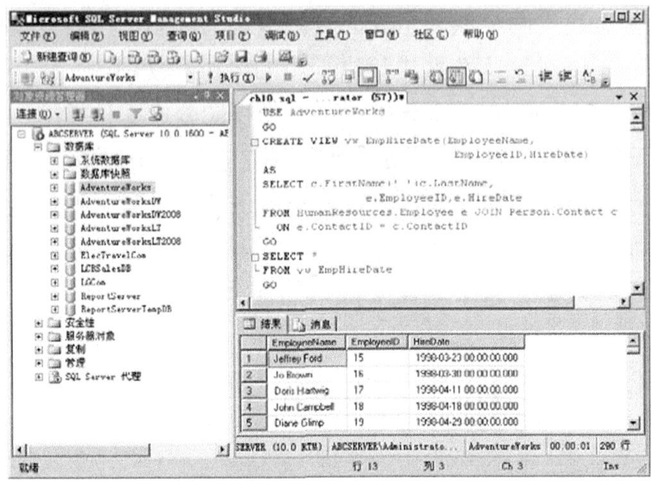

图 10-1　使用 CREATE VIEW 语句创建简单的视图

如果想要查看有关 vw_EmpHireDate 视图的定义文本，可以使用 sp_helptext 系统存储过程或者查看 sys.sql_modules 目录视图的 definition 列。在如图 10-2 所示的示例中，使用 sp_helptext 系统存储过程查看了 vw_EmpHireDate 视图的定义文本。

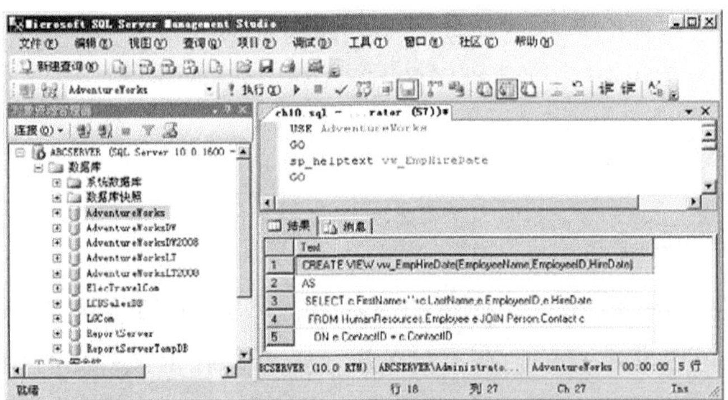

图 10-2　使用 sp_helptext 系统存储过程

视图的定义文本信息存储在 sys.sql_modules 目录视图的 definition 列中。如果不希望其他人员使用 sp_helptext 存储过程查看到视图的定义文本，可以考虑对其进行加密。如果希望加密定义文本，可以在定义视图时使用 WITH ENCRYPTION 子句。

例如，在如图 10-3 所示的使用 CREATE VIEW 语句创建视图的示例中，使用了 WITH ENCRYPTION 子句。这时，该视图的定义文本已经被加密了，使用 sp_helptext 系统存储过程无法查看该对象的定义文本。这在某种程度上起到了保护作用。

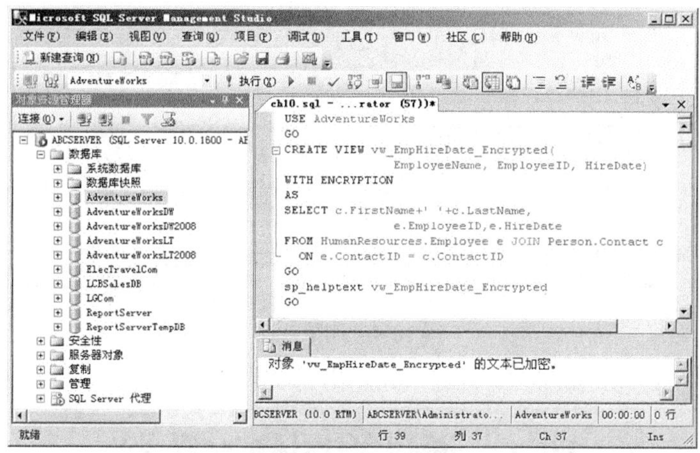

图 10-3　使用 WITH ENCRYPTION 子句创建视图

使用 ALTER VIEW 语句可以修改视图的定义。如果删除一个视图，然后又重新创建该视图，那么必须重新指定视图的权限。但是，当使用 ALTER VIEW 语句修改视图时，视图原有的权限不会发生变化。

如果使用诸如 SELECT * 语句创建了一个视图，然后又修改了基表的结构，例如增加一个新列，那么这个新列不会自动出现在该视图中。为了能在该视图中看到这个新列，必须修改该视图。只有对该视图进行修改之后，新增加的列才能反映到视图中。

在指定的基表基础上定义了视图之后，如果不希望更改视图的基表，可以在定义新视图时使用 WITH SCHEMABINDING 子句。这时创建的视图是索引视图。如果需要修改基表，那么必须首先删除视图。这种情况适用于基表和视图必须紧密一致的场合。这时，定义视图的基本语法形式如下所示：

```
CREATE VIEW schema_name.view_name
WITH SCHEMABINDING
AS
select_statement
```

如果视图不再需要了，可以通过执行 DROP VIEW 语句把视图的定义从数据库中删除。删除一个视图，就是删除其定义和赋予的全部权限。删除一个表并不能自动删除引用该表的视图。因此，视图必须明确地删除。在 DROP VIEW 语句中，可以同时删除多个不再需要的视图。DROP VIEW 语句的基本语法形式如下：

```
DROP VIEW view_name
```

在如图 10-4 所示的示例中，首先使用 If 语句判断 vw_EmpHireDate_Encrypted 视图是否存在。如果存在，则使用 DROP VIEW 语句将该视图删除。

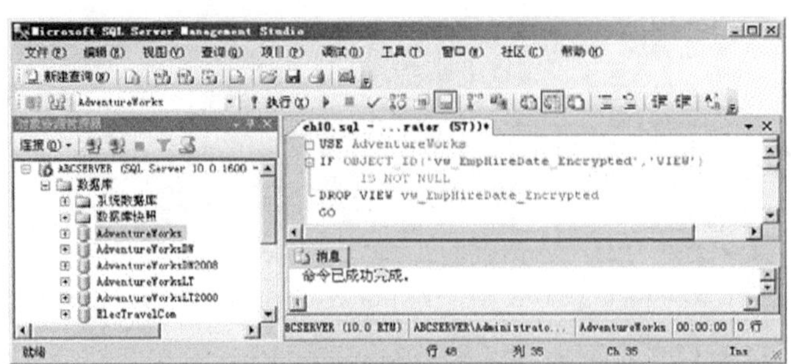

图 10-4　删除视图

10.4　通过视图修改数据

无论在什么时候修改视图的数据，实际上都是在修改视图的基表中的数据。在满足一定的限制条件下，可以通过视图自由地插入、删除和更新基表中的数据。

在修改视图时，要注意下列条件。

- 不能同时影响两个或两个以上的基表。可以修改由两个或两个以上的基表得到的视图，但是每一次修改的数据只允许影响一个基表。
- 某些列不能修改。这些不能修改的列包括通过计算得到值的列、有内置函数的列或有合计函数的列等。
- 如果影响到表中那些没有默认值的列，就可能引起错误。例如，如果使用 INSERT 语句向视图中插入数据，且该视图的基表有一个没有默认值的列或有一个不允许空的列，且该列没有出现在视图的定义中，那么就会产生一个错误消息。
- 如果在视图定义中指定了 WITH CHECK OPTION 选项，那么系统验证所修改的数据。WITH CHECK OPTION 选项强制对视图的所有修改语句必须满足定义视图使用的 SELECT 语句的标准。如果这种修改超出了视图定义的范围，那么系统拒绝这种修改。

例如，AdventureWorks 数据库中有一个 HumanResources.Employee 表，该表存储了公司所有员工的数据。现在，基于该表创建了一个 vw_young_employees 视图，该视图存储了公司中 1980 年 1 月 1 日以后出生的青年员工信息。如果使用 WITH CHECK OPTION 子句创建该视图，那么通过视图更新 HumanResources.Employees 表中数据时，所有的数据必须满足“1980 年 1 月 1 日以后出生”的视图定义条件。否则，更新操作失败。但是，如果在创建 vw_young_employees 视图时，没有使用 WITH CHECK OPTION 选项，那么通过视图更新基表数据时，即使更新后的数据不满足“1980 年 1 月 1 日以后出生”的视图定义条件，那么这种更新操作依然成功。该过程的详细步骤如下所示。

第一步，创建 vw_young_employees 视图，具体的创建视图的语句如图 10-5 所示。在该语句中，使用 WHERE BirthDate >= '1980-1-1'条件指定“1980 年 1 月 1 日以后出生”条件，并且在该 CREATE VIEW 语句中使用了 WITH CHECK OPTION 子句。

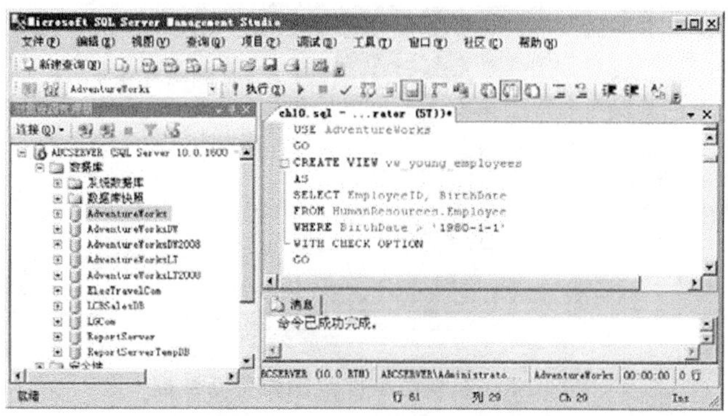

图 10-5　创建使用 WITH CHECK OPTION 子句的视图

第二步，查看 vw_young_employees 视图的数据。在如图 10-6 所示的示例中，使用 SELECT 语句查看了新建的视图中的数据。实际上，视图中的数据来自于基表，并且满足 1980 年 1 月 1 日以后出生。从图 10-6 中可知，99 号雇员的出生日期是 1981 年 2 月 4 日，满足视图的定义条件。

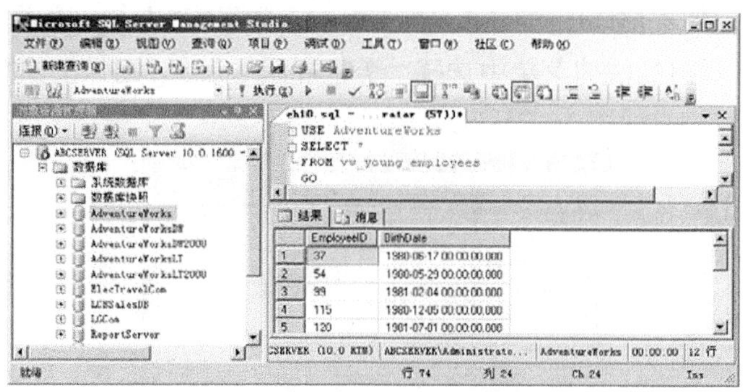

图 10-6　查看视图中的数据

第三步，在视图条件范围内更新数据。在如图 10-7 所示的示例中，使用 UPDATE 语句通过视图更新表中的数据。这里将 99 号雇员的出生日期更改为 1985 年 1 月 1 日。由于更改后的日期仍然在视图定义的条件中，因此更新操作成功。

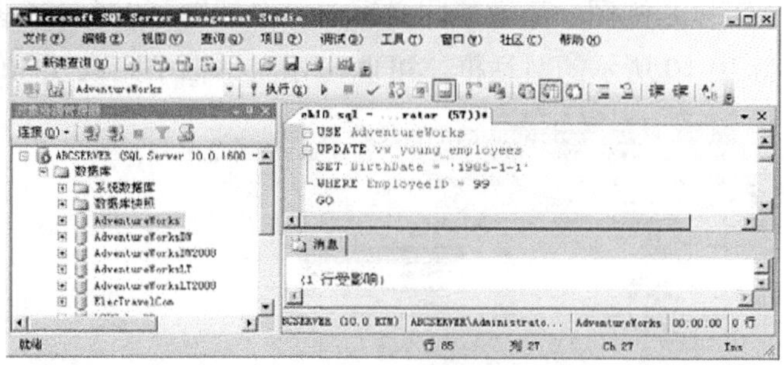

图 10-7　在视图条件范围内更新数据

第四步，在视图条件范围外更新数据。在如图 10-8 所示的示例中，依然使用 UPDATE 语句通过视图更新表中的数据。但是，这时将 99 号雇员的出生日期更改为 1972 年 1 月 1 日。由于更改后的日期不满足视图定义的条件，更新操作失败。

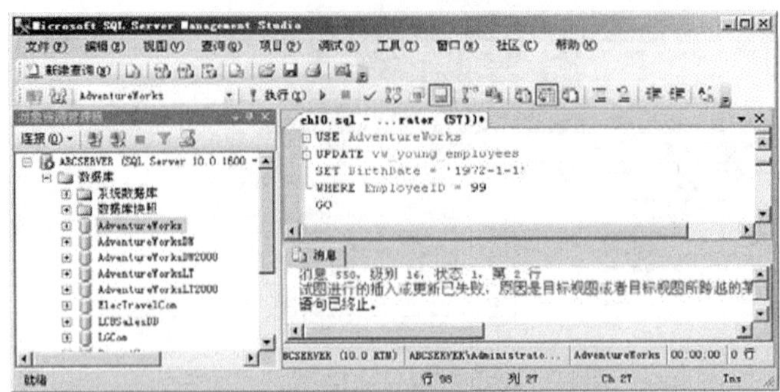

图 10-8　在视图条件范围外更新数据

10.5　使用图形化工具定义视图

除了使用 CREATE VIEW 语句之外，也可以使用图形化工具定义视图。在 SQL Server Management Studio 环境中的“对象资源管理器”中，打开指定的服务器实例，打开“数据库”节点，打开指定的数据库(例如 AdventureWorks 数据库)节点，选中“视图”节点。右击“视图”节点，从弹出的快捷菜单中选择“新建视图”命令，则弹出如图 10-9 所示的“添加表”对话框。

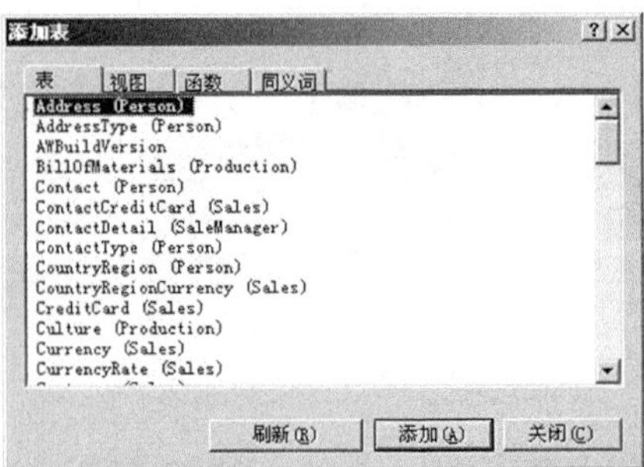

图 10-9　“添加表”对话框

可以从图 10-9 所示的对话框中选择要定义的视图的基表。从图 10-9 中可以看出视图的基表可以是表，也可以是视图、函数或同义词。一个视图可以有多个基表。基表选择结束之后，则显示如图 10-10 所示的对话框。可以在该对话框中完成视图的定义操作。

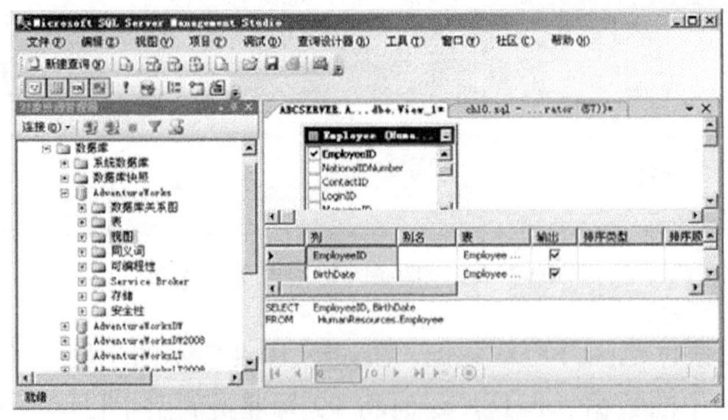

图 10-10　定义视图的对话框

10.6　本 章 小 结

本章讲述了视图管理的内容。首先，探讨了数据管理中存在的问题和解决的思路。其次，解释了视图的基本概念、特点和类型。接下来，详细讲述了创建视图的方法和需要考虑的因素。之后，分析了通过视图修改数据引发的问题和注意事项。最后，简单介绍了如何使用图形化工具来定义和管理视图。

【思考和练习】

1. 为什么要使用视图？
2. 视图的数据来自何处？
3. 能否说视图不占据任何的物理空间？为什么？
4. 讨论视图的应用场景。
5. Microsoft SQL Server 2008 系统提供了哪些类型的视图？
6. 如何使用 CREATE VIEW 语句创建视图？
7. 如何创建索引视图？
8. 如何查看视图的定义文本？
9. 能否通过视图修改基表中的数据？
10. WITH CHECK OPTION 子句的作用是什么？

第11章　存储过程、触发器和函数

如何提高Transact-SQL语句的执行效率呢？如何加强数据库中数据完整性的机制呢？这些问题的解决都依赖于数据库的编程对象。典型的数据库编程对象包括视图、存储过程、触发器、函数等。视图在第10章已经讲过了，本章将讲述其他常用的数据库编程对象。存储过程是一个可重用的代码模块，可以高效率地完成指定的操作。触发器是一种特殊类型的存储过程，可以实现自动化的操作。用户定义函数是由用户根据应用程序的需要而定义的可以完成特定操作的函数。本章将全面研究存储过程、触发器、用户定义函数等特点和使用方式。

本章要点：

- 存储过程的特点、类型和作用
- 使用 CREATE PROCEDURE 语句创建存储过程
- 存储过程的执行方式
- DML 触发器的特点和创建方式
- DML 触发器的工作原理
- 使用 CREATE TRIGGER 语句创建 DML 触发器
- DDL 触发器的特点和创建方式
- 用户定义函数的类型和特点
- 使用 CREATE FUNCTION 语句创建用户定义函数

11.1　存 储 过 程

存储过程可以提高应用程序的设计效率和增强系统的安全性。本节将全面介绍存储过程的特点、类型、创建、执行等内容。

11.1.1　存储过程的特点和类型

存储过程是一个可重用的代码模块，可以高效率地完成指定的操作。在Microsoft SQL Server 2008系统中，可以使用Transact-SQL语言编写存储过程，也可以使用CLR方式编写存储过程。使用CLR编写存储过程是Microsoft SQL Server 2008系统与.NET框架紧密集成的一种表现形式。

使用 Transact-SQL 语言编写存储过程而不使用存储在客户端计算机上的 Transact-SQL 语言有许多优点。

- 存储过程已经在服务器上注册，这样可以提高 Transact-SQL 语言执行效率。
- 存储过程具有安全特性和所有权链接，可以执行所有的权限管理。用户被授予执行存储过程的权限而不必拥有直接对存储过程中引用对象的执行权限。
- 存储过程可以强制应用程序的安全性，防止 SQL 嵌入式攻击。如果单单使用 Transact-SQL 语句，就不能有效地防止 SQL 嵌入式攻击。
- 存储过程允许模块化程序设计，大大提高了程序的设计效率。存储过程创建之后，可以在程序中任意调用。这样会带来许多好处，提高了程序的设计效率、提高了应用程序的可维护性、允许应用程序按照统一的方式访问数据库。
- 存储过程是一组命名代码，允许延迟绑定。也就是说，可以在存储过程中引用当前不存在的对象。当然，这些对象在存储过程执行时应该存在。
- 存储过程可以大大减少网络通信流量。这也是使用存储过程的重要原因。如果有一千条 Transact-SQL 语句的命令，一条一条地通过网络在客户机和服务器之间传送，那么这种传输所耗费的时长将会令人无法忍受。但是，如果把这一千条 Transact-SQL 语句的命令写成一条较为复杂的存储过程命令，这时在客户机和服务器之间的网络传输所需的时间就会大大减少。

在 Microsoft SQL Server 2008 系统中，提供了 3 种基本的存储过程类型，即用户定义的存储过程、扩展存储过程和系统存储过程。

用户定义的存储过程是主要的存储过程类型，是封装了可重用代码的模块或例程。用户定义的存储过程可以接受输入参数、向客户端返回表格或标量结果和消息、调用数据定义语言、数据操纵语言语句，然后返回参数。在 Microsoft SQL Server 2008 系统中，用户定义的存储过程又分为 Transact-SQL 类型的存储过程和 CLR 类型的存储过程。Transact-SQL 存储过程是指保存的 Transact-SQL 语句的集合，可以接受和返回用户提供的参数。CLR 存储过程是指对 Microsoft .NET Framework 公共语言运行时方法(CLR)的引用，可以接受和返回用户提供的参数。

扩展存储过程是指使用某种变成语言(例如 C 语言)创建的外部例程，是可以在 Microsoft SQL Server 实例中动态加载和运行的 DLL。但是，微软公司宣布，从 Microsoft SQL Server 2005 版本开始，将逐步删除扩展存储过程类型，这是因为使用 CLR 存储过程可以可靠和安全地替代扩展存储过程的功能。

系统存储过程是用来完成 Microsoft SQL Server 2008 中许多管理活动的特殊存储过程。从物理上来看，系统存储过程存储在 Resource 系统数据库中，并且带有 sp_前缀。从逻辑上来看，系统存储过程出现在每个系统数据库和用户数据库的 sys 架构中。在 Microsoft SQL Server 2008 系统中，主要的系统存储过程类型和功能如表 11-1 所示。

表 11-1　主要的系统存储过程类型和功能

类　型	描　述
活动目录存储过程	用于在 Windows 的活动目录中注册 SQL Server 实例和 SQL Server 数据库
目录存储过程	用于实现 ODBC 数据字典功能，并且隔离 ODBC 应用程序，使之不受基础系统表更改的影响
游标存储过程	用于实现游标变量功能
数据库引擎存储过程	用于 SQL Server 数据库引擎的常规维护
数据库邮件和 SQL Mail 存储过程	用于从 SQL Server 实例内执行电子邮件操作
数据库维护计划存储过程	用于设置管理数据库性能所需的核心维护任务
分布式查询存储过程	用于实现和管理分布式查询
全文搜索存储过程	用于实现和查询全文索引
日志传送存储过程	用于配置、修改和监视日志传送配置
自动化存储过程	用于在 Transact-SQL 批处理中使用 OLE 自动化对象
通知服务存储过程	用于管理 Microsoft SQL Server 2008 系统的通知服务
复制存储过程	用于管理复制操作
安全性存储过程	用于管理安全性
Profiler 存储过程	在 SQL Server Profiler 中用于监视性能和活动
代理存储过程	由 SQL Server 代理用于管理计划的活动和事件驱动活动
Web 任务存储过程	用于创建网页
XML 存储过程	用于 XML 文本管理

11.1.2　创建存储过程的规则

在设计和创建存储过程时，应该满足一定的约束和规则。只有满足了这些约束和规则，才可以创建有效的存储过程。

虽然说在 CREATE PROCEDURE 语句中可以包括任意数量和类型的 Transact-SQL 语句，但是某些特殊的语句是不能包含在存储过程定义中的。这些不能包括在 CREATE PROCEDURE 语句中的特殊语句如下：

- CREATE AGGREGATE
- CREATE DEFAULT
- CREATE FUNCTION
- CREATE PROCEDURE
- CREATE RULE
- CREATE SCHEMA
- CREATE TRIGGER
- CREATE VIEW
- SET PARSEONLY

- SET SHOWPLAN_TEXT
- SET SHOWPLAN_ALL
- SET SHOWPLAN_XML
- USE database_name

除了上面列出的 CREATE 语句之外，其他的数据库对象都可以在存储过程中创建。只要引用时，该对象已经创建即可。也可以在存储过程中引用临时表。如果在存储过程中创建了本地临时表，那么该临时表只是存在于该存储过程内。退出该存储过程之后，相应的临时表也就消失了。如果正在执行的存储过程调用了另外一个存储过程，被调用的存储过程可以访问由第一个存储过程创建的所有对象，包括临时表在内。存储过程可以带有参数，但是参数的最大数量不超过 2 100。

11.1.3　使用 CREATE PROCEDURE 语句创建存储过程

在 Microsoft SQL Server 2008 系统中，可以使用 CREATE PROCEDURE 语句创建存储过程。需要强调的是，必须具有 CREATE PROCEDURE 权限才能创建存储过程，存储过程是架构作用域中的对象，只能在本地数据库中创建存储过程。

在创建存储过程时，应该指定所有的输入参数、执行数据库操作的编程语句、返回至调用过程或批处理表明成功或失败的状态值、捕捉和处理潜在错误的错误处理语句。

CREATE PROCEDURE 语句的基本语法形式如下所示：

```
CREATE PROCEDURE procedure_name
parameter_name data_type, …
WITH procedure_option
AS
sql_statement
```

在上面的语句中，procedure_name 参数用于指定新建存储过程的名称，parameter_name 参数和 data_type 参数分别用于指定该存储过程的参数名称和所属的数据类型。一个存储过程可以包括多个参数，也可以没有参数。WITH procedure_option 子句用于指定存储过程的特殊行为，例如 WITH ENCRYPTION 子句表示加密该存储过程的定义文本，WITH RECOMPILE 子句表示每一次执行该存储过程时都重新进行编译。sql_statement 子句表示该存储过程定义中的编程语句。

在如图 11-1 所示的示例中，创建了一个名称为 HumanResources.GetEmployeeFullName 的简单的存储过程，用于从 HumanResources.vEmployeeDepartment 表中检索员工的姓名和所属的部门。

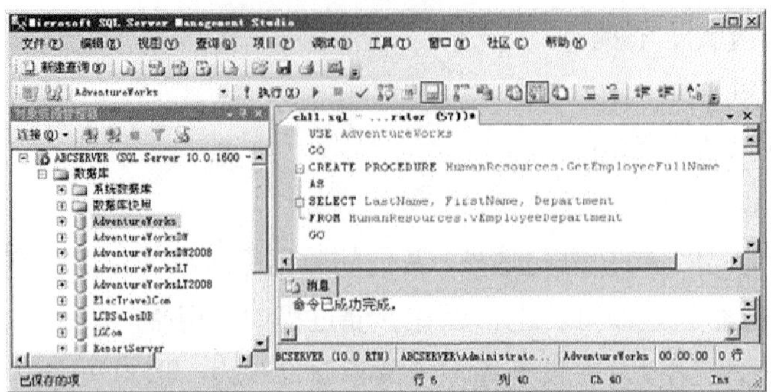

图 11-1　创建一个简单的存储过程

在如图 11-2 所示的示例中，创建了一个名称为 HumanResources.GetEmployeeInfo 的带参数的存储过程，用于从 HumanResources.vEmployeeDepartment 表中检索指定员工姓名的员工职务和所属部门等信息。第一个参数是@LastName，用于指定员工的姓，第二个参数是@FirstName，用于指定员工的名。

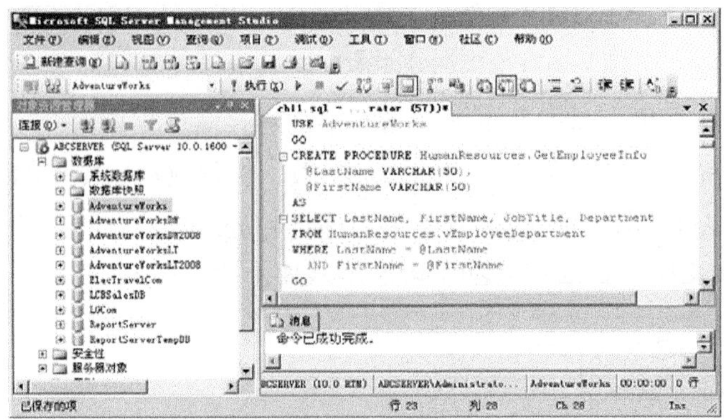

图 11-2　创建一个带参数的存储过程

在存储过程中使用参数时，对于那些返回值的参数，应该使用 OUTPUT 关键字明确指定。在如图 11-3 所示的示例中，创建了一个名称为 dbo.ComputePlus 的存储过程，其作用是计算两个数值之和。该存储过程包括 3 个参数，第一个参数@FirstPara 用于指定第一个加数，第二个参数@SecondPara 用于指定第二个加数，第三个参数是一个 Output 类型的参数，用于指定数值之和的结果。

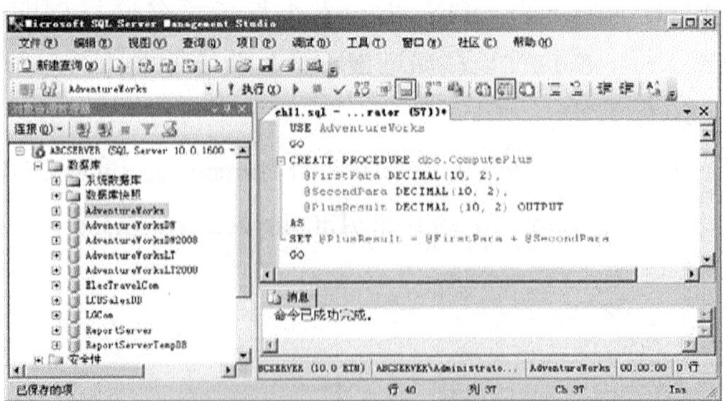

图 11-3　创建带有 OUTPUT 类型参数的存储过程

11.1.4　执行存储过程

在 Microsoft SQL Server 2008 系统中，可以使用 EXECUTE 语句执行存储过程。EXECUTE 语句也可以简写为 EXEC。如果将要执行的存储过程需要参数，那么应该在存储过程名称后面带上参数值。

在如图 11-4 所示的示例中，使用 EXEC 语句执行了图 11-1 中创建的 HumanResources.GetEmployeeFullName 存储过程。该存储过程没有参数，可以直接使用 EXEC 语句来执行。

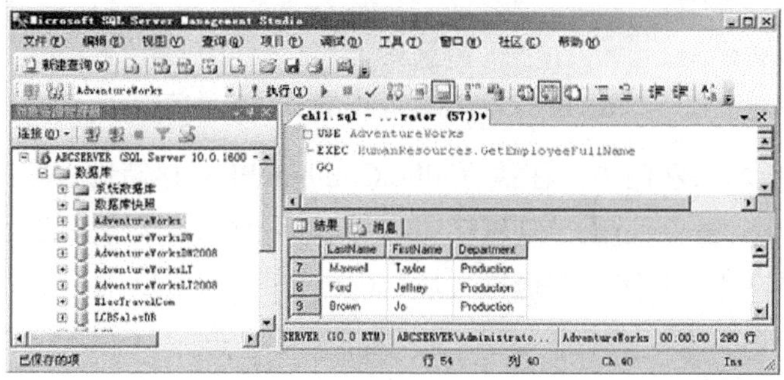

图 11-4　执行简单的存储过程

如果要执行带有参数的存储过程，需要在执行过程中提供存储过程参数的值。可以使用两种方式来提供存储过程的参数值：直接方式和间接方式。直接方式是指在 EXEC 语句中直接为存储过程的参数提供数值，并且这些数值的数量和顺序与定义存储过程时参数的数量和顺序相同。如果参数是字符类型或日期类型，需要将这些参数值使用引号括起来。

例如，在如图 11-5 所示的示例中，为 HumanResources.GetEmployeeInfo 存储过程提供了两个字符数据类型的参数值。

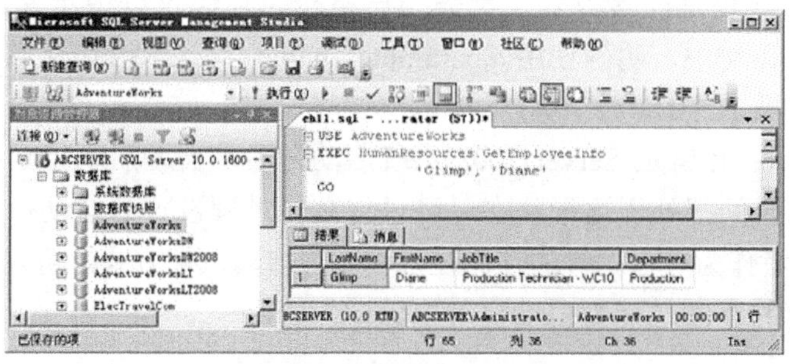

图 11-5　为存储过程直接提供参数值

为存储过程提供参数值的间接方式是指在执行 EXEC 语句之前，声明参数并且为这些参数赋值，然后在 EXEC 语句中引用这些已经获取数值的参数名称。

例如，在如图 11-6 所示的示例中，在 EXEC 语句执行之前，使用 DECLARE 语句声明了两个变量，然后使用 SET 语句为已声明的变量进行了赋值。最后，在 EXEC 语句中引用了这些变量的名称作为存储过程的参数值。

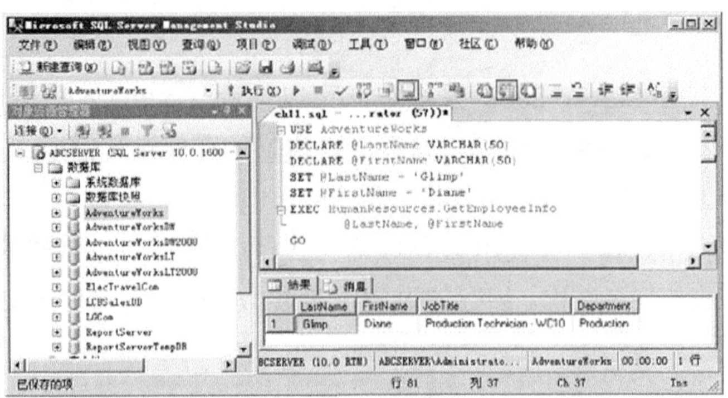

图 11-6　为存储过程间接提供参数值

在如图 11-7 所示的示例中，在执行 dbo.ComputePlus 存储过程期间使用了 OUTPUT 参数。在这种情况下，需要使用 OUTPUT 关键字指定接收运算结果的变量，并且事先声明该变量。需要注意的是，存储过程执行之后，@result 参数可以用于批处理的其他命令中。

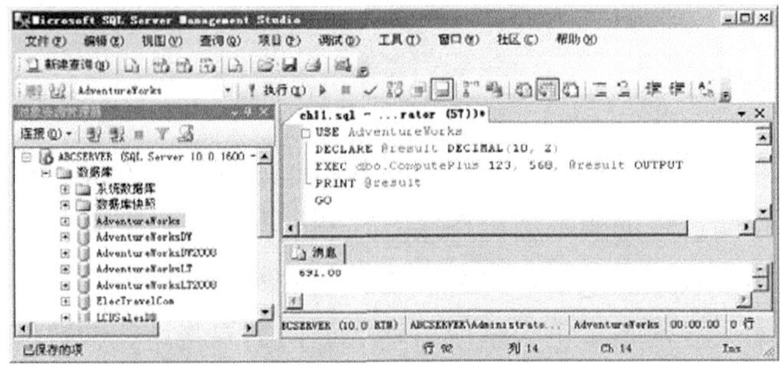

图 11-7　使用 OUTPUT 参数执行存储过程

无论是直接方式还是间接方式，都需要严格按照存储过程中定义的参数顺序提供数值。如果在 EXEC 语句中，明确使用@parameter_name = value 语句提供的参数值，可以不考虑存储过程的参数顺序。

如果希望 Microsoft SQL Server 2008 系统启动之后，自动启动指定的存储过程，并且该存储过程在所有时间都处于运行状态，可以将存储过程设置为自动执行方式。一般地将定期执行的操作或者作为后台运行的存储过程设置为自动执行方式。可以使用 sp_procoption 存储过程设置指定的存储过程为自动执行方式。

11.1.5　修改和删除存储过程

在 Microsoft SQL Server 2008 系统中，可以使用 ALTER PROCEDURE 语句修改已经存在的存储过程。修改存储过程，不是删除和重建存储过程，其目的是保持存储过程的权限不发生变化。例如，如果修改 HumanResources.GetEmployeeInfo 存储过程，那么与该存储过程对象相关的权限将不会发生任何变化。但是，如果删除 HumanResources. GetEmployeeInfo 存储过程并且重新创建同名的存储过程，那么与该存储过程对象相关的权限都需要重新定义。

如果某个存储过程不再需要了，可以使用 DROP PROCEDURE 语句删除该存储过程。例如，在如图 11-8 所示的示例中，使用 DROP PROCEDURE 语句删除了名称为 Human

Resources.GetEmployeeInfo 的存储过程。

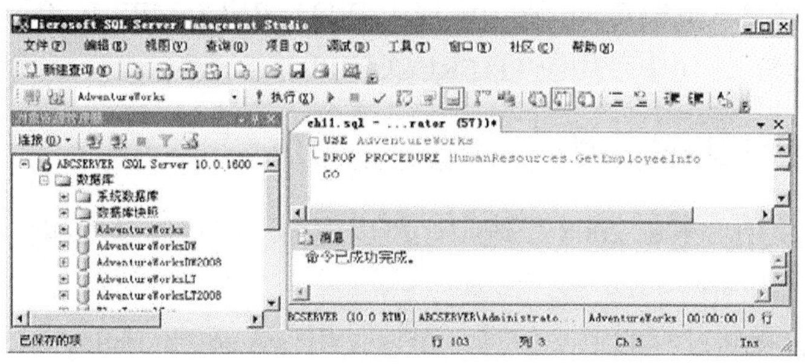

图 11-8　删除存储过程

11.1.6　存储过程的执行过程

存储过程创建之后，在第一次执行时需要经过语法分析阶段、解析阶段、编译阶段和执行阶段。

语法分析阶段是指创建存储过程时，系统检查其创建语句的语法正确性的过程。存储过程的创建过程中，如果碰到语法错误，那么该存储过程的创建将失败。如果语法检查通过之后，系统将把该存储过程的名称存储在当前数据库的 sys.sql_modules 目录视图中。

解析阶段是指某个存储过程首次执行时，查询处理器从 sys.sql_modules 目录视图中读取该存储过程的文本以及检查该过程引用的对象名称是否存在的过程。该过程也被称为延迟名称解析阶段。也就是说，系统允许在创建存储过程时引用的表对象可以不存在，只要这些表对象在存储过程执行时存在即可。需要注意的是，只有引用的表对象才适用于延迟名称解析，存储过程引用的其他对象必须在创建存储过程时已经存在。例如不能在存储过程中引用一个不存在的列(该列所属的表对象已经存在)。

编译阶段是指分析存储过程和生成存储过程执行计划的过程。执行计划是描述存储过程执行最快的方法，其生成过程取决于表中的数据量、表的索引特性、WHERE 子句使用的条件以及是否使用了 UNION、GROUP BY、ORDER BY 子句等因素。查询优化器在分析完存储过程的这些因素之后，将生成的执行计划置于内存(过程高速缓冲存储区)中。过程高速缓冲存储区是一块内存缓冲区，这块缓冲区是 SQL Server 用来存储已经编译的查询规划以便执行存储过程的地方。

执行阶段是指执行驻留在过程高速缓冲存储区中存储过程执行计划的过程。

在以后的执行过程中，如果现有的执行计划依然驻留在过程高速缓冲存储区中，那么 SQL Server 将重用现有的执行计划。如果执行计划不再位于过程高速缓冲存储区中，那么创建新的执行计划。

当存储过程引用的基础表发生结构变化时，该存储过程的执行计划将会自动优化。但是，当在表中添加了索引或更改了索引列中的数据之后，该执行计划不会自动优化，此时，应该重新编译存储过程，以便更新原有的执行计划。在 Microsoft SQL Server 2008 系统中，可以使用 3 种方式重新编译存储过程。

- 使用 sp_recompile 系统存储过程。
- 在 CREATE PROCEDURE 语句中使用 WITH RECOMPILE 子句。
- 在 EXECUTE 语句中使用 WITH RECOMPILE 子句。

11.1.7 查看存储过程的信息

在 Microsoft SQL Server 2008 系统中，可以使用系统存储过程和目录视图查看有关存储过程的信息。

如果希望查看存储过程的定义信息，可以使用 sys.sql_modules 目录视图、OBJECT_DEFINITION 元数据函数、sp_helptext 系统存储过程等。例如，在如图 11-9 的示例中，使用 OBJECT_DEFINITION 元数据函数查看 dbo.ComputePlus 存储过程的定义文本信息。

图 11-9 使用 OBJECT_DEFINITION 元数据函数查看文本信息

注意：

如果希望隐藏存储过程定义文本的信息，那么在定义存储过程时，使用 WITH ENCRYPTION 子句即可。

除此之外，使用 sp.sql_dependencies、sp_depends 等系统存储过程可以查看存储过程的依赖信息。使用 sys.objects、sps.procedures、sys.parameters、sys.numbered_procedures 等目录视图可以查看有关存储过程的名称、参数等信息。

11.2 触 发 器

Microsoft SQL Server 2008 系统提供了两种强制业务逻辑和数据完整性的机制，即约束技术和触发器技术。第 9 章已经讲过了约束技术，本节将讲述触发器技术。

11.2.1 触发器的概念和类型

一般地认为，触发器是一种特殊类型的存储过程，它包括了大量的 Transact-SQL 语句。但是触发器又与存储过程不同，存储过程可以由用户直接调用执行，而触发器不能被直接调用执行，它只能自动执行。

按照触发事件的不同，可以把 Microsoft SQL Server 2008 系统提供的触发器分成两种类型，即 DML 触发器和 DDL 触发器。

当数据库中发生数据操纵语言(Data Manipulation Language，简称为 DML)事件时将调用 DML 触发器。DML 事件包括在指定表或视图中修改数据的 INSERT 语句、UPDATE 语句或 DELETE 语句。在 DML 触发器中，可以执行查询其他表的操作，也可以包含更加复杂的 Transact-SQL 语句。DML 触发器将触发器本身和触发事件的语句作为可以在触发器内回滚的单个事务对待。也就是说，在执行触发器操作过程中，如果检测到错误发生，则整个触发事件语句和触发器操作的事务自动回滚。

DDL 触发器与 DML 触发器相同的是，都需要触发事件进行触发。但是，DDL 触发器的触发事件是数据定义语言(Data Definition Language，简称为 DDL)语句。这些 DDL 语句主要包括以 CREATE、ALTER、DROP 等关键字开头的语句。DDL 触发器的主要作用是执行管理操作，例如审核系统、控制数据库的操作等。

需要说明的是，在 Microsoft SQL Server 2008 系统中，可以创建 CLR 触发器。CLR 触发器既可以是 DML 触发器，也可以是 DDL 触发器。

11.2.2　DML 触发器的类型

按照触发器事件类型的不同，可以把 Microsoft SQL Server 2008 系统提供的 DML 触发器分成 3 种类型，即 INSERT 类型、UPDATE 类型和 DELETE 类型。这也是 DML 触发器的基本类型。

向某一个表中插入数据时，如果该表有 INSERT 类型的 DML 触发器，那么该 INSERT 类型的 DML 触发器就触发执行。同样的道理，如果该表有 UPDATE 类型的 DML 触发器，当对该触发器表中的数据执行更新操作时，该触发器就执行。如果该表有 DELETE 类型的 DML 触发器，当对该触发器表中的数据执行删除操作时，该触发器就执行。

按照触发器和触发事件的操作时间划分，可以把 DML 触发器分为 ALTER 触发器和 INSTEAD OF 触发器。当 INSERT、UPDATE、DELETE 语句执行之后才执行 DML 触发器的操作时，这时的触发器类型是 ALTER 触发器。ALTER 触发器只能用于在表上定义。如果想要使用触发器操作替代触发事件的操作，可以使用 INSTEAD OF 类型的触发器。也就是说，INSTEAD OF 触发器可以替代 INSERT、UPDATE 和 DELETE 触发事件的操作。INSTEAD OF 触发器可以建在表上，也可以建在视图上。通过在视图上建立触发器，可以大大增强通过视图修改表中数据的功能。

虽然 DML 触发器只有 3 种基本类型，但是对于一个表来说，可以有多个不同的触发器。也就是说，同一种类型的触发器可以有多个。因为往往多个同一类型的触发器可以完成不同的操作。例如，student 表上可以有 5 个 INSERT 类型的触发器，有 3 个 DELETE 类型的触发器，以及有两个 UPDATE 类型的触发器。可以使用 sp_settriggerorder 系统存储过程为拥有多个触发器的表设置第一个触发的 First 触发器和最后一个触发的 Last 触发器。

DML 触发器主要作用是维护行级数据完整性，而不是返回结果。之所以使用触发器，是因为触发器中可以包含非常复杂的过程逻辑。

DML 触发器可以一连串地更新数据库中相关表的数据。例如，在 library 数据库中，title 表上有一个 DELETE 类型的触发器，该触发器可以删除其他表中与该表中被删除记录的 title_no 相匹配的记录。在该触发器中，通过使用 title_no，在 loan、item 和 bopy 表中定位匹配的行来执行级联删除操作。

DML 触发器可以实现比约束强制更加复杂的数据完整性。与约束不同，触发器可以参考其他表中的列。例如，当一个学生从图书馆借走一本书的时候，一行记录就插入到了 loan 表中。该 loan 表的 INSERT 触发器可以通过检查 item 表中的 loanable 列的值，决定该书是否是可借阅的。如果该值是 N，那么该触发器就修改这本书的可以借阅状态为不可以借阅状态，同时通知图书管理人员。

可以通过下列方法使用触发器，确保复杂的数据参考完整性。

- 执行操作或级联操作。参考完整性可以在 CREATE TABLE 语句中，通过使用外键约束进行定义。当级联删除或必须进行修改时，触发器确保相应的操作。如果在触发器表上有约束，则约束的检查优于触发器的执行。如果操作与约束相冲突，那么不执行触发器。
- 创建多行触发器。当插入、删除、修改多个记录行时，必须使用能够处理多行记录的触发器。
- 定义定制的错误消息。有时候，需要定制错误消息来表示操作的状态。通过使用触发器，可以调用预先定义的或动态的定制错误消息，当满足一定的条件时，执行触发器。约束、规则和默认只能通过标准的系统错误消息传递错误信息。如果应用程序要求定制的错误消息和更加复杂的错误处理，就必须使用触发器。
- 可以比较数据修改前和修改后的状态。通过 INSERT、UPDATE 和 INSERT 语句，触发器可以提供参考数据变化的情况。这样就允许参考由触发器修改语句影响到的记录。
- 维护非范式数据。可以使用触发器维护非范式数据库环境中的行级数据完整性。维护非范式数据不同于维护主键和外键值。例如，要求从一个表中删除数据行时还需要删除另外一个表中的相关数据，这时可以使用触发器来维护这种操作。

在使用 DML 触发器时，应该考虑下列一些规则和因素。

- 约束优先于触发器检查。如果在触发器表上有约束，那么这些约束在触发器执行之前进行检查。如果操作与约束有冲突，那么不执行触发器。
- 表可以有应用于任意操作的多个触发器。在 SQL Server 系统中，允许在一个表中嵌套若干个触发器。一个表可以有多个触发器，某一个触发器可以定义于一种操作或多种操作。
- 表的所有者必须有执行全部在触发器定义中语句的许可。只有表的所有者可以创建和删除该表的触发器。这些许可不能传递。另外，表的所有者必须具有执行触发器所涉及表的全部语句的许可。如果在触发器中，某些 Transact-SQL 语句的许可被否定了，那么整个触发器事务全部取消。

- 触发器不应该返回结果集。就像存储过程一样，触发器包含了一组 Transact-SQL 语句，触发器也可以包含返回结果集的语句，例如 SELECT 语句。然而，建议在触发器中不要包含返回数据值的语句，这是因为，当用户执行 INSERT、UPDATE、DELETE 语句时，不希望看到任何结果集。

11.2.3　创建 DML 触发器

DML 触发器是一种特殊类型的存储过程，所以 DML 触发器的创建和存储过程的创建方式很相似。可以使用 CREATE TRIGGER 语句创建 DML 触发器。在 CREATE TRIGGER 语句中，指定了定义触发器的基表或视图、触发事件的类型和触发的时间、触发器的所有指令等内容。

创建 DML 触发器的 CREATE TRIGGER 语句的基本语法形式如下：

```
CREATE TRIGGER trigger_name
ON table_name_or_view_name
WITH ENCRYPTION
{ FOR | AFTER | INSTEAD OF } {[DELETE] [ , ] [ INSERT ] [ , ] [ UPDATE ] }
AS sql_statement
```

在上面的语法中，trigger_name 参数用于指定触发器的名称，table_name_or_view_name 参数用于指定 DML 触发器的基表或基视图。WITH ENCRYPTION 子句用于加密触发器的定义文本信息。FOR、AFTER 和 INSTEAD OF 用于指定触发事件的触发时间，这 3 个关键字可以任选一个，其中 FOR 和 ALTER 的作用是相同的，指定触发操作发生在触发事件操作之后，INSTEAD OF 用于指定触发器的操作替代触发事件的操作。触发事件由 DELETE、INSERT、UPDATE 关键字指定，既可以一次指定一种事件，也可以在一个触发器中同时指定多个触发事件类型。

虽然在触发器中可以包括许多 Transact-SQL 语句，但是，仍有一些语句不能用在触发器中。在 Microsoft SQL Server 系统中，这些语句如下。

- CREATE DATABASE、ALTER DATABASE、DROP DATABASE、RESTORE DATABASE、RESTORE LOG 等语句。
- 不允许对基表执行修改、删除等操作。
- CREATE INDEX、ALTER INDEX、DROP INDEX 等语句。
- RECONFIGURE 语句。

创建触发器时，有关触发器的信息就记录在 sys.triggers 对象目录视图、sys.trigger_events 对象目录视图以及 sys.sql_modules 目录视图中。可以使用 sp_helptext 系统存储过程查看触发器的定义信息。例如，在图 11-10 中，使用 sys.triggers 对象目录视图查看了 AdventureWorks 数据库中的所有触发器的名称、类型、创建日期等信息。

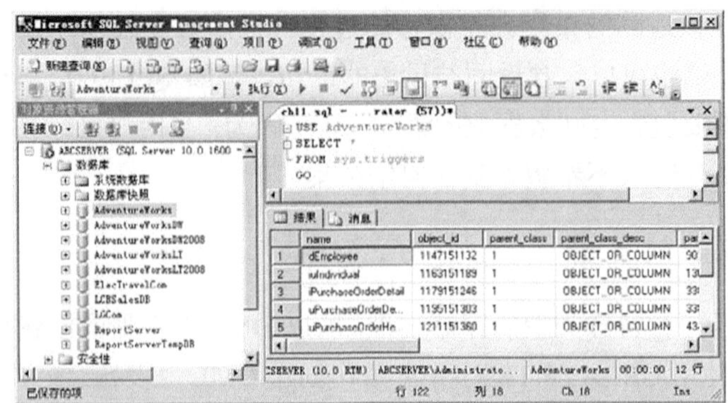

图 11-10　使用 sys.triggers 对象目录视图查看触发器信息

在如图 11-11 所示的示例中，使用 sp_helptext 系统存储过程查看了 AdventureWorks 数据库中 HumanResources 表上的 dEmployee 触发器。从结果可以看出，dEmployee 触发器的类型是 DELETE。当有 DELETE 操作影响 HumanResources 表时，该触发器就被触发执行。

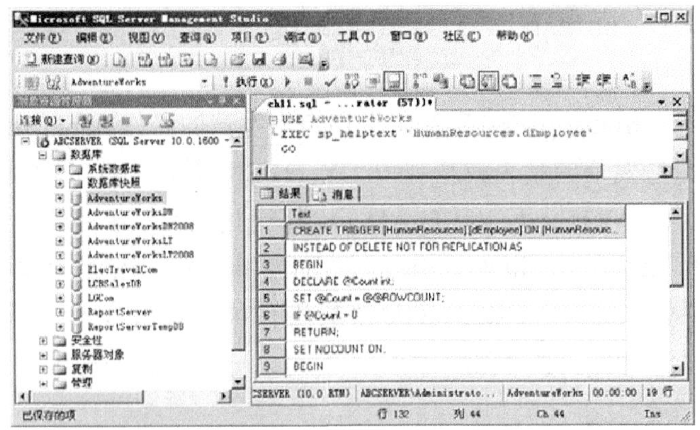

图 11-11　使用 sp_helptext 系统存储过程查看触发器的定义文本信息

注意：

为了隐藏触发器的定义文本，建议在创建或修改触发器的 Transact-SQL 语句中使用 WITH ENCRYPTION 选项。

DML 触发器是可以修改的。如果必须改变某一个触发器的定义，可以修改它，而不必删除重建。修改以后，触发器的新定义将取代触发器的原定义。修改 DML 触发器使用 ALTER TRIGGER 语句。

DML 触发器也可以被删除。当与触发器相关的表或视图被删除时，触发器被自动删除。另外，也可以执行 DROP TRIGGER 语句删除 DML 触发器。DROP TRIGGER 语句的语法形式为：

```
DROP TRIGGER trigger_name
```

11.2.4　DML 触发器的工作原理

11.2.1 节～11.2.3 节介绍了 DML 触发器的基本概念、类型、特点、创建、修改、删除等内容，现在介绍触发器是如何工作的。通过了解触发器的工作原理，可以更好地使用触发器，写出效率更高的触发器。下面主要介绍 INSERT、DELETE 和 UPDATE 类型触发器的工作原理。

向表中插入数据时，INSERT 触发器触发执行。当 INSERT 触发器触发时，新的记录增加到触发器表中和 inserted 表中。inserted 表是一个逻辑表，保存了所插入记录的备份，允许用户参考 INSERT 语句中数据。触发器可以检查 inserted 表，来确定该触发器的操作是否应该执行和如何执行。在 inserted 表中的记录，总是触发器表中一行或多行记录的冗余。

当触发一个 DELETE 触发器时，被删除的记录放在一个特殊的 deleted 表中。deleted 表是一个逻辑表，用来保存已经从表中删除的记录。该 deleted 表允许参考原来的 DELETE 语句删除的已经记录在日志中的数据。使用 DELETE 语句时，应该考虑下列一些因素。

- 当记录放在 deleted 表中的时候，该记录就不会存在数据库的表中了。因此，数据库表和 deleted 表之间没有共同的记录。
- 逻辑表 deleted 总是存放在内存中，这样可以提高性能。
- 在 DELETE 触发器中，不能包括 TRUNCATE TABLE 语句，这是因为该语句是不记日志的操作。

修改一条记录就等于插入一条新记录同时删除一条旧记录。同样，UPDATE 语句也可以看成是由删除一条记录的 DELETE 语句和增加一条记录的 INSERT 语句组成。当在某一个有 UPDATE 触发器表的上面修改一条记录时，表中原来的记录移动到 deleted 表中，修改过的记录插入到了 inserted 表中。触发器可以检查 deleted 表和 inserted 表以及被修改的表，以便确定是否修改了多个行和应该如何执行触发器的操作。

任何触发器都可以包含影响另外一个表的 INSERT、UPDATE 或 DELETE 语句。当允许触发器嵌套时，一个触发器可以修改触发第二个触发器的表，第二个触发器又可以触发第三个触发器，以此类推。在默认情况下，系统允许触发器嵌套。但是，用户可以使用系统存储过程 sp_configure 禁止使用触发器嵌套。触发器最多可以嵌套 32 层。当使用嵌套的触发器时，应该考虑下列因素。

- 默认情况下，触发器不允许叠代调用。也就是说，触发器不能自己调用自己。例如，如果一个 UPDATE 触发器修改某一个表中的一列，并且引起对该表另外一列的修改，那么该 UPDATE 触发器仅执行一次，而不是反复执行。
- 因为一个触发器是一个事务，所以在嵌套的触发器中，如果任意一点失败，整个事务和数据修改都将全部被取消。因此，测试触发器时，为了确定失败的位置，应该在触发器中增加打印信息的语句。

11.2.5　一个 DML 触发器示例

为了更加全面地掌握开发触发器的步骤和技术，本节通过一个具体的示例，全面讲述使用 Transact-SQL 语言开发和创建触发器的技术。一般地，开发触发器的过程包括用户需求分析、确定触发器的逻辑结构、编写触发器代码和测试触发器。

首先，进行需求分析。假设某个公司的数据库中有两个表：accountData 表和 auditAccountData 表。accountData 表记录了该公司重要的资金信息，且只能由公司指定的财务人员使用，财务人员可以根据业务需要修改该表中的数据。为了加强公司的财务管理，监督财务人员对资金的各种业务操作，需要系统自动记录财务人员操作资金数据的日志信息。auditAccountData 表是一个记录对 accountData 表进行各种操作的工具。通过对 auditAccountData 表的检索和分析，就可以监督和审计各个财务人员的所有操作。

通过调研和分析得知，需要在 auditAccountData 表中记录财务人员本身的信息和财务人员的各种操作信息。财务人员本身的信息包括财务人员的登录账户名称、数据库用户名称等，财务人员的各种操作信息包括操作类型、操作时间、操作金额等。

经过上面的分析和确认，需要建立两个表 accountData 和 auditAccountData。accountData 表包含了 3 个列，其结构如表 11-2 所示。在该表中，第一个列的列名是 accountID，用于记录银行账户的流水线号，整数类型，不允许空，是主键列。第二个列的列名是 accountType，长度为 128 的字符类型，不允许空，主要是记录业务操作的类型，例如存款、取款、转账等。第三个列主要是记录业务操作涉及的资金额度，其数据类型是 MONEY，不允许为空。创建 accountData 表的 Transact-SQL 脚本如图 11-12 所示。

表 11-2　accountData 表的结构

列　　名	数 据 类 型	是否允许空	描　　述
accountID	INT	否	账户的流水号，主键
accountType	CHAR(128)	否	业务操作的类型
accountAmount	MONEY	否	业务操作涉及的资金额度

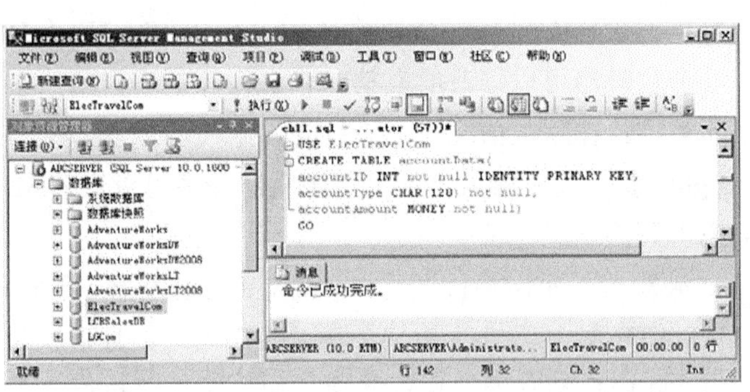

图 11-12　创建 accountData 表

auditAccountData 表包含了 6 个列，其结构如表 11-3 所示。在 auditAccountData 表中，第一个列用于存放系统自动提供的序列号，其列名是 audit_log_id，数据类型是 uniqueidentifier，不允许空，主键列。第二个列用于记录财务人员的登录账户名称，其列名是 audit_log_loginname，数据类型是变长 128 的字符。第三个列记录的是操作银行账户的财务人员在该数据库中的用户名称，数据类型是变长 128 的字符。第四个列记录了财务人员对银行账户的操作类型，例如插入数据、删除数据、更新数据等，其数据类型是字符型。第五个列用于记录操作的金额，其数据类型是 MONEY。最后一个列用于记录财务人员操作业务的时间，其数据类型是 DATETIME。创建 auditAccountData 表的脚本如图 11-13 所示。

表 11-3　auditAccountData 表的结构

列　　名	数 据 类 型	是否允许 空	默 认 值	描　　述
audit_log_id	UNIQUEIDENTIFIER	否	NEWID	序列号，主键
audit_log_loginname	VARCHAR(128)	否	SYSTEM_USER	登录账户名
audit_log_username	VARCHAR(128)	否	CURRENT_USER	数据库用户名
audit_log_actionType	CHAR(16)	否		业务操作类型
audit_log_amount	MONEY	否		
audit_log_actionTime	DATETIME	否	GETDATE	业务操作时间

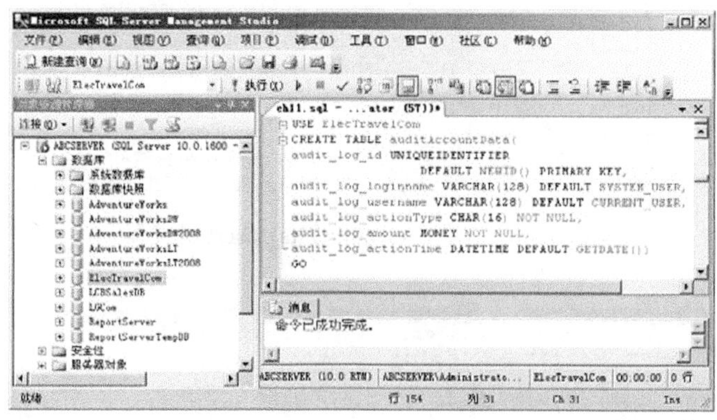

图 11-13　创建 auditAccountData 表

触发器由时间条件、触发事件和动作组成。确定触发器的逻辑结构，就是确定触发器的时间条件、触发事件和动作以及触发器的选项。由于这是一个审计触发器，那么只有在财务人员执行操作之后，才对这些操作进行记录。因此，可以确定该触发器的时间条件为 AFTER。确定了条件之后，开始研究触发器的事件类型，审计的对象是财务人员对账户的所有操作，这些操作包括插入数据、删除数据和更新数据，可以确定该触发器的触发事件是 INSERT、DELETE 和 UPDATE。所以，可以为该表创建 3 个不同类型的触发器，分别为 INSERT、DELETE、UPDATE 类型。

触发器的条件和事件确定之后，就需要确定触发器本身的动作。这些将要确定的动作就是编写 Transact-SQL 语句来执行审计的记录工作。虽然在 auditAccountData 表中包含了 6 个列，但是只有 audit_log_actionType 列和 audit_log_amount 列需要插入财务人员执行操作的类型值和金额，而其他 4 个列的值都可以由系统自动插入。

确定了触发器的逻辑结构之后，就可以编写触发器的代码了。因为有 3 种类型的触发器，所以需要编写 3 个不同的触发器。首先，为这 3 个触发器指定一个描述性的名称。触发器的基表是 accountData，所以指定 INSERT 类型的触发器名称是 t_accountData_insert，用于审计插入数据的操作；DELETE 类型的触发器名称是 t_accountData_delete，用于审计删除账户数据的操作；UPDATE 类型的触发器名称是 t_accountData_update，用于审计修改账户数据的操作。

为了防止这些触发器的文本被无关用户查看，在创建触发器时，应该使用触发器的 WITH ENCRYPTION 选项。t_accountData_insert 触发器的文本如图 11-14 所示，t_accountData_delete 触发器的文本如图 11-15 所示。读者可以根据这里讲述的方法，自己创建 t_accountData_update 触发器。

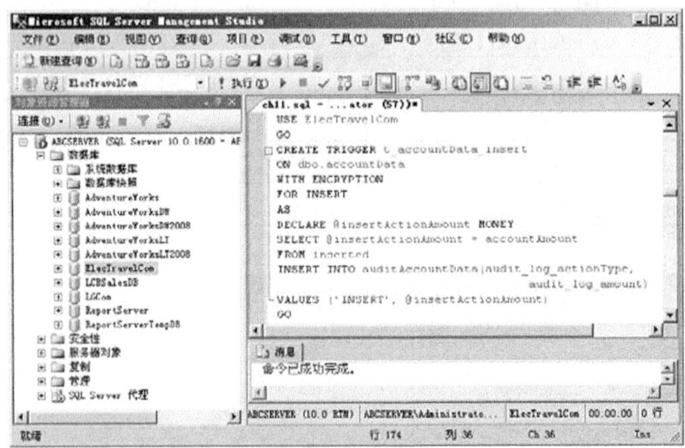

图 11-14　创建 t_accountData_insert 触发器

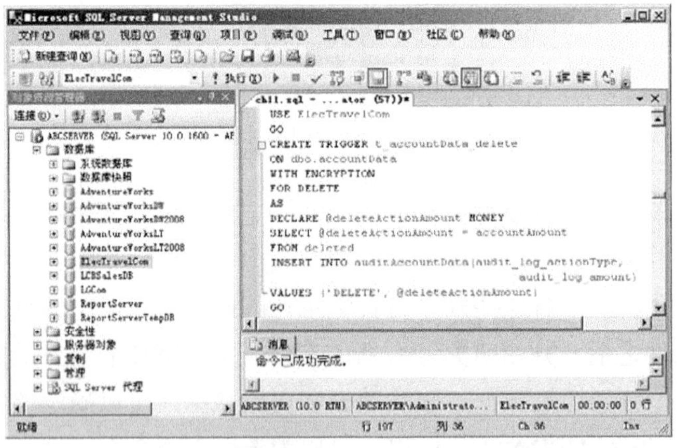

图 11-15　创建 t_accountData_delete 触发器

触发器创建之后，在正式使用之前，应该对触发器进行测试。测试的目的是保证建立正确的触发器，能够正常工作。首先测试插入数据的操作。图 11-16 是一组插入数据的示例，把这些数据插入到 accountData 表中。这些数据插入之后，会触发 t_accountData_insert 触发器的执行。然后，查看 auditAccountData 审计表中的记录，如图 11-17 所示。可以看到，触发器的操作是正确的。

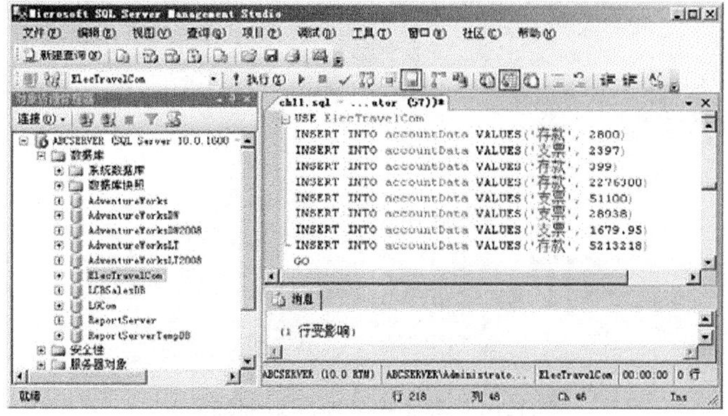

图 11-16　一组插入数据的操作

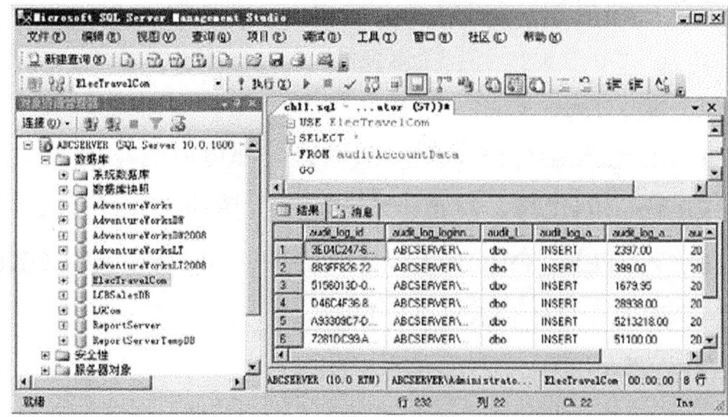

图 11-17　审计到的插入数据的操作

测试删除数据的操作。图 11-18 是一组删除数据的操作。这些删除操作完成之后，应该在 auditAccountData 审计表中记录下来。在图 11-19 中，可以看到 auditAccountData 表中的结果，这些结果都是正确的，表示定义的 DELETE 类型触发器的工作是正确的。

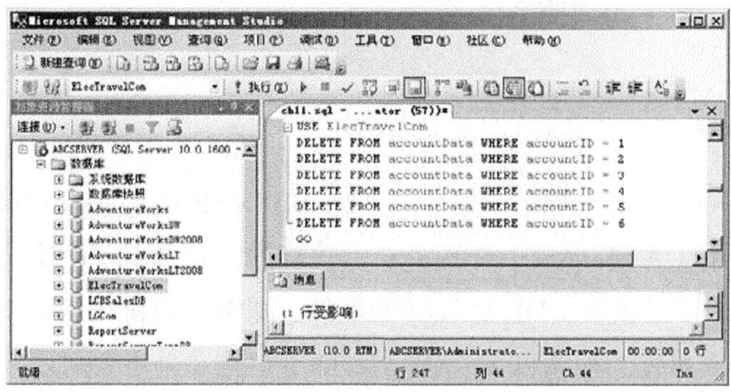

图 11-18　一组删除数据的操作

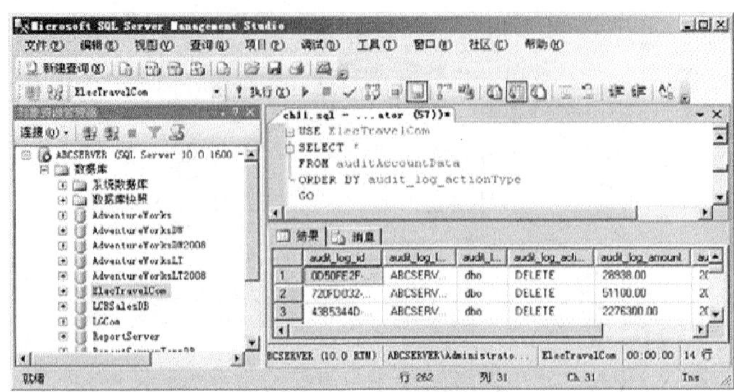

图 11-19　审计到的删除数据的操作

通过这个实例可以看出，触发器可以自动触发完成规定的操作，因此可以借助触发器技术实现系统中某些操作的自动化控制。

11.2.6　DDL 触发器

DDL 触发器与 DML 触发器有许多类似的地方，都可以自动触发完成规定的操作或使用 CREATE TRIGGER 语句创建等，但是也有一些不同的地方。例如，DDL 触发器的触发事件主要是 CREATE、ALTER、DROP 以及 GRANT、DENY、REVOKE 等语句，并且触发的时间条件只有 AFTER，没有 INSTEAD OF。

一般地，DDL 触发器主要用于下面这些操作。

- 防止对数据库架构进行某些更改。
- 希望数据库中发生某种情况以便实现相应数据库架构中的更改。
- 记录数据库架构中的更改或事件。

创建 DDL 触发器的 CREATE TRIGGER 语句的基本语法形式如下：

```
CREATE TRIGGER trigger_name
ON { ALL SERVER | DATABASE }
WITH ENCRYPTION
{ FOR | AFTER } {event_type}
AS sql_statement
```

需要特别指出的是，在上面的语法中，ALL SERVER 关键字表示该 DDL 触发器的作用域是整个服务器，DATABASE 关键字表示该 DDL 触发器的作用域是整个数据库。event_type 参数用于指定触发 DDL 触发器的事件。数据库范围内的事件类型如表 11-4 所示，服务器范围内的事件类型如表 11-5 所示。除了事件之外，还可以在 DDL 触发器的定义中使用事件组。

表 11-4　数据库范围内的事件类型

CREATE_APPLICATION_ROLE	ALTER_APPLICATION_ROLE	DROP_APPLICATION_ROLE
CREATE_ASSEMBLY	ALTER_ASSEMBLY	DROP_ASSEMBLY
ALTER _AUTHORIZATION_DATABASE		
CREATE_CERTIFICATE	ALTER_CERTIFICATE	DROP_CERTIFICATE
CREATE_CONTRACT	DROP_CONTRACT	
GRANT_DATABASE	DENY_DATABASE	REVOKE_DATABASE
CREATE_EVENT_NOTIFICATION	DROP_EVENT_NOTIFICATION	
CREATE_FUNCTION	ALTER_FUNCTION	DROP_FUNCTION
CREATE_INDEX	ALTER_INDEX	DROP_INDEX
CREATE_MESSAGE_TYPE	ALTER_MESSAGE_TYPE	DROP_MESSAGE_TYPE
CREATE_PARTITION_FUNCTION	ALTER_PARTITION_FUNCTION	DROP_PARTITION_FUNCTION
CREATE_PARTITION_SCHEME	ALTER_PARTITION_SCHEME	DROP_PARTITION_SCHEME
CREATE_PROCEDURE	ALTER_PROCEDURE	DROP_PROCEDURE
CREATE_QUEUE	ALTER_QUEUE	DROP_QUEUE
CREATE_REMOTE_SERVICE_BINDING	ALTER_REMOTE_SERVICE_BINDING	DROP_REMOTE_SERVICE_BINDING
CREATE_ROLE	ALTER_ROLE	DROP_ROLE
CREATE_ROUTE	ALTER_ROUTE	DROP_ROUTE
CREATE_SCHEMA	ALTER_SCHEMA	DROP_SCHEMA
CREATE_SERVICE	ALTER_SERVICE	DROP_SERVICE
CREATE_STATISTICS	UPDATE_STATISTICS	DROP_STATISTICS
CREATE_SYNONYM		DROP_SYNONYM
CREATE_TABLE	ALTER_TABLE	DROP_TABLE
CREATE_TRIGGER	ALTER_TRIGGER	DROP_TRIGGER
CREATE_TYPE		DROP_TYPE
CREATE_USER	ALTER_USER	DROP_USER
CREATE_VIEW	ALTER_VIEW	DROP_VIEW
CREATE_XML_SCHEMA _COLLECTION	ALTER_XML_SCHEMA_COLLECTION	DROP_XML_SCHEMA_COLLECTION

表 11-5　服务器范围内的事件类型

ALTER_AUTHORIZATION_SERVER		
CREATE_DATABASE	ALTER_DATABASE	DROP_DATABASE
CREATE_ENDPOINT		DROP_ENDPOINT
CREATE_LOGIN	ALTER_LOGIN	DROP_LOGIN
GRANT_SERVER	DENY_SERVER	REVOKE_SERVER

下面通过一个示例讲述如何使用 DDL 触发器。为了防止删除或修改数据库中的表对象，可以在该数据库中针对修改表和删除表的操作事件定义一个 DDL 触发器。图 11-20 就是一个保护 ElecTravelCom 数据库中的表不被删除和修改的 DDL 触发器示例。

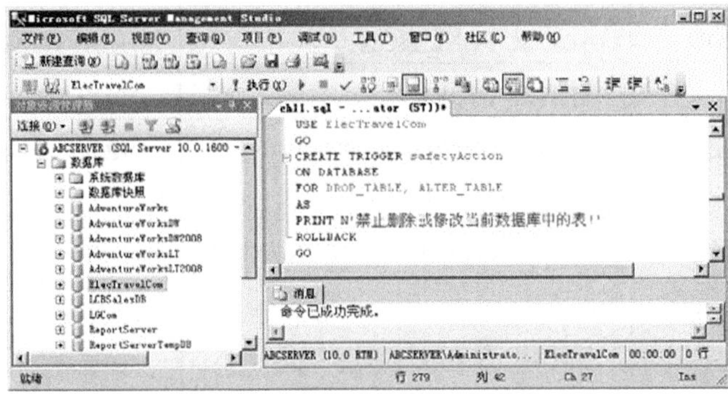

图 11-20　定义一个 DDL 触发器

如果不小心执行删除表的操作，那么该 safetyAction 触发器就会发生作用，取消删除表的操作。例如，在如图 11-21 所示的示例中，企图使用 DROP TABLE auditAccountData 语句删除 auditAccountData 表，由于 safetyAction 触发器发挥了作用，该删除操作被取消了。

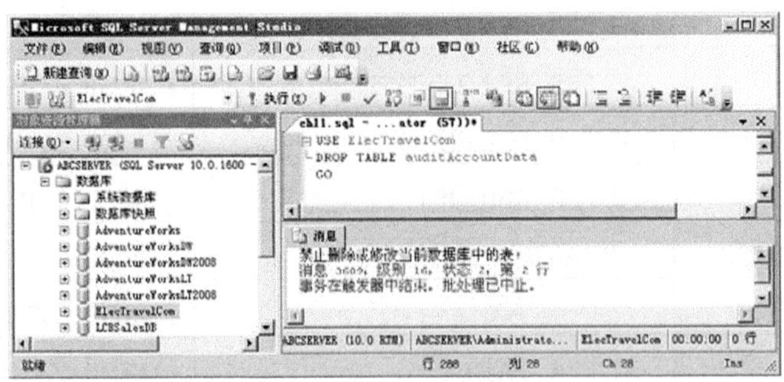

图 11-21　删除表的操作失败

11.3　用户定义函数

在 Microsoft SQL Server 2008 系统中，用户定义函数是接受参数、执行操作并且将运算结果以值的形式返回的例程。这种返回值既可以是单个标量值，也可以是一个结果集。

在 Microsoft SQL Server 2008 系统中，用户定义函数可以使用 Transact-SQL 语言编写，也可以使用.NET 编程语言来编写。

11.3.1　用户定义函数的特点

在 Microsoft SQL Server 系统中，使用用户定义函数可以带来许多好处，这些好处包括允许模块化设计，只需创建一次函数并且将其存储在数据库中，以后便可以在程序中调用任意次。用户定义函数可以独立于程序源代码进行修改。执行速度更快，就像存储过程一样，使用 Transact-SQL 编写的用户定义函数通过缓存计划并在重复执行时重用它来降低 Transact-SQL 代码的编译开销。也就是说，每次使用用户定义函数时均无需重新解析和重新优化，从而大大缩短了执行时间。减少网络流量，基于某种无法用单一标量表达式表示的复杂约束来过滤数据的操作，可以表示为函数。然后，该函数可以在 WHERE 子句中调用，以减少发送至客户端的数字或行数。

在 Microsoft SQL Server 2008 系统中，所有的用户定义函数都具有相同的由两部分组成的结构：标题和正文。

标题可以定义下列内容。

- 具有可选架构/所有者名称的函数名称。
- 输入参数名称和数据类型。
- 可以用于输入参数的选项。
- 返回参数数据类型和可选名称。
- 可以用于返回参数的选项。

正文定义了函数将要执行的操作，这些操作可以是一个或多个 Transact-SQL 语句，也可以是.NET 程序集的引用。

在 Microsoft SQL Server 2008 系统中，用户定义函数又可以分为两类，即用户定义标量函数和用户定义表值函数。用户定义标量函数返回在 RETURNS 子句中定义的类型的单个数据值。对于多语句标量函数，定义在 BEGIN END 块中的函数体包含一系列返回单个值的 Transact-SQL 语句。返回类型可以是除 text、ntext、image、cursor 和 timestamp 以外的任何数据类型。用户定义表值函数返回 table 数据类型。实际上，在表值函数中，表是单个 SELECT 语句的结果集。

11.3.2　创建用户定义函数时的考虑

在 Microsoft SQL Server 2008 系统中，可以分别使用 CREATE FUNCTION、ALTER FUNCTION 和 DROP FUNCTION 语句来实现用户定义函数的创建、修改和删除。在创建用户定义函数时，每个完全限定用户函数名称(schema_name.function_name)必须唯一。

函数的 BEGIN END 块中的语句不能有任何副作用。函数副作用是指对具有函数外作用域(例如修改数据库表)的资源状态的任何永久性更改。函数中的语句唯一能做的更改是对函数上的局部对象(如局部游标或局部变量)的更改。不能在函数中执行的操作包括：对数据库表的修改，对不在函数上的局部游标进行操作，发送电子邮件，尝试修改目录，以及生成返回至用户的结果集。

在函数中，可以包括的语句类型如下。

- DECLARE 语句，该语句可用于定义函数局部的数据变量和游标。
- 为函数局部对象赋值，例如使用 SET 语句为标量和表局部变量赋值。
- 游标操作，该操作引用在函数中声明、打开、关闭和释放的局部游标。不允许使用 FETECH 语句将数据返回到客户端，仅允许使用 FETCH 语句通过 INTO 子句给局部变量赋值。
- 除 TRY CATCH 语句之外的控制流语句。
- SELECT 语句，该语句包含具有为函数的局部变量赋值的表达式的选择列表。
- INSERT、UPDATE 和 DELETE 语句，这些语句修改函数的局部表变量。
- EXECUTE 语句，该语句调用扩展存储过程。

在 Microsoft SQL Server 2008 系统中，确定性内置函数可以在用户定义函数中使用，大多数的不确定性内置函数也可以在用户定义函数中使用。这些不确定性内置函数包括 GETDATE、CURRENT_TIMESTAMP 和@@MAX_CONNECTIONS。但是像 NEWID 等不确定性内置函数不能在用户定义函数中使用。

11.3.3　使用 CREATE FUNCTION 语句

在 Microsoft SQL Server 2008 系统中，使用 CREATE FUNCTION 语句可以创建标量函数、内联表值函数和多语句表值函数。需要说明的是，如果 RETURNS 子句指定了一种标量数据类型，则该函数为标量值。如果 RETURNS 子句指定了 TABLE，则该函数为表值函数。根据函数主体的定义方式，表值函数可以分为内联函数或多语句函数。内联函数可以用于获得参数化视图的功能。

(1) 使用 CREATE FUNCTION 语句创建标量函数的基本语法形式如下所示：

```
CREATE FUNCTION function_name
( @parameter_name_list)
RETURNS return_data_type
AS
BEGIN
function_body
RETURN scalar_expression
END
```

在上面的语法中，function_name 参数用于指定函数的名称，@parameter_name_list 参数用于指定该函数的输入参数，输入参数的内容包括参数名称、参数数据类型、是否有默认值等。RETURNS 是关键字，return_data_type 参数用于指定该函数将要返回值的数据类型。BEGIN END 块中是函数体，function_body 用于表示该函数体，RETURN 关键字使用 scalar_expression 参数指定将要返回的值。注意，用于指定返回值数据类型时使用 RETURNS 关键字，而用于指定返回值时使用了 RETURN 关键字。

在如图 11-22 的示例中，演示了如何创建一个标量函数。该函数的名称是 dbo.ISOweek，其功能是将指定的日期数据换算成标准的周序号。其中，@DATE 是一个输入参数，RETURNS 关键字指定了该函数的返回值类型是 INT，表示整数类型。BEGIN END 之间是函数体，用于将指定日期转换为周序号，最后使用 RETURN (@ISOweek)语句返回最终结果。

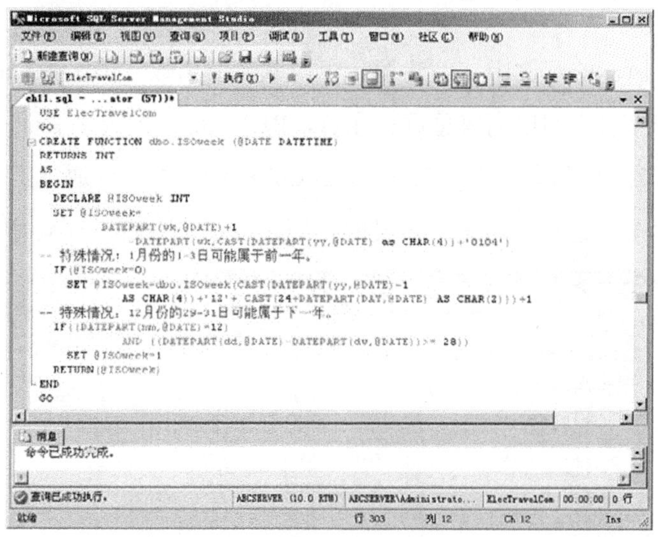

图 11-22　创建标量函数

如果想要验证一下图 11-22 中创建的标量函数，可以按照图 11-23 中的方式测试。在如图 11-23 所示的示例中，使用 dbo.ISOweek 标量函数将指定的日期 2008 年 8 月 8 日换算成标准的周序号，换算结果是 11 周。

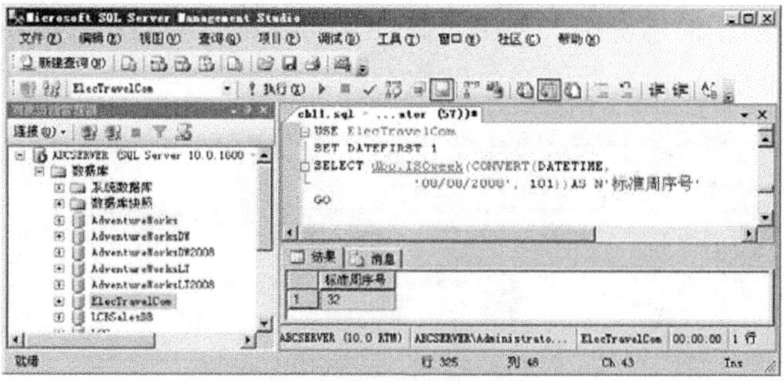

图 11-23　使用标量函数

(2) 使用 CREATE FUNCTION 语句创建内联表值函数的基本语法形式如下所示：

```
CREATE FUNCTION function_name
( @parameter_name_list)
RETURNS TABLE
AS
       RETURN (select_statement)
```

在上面的语法中，RETURNS TABLE 表示该函数是一个表值函数，由于函数体只有一个 RETURN 语句，且该 RETURN 关键字后面是一个 SELECT 语句，因此这是一个内联表值函数。内联表值函数往往用作视图，但是比视图更加灵活，因为该函数可以在 WHERE 子句中使用变量。

在如图 11-24 所示的示例中，创建了一个内联表值函数，该函数可以返回指定商店销售的产品代号、产品名称和年销售总额。注意，RETURNS 关键字后面是 TABLE 关键字，且函数体中 RETURN 后面有一个复杂的 SELECT 语句。之所以通过函数来定义视图而不通过视图来定义视图，这是因为这里定义的视图可以在 WHERE 子句中使用参数。

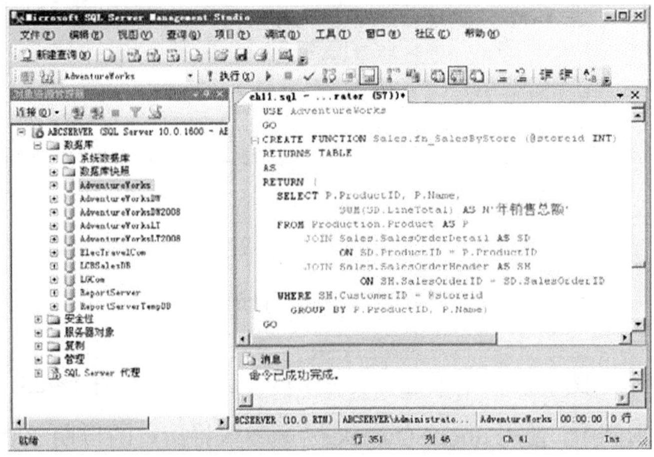

图 11-24　创建内联表值函数

在如图 11-25 所示的示例中，使用了新创建的 Sales.fn_SalesByStore 函数返回了 200 号商店销售的产品的代号、名称以及年销售总额。

图 11-25　使用内联表值函数

(3) 使用 CREATE FUNCTION 语句创建多语句表值函数的基本语法形式如下所示：

```
CREATE FUNCTION function_name
( @parameter_name_list)
RETURNS @return_variable TABLE (table_type_definition)
```

```
AS
BEGIN
        function_body
        RETURN
END
```

上面的语法与内联表值函数的创建语法有 4 个不同之处：第一，在多语句表值函数的创建语句中，RETURNS 后面是可以接收将要返回的结果集的表的定义，但是在内联表值函数的定义语句中 RETURNS 后面仅是一个 TABLE 关键字；第二，在多语句表值函数的创建语句中使用了 BEGIN END 块，但是内联表值函数的定义中没有该 BEGIN END 块；第三，在多语句表值函数中有单独的由 function_body 表示的函数体，但是内联表值函数中没有此单独表示的函数体；第四，在多语句表值函数的创建语句中，RETURN 后面是空的，但是在内联表值函数的定义中 RETURN 后面是一个 SELECT 语句。

在如图 11-26 所示的示例中，使用 CREATE FUNCTION 语句创建了一个多语句表值函数。该函数的名称是 dbo.fn_FindReports。该函数的返回值是有多行数据的表类型。在该函数体中，有两个主要语句：第一个主要语句是使用 WITH 定义了一个公用表表达式，第二个主要语句是使用 INSERT 语句。该函数的功能是获取指定员工代号的工作汇报路径清单。

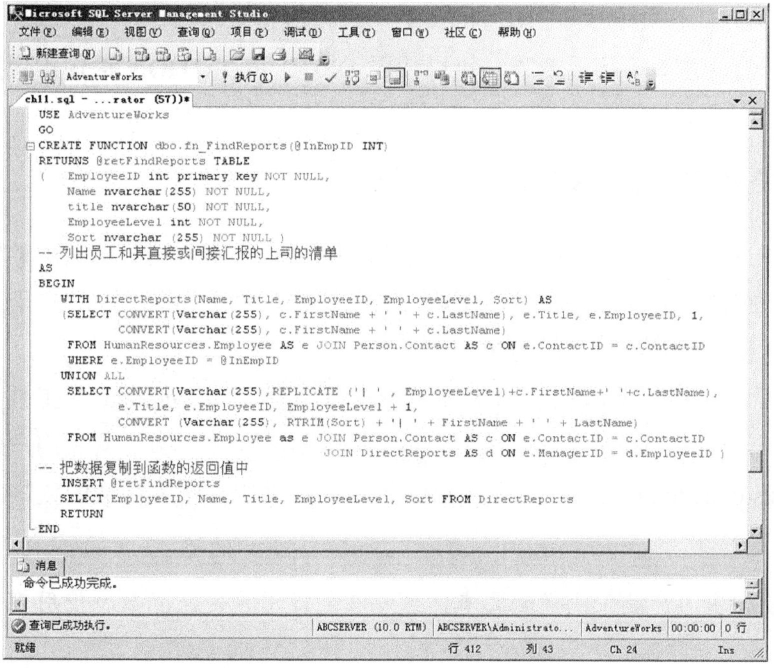

图 11-26　创建多语句表值函数

图 11-27 是一个使用多语句表值函数的示例。在该示例中，获取了 109 号员工以及直接向其汇报和间接向其汇报的员工清单。

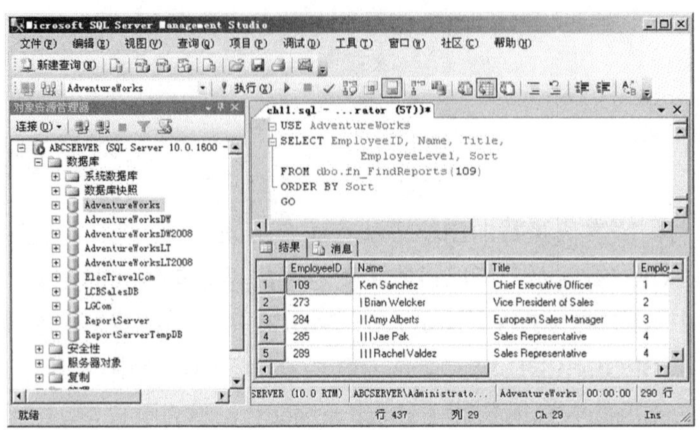

图 11-27　使用多语句表值函数

可以使用 ALTER FUNCTION 语句修改已经存在的用户定义函数，这种修改不影响该函数的权限。需要注意的是，不能使用 ALTER FUNCTION 语句将标量函数修改为表值函数，也不能将表值函数修改为标量函数。同样，不能使用 ALTER FUNCTION 语句将内联函数修改为多语句函数，也不能将多语句函数修改为内联函数。Transact-SQL 函数和 CLR 函数之间更不能通过 ALTER FUNCTION 语句的修改进行转换。

如果用户定义函数不再需要了，可以使用 DROP FUNCTION 语句删除指定的用户定义函数。

11.3.4　查看用户定义函数的信息

Microsoft SQL Server 2008 系统提供了几个可以用于查看用户定义函数信息的系统存储过程和目录视图。使用这些工具，可以查看用户定义函数的定义、获取函数的架构和创建时间、列出指定函数所使用的对象等信息。

可以使用 sys.sql_modules、OBJECT_DEFINITION、sp_helptext 等工具查看用户定义函数的定义，使用 sys.objects、sys.parameters、sp_help 等工具查看有关用户定义函数的信息，使用 sys.sql_dependencies、sp_depends 等工具查看用户定义函数的依赖关系。

注意：

如果希望加密用户定义函数的文本，可以在创建用户定义函数时使用 WITH ENCRYPTION 选项。

例如，在如图 11-28 所示的示例中，使用 OBJECT_DEFINITION 系统函数查看了 Sales.fn_SalesByStore 用户定义函数的定义文本，并且使用 AS 子句设置了查询结果集中的列标题为“用户定义函数的文本”。

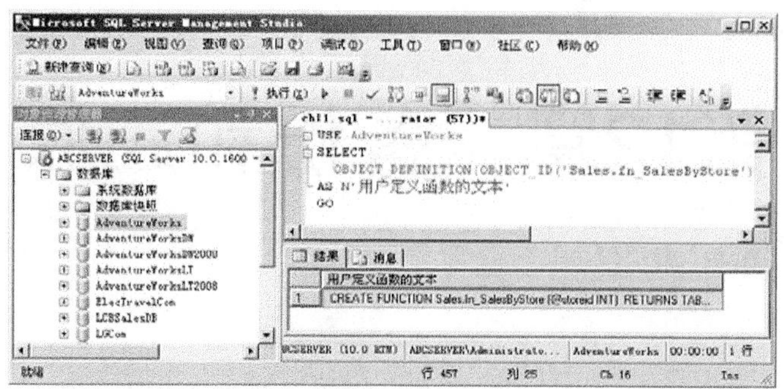

图 11-28　使用 OBJECT_DEFINITION 系统函数

11.4　本 章 小 结

本章研究了存储过程、触发器和用户定义函数的内容。首先，分析了存储过程的概念、类型和特点，讲述了存储过程的创建和执行方式。其次，研究了触发器的作用和特点，详细讨论了触发器的创建过程和工作原理。最后，对用户定义函数的特点和类型进行了阐述，对用户定义函数的创建方式进行了研究。

【思考和练习】

1. 存储过程的作用和特点是什么？
2. 存储过程第一次执行时的主要阶段的特点是什么？
3. 如何使用 CREATE PROCEDURE 语句创建存储过程？
4. 如何使用 sp_procoption 存储过程设置指定的存储过程为自动执行方式？
5. DML 触发器的工作原理是什么？
6. 如何使用 CREATE TRIGGER 语句创建触发器？
7. DML 触发器和 DDL 触发器之间的区别和联系是什么？
8. 如果希望保护数据库中的索引不被删除或修改，应该如何创建触发器？
9. 如何创建用户定义函数？
10. 标量函数和表值函数之间的关系是什么？
11. 比较多语句表值函数和内联表值函数之间的异同点。

第12章　备份和还原

数据库中的业务数据会遭到破坏吗？遭到破坏之后应该怎么办呢？要回答这些问题，就需要了解数据库系统的备份和还原。数据库管理员的一项重要工作是执行备份和还原操作，确保数据库中数据的安全和完整。计算机技术的广泛应用，一方面大大提高了工作效率，另一方面又为正常工作带来了巨大的隐患。无论是计算机硬件系统的故障，还是计算机软件系统的瘫痪，都有可能对正常工作和生活带来极大的冲击，甚至出现灾难性的后果。备份和还原是解决这种问题的有效机制。备份是还原的基础，还原是备份的目的。本章详细研究备份和还原技术。

本章要点：

- 备份和还原的原因和作用
- 数据库的恢复模式
- 备份前的准备工作和备份特点
- 执行备份操作
- 备份方法和备份策略
- 还原前的准备工作和还原特点
- 执行还原操作

12.1　概　　述

备份就是制作数据库结构和数据的拷贝，以便在数据库遭到破坏时能够修复数据库。数据库的破坏是难以预测的，因此必须采取能够还原数据库的措施。一般地，造成数据丢失的常见原因包括以下几种。

- 软件系统瘫痪
- 硬件系统瘫痪
- 人为误操作
- 存储数据的磁盘被破坏
- 地震、火灾、战争、盗窃等灾难

备份就是这样一项重要的系统管理工作，是系统管理员的日常工作。当然，备份需要一定的许可。备份的内容不但包括用户的数据库内容，而且还包括系统数据库的内容。执行备份的时候，允许其他用户继续对数据库进行操作。备份有许多方法，在不同的情况，应该选择最合适的方法。

但是，只有数据库备份是远远不够的，数据库还原也是不能缺少的一项工作。数据库备份是一项重要的日常性质的工作，是为了以后能够顺利地将破坏了的数据库安全地还原的基础性工作。在一定意义上说，没有数据库的备份，就没有数据库的还原。但是，备份与还原相比，还原工作尤其重要和艰巨。因为数据库备份的目的，是用于数据库的还原，所以，还原是使系统正常运行的不可缺少的条件。

在进行数据库备份时，系统是处于正常环境状态的，这时，数据库备份工作就单纯是数据库备份工作。但是，一般而言，当进行数据库还原时，系统的环境通常处于一种非正常的状态，例如，系统整个硬件失败、或是系统软件瘫痪、或是由于误操作而删除了重要的数据，等等。如何正确地判断系统的非常状态、如何迅速而安全有效地把系统和数据还原到正常的状态，是系统管理员不可缺少的工作，是衡量系统管理员水平高低的一把尺子。

12.2　数据库的恢复模式

数据库的恢复模式是数据库遭到破坏时还原数据库中数据的数据存储方式，它与可用性、性能、磁盘空间等因素相关。每一种恢复模式都按照不同的方式维护数据库中的数据和日志。Microsoft SQL Server 2008 系统提供了 3 种数据库的恢复模式：

- 完整恢复模式
- 大容量日志记录的恢复模式
- 简单恢复模式

完整恢复模式是等级最高的数据库恢复模式。在完整恢复模式中，对数据库的所有的操作都记录在数据库的事务日志中。即使那些大容量数据操作和创建索引的操作，也都记录在了数据库的事务日志中。当数据库遭到破坏之后，可以使用该数据库的事务日志迅速还原数据库。

在完整恢复模式中，由于事务日志记录了数据库的所有变化，所以可以使用事务日志将数据库还原到任意的时刻点。但是，这种恢复模式耗费大量的磁盘空间。除非是事务日志非常重要的数据库备份策略，一般不使用这种恢复模式。

就像完整恢复模式一样，大容量日志记录的恢复模式也使用数据库备份和日志备份来还原数据库。但是，在使用了大容量日志记录恢复模式的数据库中，其事务日志耗费的磁盘空间远远小于使用完整恢复模式数据库的事务日志。在大容量日志记录的恢复模式中，下面这些操作不记录在事务日志中：CREATE INDEX、BULK INSERT、BCP 和 SELECT INTO 等操作。

对于规模比较小的数据库或数据不经常改变的数据库来说，可以使用简单恢复模式。使用简单恢复模式时，可以通过执行完全数据库备份和增量数据库备份来还原数据库，数据库只能还原到执行备份操作的时刻点，而执行备份操作之后的所有数据修改都丢失并且需要重建。这种模型的特点是数据库没有事务日志。这种模型的好处是：耗费比较少的磁盘空间；恢复模式最简单。

有两种设置数据库恢复模式的方式：SQL Server Management Studio 和 ALTER DATA BASE 语句。这里主要介绍前一种方法。在 SQL Server Management Studio 环境下，选中将要设置恢复模式的数据库，右击数据库，从弹出的快捷菜单中选中“属性”命令，则弹出如图 12-1 所示的“数据库属性”对话框。在该对话框的“选项”选项页中，可以从“恢复模式”下拉列表框中选择恢复模式。

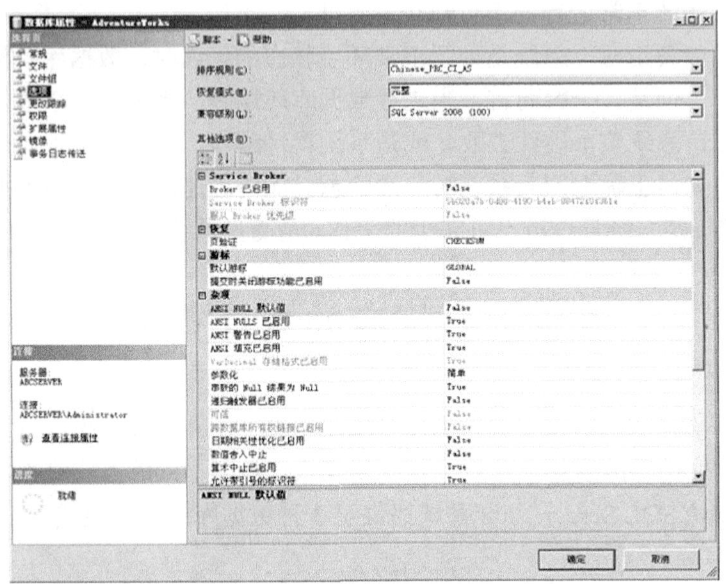

图 12-1　设置数据库的恢复模式对话框

12.3　备 份 基 础

备份就是制作数据库结构和数据的拷贝。在执行备份操作之前，应该做好相应的计划工作、明确备份的对象和理解备份的动态特点等。下面详细介绍这些内容。

12.3.1　备份前的计划工作

为了将系统安全完整的备份，应该在执行备份之前，根据具体的环境和条件，制订一个完善可行的备份计划，确保数据库系统的安全。制订备份计划，应该着重考虑下列 8 项内容。

(1) 确定备份的频率。备份的频率就是每隔多长时间备份一次。这要考虑两种因素：一是系统还原时的工作量，二是系统活动的事务量。对于数据库的完全备份，可以是每一个月、每一周甚至每一天，相对于完全备份而言，事务日志备份可以是每一周、每一天甚至每一小时。

(2) 确定备份的内容。备份的内容就是要保护的对象，包括系统数据库中的数据和用户数据库中的数据。每次备份的时候，一定要将应该备份的内容完整的备份。

(3) 确定使用的介质。备份的介质一般选用磁盘或磁带。具体使用哪一种介质，要考虑用户的成本承受能力、数据的重要程度和用户的现有资源等因素。在备份中使用的介质确定以后，一定要保持介质的持续性，一般不要轻易地改变。

(4) 确定备份工作的负责人。备份负责人负责备份的日常执行工作，并且要经常进行检查和督促。这样，可以明确责任，确保备份工作得到人力保障。

(5) 确定使用在线备份还是脱机备份。在线备份就是动态备份，允许用户继续使用数据库；脱机备份就是在备份时，不允许用户使用数据库。虽然备份是动态的，但是用户的操作会影响数据库备份的速度。

(6) 是否使用备份服务器。在备份时，如果有条件，最好使用备份服务器，这样可以在系统出现故障时，迅速还原系统，保证系统正常工作。

(7) 确定备份存储的地方。备份是非常重要的内容，一定要保存在安全的地方。在保存备份时，应该实行异地存放，并且每套备份的内容，应该有两份以上的备份

(8) 确定备份存储的期限。对于一般性的业务数据，可以确定一个比较短的期限；但是，对于重要的业务数据，需要确定一个比较长的期限。期限愈长，需要的备份介质就愈多，备份成本也随之增大。

12.3.2　备份的对象

在备份的时候，应该确定备份的内容。备份的目的是当系统发生故障或瘫痪之后，能够将系统还原到发生故障之前的状态。因此，有必要将系统的全部信息都备份下来。从大的方面上讲，应该备份两方面的内容，一方面是备份记录系统信息的系统数据库，另一方面是备份记录用户数据的用户数据库。

系统数据库记录了有关 Microsoft SQL Server 系统和全部用户数据库的信息。需要备份的系统数据库主要是指 master、msdb 和 model 数据库。master 系统数据库是有关 Microsoft SQL Server 系统和全部用户数据库的信息，例如用户账户、可配置的环境变量和系统错误信息。有关 SQL Server Agent 服务的信息记录在 msdb 系统数据库中，例如作业定义、警报信息、调度安排、工作历史等。model 系统数据库为新的用户数据库提供了样板。

对于系统数据库来说，执行涉及修改数据库的某些操作时，应该备份系统数据库。例如，如果执行了增加 login 账户或创建数据库的操作，表示修改了 master 系统数据库，这时应该备份 master 数据库。

用户数据库是存储用户数据的存储空间。用户的所有重要数据都存储在用户的数据库中，因此必须充分保证用户数据库的安全。从某种意义上可以这样说，系统数据库信息可以丢失，而用户数据库的信息必须保证安全，千万不能丢失。

在下面这些情况下，建议执行用户数据库的备份操作：

- 创建数据库之后，这是所有备份和还原的基础
- 加载大量数据之后
- 创建索引之后
- 清除事务日志之后
- 执行不记日志的操作之后

12.3.3　备份的动态特点

在 Microsoft SQL Server 系统中，备份可以是静态的，也可以是动态的。备份是静态的，

表示备份数据库时不允许用户使用数据库。如果备份是动态，那么在备份数据库时，允许用户继续在数据库中操作。

当备份某个数据库时，SQL Server 执行下列操作。

- 检查点机制检查数据库，记录最早的事务日志记录的日志序列号。
- 通过直接阅读磁盘，把全部的数据页写进备份介质中。
- 从捕捉到的序列号到日志末尾，写全部的事务日志记录。

在备份的过程中允许用户继续操作数据库。但是，如果在备份时，多个用户继续操作数据库中的数据，那么备份的速度和用户操作数据的速度都大大地降低了。因此，应该将备份操作安排在用户操作比较少的时候。

虽然说数据库的备份是动态的，但是在执行数据库的备份操作时，某些操作是禁止的。这些禁止的操作包括：使用 CREATE DATABASE 或 ALTER DATABASE 语句创建或修改数据库；执行数据库自动增长操作；创建索引；执行那些不记日志的操作和压缩数据库的操作等。

假设执行数据库的备份操作时，如果执行这些禁止的操作，则这些操作失败；假设正在执行这些禁止的操作时，执行数据库的备份操作，则数据库的备份操作失败。

12.4　执行备份操作

在执行备份操作之前，应该创建数据库的备份文件。备份文件既可以是永久性的，也可能是临时性的。然后，把指定的数据库备份到备份文件上。

12.4.1　创建永久性的备份文件

执行备份的第一步是创建将要包含备份内容的备份文件。为了执行备份操作，在使用之前所创建的备份文件称为永久性的备份文件。这些永久性的备份文件也称为备份设备。

如果希望所创建的备份设备反复使用或执行系统的自动化操作例如备份数据库，必须使用永久性的备份文件。如果不打算重新使用这些备份文件，可以创建临时的备份文件。例如，如果正在执行一次性的数据库备份或正在测试准备自动进行的备份操作，可以创建临时备份文件。

有两种创建永久性备份文件的方法：使用 sp_addumpdevice 系统存储过程或使用 SQL Server Management Studio。下面分别介绍这两种方法。

sp_addumpdevice 系统存储过程的语法形式如下：

```
sp_addumpdevice 'device_type', 'logical_name', 'physical_name'
```

其中，device_type 参数用于指定备份设备的类型(DISK 和 TAPE)，logical_name 参数指定备份设备的逻辑名称，physical_name 参数表示备份设备带路径的物理名称。

在如图 12-2 所示的示例中，创建了一个备份设备。该备份设备的类型是磁盘文件，备份设备的逻辑名称是 testbackupfile，带路径的物理名称是 C:\temp\testbackupfile.bak。

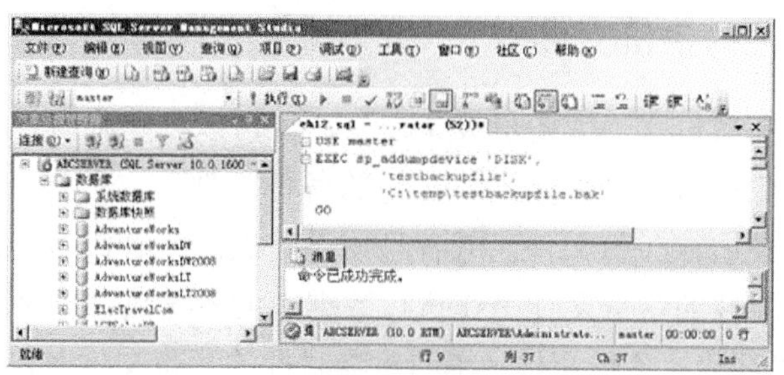

图 12-2　创建备份设备

注意：

备份设备创建之后，在相应的文件夹中并没有实际生成该文件。只有在执行了备份操作，备份设备上存储了备份内容之后，该文件才会出现在指定的位置中。

也可以使用 SQL Server Management Studio 创建备份设备。在 SQL Server Management Studio 主窗口中，打开指定的服务器实例、打开指定的服务器、打开“服务器对象”节点。右击“备份设备”节点，则弹出一个用于备份的快捷式菜单。从在该菜单中选择“新建备份设备”命令，则出现如图 12-3 所示的“备份设备”对话框。该对话框用于指定备份设备的逻辑名称和物理位置。

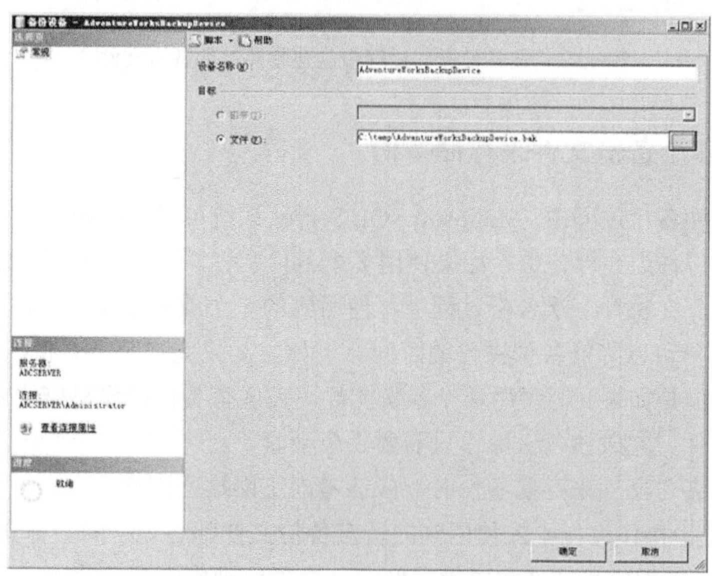

图 12-3　“备份设备”对话框

在如图 12-3 所示的对话框中，可以在“设备名称”文本框中输入备份设备的逻辑名称，在“文件”单选按钮右端的文本框中输入备份设备的物理名称，也可以单击该文本框右端的按钮来指定物理位置。单击“确定”按钮，则完成备份设备的创建任务。

当备份设备创建成功之后，可以从“备份对象”节点中看到所创建的备份设备。

注意：

在如图 12-3 所示的对话框中，“磁带”单选按钮是灰色的，不能使用。这是因为该服务器上没有安装磁带驱动器。只有安装了磁带驱动器，才可以使用该选项。

12.4.2　创建临时性的备份文件

除了创建永久性的备份文件或备份设备之外，还可以创建临时性的备份文件。在执行数据库备份过程中产生的备份文件称为临时性的备份文件。

如果不打算反复使用该备份文件，或者只使用一次，或者作为测试，可以创建临时性的备份文件。由于临时性的备份文件是在执行数据库的备份过程中产生的，因此需要使用BACKUP 语句创建临时性的备份文件。在创建临时性的备份文件时，必须指定介质类型和完整的路径和文件名。

在如图 12-4 所示的示例中，创建了一个磁盘类型的临时性的备份文件，且把 master 系统数据库备份到了该临时性的备份文件上。

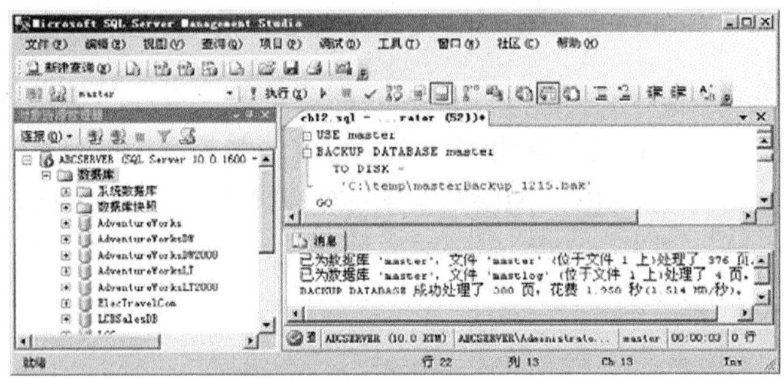

图 12-4　在备份操作过程中创建临时性的备份文件

12.4.3　使用多个备份文件来存储备份

在执行数据库备份过程中，Microsoft SQL Server 系统可以同时向多个备份文件写备份内容。这时的备份称为并行备份。如果使用多个备份文件，那么数据库中的数据就分散在这些备份文件中。在执行一次备份过程中，使用到的一个或多个备份文件称为备份集。

使用并行备份可以降低备份操作的时间。例如，如果完成某个备份操作需要耗费 12 个小时的时间，但是如果同时使用 2 个备份文件，完成该备份操作只需要 6 个小时。如果使用 4 个备份文件，完成该备份操作只需要 3 个小时。

当使用多个备份文件来存储备份时，应该考虑下面这些因素。

- 在一次备份操作过程中，使用到的所有备份文件都必须是同一种介质类型(磁盘或磁带)。不能把磁盘文件和磁带文件在一次备份操作中混合使用。
- 在执行并行备份操作时，可以同时使用永久性的备份文件和临时性的备份文件。但是，从性能和保存介质的角度来看，不建议使用这种混合永久性的备份文件和临时性备份文件的方法来执行备份。
- 在一个备份集中的文件，应该总是同时使用。
- 除非格式化备份文件，否则不能单独使用备份集中的某个备份文件。
- 如果格式化备份集中的某个文件，那么整个备份集中的备份文件都无法使用了。

12.4.4　BACKUP 语句

如果希望灵活地执行备份操作，那么可以使用 Transact-SQL 语言中的 BACKUP 语句。BACKUP 语句的基本语法形式如下所示：

```
BACKUP DATABASE { database_name | @database_name_var }
TO < backup_device > [ ,...n ]
[ WITH
[ BLOCKSIZE = { blocksize | @blocksize_variable } ]
[{ CHECKSUM | NO_CHECKSUM } ]
[{ STOP_ON_ERROR | CONTINUE_AFTER_ERROR } ]
[DESCRIPTION = { 'text' | @text_variable } ]
[DIFFERENTIAL ]
[EXPIREDATE = { date | @date_var } | RETAINDAYS = { days | @days_var } ]
[PASSWORD = { password | @password_variable } ]
[{ FORMAT | NOFORMAT } ]
[{ INIT | NOINIT } ]
[{ NOSKIP | SKIP } ]
[MEDIADESCRIPTION = { 'text' | @text_variable } ]
[MEDIANAME = { media_name | @media_name_variable } ]
[MEDIAPASSWORD = { mediapassword | @mediapassword_variable } ]
[NAME = { backup_set_name | @backup_set_name_var } ]
[{ NOREWIND | REWIND } ]
[{ NOUNLOAD | UNLOAD } ]
[RESTART ]
[STATS [ = percentage ] ]
[COPY_ONLY ]
]
```

下面，对 BACKUP 语句的一些常用选项进行解释。

CHECKSUM | NO_CHECKSUM 选项指定在将页写入介质之前是否执行校验和检查。默认情况下不检查。STOP_ON_ERROR | CONTINUE_AFTER_ERROR 选项用于指定发现校验和错误之后的行为，是停止备份还是继续备份。

DESCRIPTION 选项指定描述备份集的自由文本。这种信息只用于备份集中。最多是 255 个字符。

DIFFERENTIAL 选项指定执行增量备份，即只备份上一次数据库完全备份以后数据库中改变的数据。

EXPIREDATE 选项指定备份集失效和可以被覆盖的日期和时间。在使用备份集时，系统检查当前的日期和这里指定的日期，如果当前日期超过了备份集上指定的日期，那么可以覆盖该备份集的内容。

RETAINDAYS 选项指定备份集可以被覆盖的周期(天)。该选项按照周期指定备份集是否失效。

PASSWORD 选项设置备份集的口令。如果在某个备份集上设置了口令，当使用该备份集执行数据库的还原操作，必须提供正确的口令。该口令不能防止执行覆盖该备份集上内容的操作。

FORMAT | NOFORMAT 选项指定覆盖或不覆盖备份集的内容和备份介质的标题内容。使用 FORMAT 选项时，一定要非常小心。否则，备份集上的所有内容都被覆盖了。

INIT | NOINIT 选项指定覆盖备份的内容或附加在备份内容之后。NOINIT 选项是默认设置。

NOSKIP | SKIP 选项指示系统读或不读备份集的标题信息。默认值是 SKIP。

MEDIADESCRIPTION 选项指定备份集的自由格式的描述信息。文本中的字符数量最多是 255 个。

MEDIANAME 选项指定用于整个备份集的备份介质名称，该名称最多 128 个字符。如果指定了备份集名称，在使用该备份集时必须提供正确的备份集名称。

MEDIAPASSWORD 选项指定备份集的口令。该选项与 PASSWORD 选项不同。相同点是在执行还原操作时需要提供相应的口令。不同点是如果设置 PASSWORD 选项，可以通过覆盖文件的形式将该备份集覆盖；但是，如果设置 MEDIAPASSWORD 选项，那么只能通过格式化的形式覆盖该备份集。

NAME 选项指定备份集的名称。该名称的最大长度是 128 个字符。

NOREWIND | REWIND 选项指定备份操作完成之后，磁带介质是否自动倒带。该选项只能用于磁带备份操作。默认值是 NOREWIND。

NOUNLOAD | UNLOAD 选项指示备份操作完成之后，是否自动退出磁带。该选项只能用于磁带备份操作。默认值是 UNLOAD。

RESTART 选项指示 SQL Server 系统从备份中断的位置开始继续执行备份操作。该选项只能用于磁带备份介质中。

STATS 选项指示系统显示备份过程中的统计消息。用户可以使用这些消息监视备份操作的执行过程。

COPY_ONLY 选项表示执行仅复制备份操作，此备份不影响正常的备份序列。用户可以为任何类型的备份创建仅复制备份。

在如图 12-5 所示的示例中，首先使用 sp_addumpdevice 系统存储过程创建了一个 AdventureWorksBAC 备份设备，这是一个磁盘文件，其物理名称是 C:\temp\AWBAC.bak。然后，执行数据库完全备份，将 AdventureWorks 数据库备份到该备份设备上。

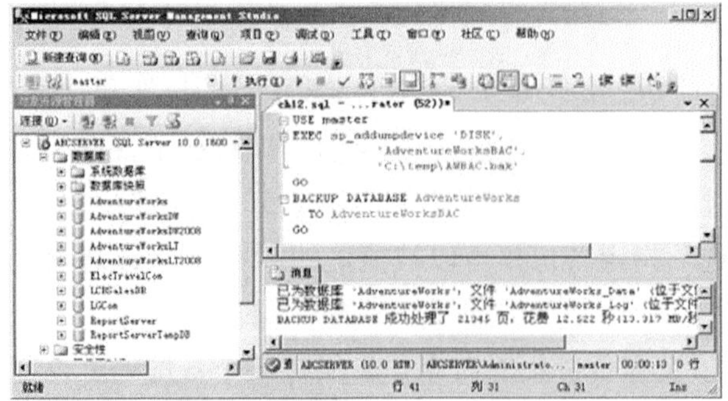

图 12-5　使用 BACKUP 语句执行备份

12.4.5　备份方法

Microsoft SQL Server 2008 系统提供了 4 种基本的备份方法，来满足企业和数据库活动的各种需要。这 4 种备份方法是：完全数据库备份、增量数据库备份、事务日志备份和数据库文件或文件组备份。这些备份方法的不同组合会产生不同的备份策略。

需要说明的是，在 Microsoft SQL Server 2008 系统中，引入了备份压缩功能。备份压缩是指对备份的数据进行压缩之后进行备份，这样可以减少备份设备所需的 I/O 操作，大大提高了备份速度。但是，备份压缩增加了 CPU 的使用率。目前，只有 SQL Server 2008 的企业版系统支持这样功能。

完全数据库备份是备份数据库中的所有数据和结构。数据库的第一次备份应该是完全数据库备份，这种备份内容为其他备份方法提供了一个基线。可以使用 BACKUP DATABASE 语句执行完全数据库备份。当使用完全数据库备份时，Microsoft SQL Server 将备份发生在备份过程中的任何活动；备份事务日志中的所有内容，包括未提交的事务。

增量数据库备份是备份上一次完全数据库备份之后改变的数据。使用增量备份可以降低数据库还原所需要的时间。由于中文翻译的缘故，增量备份也被称为差异备份。这种方法必须基于完全数据库备份，且用于频繁修改数据的数据库。可以使用带有 DIFFERENTIAL 选项的 BACKUP DATABASE 语句执行增量数据库备份。

在如图 12-6 所示的示例中，执行了 AdventureWorks 数据库的增量备份，且把备份内容放置在一个临时性的备份文件中。这种备份的前提是前面已经执行了 AdventureWorks 数据库的完全备份。

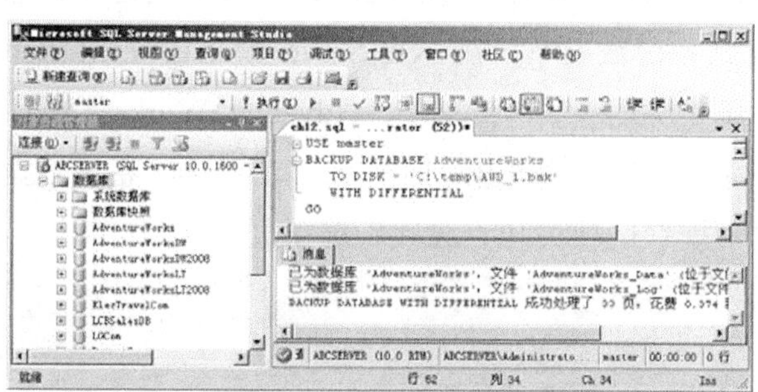

图 12-6　执行增量数据库备份

事务日志备份是备份数据库事务日志的变化过程。当执行完全数据库备份之后，可以执行事务日志备份。使用 BACKUP LOG 语句执行事务日志备份。当执行事务日志备份时，应该考虑下面这些因素。

- 除非执行了完全数据库备份，否则不能执行事务日志备份。
- 没有完全数据库的还原，不能执行事务日志的还原。
- 如果数据库使用了简单恢复模式，那么不能使用事务日志备份。
- 事务日志的备份内容是从上一次执行 BACKUP LOG 语句到当前的事务日志结束。

在如图 12-7 所示的示例中，使用 BACKUP LOG 语句执行了 AdventureWorks 数据库的事务日志备份。首先，创建一个永久性的备份文件，然后执行事务日志备份。

图 12-7　使用 BACKUP LOG 语句执行日志备份

在执行事务日志备份的过程中，可以使用 TRUNCATE_ONLY、NO_LOG 等选项。TRUNCATE_ONLY 选项只是清除事务日志，不执行事务日志的备份。当数据库的事务日志处于正常情况下，可以使用该选项清除事务日志。对于 NO_LOG 选项，如果数据库的事务日志已经满了，便不能执行正常的操作，那么必须使用该选项清除事务日志。

对于海量数据库而言，由于数据量过于庞大，为了提高备份效率，建议执行数据库文件或文件组备份。数据库文件或文件组备份只是备份数据库中的一个或多个文件(或文件组)。在这种备份方法中，可以备份指定的文件或文件组。需要注意的是，第一次备份时依然需要备份整个数据库。当执行文件或文件组备份时，应该指定逻辑文件名称或文件组名称，且数据库的文件或文件组应该周期性地备份。

除了使用 BACKUP DATABASE 和 BACKUP LOG 语句之外，也可以使用 SQL Server Management Studio 工具备份数据库。在 SQL Server Management Studio 主窗口中，打开指定的服务器实例，打开“数据库”节点，选中 AdventureWorks 数据库，从右击弹出的菜单中选择“任务” | “备份”选项，则出现如图 12-8 所示的“备份数据库”对话框。该对话框有两个选项页：“常规”选项页和“选项”选项页。

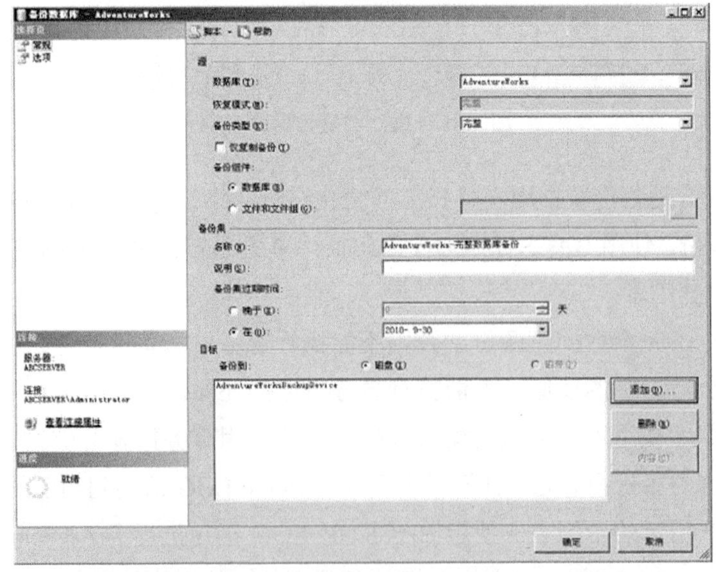

图 12-8　“备份数据库”对话框的“常规”选项页

在“常规”选项页中，从上到下可以分为 3 个区域。第一区域用于选择将要备份的源信息，包括指定数据库、备份类型和备份组件。可以在“数据库”下拉列表框中选择将要备份的数据库名称，这里选择了 AdventureWorks 数据库。可以从“备份类型”下拉列表框中选择备份方法，这里选中了完整数据库备份方法。用户既可以选择备份整个数据库，也可以选择备份指定的文件或文件组。

第二个区域是备份集区域。“名称”文本框用于输入备份的名称，“说明”文本框用于输入这次备份的描述性信息。可以使用两种方式指定本备份集的过期时间，要么指定多少天之后过期，要么指定明确的日期。

第三个区域是目标区域。在区域内，可以指定将要使用的备份介质。在这里，可以选择磁带或磁盘类型。使用“添加”按钮可以选择备份的设备或文件，“内容”按钮可以查看选中的备份设备或文件中的内容，“删除”按钮用于删除已经选定的备份设备或文件。

在如图 12-8 所示的对话框中，单击“添加”按钮，则出现如图 12-9 所示的“选择备份目标”对话框。可以在该对话框中选择将要存储备份内容的备份文件。如果选中“文件名”单选按钮，则表示使用临时性的备份文件存储 AdventureWorks 数据库的备份内容。这时，可以在“文件名”单选按钮下面的文本框中输入备份文件的名称。如果选择“备份设备”单选按钮，则表示使用永久性的备份文件存储 AdventureWorks 数据库的备份内容。这时，可以从该按钮下面的下拉列表框中选择已经创建的备份设备名称。

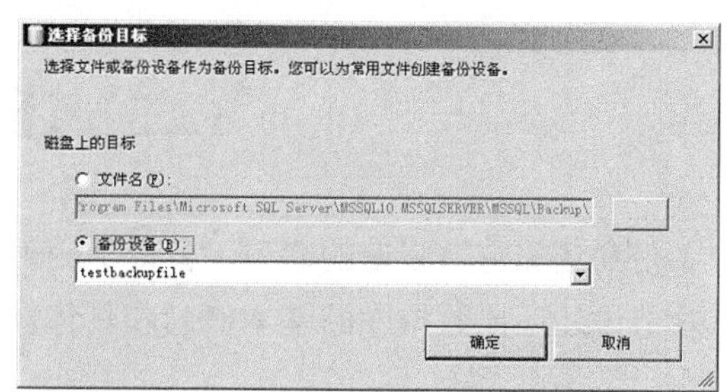

图 12-9　“选择备份目标”对话框

“备份数据库”对话框的“选项”选项页如图 12-10 所示。“选项”选项页中的内容分为“覆盖媒体”、可靠性、事务日志、磁带机和压缩等 5 个区域。

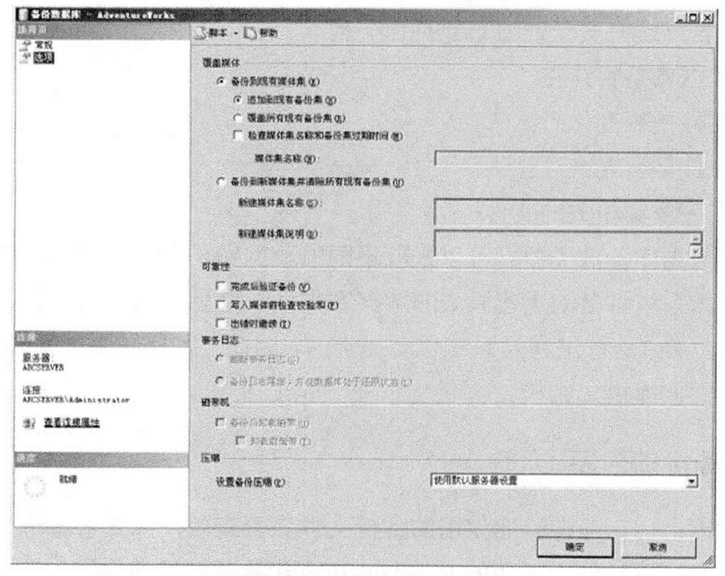

图 12-10　“备份数据库”对话框的“选项”选项页

“覆盖媒体”区域用于指定备份时涉及覆盖现有备份集的问题。“追加到现有备份集”单选按钮表示这次备份附加在备份集上原有内容之后，即仍然保留原有的备份内容。“覆盖所有现有备份集”单选按钮表示这次备份操作将覆盖备份介质上原有的内容，即不保留原有的内容。这里的两个选项分别与 BACKUP DATABASE 语句的 INIT 选项和 NOINIT 选项对应。通过选择“检查媒体集名称和备份集过期时间”复选框，可以指定是否对现有媒体集的过期时间进行检查。

“可靠性”区域用于指定备份完成之后是否验证备份、在写入媒体前是否检查校验，以及出现错误时的行为。

“事务日志”区域用于指定备份时事务日志的操作行为。

“磁带机”第四个区域只有当安装磁带机时才可以使用。

“压缩”区域用于选择是否设置压缩备份选项。

12.5　还　　原

备份和还原有着紧密的联系。备份是一种灾害预防操作，还原则是一种消除灾害的操作。本节讲述还原数据库的基本概念和具体操作。

12.5.1　还原的特点

还原是与备份相对应的操作。备份和还原都是不可缺少的系统管理工作。备份是为了防止可能遇到的系统失败而采取的操作，而还原则是为了对付已经遇到的系统失败而采取的操作。因此，可以说备份是还原的基础，没有数据的备份就谈不上数据的还原。还原是备份的目的，不是为了备份而备份，而是为了还原而备份。

数据库还原是指加载数据库备份到系统中的进程。在进行数据库还原时，系统首先进行一些安全性检查，这些安全性检查包括以下内容：

- 指定的数据库是否存在
- 数据库文件是否变化
- 数据库文件是否兼容
- 重建数据库及其相关的文件

针对不同的数据库备份类型，可以采取不同的数据库还原方法。当使用完全数据库备份还原数据库时，系统将自动重建原来的数据库文件，并且把这些文件放在备份数据库时这些文件所在的位置。这种进程是系统自动提供的，因此，用户在执行数据库还原工作时，不需要重新建立数据库模式结构。

12.5.2　验证备份的内容

在还原数据库之前，应该验证使用的备份文件是否有效，并查看备份文件中的内容是否是所需要的内容。可以使用下面的 RESTORE 语句验证备份的内容：

- RESTORE HEADERONLY
- RESTORE FILELISTONLY
- RESTORE LABELONLY
- RESTORE VERIFYONLY

使用 RESTORE HEADERONLY 语句可以获取某个备份文件或备份集的标题信息。如果某个备份文件中包含了多个备份的内容，可以返回所有这些备份的标题信息。具体地说，可以返回的信息如下。

- 备份集或备份文件的名称和描述信息。
- 备份介质的类型，例如磁带或磁盘等。
- 使用的备份方法，例如完全数据库备份、增量数据库备份、事务日志备份、文件或文件组备份等。
- 执行备份的日期和时间。
- 备份的大小。
- 备份的序列号等。

在如图 12-11 所示的对话框中，使用 RESTORE HEADERONLY 语句获取 Adventure-WorksLOGA001 备份文件的标题信息，这些信息包括备份名称、备份描述信息、备份类型、失效日期、用户名、服务器名称和数据库名称等。

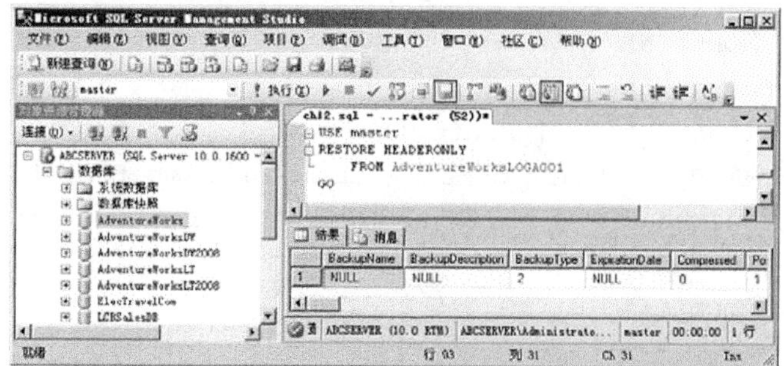

图 12-11　使用 RESTORE HEADERONLY 语句

使用 RESTORE FILELISTONLY 语句可以返回原数据库或事务日志的文件信息。具体地说，使用该语句可以返回下面这些信息。

- 数据库和事务日志的逻辑文件名称。
- 数据库和事务日志的物理文件名称。
- 文件的类型，例如数据文件或事务日志文件。
- 文件组包含的文件成员。
- 备份集的大小(MB)。
- 该文件允许的最大值等。

使用 RESTORE LABELONLY 语句可以返回包含了备份文件的备份介质的信息，使用 RESTORE VERIFYONLY 语句可以验证该备份文件是否有效。

12.5.3 RESTORE 语句

可以使用 RESTORE DATABASE 语句执行数据库的还原操作，使用 RESTORE LOG 语句执行事务日志的还原操作。

RESTORE DATABASE 语句的语法形式如下：

```
RESTORE DATABASE { database_name | @database_name_var }
[ FROM <backup_device> [ ,...n ] ]
[ WITH
[ { CHECKSUM | NO_CHECKSUM } ]
[ { CONTINUE_AFTER_ERROR | STOP_ON_ERROR } ]
[ FILE = { file_number | @file_number } ]
[ KEEP_REPLICATION ]
[ MEDIANAME = { media_name | @media_name_variable } ]
[ MEDIAPASSWORD = { mediapassword | @mediapassword_variable } ]
[ MOVE 'logical_file_name' TO 'operating_system_file_name' ] [ ,...n ]
[ PASSWORD = { password | @password_variable } ]
[{RECOVERY | NORECOVERY | STANDBY = {standby_file | @standby_file_var}} ]
[ REPLACE ]
[ RESTART ]
[ RESTRICTED_USER ]
[ { REWIND | NOREWIND } ]
[ STATS [ = percentage ] ]
[ { STOPAT = { date_time | @date_time_var }
    | STOPATMARK = { 'mark_name' | 'lsn:lsn_number' } [ AFTER datetime ]
    | STOPBEFOREMARK = { 'mark_name' | 'lsn:lsn_number' } [ AFTER
datetime ]} ]
[ { UNLOAD | NOUNLOAD } ] ]
```

下面解释 RESTORE DATABASE 语句中一些主要选项的作用。

FILE 选项指定将要还原的备份集中备份文件的标识序号。

KEEP_REPLICATION 选项的作用是，当还原某个配置为出版的数据库时，指定保留数据复制的设置。

MEDIANAME 选项指定备份集的名称。如果在备份操作过程中指定了备份集的名称，那么这时必须提供该名称。否则，还原操作无法执行。

MEDIAPASSWORD 选项用于提供相对应的备份介质的口令。

MOVE TO 选项指定数据库的物理文件应该放置的路径。使用该选项，可以改变原来数据库文件的存放位置。

PASSWORD 选项提供备份集的口令。

RECOVERY 选项表示还原操作提交完成的事务，数据库可以正常使用。这时不能继续执行还原操作。NORECOVERY 选项用于表示还原操作不提交未完成的事务，这时数据库处于还原状态，用户不能使用该数据库，但是可以继续执行还原操作。

STANDBY 选项指定一个允许恢复撤销效果的备用文件。STANDBY 选项可以用于脱机还原。备用文件用于为 RESTORE WITH STANDBY 的撤销过程中修改的页面保留一个“写入时副本”预映像。

REPLACE 选项指定系统重新创建指定的数据库和相关文件，目的是防止在还原过程中意外地覆盖了其他数据库。例如，如果备份的数据库是 human，现在希望还原成 sales 数据库，那么必须使用该选项。但是，如果备份和还原的数据库使用相同的名称，可以不使用该选项。

RESTART 选项指示系统从上一次中断点继续执行还原操作。

RESTRICTED_USER 选项限制只有 db_owner、dbcreator 和 sysadmin 角色的成员才可以访问新近还原的数据库。

REWIND | NOREWIND 选项指定磁带还原后，是否自动倒带。该选项用于介质是磁带的还原操作。

STATS 选项指示系统显示还原的各项统计信息。

STOPAT 选项用于指定数据库还原到特定日期和时间的状态。STOPATMARK 选项用于指定还原到指定的标记，这时的还原内容还包括包含该标记的事务。STOPBEFOREMARK 选项指定还原到指定的标记，但是不包括包含该标记的事务。该选项比 STOPATMARK 选项少还原一个事务日志的内容。

UNLOAD | NOUNLOAD 选项指定磁带还原之后，是否自动卸带。该选项用于介质是磁带的还原操作。

12.5.4　RECOVERY 和 NORECOVERY 选项

在执行还原数据库的操作时，常用的选项包括 RECOVERY 和 NORECOVERY。也就是说，在执行还原操作时，必须指定这两个选项中的一个。RECOVERY 选项是默认的选项。

在执行最后一次事务日志还原操作之后，或完全数据库还原操作之后，可以使用 RECOVERY 选项。这时，数据库还原到正常的状态：

- SQL Server 系统取消事务日志中所有未完成的事务，提交所有已经完成的事务；
- 数据库可以使用。

如果有多个备份内容需要还原，需要使用 NORECOVERY 选项。使用 NORECOVERY 选项时，应该考虑下面一些因素。

- 除了最后一个将要还原的备份，前面的所有还原操作都使用 NORECOVERY 选项。
- SQL Server 系统既不取消未完成的事务，也不提交已经完成的事务。
- 这时的数据库是不可使用的。

12.5.5　从不同的备份中还原数据库

如果数据库遭到了破坏，那么可以从完全数据库备份中来还原。这种还原也是所有还原操作的基础。如果只使用一个完全数据库的备份，可以在还原时使用 RECOVERY 选项。

如果有多个将要还原的内容，在执行完全数据库还原时使用 NORECOVERY 选项。

在如图 12-12 所示的示例中，执行了从完全数据库备份中还原数据库。这时，ElecTravelCom 数据库完全被 testbackupfile 永久性备份文件中的备份替代。还原操作结束之后，ElecTravelCom 数据库恢复到可以使用的正常状态。注意，在执行此还原操作之前，需要将 ElecTravelCom 数据库完整地备份在 testbackupfile 永久性备份文件上。

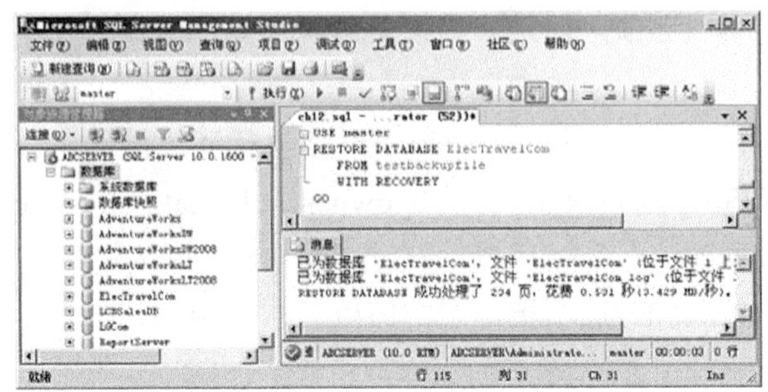

图 12-12　使用 RESTORE 语句还原数据库

从增量数据库备份中还原数据库，使用的语句与从完全数据库备份中还原数据库的语句相同。如果是从增量数据库备份中还原数据库，Microsoft SQL Server 将要执行下面的操作。

- 只还原自从上一次完全备份之后变化的内容。
- 把数据库还原到与执行增量备份时完全一致的状态。
- 与还原事务日志相比，从增量备份中还原数据库的时间大大减少了。

如果执行的增量还原操作是最后一次，那么可以使用 RECOVERY 选项。如果执行了从增量数据库备份中还原数据库的操作之后，后面还有一系列的事务日志需要还原，应该使用 NORECOVERY 选项。

从事务日志备份中还原数据库，可以使用 RESTORE LOG 语句。执行还原事务日志操作的起点可以是完全数据库还原、增量数据库还原或上一次事务日志还原。

在下面的示例中，假设 AdventureWorks 数据库的完全备份存储于某个备份文件上，两个事务日志的备份存储于另外一个备份文件上，这时执行 3 个还原操作把数据库还原到正常状态。在这个示例中，第一步执行从完全数据库备份中的还原操作，第二步执行从第一个事务日志备份中的还原操作。这时，数据库处于还原状态，不能使用。最后一步执行从第二个事务日志备份中的还原操作，这时，数据库处于正常状态。

```
USE master
GO
RESTORE DATABASE AdventureWorks FROM AWDB WITH NORECOVERY
GO
RESTORE LOG AdventureWorks FOM AWDBLog WITH FILE=1, STATS, NORECOVERY
GO
RESTORE LOG AdventureWorks FOM AWDBLog WITH FILE=2, RECOVERY
GO
```

在还原事务日志的时候，使用 STOPAT 选项可以指定还原到某个精确的时间点。在下面的这个示例中，AdventureWorks 数据库有一个完全数据库备份和两个事务日志备份。然而，只还原了在 2008 年 8 月 8 日凌晨 1 点之前发生的事务。这个示例有 3 个步骤。第一步从完全数据库备份 AWDB 中还原数据库 AdventureWorks，第二步从第一个事务日志备份 AWDBLog(FILE=1)中还原数据库，第三步从第二个事务日志备份 AWDBLog(FILE=2)中还原数据库，并且指定了还原的时间点为 2008 年 8 月 8 日凌晨 1 点。

```
USE master
RESTORE DATABASE AdventureWorks FROM AWDB WITH NORECOVERY
GO
RESTORE LOG AdventureWorks FROM AWDBLog WITH FILE = 1, NORECOVERY
GO
RESTORE LOG AdventureWorks FROM AWDBLog
WITH FILE = 2, RECOVERY, STOPAT = 'August 8, 2008 1:00 AM'
GO
```

还可以从文件或文件组备份中还原数据库。在执行从文件或文件组的备份中还原数据库时，为了使数据库还原到正常状态，执行完文件或文件组还原之后，应该执行一系列的事务日志的还原操作。

12.6　本 章 小 结

本章详细研究了数据库的备份和恢复。首先，分析了为什么要执行数据库的备份和恢复。其次，讲述了数据库的恢复模式的类型和特点。接下来，对数据库的备份进行了详细研究。具体内容包括备份计划、备份对象、备份的动态性以及备份方法。最后，讲述了数据库的还原操作的基本内容。

【思考和练习】

1. 造成数据丢失的常见原因是什么？
2. 如何理解恢复模式？
3. 备份和还原的关系是什么？
4. 备份计划的作用是什么？
5. 如何理解备份的动态性？
6. 什么是永久性的备份文件？什么是临时性的备份文件？
7. 在大容量日志记录恢复模式中，哪些操作不记录在事务日志中？
8. 事务日志备份和数据库完全备份之间的关系是什么？
9. 在进行数据库还原时，系统应该进行哪些安全性检查？
10. 在 RESTORE DATABASE 语句，MOVE TO 选项的作用是什么？
11. 如何执行还原数据库文件的操作？

第13章　事　　务

对于一个有大量用户使用的分布式数据库管理系统来说，必须很好地解决多用户使用过程中出现的并发性问题。提高数据库的处理速度，仅依靠提高计算机的物理速度是不够的，还必须充分考虑和解决数据库系统的并发性问题，提高数据库并发操作的效率。在Microsoft SQL Server 2008 系统中，通过采用事务和锁机制，解决了数据库系统的并发性问题。本章将全面阐述 Microsoft SQL Server 的事务技术。

本章要点：

- 并发性的概念和并发性问题的特点
- 事务的概念、类型和特点
- 事务管理技术
- 理解锁的作用
- 掌握定制锁技术
- 掌握查看和理解锁信息技术

13.1　概　　述

如果 Microsoft SQL Server 系统是一个单用户系统，那么在使用数据库执行检索或修改操作时几乎不受其他限制。单用户系统只是 Microsoft SQL Server 系统的一个特殊场景。实际上，经常有许多用户同时访问和使用数据库。并发性就是两个或两个以上的用户同时对数据执行的操作。并发性问题就是并发操作时遇到的各种问题。在 Microsoft SQL Server 2008 系统中，解决并发性问题采取了事务和锁机制。

事务和锁是两个紧密联系的概念。事务就是一个单元的工作，包括一系列的操作，这些操作要么全部成功，要么全部失败。事务确保多个数据的修改作为一个单元来处理。例如，在银行业务中有一条记账原则，即有借必有贷、借贷必相等。为了保证这种原则，就必须确保借和贷的记录要么同时成功，要么同时失败。如果出现只记录了借方，或只记录了贷方，违反了记账原则，就会出现记错账的情况。Microsoft SQL Server 通过支持事务机制管理多个事务，保证事务的一致性。通过在事务中使用锁，可以防止其他用户修改还没有完成的事务中的数据。对于多用户系统来说，锁机制是必须的。在 Microsoft SQL Server 系统中，使用事务日志来保证修改的完整性和可恢复性。

Microsoft SQL Server 有多种锁，允许事务锁定不同的资源。锁就是保护指定的资源不被其他事务操作。为了最小化锁的成本，Microsoft SQL Server 自动使用与任务相应等级的锁来锁定资源对象。锁定比较小的对象，例如，锁定行虽然可以提高并发性，但是却有较高的开支。因为如果锁定许多行，就需要使用更多的锁和内存资源。锁定比较大的对象，例如锁定表会大大降低并发性，因为锁定整个表就限制了其他事务访问该表的其他部分，但是成本开支比较低，因为只需维护数量比较少的锁。

事务和锁具有以下特点。

- 事务是一个单元的工作，要么全做，要么全不做。
- 事务保证操作的一致性和可恢复性。
- 每一条 Transact-SQL 语句都可以是一个事务。
- 实际使用的事务是用户定义的事务，它包括一系列操作或语句。
- 在多服务器环境中，使用用户定义的分布式事务保证操作的一致性。
- 锁是保证并发控制的手段。
- 可以锁定的资源包括行、页、Extent、表和数据库。
- 锁的基本类型是共享锁和排他锁。
- 特殊类型的锁包括意图锁、修改锁和模式锁。
- 共享锁允许其他事务继续使用锁定的资源。
- 排他锁只允许一个事务访问数据。
- 系统本身可以处理死锁。
- 用户可以根据实际情况定制锁的一些特征。

13.2　事务的特点、类型和管理

事务是 Microsoft SQL Server 系统的重要特征，一方面保证了系统的备份和恢复，另一方面实现了数据一致性机制。下面将详细描述事务的概念、工作原理、事务的类型等内容。

13.2.1　事务的概念

事务是指一个单元的工作。作为一个逻辑单元，它必须具备 4 个属性：自动性、一致性、独立性和持久性。

自动性是指事务必须是一个自动的单元工作，要么执行全部数据的修改，要么全部数据的修改都不执行。

一致性是指当事务完成时，必须使所有数据都具有一致的状态。在关系型数据库中，所有的规则必须应用到事务的修改上，以便维护所有数据的完整性。所有的内部数据结构，例如树状的索引与数据之间的链接，在事务结束之后必须保证正确。

独立性是指并行事务的修改必须与其他并行事务的修改相互独立。一个事务看到的数据要么是另外一个事务修改这些数据之前的状态，要么是第二个事务已经修改完成的数据，但是这个事务不能看到正在修改的数据。这种特征也称为串行性。

持久性是指当一个事务完成之后，它的影响永久性地产生在系统中，也就是这种修改写到了数据库中。

事务机制保证一组数据的修改要么全部执行，要么全部不执行。Microsoft SQL Server 使用事务保证数据的一致性和确保在系统失败时的可恢复性。事务是一个可以恢复的单元的工作，由一条或多条 Transact-SQL 语句组成，可以影响到表中的一行或多行数据。事务打开以后，要么到事务成功完成之后提交为止，要么到事务执行失败时全部取消或回滚为止。

13.2.2　事务的工作原理

事务确保数据的一致性和可恢复性。事务开始之后，事务所有的操作都陆续写到事务日志中。

写到事务日志中的操作一般有两种：一种是针对数据的操作，一种是针对任务的操作。针对数据的操作，例如插入、删除和修改，这是典型的事务操作，这些操作的对象是大量的数据。有些操作是针对任务的，例如创建索引，这些任务操作在事务日志中记录一个标志，用于表示执行了这种操作。当取消这种事务时，系统自动执行这种操作的反操作，保证系统的一致性。

系统自动生成一个检查点机制，这个检查点周期地发生。检查点的周期是系统根据用户定义的时间间隔和系统活动的频度由系统自动计算出来的时间间隔。

检查点周期地检查事务日志，如果在事务日志中事务全部完成，那么检查点将事务日志中的该事务提交到数据库中，并且在事务日志中做一个检查点提交标记。如果在事务日志中事务没有完成，那么检查点将事务日志中的该事务不提交到数据库中，并且在事务日志中做一个检查点未提交标记。

13.2.3　使用事务时的考虑

在使用事务时，原则上应该使事务尽可能短并且要避免事务嵌套。事务应该尽可能短，这是因为比较长的事务增加了事务占用数据的时间，使其他必须等待访问该事务锁定数据的事务延长了等待访问数据的时间。在使用事务时，为了使事务尽可能短，应该采取一些相应的方法。

为了最小化时间，在使用某些 Transact-SQL 语句时一定要非常小心。例如，使用循环语句 WHILE 时，一定要事先确认循环的长度和占用的时间，使这种循环在完成相应的功能之前，确保循环尽可能短。

在开始事务之前，一定要了解需要用户交互式操作才能得到的信息。这样，在事务的进行过程中，就可以避免进行一些耗费时间的交互式操作，以缩短事务进程的时间。

在一个用户定义的事务中，应该尽可能地使用一些数据操纵语言，例如 INSERT、UPDATE 和 DELETE 语句，因为这些语句主要是操纵数据库中的数据。而对于一些数据定义语言，应该尽可能地少用或不用，因为这些数据定义语言的操作既占用较长的时间，又占用比较多的资源，并且这些数据定义语言的操作通常不涉及到数据，所以应该在事务中尽可能地少用或不用这些操作。另外，在使用数据操纵语言时要注意，一定要在这些语句中使用条件判断语句，使这些数据操纵语言涉及到尽可能少的记录，从而缩短事务的处理时间。

在嵌套事务时也要注意一些问题。虽然说在事务中间嵌套事务是可能的，并不影响 Microsoft SQL Server 处理事务的功能。但是使用嵌套事务除了把事务搞得更加复杂之外，并没有什么明显的好处。因此不建议使用嵌套事务。

13.2.4　事务的类型

根据系统的设置，可以把事务分成两种类型。一种是系统提供的事务，另一种是用户定义的事务。系统提供的事务是指在执行某些语句时，一条语句就是一个事务。这时，一条语句的对象既可以是表中的一行数据，也可以是表中的多行数据，甚至是表中的全部数据。因此，只有一条语句构成的事务也可能包含了对多行数据的处理。

例如执行下面这条数据操纵语句：

```
UPDATE  employees
SET salary = salary * 1.2
```

这是一条语句，这条语句本身就构成了一个事务。由于这条语句没有使用条件限制，那么这条语句就是修改表中的全部数据。所以这个事务的对象，就是修改表中的全部数据。如果 employees 表中有 1000 行数据，那么这 1000 行数据的修改要么全部成功，要么全部失败。

另外一种事务，是用户明确定义的事务。在实际应用中，大多数的事务处理就是采用用户定义的事务来处理。在开发应用程序时，可以使用 BEGIN TRANSACTION 语句来定义明确的用户定义的事务。在使用用户定义的事务时，一定要注意两点：一是事务必须有明确的结束语句来结束。如果使用不明确的结束语句来结束，那么系统可能把从事务开始到用户关闭连接之间的全部操作都作为一个事务来对待。事务的明确结束可以使用下面两个语句中的一个：COMMIT 语句和 ROLLBACK 语句。COMMIT 语句是提交语句，将全部完成的操作明确地提交到数据库中。ROLLBACK 语句是取消语句，该语句将事务的操作全部取消，即表示事务操作失败。

还有一种特殊的用户定义的事务，这就是分布式事务。前面提到的事务都是在一个服务器上的操作，其保证的数据完整性和一致性是指一个服务器上的完整性和一致性。但是如果在一个比较复杂的环境中可能有多台服务器，那么要保证在多服务器环境中事务的完整性和一致性，就必须定义一个分布式事务。在这个分布式事务中，所有的操作都可以涉及对多个服务器的操作。当这些操作都成功时，那么所有这些操作都提交到相应服务器的数据库中；如果这些操作中有一条操作失败，那么这个分布式事务中的全部操作都将被取消。

13.2.5 管理事务

管理事务是指定义事务、设置事务标识、提交事务和取消事务等操作。Microsoft SQL Server 系统提供了 6 条可以用于管理事务的 Transact-SQL 语句：

- BEGIN TRANSACTION
- BEGIN DISTRIBUTED TRANSACTION
- COMMIT TRANSACTION
- ROLLBACK TRANSACTION
- SAVE TRANSACTION
- SET IMPLICIT_TRANSACTION

BEGIN TRANSACTION 语句表示一个本地事务的起点，本地事务是指操作只是涉及一个服务器的事务。该语句的基本语法形式如下所示：

```
BEGIN TRANSACTION transaction_name
WITH MARK description
```

在上面的语法中，transaction_name 参数用于指定事务的名称，这是一个可选的选项。WITH MARK 子句用于指定事务中的标志。如果使用了该子句，那么必须使用事务名称。这种事务标志可以在事务日志中定义相应的位置。

BEGIN DISTRIBUTED TRANSACTION 语句用于定义分布式事务。分布式事务是指操作涉及多个不同服务器上多个数据库的事务。系统使用 MS DTC 来处理分布式事务，保证分布式事务的数据一致性和完整性。

COMMIT TRANSACTION 语句是事务成功完成的标志，它将事务中的所有操作提交到数据库中。这意味着事务中的所有修改操作都存储到了磁盘上。注意，COMMIT WORK 语句的作用与该语句相同，但是 COMMIT WORK 语句不能使用事务名称。之所以提供 COMMIT WORK 语句，是为了与 ISO SQL 标准一致。

与 COMMIT TRANSACTION 语句相对应的是 ROLLBACK TRANSACTION，它是事务没有成功完成的标志。程序设计人员之所以使用该语句，是因为需要指定操作不成功时需要取消相应的操作。这时所有不成功的修改操作都被取消了。

SAVE TRANSACTION 语句设置事务中的保存点，这样在指定取消事务时，可以使用 ROLLBACK TRANSACTION savepoint 语句使得保存点前面的操作不被取消。当然，如果希望取消整个事务，可以使用没有 savepoint 的 ROLLBACK TRANSACTION 语句。在如图 13-1 所示的示例中，在事务定义中设置了保存点，结果只有事务中的第一个 INSERT 语句插入成功。

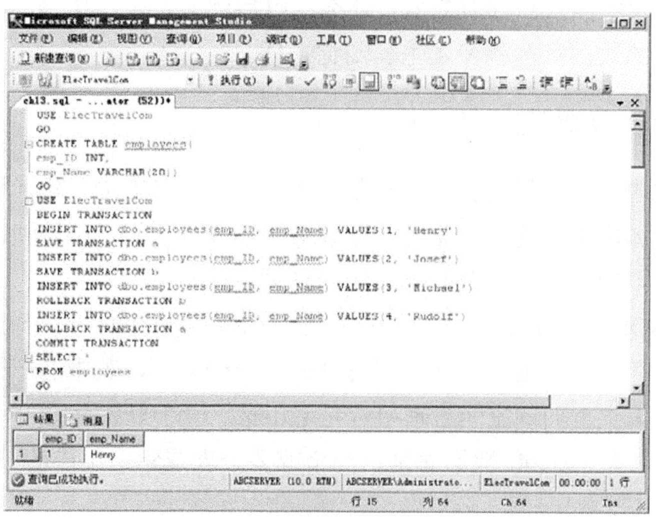

图 13-1 使用 SAVE TRANSACTION 语句

SET IMPLICIT_TRANSACTION 语句用于将连接设置为隐式事务模式。隐式事务模式是指在事务结束时必须明确提交，否则当用户断开连接时当前所有的操作都会被取消。只有使用 SET IMPLICIT_TRANSACTION OFF 语句使得连接恢复为自动提交模式。在自动提交模式下，所有单个语句在成功完成时都被提交。

13.3 使 用 锁

锁是实现事务的手段。实际上锁是保护事务和数据的方式，这种保护方式类似于日常生活中使用的锁。下面介绍 Microsoft SQL Server 系统中锁的特点。

13.3.1 锁的概念

锁是防止其他事务访问指定资源的手段。锁是实现并发控制的主要方法，使多个用户能够同时操纵同一个数据库中的数据而避免发生数据不一致现象的重要保障。

一般来说，锁可以防止脏读、不可重复读和幻觉读。脏读就是指当一个事务正在访问数据，并且对数据进行修改，但这种修改还没有提交到数据库中时，另外一个事务也访问并使用了这个数据。因为这个数据是还没有提交的数据，因此另外一个事务读到的这个数据就是脏数据，依据脏数据所做的操作可能是不正确的。

不可重复读是指在一个事务内，多次读同一个数据却得到不同的结果。在这个事务还没有结束时，另外一个事务也访问同一数据，那么在第一个事务中的两次读数据之间，由于第二个事务的修改，第一个事务两次读到的数据可能是不一样的结果。这样就发生了在一个事务内两次读到的数据不一样，因此称为不可重复读。

幻觉读是指当事务不是独立执行时发生的一种现象，例如第一个事务对一个表中的数据进行了修改，这种修改涉及到表中的全部数据行。同时第二个事务也修改这个表中的数据，这种修改是向表中插入一行新数据。那么，以后就会发生操作第一个事务的用户发现表中还有没有修改的数据行，就像发生了幻觉一样。

13.3.2　SQL Server 的空间特点

锁是防止其他事务访问指定资源而控制、实现并发控制的最小化一种主要手段。为了提高系统的性能，加快事务的处理速度，缩短事务的等待时间，应该使用锁定的资源。为了控制锁定的资源，应该首先了解系统的空间管理。

在 Microsoft SQL Server 系统中，最小的空间管理单位是页，一个页有 8K。所有的数据、日志、索引都存放在页上。另外，使用页还有一个限制，表中的一行数据必须在同一个页上，不能跨页。页上面的空间管理单位是 Extent，一个 Extent 是 8 个连续的页。表和索引的最小占用单位是 Extent。数据库是由一个或多个表或索引组成的，即是由多个 Extent 组成。

针对不同的空间可以使用不同的锁，以便达到不同程度的保护事务和数据的目的。

13.3.3　可以锁定的资源

为了优化系统的并发性，应该根据事务的大小和系统活动的程度锁定不同的资源。也就是说，既可以锁定比较大的资源，也可以锁定比较小的资源。在 Microsoft SQL Server 系统中，已经非常完善地实现了这些要求。

在 Microsoft SQL Server 中可以锁定的资源有多种，这些可以锁定的资源分别是行、页、Extent、表和数据库，它们对应的锁分别是行级锁、页级锁、Extent 级锁、表级锁和数据库级锁。数据行存放在页上，页存放在 Extent 上，一个表由若干个 Extent 组成，而若干个表组成了数据库。在这些可以锁定的资源中，最基本的资源是行、页和表，而 Extent 和数据库是特殊的可以锁定的资源。

- 行是可以锁定的最小空间。Microsoft SQL Server 2008 系统支持行级锁。行级锁就是指事务在操纵数据的过程中，锁定一行或若干行数据，其他事务不能同时处理这些行的数据。行级锁占用的数据资源最少，所以在事务的处理过程中，允许其他事务继续操纵同一个表或同一个页的其他数据行，大大降低了其他事务等待处理数据的时间，提高了系统的并发性。行级锁是一种最优锁，因为行级锁不可能出现数据既被占用又没有使用的浪费现象。
- 页级锁是指在事务的操纵过程中，无论事务处理了多少数据，每一次都锁定一页，在这个页上的数据不能被其他事务操纵。在 Microsoft SQL Server 2000 以前，使用的是页级锁。页级锁锁定的资源比行级锁锁定的数据资源多。在页级锁中，即使一个事务只操纵页上的一行数据，那么该页上的其他数据行也不能被其他事务使用。因此使用页级锁时，会出现数据的浪费现象，也就是说，在同一个页上会出现数据被占用却没有被使用的现象。在这种现象中，数据的浪费最多不超过一个页上的数据行。
- Extent 级锁是一种特殊类型的锁，只能用于一些特殊的情况。Extent 级锁是指事务占用一个 Extent，这个 Extent 不能同时被其他事务占用。例如在创建数据库和创建表时，系统分配物理空间时使用这种类型的锁。系统是按照 Extent 分配空间的。当系统分配空间时，使用 Extent 级锁，防止其他事务同时使用同一个 Extent。当系统完成分配空间之后，就不再使用这种类型的 Extent 级锁。特别是当涉及到对数据操作的事务时不使用锁。

- 表级锁也是一种非常重要的锁。表级锁是指事务在操纵某一个表的数据时，锁定了这个数据所在的整个表，其他事务不能同时访问该表中的其他数据。当事务处理的数据量比较大时，一般使用表级锁。表级锁的特点是使用较少的系统资源，但是却占用比较多的数据资源。与行级锁和页级锁相比，表级锁占用的系统资源(例如内存)比较少，但是占用的数据资源却最大。在表级锁时，有可能出现数据的大量浪费现象，因为表级锁锁定了整个表，造成其他事务都不能操纵表中的其他数据。这样，会延长其他事务等待处理的时间，降低系统的并发性能。
- 数据库级锁是指锁定整个数据库，防止任何用户或事务对锁定的数据库进行访问。数据库级锁是一种非常特殊的锁，只用于数据库的恢复操作过程中。这种等级的锁是一种最高等级的锁，因为它控制整个数据库的操作。只要对数据库进行恢复操作，那么就需要设置数据库为单用户模式，这样系统就能防止其他用户对该数据库进行各种操作。严格地说，数据库级锁不是一种锁，而是一种类似锁的单用户模式机制。但是，这种单用户模式机制非常类似锁机制，因此也可以把这种单用户模式称为数据库级锁。

13.3.4　锁的类型和其兼容性

锁定资源的方式有两种基本形式，一种形式是读操作要求的共享锁，另一种形式是写操作要求的排他锁。除了这两种基本类型的锁，还有一些特殊情况的锁，例如意图锁、修改锁和模式锁。在这些各种类型的锁中，某些类型的锁之间是可以兼容的，但多数类型的锁之间是不兼容的。

共享锁允许并行事务读取同一种资源，这时的事务不能修改正在访问的数据。当使用共享锁锁定资源时，不允许修改数据的事务访问数据。当读取数据的事务读完数据之后，立即释放所占用的资源。一般地，当使用 SELECT 语句访问数据时，系统自动对所访问的数据使用共享锁锁定。对于那些修改数据的事务，例如使用 INSERT、UPDATE 和 DELETE 语句，系统自动在所修改的事务上放置排他锁。排他锁就是指在同一时间内只允许一个事务访问一种资源，其他事务都不能在有排他锁的资源上访问。在有排他锁的资源上，不能放置共享锁，也就是说不允许可以产生共享锁的事务访问这些资源。只有当产生排他锁的事务结束之后，排他锁锁定的资源才能被其他事务使用。

除了上面的基本锁以外，根据不同的操作情况，Microsoft SQL Server 还可以使用一些其他类型的锁。这些特殊类型的锁包括意图锁、修改锁和模式锁。

系统使用意图锁来最小化锁之间的冲突。意图锁建立一个锁机制的分层结构，这种结构依据锁定的资源范围从低到高依次是行级锁层、页级锁层和表级锁层。意图锁表示系统希望在层次低的资源上获得共享锁或排他锁。例如，放置在表级上的意图共享锁表示一个事务可以在表中的页或行上放置共享锁。在表级上设置共享锁防止以后另外一个修改该表中页的事务在包含了该页的表上放置排他锁。意图锁可以提高性能，这是因为系统只需要在表级上检查意图锁，确定一个事务能否在哪个表上安全地获取一个锁，而不需要检查表上的每一个行锁或页锁，确定一个事务是否可以锁定整个表。

意图锁有 3 种类型，即意图共享锁、意图排他锁和使用意图排他的共享锁。意图共享锁表示读取低层次资源的事务的意图，把共享锁放在这些单个的资源上。意图排他锁表示修改低层次的事务的意图，把排他锁放在这些单个资源上。意图排他锁包括意图共享锁，他是意图共享锁的超集。使用意图排他的共享锁表示允许并行读取顶层资源的事务的意图，并且修改一些低层次的资源，把意图排他锁放在这些单个资源上。例如，表上的一个使用意图排他的共享锁把共享锁放在表上，允许并行读取，并且把意图排他锁放在将要修改的页上，把排他锁放在修改的行上。每一个表一次只能有一个使用意图排他的共享锁，这里因为表级共享锁阻止对表的任何修改。使用意图排他的共享锁是共享锁和意图排他锁的组合。

当系统将要修改一个页时，使用修改锁。在系统修改该页之前，系统自动地把这个修改页锁上升到排他页锁，防止锁之间发生冲突。当第一次读取页时，在修改操作的开始阶段获得修改锁。修改锁与共享锁是兼容的。如果该页被修改了，那么修改锁上升到排他锁。

模式锁保证当表或索引被另外一个会话参考时，不能被删除或修改其结构模式。Microsoft SQL Server 系统提供了两种类型的模式锁：模式稳定锁和模式修改锁。模式稳定锁确保锁定的资源不能被删除，模式修改锁确保其他会话不能参考正在修改的资源。

有些锁之间是兼容的，例如共享锁和修改锁。有些锁之间是不兼容的，例如排他锁和共享锁。下面的表 13-1 列出了 Microsoft SQL Server 系统提供的各种锁之间的兼容性。

表 13-1　Microsoft SQL Server 系统提供的各种锁之间的兼容性

锁　名　称	IS	S	U	IX	SIX	X
意图共享锁(IS)	兼容	兼容	兼容	兼容	兼容	不兼容
共享锁(S)	兼容	兼容	兼容	不兼容	不兼容	不兼容
修改锁(U)	兼容	兼容	不兼容	不兼容	不兼容	不兼容
意图排他锁(IX)	兼容	不兼容	不兼容	兼容	不兼容	不兼容
意图排他的共享锁(SIX)	兼容	不兼容	不兼容	不兼容	不兼容	不兼容
排他锁(X)	不兼容	不兼容	不兼容	不兼容	不兼容	不兼容

另外，除了表 13-1 中列出的锁之间的兼容性之外，模式修改锁对于全部锁都是不兼容的，而模式稳定锁对于除了模式修改锁之外的全部锁都是兼容的。

13.3.5　死锁问题

死锁是一个很重要的话题。在事务和锁的使用过程中，死锁是一个不可避免的现象。在下面两种情况下会发生死锁。第一种情况是当两个事务分别锁定了两个单独的对象，这时每一个事务都要求在另外一个事务锁定的对象上获得一个锁，因此每一个事务都必须等待另外一个事务释放占有的锁，这时就发生了死锁。这种是最典型的死锁形式。例如，同一时间内有两个事务 A 和 B，事务 A 有两个操作：锁定表 part 和请求访问表 supplier；事务 B 也有两个操作：锁定表 supplier 和请求访问表 part。结果，事务 A 和事务 B 之间发生了死锁。

死锁的第二种情况是在一个数据库中，有若干个长时间运行的事务执行并行的操作，当查询分析器处理一种非常复杂的查询，例如连接查询时，由于不能控制处理的顺序，有可能发生死锁现象。

当发生死锁现象时，系统可以自动检测到，然后通过自动取消其中一个事务来结束死锁。在发生死锁的两个事务中，根据事务处理时间的长短作为规则来确定它们的优先级。处理时间长的事务具有较高的优先级，处理时间较短的事务具有较低的优先级。在发生冲突时，保留优先级高的事务，取消优先级低的事务。

13.3.6 会话级锁和表级锁

一般地，锁是由系统自动提供的。但是在有些情况下，用户也可以定制锁。也就是说，用户可以对会话级锁和表级锁进行定制。

会话级锁的定制包括两个方面，事务隔离等级和锁超时限制。事务隔离等级保护指定的事务，该事务隔离允许对一个会话中的全部事务设置隔离等级。当设置隔离等级时，就为会话中的全部语句指定了默认的锁定行为。Microsoft SQL Server 系统支持 5 种事务隔离等级，这 5 种等级分别如下。

- READ UNCOMMITTED 等级是最简单的事务隔离等级，指导系统既不使用共享锁，也不使用排他锁。在这种选项下可以看到正在修改的数据，会发生脏读。在这种情况下，事务读到的数据可能是不一致的。这个选项是隔离等级最低的设置。
- READ COMMITTED 等级指导系统在读取数据时使用共享锁。在这种选项下，不会发生脏读，即不能看到正在修改的数据。但是在事务结束之前，原有的数据可能发生改变，所以可能产生不可重复读数据或幻觉数据。
- REPEATABLE READ 等级指导系统在查询使用的全部数据上放置锁，防止其他用户修改数据。但是该事务不能阻止另外的事务插入数据的操作，因此可能发生幻觉读。
- SNAPSHOT 等级指定事务中任何语句读取的数据都将是在事务开始时便存在的数据。事务只能识别在其开始之前提交的数据修改。在当前事务中执行的语句将看不到在当前事务开始以后由其他事务所做的数据修改。其效果就好像事务中的语句获得了已提交数据的快照，因为该数据在事务开始时就存在。除非正在恢复数据库，否则 SNAPSHOT 事务不会在读取数据时请求锁。读取数据的 SNAPSHOT 事务不会阻止其他事务写入数据。写入数据的事务也不会阻止 SNAPSHOT 事务读取数据。在数据库恢复的回滚阶段，如果尝试读取由其他正在回滚的事务锁定的数据，则 SNAPSHOT 事务将请求一个锁。在事务完成回滚之前，SNAPSHOT 事务会一直被阻塞。当事务取得授权之后，便会立即释放锁。

- SERIALIZABLE 等级指导系统在数据上放置锁，直到该事务完成以后，用户才可以修改或插入数据。这个选项是隔离等级最高的设置。另外，事务等待访问的时间也可以定制，需要设置锁超时限制。当设置了锁超时时间以后，如果事务等待的时间超过了设置的锁超时时间，那么该事务被自动取消。

用户可以使用 SET TRANSACTION ISOLATION LEVEL 语句设置会话的事务隔离等级。在如图 13-2 所示的示例中，设置当前会话的事务隔离等级为 REPEATABLE READ，表示在当前会话中系统将所有共享锁一直保持到事务结束。

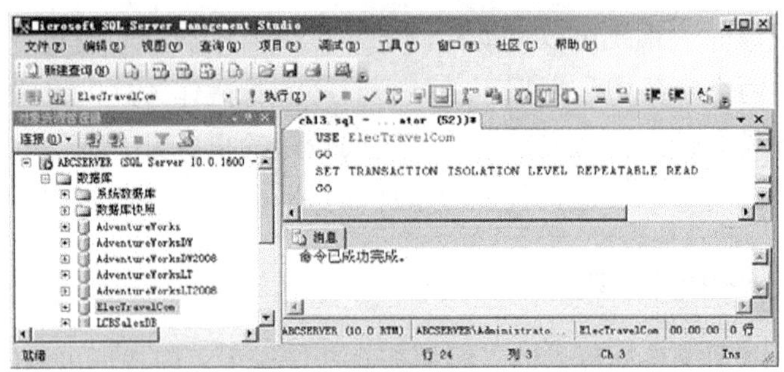

图 13-2　设置事务隔离等级

定制表级锁是指通过为表指定一个或多个选项来设置表级锁的行为。实际上，定制表级锁，就是使用一种优化隐藏的方式。优化隐藏是指在 FROM 子句后面，附加上有关行为选项，提高系统识辨操作的能力。

定制表级锁有许多选项。ROWLOCK 选项指导系统使用行级锁而不是页级锁或表级锁，这是系统的默认选项。PAGLOCK 选项指导系统使用页级锁。TABLOCK 选项指导系统使用表级锁而不是使用锁定对象更细的行级锁或页级锁，并且使用共享锁，因此允许其他事务读取表中的数据，但是不能修改表中的数据。TABLOCKX 选项指导系统使用排他锁，防止其他事务读取或修改表中的任何数据。NOLOCK 选项指导系统不使用锁，既不使用共享锁，也不使用排他锁。在这种情况下，会发生脏读。HOLDLOCK 选项指导系统占有共享锁直到该事务的结束，而不是当有其他锁请求时立即释放。UPDLOCK 选项指导事务在读取表中的数据时，使用修改的页级锁代替共享锁。该锁一直占用到该语句或事务的结束为止。

13.4　本 章 小 结

本章全面讲述了事务技术。首先，分析了并发性的概念和特点。其次，对事务的概念、类型、特点以及管理技术进行了全面研究。事务作为一个重要的数据库技术基本概念，在保护数据库的可恢复性和多用户、多事务方面具有基础性的作用。最后，对锁技术进行了全面介绍，包括锁的类型、锁资源的特点、会话级锁的特点、表级锁的特点以及死锁的特点等。

【思考和练习】

1. 什么是并发性？
2. 试述并发性和并行性的区别。
3. 为什么说采用事务和锁机制可以解决数据库系统中的并发性问题？
4. 事务的作用是什么？
5. 为什么在 Microsoft SQL Server 中引入锁的机制？
6. 幻觉读是如何产生的？
7. 锁的类型是什么？
8. 意图锁的作用和特点是什么？
9. 为什么会出现死锁？如何解决死锁现象？
10. 如何查看系统的锁信息？
11. 锁是由系统自动提供的，还是由用户定义的？

第14章　自动化管理任务

Microsoft SQL Server 系统提供了作业和警报功能。通过定义作业和警报，可以设置系统执行自动化操作任务。在 Microsoft SQL Server 系统中，SQLServer 代理服务负责系统警报、作业、操作员、调度和复制等任务的管理。本章将详细介绍自动化管理任务技术。

本章要点：

- 自动化管理任务的必要性
- 自动化管理任务的组件
- 作业的基本概念、作用和管理
- 作业管理技术
- 操作员管理技术
- 警报的特点和类型
- 警报管理技术

14.1　概　　述

作为一种分布式数据库管理系统，完成许多自动化管理任务是必不可少的功能。自动化管理任务是指系统可以根据预先的设置自动地完成某些任务和操作。

一般地，把可以自动完成的任务分成两大类：一类是执行正常调度的任务，另一类是识别和回应可能遇到的问题的任务。

执行正常调度的任务，例如在 Microsoft SQL Server 系统中执行一些日常维护和管理的任务，可以包括备份数据库、传输和转换数据、维护索引和维护数据一致性等。

另一类任务识别和回应可能遇到的问题，例如对 Microsoft SQL Server 系统出现的错误以及定义监测可能存在问题的性能条件。例如，可以定义一个任务来更正出现的问题。如果数据库事务满了就不能正常工作了，这时发生错误代号是 1105 的错误。可以定义一项使用 Transact-SQL 语句的任务，执行清除事务日志和备份数据库的操作。还可以定义一些性能条件。例如，可以定义 SQLServer 代理服务来监测何时出现锁堵塞用户修改数据，并且把这种状况自动通知系统管理员。

Microsoft SQL Server 的自动化任务依靠自动化组件来实现。在 Microsoft SQL Server 系统中，自动化组件包括 Windows EventLog、MSSQLServer 和 SQLServer 代理 3 个服务。

MSSQLServer 服务是 Microsoft SQL Server 系统的数据库引擎，负责把发生的错误作为事件写入到 Windows 的应用程序日志中。如果 Microsoft SQL Server 系统或应用程序发生了需要引起用户注意的任何错误或消息，且把这些错误或消息写进了 Windows 的应用程序日志，则这些错误或消息就是日志。

Windows EventLog 服务负责处理写入到 Windows 应用程序日志中的事件，这些事件可以包括下列内容。

- Microsoft SQL Server 系统中严重等级在 19 到 25 之间的任何错误。
- 已经定义将要写入 Windows 的应用程序日志中的错误消息。
- 执行 RAISERROR WITH LOG 语句。

当 SQLServer 代理服务启动时，它就在 Windows 的事件日志中注册并且连接到 Microsoft SQL Server，这样就允许 SQLServer 代理服务接受任何 Microsoft SQL Server 的事件通知。

当发生某个事件时，SQLServer 代理服务与 MSSQLServer 服务通信并且执行某种定义的动作。这些动作包括执行定义的作业、激发定义的警报和发送 E-mail 消息等。这些动作的内容和信息都存储在 msdb 系统数据库中。除此之外，SQLServer 代理服务还可以与其他应用程序通信。

作业和警报都可以单独定义和单独执行。作业就是执行某种操作，由一个或多个作业步骤组成。每一步可以是 Transact-SQL 语句，也可以是脚本语言，或执行各种代理命令等。作业可以手工执行，也可以调度执行，或由系统的警报触发执行。

警报负责回应 Microsoft SQL Server 系统发生的事件。警报由事件触发，触发的结果可以是执行作业，也可以是通知操作员。

事件是由 Microsoft SQL Server 系统发生的、写入到 Windows 的事件日志中的错误或消息。作业、警报、事件三者的关系如图 14-1 所示。

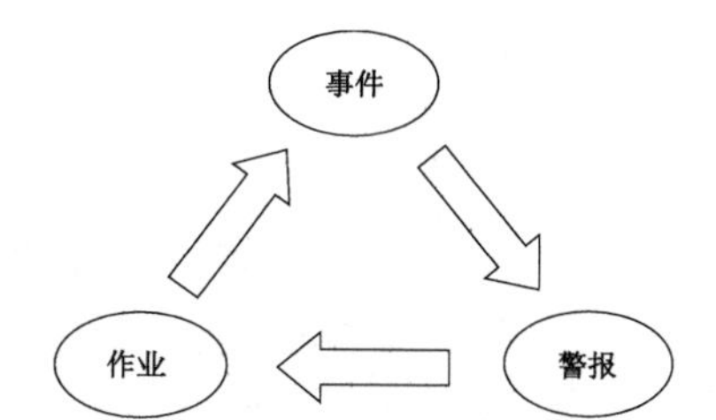

图 14-1　作业、警报、事件的关系示意图

在定义系统执行自动化任务之前，应该完成一些准备工作。这些准备工作包括确保 SQLServer 代理服务运行、验证 SQLServer 代理的服务账户具有相应的许可以及配置 SQLServer 代理的邮件文件等。

14.2　作　　业

作业是为了完成指定任务而执行的一系列操作。作业管理包括创建作业、定义作业步骤、确定每一个作业步骤的动作流程逻辑、调度作业、创建将要通知的操作员，以及检查和配置作业的历史。在 Microsoft SQL Server 系统中，既可以使用 SQL Server Management Studio 创建作业和操作员，也可以使用系统存储过程创建作业。下面主要介绍如何使用 SQL Server Management Studio 工具管理作业。

14.2.1　定义作业

在 SQL Server Management Studio 主窗口左端的树状结构中，打开指定的服务器实例，打开“SQL Server 代理”节点，右击“作业”节点，则弹出一个快捷菜单，如图 14-2 所示。

图 14-2　“作业”节点的快捷菜单

在“作业”的快捷菜单中，选择“新建作业”菜单项，则出现“新建作业”对话框。该对话框有 6 个选项页，即“常规”、“步骤”、“计划”、“警报”、“通知”和“目标”。通过这些选项页，可以完成作业的定义。“常规”选项页如图 14-3 所示。在该选项页中，可以输入该作业的名称、所有者、类别以及说明等信息。

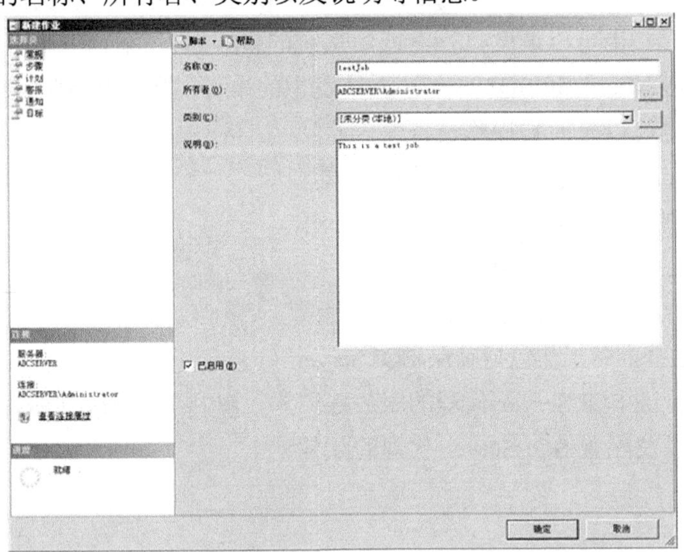

图 14-3　“新建作业”对话框——“常规”选项页

在如图 14-3 所示的“名称”和“说明”文本框中可以分别输入作业的描述性名称和描述信息。可以从“所有者”下拉列表框中选择作业的所有者信息。也就是说，定义作业的用户不一定是作业的所有者。注意，这里指定的所有者是 login 账户，不是 user 账户。可以从“类别”下拉列表框选择该作业的类别。如果在服务器上定义了许多作业，可以把这些作业进行分类，以便进行管理。

如果选中“已启用”复选框，表示允许系统执行该作业，否则不允许执行该作业。作业定义好之后，如果临时希望禁止该作业的执行，可以选中该复选框。

“步骤”选项页如图 14-4 所示。由于是第一次进入，所以该选择页是空白的，只有“新建”按钮可以使用。单击“新建”按钮可以定义作业的步骤。

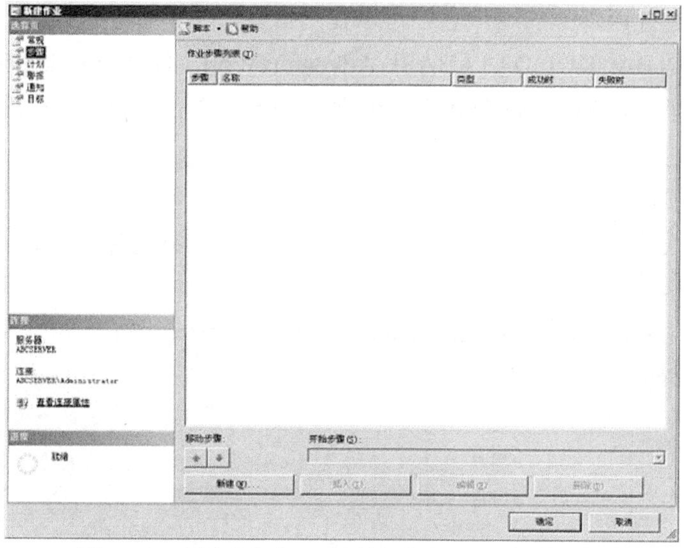

图 14-4　“新建作业”对话框——“步骤”选项页

在“步骤”选项页上，单击“新建”按钮，则出现“新建作业步骤”对话框。在该对话框中，有两个选项页，即“常规”选项页和“高级”选项页。可以在该对话框中定义作业步骤的详细信息。“新建作业步骤”对话框的“常规”选项页如图 14-5 所示。该选项页用于输入作业步骤的基本信息。

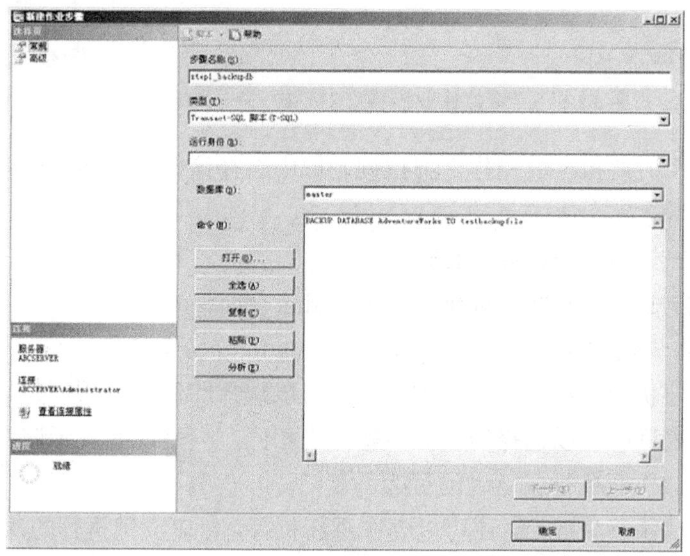

图 14-5　“新建作业步骤”对话框——“常规”选项页

“步骤名称”文本框用于输入作业步骤的名称。可以在“类型”下拉列表框中选择作业步骤的类型。这里选择的类型是“Transact-SQL 脚本”。可以使用的类型有：Transact-SQL 命令；PowerShell；操作系统命令，包括 EXE 文件、COM 文件和 BCP 命令等；分析服务；集成服务包；ActiveX 脚本以及各种代理命令等。不同的步骤类型其提供的对话框样式也不相同。

可以在“数据库”下拉列表框中选择该作业步骤执行时所在的数据库名称。选定数据库名称之后，表示所有的操作都是针对该数据库而言的。可以根据需要在“运行身份”下拉列表框中选择运行该步骤的用户名。可以在“命令”文本框中输入该作业步骤的命令。这里输入的命令是 BACKUP DATABASE AdventureWorks TO testbackupfile。单击“打开”按钮可以打开一个包含 Transact-SQL 语句的脚本文件，单击“分析”按钮则表示对“命令”文本框中的命令进行语法分析。

“高级”选项页如图 14-6 所示。在该选项页中，可以设置该作业步骤执行成功或失败后的行为、重试次数、存放结果文件的位置、是否覆盖结果文件中原有的信息，以及作为哪一个用户账户运行等。

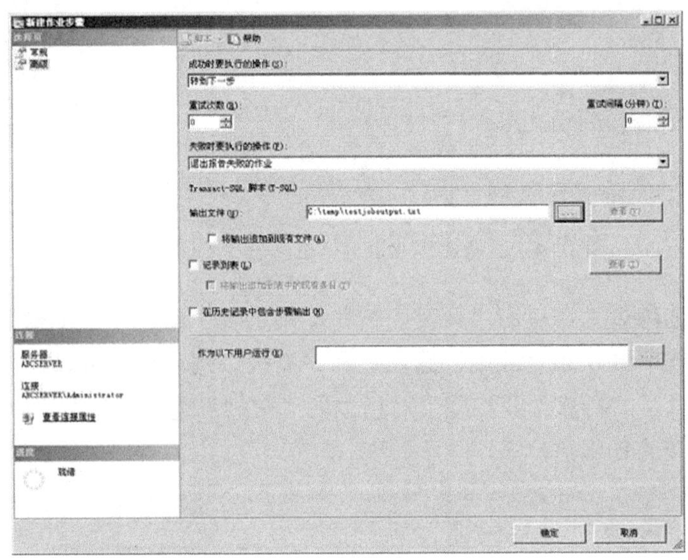

图 14-6　“新建作业步骤”对话框——“高级”选项页

可以在“成功时要执行的操作”下拉列表框中选择该作业步骤执行成功后的行为，这些行为有以下几种：

- (转到下一步)Goto the next step
- (退出报告成功的作业)Quit the job reporting success
- (退出报告失败的作业)Quit the job reporting failure

在“失败时要执行的操作”下拉列表框中可以选择的作业步骤行为与“成功时要执行的操作”下拉列表框中可以选择的作业步骤行为相同，只是前者表示该作业执行失败时的行为，后者表示该作业执行成功时的行为。

如果作业步骤执行失败后，还可以尝试重新执行，可以尝试执行的次数在“重试次数”文本框中指定，两次执行之间的时间间隔在“重试间隔”文本框中指定(分钟)。

“输出文件”文本框用于指定该作业步骤执行之后产生的结果文件所在的位置。如果作业步骤执行之后没有结果产生，可以不指定该位置。对于执行结果是否覆盖文件中的内容，可以使用“将输出追加到现有文件”复选框。如果没有选中，表示结果文件中只存放最新的执行结果；如果选中，则表示执行结果附加在结果文件中原有的内容之后。

也可以将输出结果追加到表中。如果选中“记录到表”和“将输出追加到表中的现有条目”复选框，则表示把 Transact-SQL 语句的执行结果保存在表中。还可以通过选中“在历史记录中包含步骤输出”复选框指定在历史记录中记录该步骤。

对于系统管理员来说，可以使用“作为以下用户运行”下拉列表框指定运行该作业步骤的用户名称。实际上，该选项为系统管理员充当另外一个用户运行作业步骤提供了一种方法。

“计划”选项页如图 14-7 所示。在该选项页中，由于是第一次进入，因此是空白的。计划的设置是针对作业而言的，不是针对作业步骤的。一个作业可以设置多个计划，只要满足其中一个计划，则该作业就可以执行。

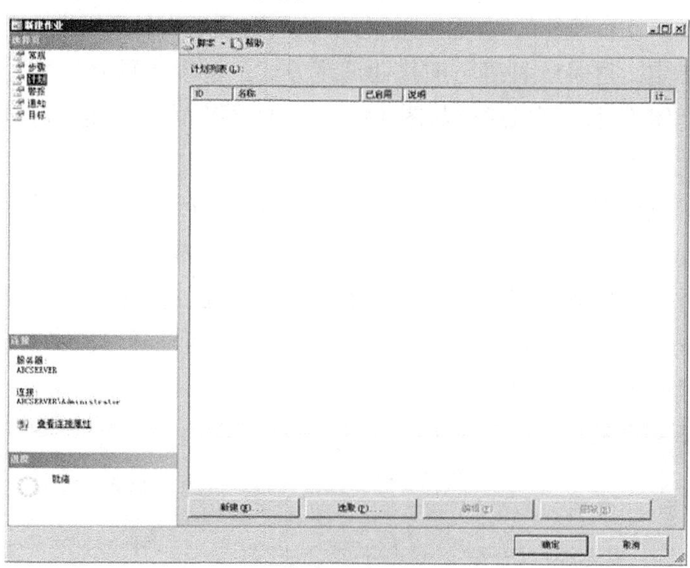

图 14-7　“新建作业”对话框——“计划”选项页

单击“新建”按钮，则出现“新建作业计划”对话框，如图 14-8 所示。在该对话框中，可以设置作业的调度方式。

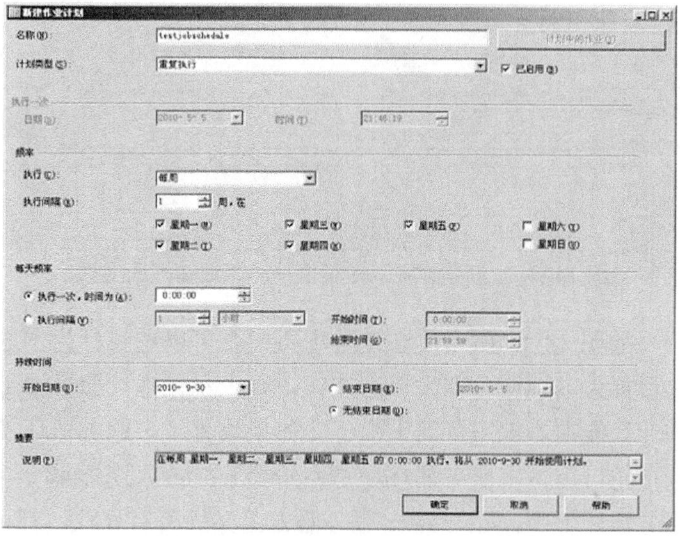

图 14-8　“新建作业计划”对话框

可以从“计划类型”下拉列表框中选中该计划的执行类型。有 4 种计划类型，即“SQL Server 代理启动时自动启动”、“CPU 空闲时启动”、“执行一次”和“重复执行”。“SQL Server 代理启动时自动启动”选项表示当 SQL Server Agent 服务启动时执行该作业。也就是说，无论何时，只要 SQL Server Agent 服务启动，则该作业就执行。这是一种不确定的调度方式。

选中“CPU 空闲时启动”选项表示当 CPU 空闲时，执行该作业。判断 CPU 是否空闲，要看它是否同时满足下列两个条件：第一，CPU 的利用率低于指定的百分比；第二，CPU 的运行时间大于某个指定的时间段。必须同时满足利用率和时间段两个条件，才可以说 CPU 处于空闲状态。这也是一种不确定的作业调度方式。选中“执行一次”选项表示在指定的某个时间执行一次。具体的时间由“执行一次”选项组中的“日期”下拉列表框和“时间”下拉列表框指定。这是一种确定的作业调度方式。选中“重复执行”选项表示在规定好的时间执行。具体的时间可以通过如图 14-8 所示的频率数据设定。可以按照每天、每周或每月的方式设定时间。

“警报”选项页用于管理警报，有关警报的内容本章后面的 14.3 节介绍。“通知”选项页如图 14-9 所示。在该选项页中，可以设置当该作业完成时系统采取的动作，这些动作包括使用电子邮件、使用呼叫以及使用网络消息等方式通知操作员。还可以选择当该作业完成之后，自动删除该作业。图 14-9 中的设置指定当作业执行失败时，把错误消息写入 Windows 的应用程序事件日志中。

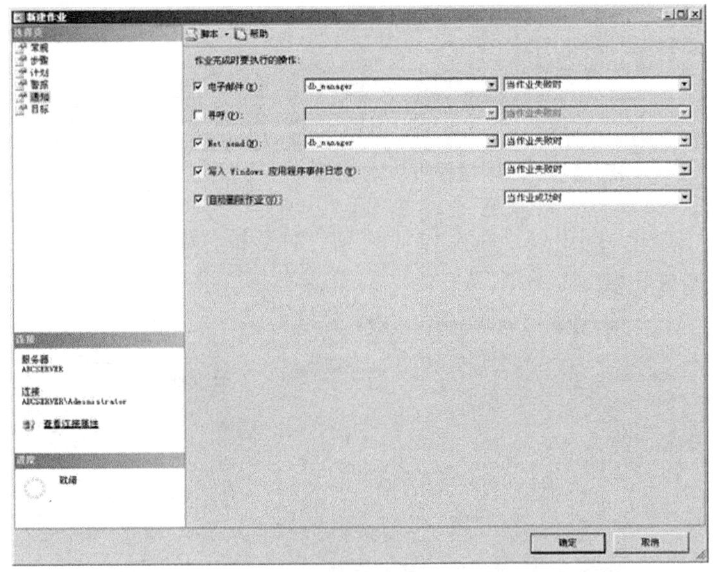

图 14-9　“新建作业”对话框——“通知”选项页

“目标”选项页如图 14-10 所示。在该选项页中，可以选目标为本地服务器或多台服务器。如果选中“目标为本地服务器”单选按钮，则表示在本地服务器上执行该作业。一般地，所创建的作业只能在本地服务器上执行。如果设置了多服务器环境，那么“目标为多台服务器”单选按钮可用。多服务器环境是由一个 master 服务器和多个 target 服务器的环境。在这种多服务器环境中，在 master 服务器上定义的所有作业，都可以在 target 服务器上执行。使用多服务器环境可以降低作业管理的复杂性。

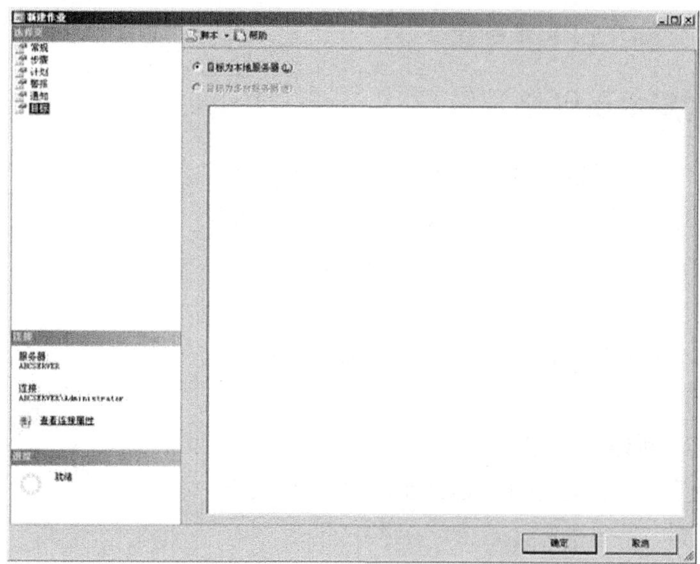

图 14-10　“新建作业”对话框——“目标”选项页

单击“确定”按钮，则完成作业的创建操作。

14.2.2　定义操作员

操作员是指定的用户对象。可以使用 SQL Server Management Studio 创建操作员。在 SQL Server Management Studio 主窗口左端的树状结构中，打开指定的服务器实例，打开“SQL Server 代理”节点，右击“操作员”节点，则弹出一个快捷式菜单，从该菜单中选择“新建操作员”命令，则出现如图 14-11 所示的“新建操作员”对话框。

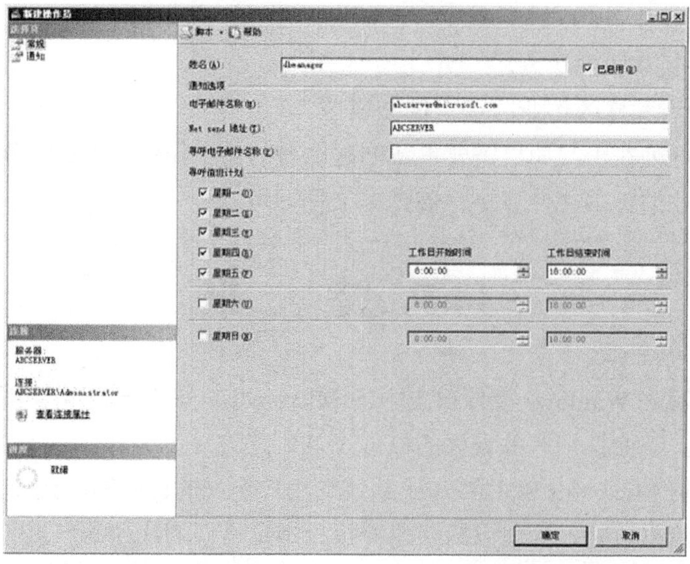

图 14-11　“新建操作员”对话框——“常规”选项页

在如图 14-11 所示的对话框中，在“姓名”文本框中指定一个操作员名称 dbmanager，分别在“电子邮件名称”和“Net send 地址”文本框中输入电子邮件和计算机名称。单击

“确定”按钮，则完成操作员的创建。

14.2.3　执行和脚本化作业

作业创建之后，除了按照其调度方式执行之外，还可以由用户手动执行。在 SQL Server Management Studio 主窗口中，右击作业 testJob，则弹出一个快捷菜单，如图 14-12 所示。

图 14-12　作业的快捷菜单

在如图 14-12 所示的快捷菜单中，各个命令选项的作用如下。

- 新建作业：新建一个作业。
- 作业开始步骤：执行作业。这是手动执行作业的操作方式。
- 停止作业：终止作业的执行。在作业的执行过程中，选择该命令，则终止作业的执行。
- 编写作业脚本为：将当前指定的作业生成脚本。
- 查看历史记录：查看作业的历史信息。
- 禁用：禁止作业执行。执行该命令之后，作业的定义依然存在，但是不能执行。直到解除作业的禁止状态之后，才可以按照调度的方式执行作业。
- 启动 PowerShell：启动 PowerShell 工具执行。
- 报表：可以指定自定义的报表。
- 重命名：重新为作业命名。
- 删除：删除作业。
- 刷新：刷新作业的状态。
- 属性：查看和修改作业的基本定义属性。

脚本化作业好处在于，如果需要重新创建以前的某个作业，不必一步步地定义作业，可以直接打开作业的脚本文件和执行该脚本文件即可。

14.3　警　　报

警报是联系写入 Windows 事件日志中的 Microsoft SQL Server 错误消息和执行作业或发送通知的桥梁。下面介绍有关警报的概念及其创建方法等内容。

警报负责回应 Microsoft SQL Server 系统或用户定义的已经写入到 Windows 应用程序日志中的错误或消息。警报管理包括创建警报、指定错误的代号和严重等级、提供错误消息的文本，以及确定是否将发生的错误或消息写入 Windows 的应用程序日志中。

在 Microsoft SQL Server 系统中，错误代号小于或等于 50000 的错误或消息是系统提供的错误使用的代号，用户定义的错误代号必须大于 50000。错误代号是触发警报最常使用的方式。

错误等级也是错误是否触发警报的一种条件。在 Microsoft SQL Server 系统中，提供了 25 个等级的错误。在这些错误等级中，19 到 25 等级的错误自动写入 Windows 的应用程序日志中，这些错误是致命错误。

可以使用系统存储过程 sp_addmessage 创建错误消息。该系统存储过程可以把一个用户定义的错误消息写入系统中的系统表 sysmessages 中。

系统存储过程 sp_addmessage 的语法形式如下：

```
sp_addmessage [@msgnum =] msg_id,
[@severity =] severity,
[@msgtext =] 'msg'
[, [@lang =] 'language']
[, [@with_log =] 'with_log']
```

在上面的语法形式中，方括号中的内容是可选的。第 1 个参数 msg_id 表示错误代号，用户定义的错误代号大于 50000。

第 2 个参数 severity 表示错误的严重等级，虽然用户可以选择 25 个等级，但是最常使用的用户定义的错误严重等级是 16。

第 3 个参数是 msg，表示错误的文本，该文本必须使用单引号引起来。可以在消息文本中使用参数。如果准备使用字符参数，参数格式是%s；如果使用数字参数，参数格式是%d。

第 4 个参数 language 用来指定使用的语言。常用的语言值是 us_english。

最后一个参数用来指定是否将该错误消息写入 Windows 应用程序日志中。如果参数值是 true，则该消息写入 Windows 应用程序日志中，即该错误消息成为了一个可以触发警报的事件。如果参数值是 false，表示该错误消息不写入 Windows 应用程序日志中

当错误消息定义好之后，可以在应用程序中使用 RAISERROR 语句调用自定义的错误消息。RAISERROR 语句的语法形式如下：

```
RAISERROR (msg_id|msg_str, severity, state[, argument [,...n]] )
```

在上面的语法中，msg_id 表示错误代号，msg_str 表示错误文本，severity 表示错误等级，state 表示错误状态。

在 SQL Server Enterprise Manager 主窗口的树状结构中，打开指定的服务器组和服务器，打开“管理”和 SQL Server Agent 节点，右击“警报”选项，从弹出的快捷菜单中选择“新建警报”命令，则出现“新建警报属性”对话框。该对话框有 3 个选项页，即“常规”、“响应”和“选项”选项页。“常规”选项页如图 14-13 所示。可以在该选项页中指定警报的名称、类型、激活方式和所在的数据库等。

- 在“名称”文本框中输入警报的名称，这里输入的警报名称是 testAlert。警报名称应该是一个描述性名称。
- 从“类型”下拉列表框中选择警报的类型。警报有 3 种类型：事件警报、系统性能警报和 WMI 警报。如果选择“SQL Server 事件警报”选项，则表示创建事件警报。如果选择“SQL Server 性能条件警报”选项，表示创建性能警报。

- 在“数据库名称”下拉列表框中可以选择警报影响的数据库。影响的数据库可以是某个特定的数据库，也可以是所有的数据库。这里选定“<所有数据库>”选项，表示无论在哪一个数据库中，只要发生了错误，该警报都会被触发。
- 在“错误号”文本框中输入激发警报的错误代号，也可以在该文本框右边的按钮上单击，从出现的错误消息对话框中可以选择指定的错误代号。
- 在“严重性”下拉列表框中可以选择错误的严重等级。可以选择错误代号，也可以选择错误等级，但两者不能同时选择。
- “当消息包含以下内容时触发警报”文本框用于输入包含在错误消息中的文本。也就是说，这里输入的文本与错误消息中的文本匹配时，该警报才会发生。

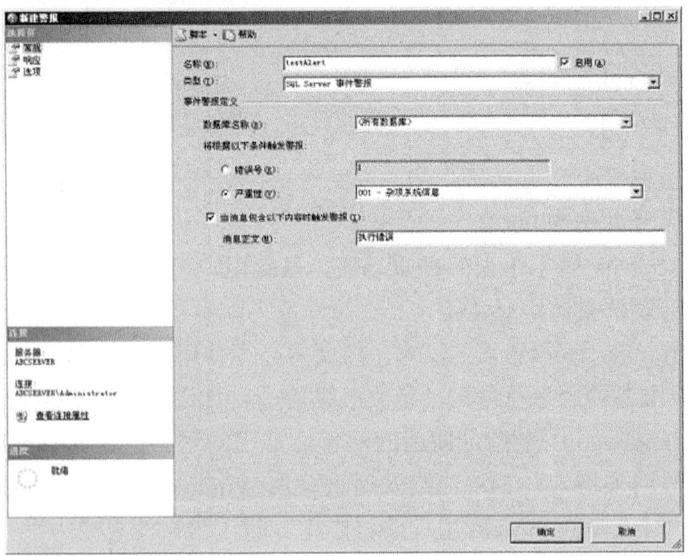

图 14-13　“新建警报”对话框——“常规”选项页

“响应”选项页如图 14-14 所示。在该选项页中，可以选择是否执行作业、执行哪一个作业，是否通知操作员以何种方式通知操作员等信息。

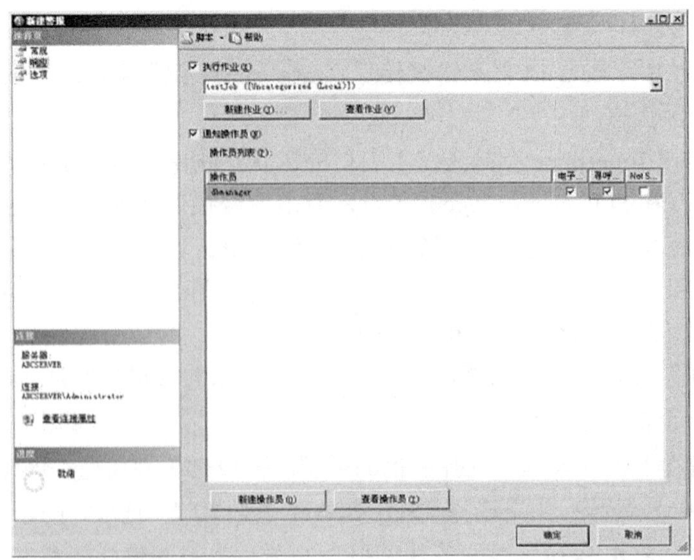

图 14-14　“新建警报”对话框——“响应”选项页

在如图 14-14 所示的“响应”选项页中，如果选中“执行作业”复选框，表示该警报发生时执行某个作业。具体的作业由右端的下拉列表框指定。可以在“通知操作员”列表框中选择通知的操作员。这里选择通知 dbmanager 操作员。单击“确定”按钮，则完成该警报的创建。

可以在“选项”选项页中设置警报的发送方式等附加内容。

总之，警报的执行过程示意图如图 14-15 所示。如果发生了指定的触发错误，则激活 testAlert 警报，该警报执行 testJob 作业，并且通知 dbmanager 操作员。

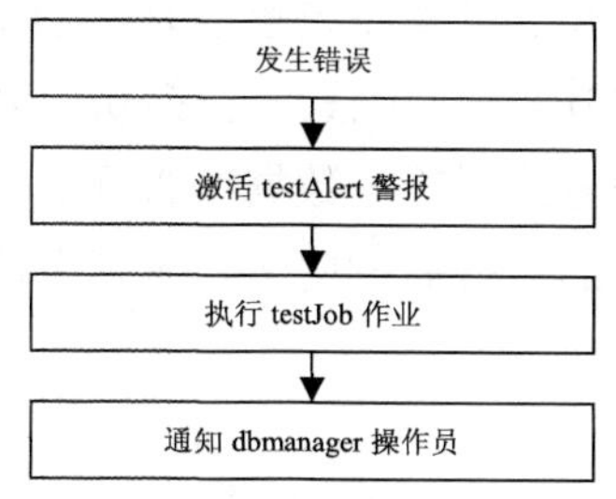

图 14-15　警报的执行过程示意图

14.4　本 章 小 结

本章阐述了自动化管理任务服务的内容。首先介绍了自动化任务的基本概念和关键组件。然后，对作业的管理、步骤、计划、操作员等进行了详细的介绍。最后，讨论了警报的概念、类型、创建和定义等内容。

【思考和练习】

1. 为什么要引入自动化技术？
2. 什么是自动化组件？自动化组件的作用是什么？
3. 什么是事件？如何理解事件概念？
4. 事件、警报和作业的关系是什么？
5. 如何创建作业？
6. 作业可以包括哪些类型的步骤？
7. 操作员的作用是什么？
8. 如何创建警报？
9. Microsoft SQL Server 支持哪些类型的警报？
10. 能否脚本化作业？能否脚本化警报？脚本化作业或警报的好处是什么？

第15章　性能监视和调整

对于数据库管理员来说，监视和调整系统性能是一项重要的艰巨任务。与其他管理任务不同的是，系统性能涉及到方方面面的因素，包括软件因素和硬件因素。如果 Microsoft SQL Server 系统没有按照优化的方式运行，数据库管理员必须及时发现这种问题并采取有效的措施来调整系统，解决系统的运行瓶颈问题。本章全面研究与系统性能有关的监视和调整技术。

本章要点：

- 监视 Microsoft SQL Server 系统的原因和目标
- 影响系统性能的因素
- 性能调整的策略框架和步骤
- 监视和调整系统性能的工具
- Windows 系统监视器的作用和使用方式
- SQL Server Profiler 工具的作用和使用方式
- C2 审核的作用和方式
- 常用的性能监视和调整任务

15.1　概　　述

通过监视系统的性能指标，可以确认系统是否运行正常。如果系统的运行出现了异常，可以立即采取适当的调整措施，修正出现的问题。

一般地，监视 Microsoft SQL Server 系统的运行状况(包括服务器性能和数据库活动)的主要目标如下：

- 优化 SQL Server 的应用程序
- 最小化用户执行查询的响应时间
- 最大化系统的吞吐量
- 检查数据的一致性等

Microsoft SQL Server 系统作为一个服务，向应用程序提供数据。优化 Microsoft SQL Server 的应用程序，实际上是优化向应用程序提供数据的方式和速度。及时、准确、完整地向应用程序提供高质量的数据，是应用程序高效率地运行的前提。

执行查询语句的响应的时间是从发出查询语句开始、到服务器把执行结果返回给用户结束的这一段时间。如果查询语句的响应时间短，表示查询语句的执行效率高。如果查询语句的响应时间非常长，表示系统出现了问题。

系统的吞吐量是指单位时间内处理的查询语句的数量。该项目标与查询语句的响应时间目标是相对的。可以通过减少网络交通量、降低磁盘的读入和写出等措施缩短需要的响应时间，提高系统吞吐量。

数据库中数据的一致性指数据的物理特性与逻辑特性、表中的数据与索引等的一致性。这种一致性可以通过相应的工具来监视和修复。

15.2　影响系统性能的因素

影响系统性能的因素非常多，为了更好地分析这些影响系统性能的因素，可以把这些因素分成 6 大类：

- 服务器硬件类
- 操作系统类
- 网络类
- SQL Server 系统类
- 数据库应用程序类
- 客户应用程序类

服务器硬件类因素包括计算机处理器的数量和速度、硬盘的数量、磁盘的读入/读出速度以及内存容量的大小等。

操作系统类因素包括并行服务和活动的数量、页面文件的大小数量和位置以及磁盘管理等级等。

网络类因素包括网络连接的速度和活动、带宽和数据传输速度等。

SQL Server 系统类因素包括服务器的配置、资源和锁的数量、并行操作的用户数量和并行的活动(例如备份和恢复数据库、执行 DBCC 操作、创建索引等)。

数据库应用程序类因素包括数据库的逻辑和物理设计、事务的控制等级、产生的冲突和解决方案以及如何写查询语句和封装存储过程。

客户应用程序类因素包括用户的需求、事务的控制、锁冲突的回应和解决以及游标的类型等。

15.3　性能监视和调整的策略

监视和调整系统性能是一个综合问题，没有固定不变的模式。但是，理解和掌握监视和调整系统的框架步骤是必要的。监视和调整系统的框架步骤如下：

- 制订监视和调整系统的策略

- 选择调整性能的方案
- 开发性能监视和调整的具体方法
- 建立系统的性能基线
- 检测性能的瓶颈
- 了解通常的监视任务

第一步，制订监视和调整系统的策略。一般地，可以选择下面的策略：

- 优化响应时间
- 优化吞吐量

优化响应时间需要掌握和了解应用程序、运行环境、用户使用的方式以及所操作数据的特点。只有通过掌握这些方面的内容，才可以采取合适的措施，降低查询语句的响应时间。

优化吞吐量要求掌握：SQL Server 是如何访问数据的、如何控制并发活动以及如何与操作系统打交道等知识。

第二步，选择调整性能的方案。为了优化应用程序的响应时间和吞吐量，可以选择下面一些性能调整方案。

(1) 调整客户端的应用程序性能。这些内容包括以下几项。

- 在使用的查询语句中，添加各种搜索条件，限制结果集的数量。
- 创建必要的索引，以便提高查询语句的执行效率。
- 最小化锁的应用。在查询语句中，能不使用锁就不使用锁。这样，可以避免死锁现象，提高并发操作的效率。
- 使用存储过程提高查询语句的执行效率。
- 如果条件允许的话，降低服务器的负荷。

(2) 调整数据库的性能，以便降低查询语句的响应时间。这些内容包括以下几项。

- 重新定义数据库的逻辑设计。
- 重新定义数据库的物理设计。

(3) 调整 SQL Server 性能。可以采取的方案包括以下几项。

- 评价系统的运行。
- 调整 SQL Server 的配置。

(4) 调整硬件配置。可以采取的方案包括以下几项。

- 增加更多的内存。
- 提高处理器的能力。
- 使用速度更快的磁盘系统。
- 提高网络的效率。

第三步，开发性能监视和调整的具体方法。在开发系统的过程中，应该考虑系统的性能因素。在系统设计和性能规划时，应该考虑的具体因素包括以下几项。

(1) 系统设计时应该考虑的性能因素内容如下。

- 分析和理解用户的需求。

- 了解数据的结构和使用这些数据的方式。
- 设计合理的数据库结构，可以综合考虑使用范式结构和非范式结构。
- 开发和测试更多的存储过程。
- 设计使用哪些索引和如何实现这些索引。
- 合理调度系统维护和系统监视等任务。

(2) 在确定性能调整计划时，应该考虑的因素内容如下。

- 合理定义服务器操作时使用的各种性能参数。
- 设置吞吐量和响应时间应该达到的具体目标。
- 记录各种操作并且测量这些操作的效果。
- 模拟实际运行环境，找到瓶颈因素。
- 分析每一个数据库中所有事务的特点。
- 确认性能问题。
- 建立性能基线。

第四步，建立系统的性能基线。性能基线是监视和调整性能的基础和依据，可以根据系统的实际运行情况和设计情况，确定系统的性能基线。在建立性能基线时，关键因素包括以下内容。

- 系统负荷：服务器活动的数量。
- 吞吐量：在给定时间内系统处理的查询语句的数量。
- 系统资源：计算机硬件的能力。
- 优化：应用程序和数据库的设计。
- 并发性：数据的并发使用状况。

第五步，检测性能的瓶颈。瓶颈因素是影响系统性能的关键因素。发现和解决影响系统的瓶颈因素，对于提高系统的性能，可以起到事半功倍的效果。为了检测性能的瓶颈因素，应该掌握检测的对象和检测对象的合理的性能范围。经常需要检测的性能对象包括以下几项。

- 内存的使用状况。
- CPU 的使用状况。
- 磁盘读入/写出的性能。
- 用户的连接数量。
- 查询语句和锁的使用状况等。

第六步，了解通常的监视任务。Microsoft SQL Server 2008 提供了许多工具用来监视各种各样的性能。可以把系统的性能分成系统级性能、SQL Server 级性能和查询语句性能。

系统级的性能是整个计算机的硬件和软件环境的性能，例如是否有足够的内存、系统发生的错误原因等。这时，可以使用的性能监视工具如下：

- Windows 事件查看器
- Windows 系统监视器

SQL Server 级性能是与 SQL Server 系统的活动有关的性能，包括系统的并发操作、数据库的一致性等。这时，可以使用的性能监视工具如下：

- 当前活动窗口
- Transact-SQL 语句
- 系统存储过程
- SQL Server Profiler
- 标准审核和 C2 审核

查询语句的性能是与特定查询语句相关的性能，例如索引的使用状况、CPU 的占用时间以及数据的读入/写出等。这时，可以使用的性能监视工具如下：

- SQL Server Profiler
- SQL 查询分析器
- 索引优化向导

15.4　性能监视和调整的工具

Microsoft SQL Server 和 Microsoft Windows 提供了一些用于监视服务器活动的工具。理解这些工具的特点和合理地使用这些工具，才能做好系统的监视和调整工作。由于 SQL Server Profiler 以及标准审核和 C2 审核的重要性，后面的 15.5 节和 15.6 节专门介绍它们的特点和使用方式。

15.4.1　Windows 事件查看器

"Windows 事件查看器"工具用于确认引发性能问题的事件。可以使用该工具提供的信息进行深入地研究和分析。

使用"Windows 事件查看器"工具可以查看 3 种事件日志，即应用程序日志、系统日志和安全性日志。这 3 种事件日志的特点如表 15-1 所示。

表 15-1　事件日志的特点

事件日志类型	描　述
应用程序日志	记录应用程序的事件日志，例如 SQL Server 系统发生的错误事件就记录在该日志中。应用程序日志可以分为 3 种类型，即信息类、警告类和错误类
系统日志	记录 Windows 系统组件的有关组件，例如某个驱动程序在加载过程中失败
安全性日志	记录 Windows 的安全性事件，例如企图登录 Windows 的事件

15.4.2　Windows 系统监视器

如果希望跟踪服务器的活动信息和性能统计，可以使用"Windows 系统监视器"工具。"Windows 系统监视器"工具有许多不同的性能计数器，每一个性能计数器都标志着计算机资源的使用状况。使用"Windows 系统监视器"工具可以监视有关 Microsoft SQL Server 的信息如下：

- SQL Server 的读入/写出
- SQL Server 的内存使用状况
- SQL Server 的用户连接信息
- SQL Server 的锁信息
- 复制活动状况

“Windows 系统监视器”工具的主窗口如图 15-1 所示。在该窗口中，可以使用性能计数器实时监视服务器的活动状况。这时，需要理解每一个性能计数器的特点、合理的取值范围，观察当前的运行状况，从而发现系统性能存在的问题。

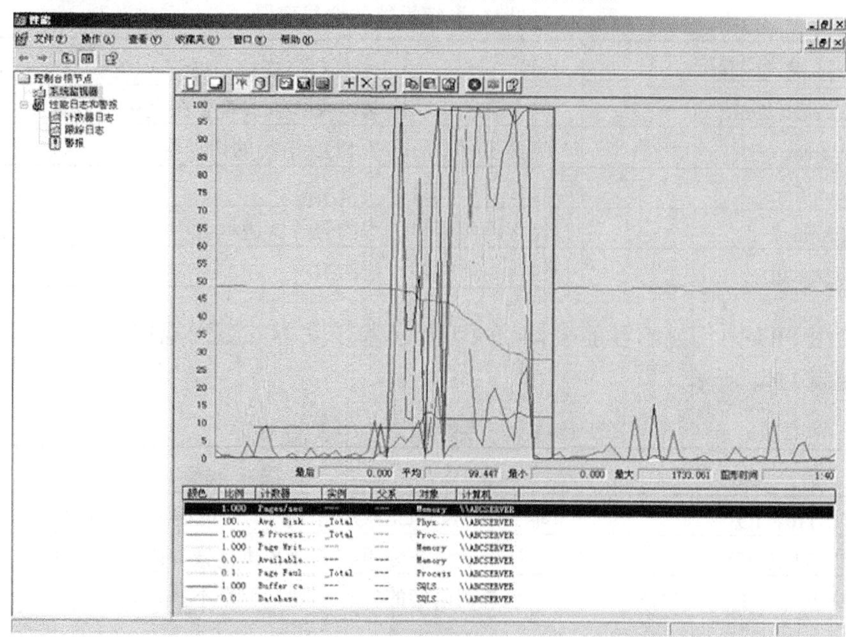

图 15-1　“Windows 系统监视器”工具的主窗口(图形)

15.4.3　Transact-SQL 语句

除了使用图形化工具之外，还可以使用某些 Transact-SQL 语句监视 Microsoft SQL Server 的性能，这些语句包括系统存储过程、全局变量、SET 语句、DBCC 语句和跟踪标志等。

可以使用特定的系统存储过程查看有关数据库或服务器的实时统计信息。用于监视系统性能的系统存储过程如表 15-2 所示。

表 15-2　监视性能的系统存储过程

系统存储过程	描　述
sp_who	当前系统中的用户和进程信息
sp_lock	活动锁和死锁信息
sp_spaceused	表或者数据库使用的空间
sp_helpdb	数据库和数据库对象的信息

(续表)

系统存储过程	描　述
sp_monitor	SQL Server 系统的性能统计信息
sp_helpindex	表的索引信息
sp_statistics	指定表上的所有索引信息

可以使用由 SQL Server 系统提供的全局变量来获取有关查询的统计信息。用于监视系统性能的全局变量如表 15-3 所示。

表 15-3　监视系统性能的全局变量

全 局 变 量	描　述
@@connections	包含自从上次启动以来登录或者企图登录的数量
@@error	包含执行最后一条 SQL 语句的错误号
@@options	包含当前 SET 选项的信息
@@spid	包含当前用户进程的服务器进程 ID
@@procid	包含当前存储过程的 ID

可以使用 SET 语句显示性能统计信息或显示基于文本的查询规划。这些与性能有关的 SET 语句如表 15-4 所示。

表 15-4　与性能有关的 SET 语句

语　句	描　述
SET STSTISTICS IO	显示由 Transact-SQL 语句引起的磁盘输入/输出信息
SET STATISTICS TIME	显示用于语法分析、编译和执行查询语句的时间
SET SHOWPLAN_TEXT ON/OFF	显示查询语句的执行规划，但是不执行查询语句

可以使用 DBCC 语句检查系统的性能以及数据库的逻辑结构和物理结构的一致性。监视性能的 DBCC 语句如表 15-5 所示。

表 15-5　与性能有关的 DBCC 语句

DBCC 语句	描　述
MEMUSAGE	显示内存的使用信息
SQLPERF	自从服务器启动以来的统计信息
PERFMON	服务器的性能统计信息
OPENTRAN	最新的活动事务以及最新的分布式和非分布式事务
SHOW_STATISTICS	索引的统计信息
CHECKDB	数据库中全部对象的物理结构和逻辑结构的一致性
CHECKFILEGROUP	文件组中所有表的位置和结构的完整性
NEWALLOC	索引页和数据页的一致性
CHECKTABLE	指定表的数据、索引、text、ntext、image 页的完整性

可以使用 DBCC CHECKDB 命令检查 AdventureWorks 数据库的空间分配和物理信息与逻辑信息之间的一致性，检查结果如图 15-2 所示。

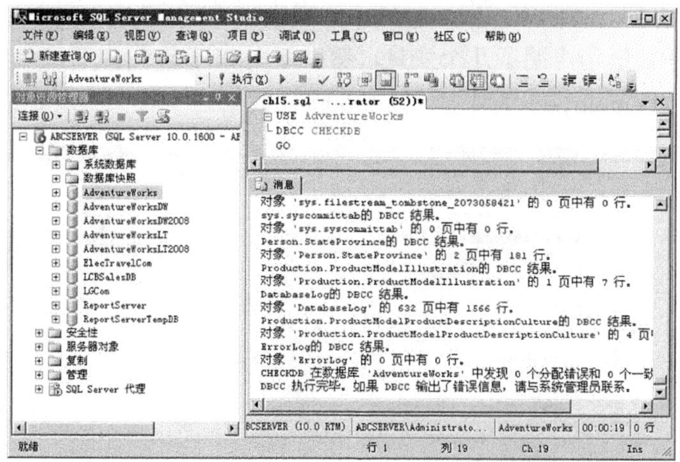

图 15-2　使用 DBCC CHECKDB 命令

15.4.4　SQL 编辑查询器窗口

SQL 编辑查询器窗口是 SQL Server Management Studio 工具执行查询语句的窗口。除了具备执行查询语句的功能之外，还具备监视系统性能的功能。使用 SQL 编辑查询器窗口可以监视的系统性能如下：

- 显示查询执行规划
- 显示服务器活动跟踪
- 显示服务器端的统计信息
- 显示客户机端的统计信息

下面，通过研究一个示例，讲述如何通过 SQL 编辑查询器窗口来监视查询语句的性能。在如图 15-3 所示的示例中，创建了两个表，employees 表用于存储员工信息，emp_orders 表用于存储员工签署的订单信息。这两个表之间存在一对多的关系，即一个员工可以签署 0 个、1 个或多个订单。

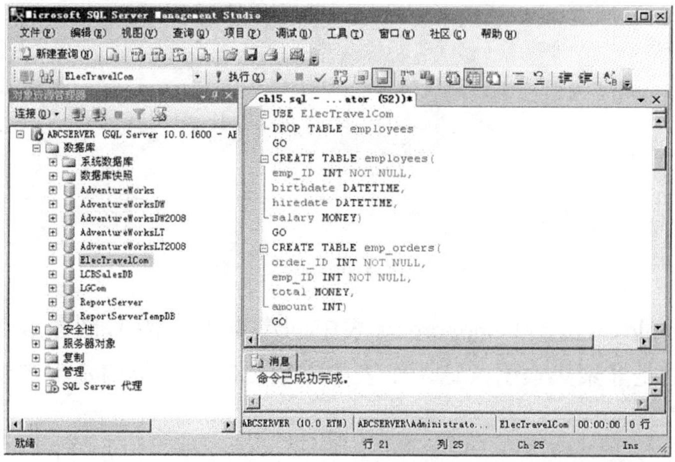

图 15-3　创建两个示例表

在如图 15-4 所示的示例中，向 employees 表中插入了 3000 行数据。在这个示例中，首先使用 DECLARE 语句声明了几个变量，然后使用 SET 语句为变量赋值。接下来，使用 WHILE 循环子句向 employees 表中插入了 3000 行数据。

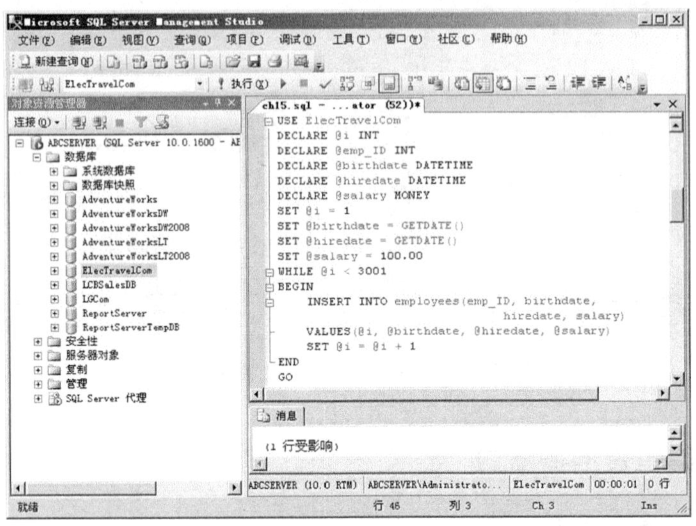

图 15-4　向 employees 表中插入数据

在如图 15-5 所示的示例中，也向 emp_orders 表中插入了 3000 行数据。

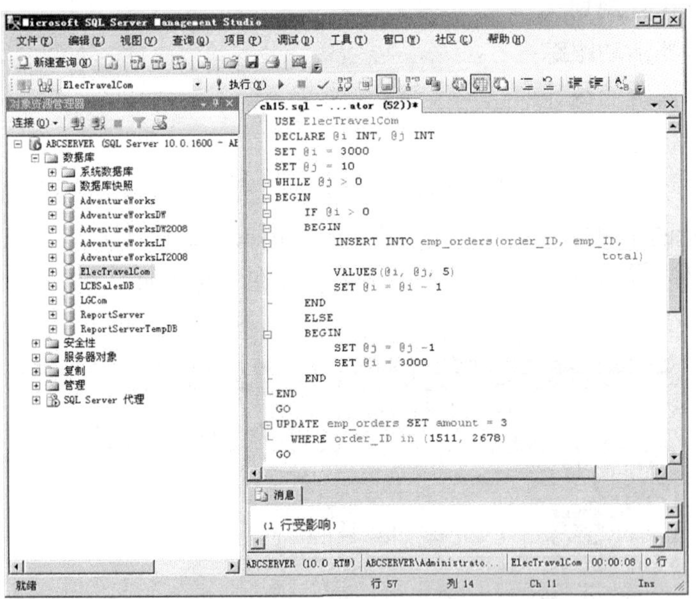

图 15-5　向 emp_orders 表中插入数据

接下来，在 employess 表和 emp_orders 表中创建非聚集索引，创建索引的语句如图 15-6 所示。由于创建的是非聚集索引，这两个表中的数据的存储结构是堆结构。堆结构往往存在性能问题。

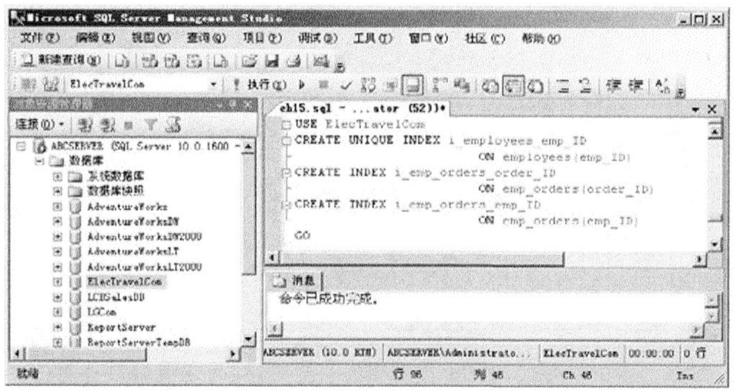

图 15-6　在 employess 表和 emp_orders 表中创建非聚集索引

图 15-7 中示意了一个查询语句。可以从“查询”菜单中选择“显示估计的执行计划”命令显示出该查询语句的执行计划。注意，执行计划的阅读方式是从右向左、从下向上。从该执行计划可以看出，查询优化器首先使用 employees 表中的 i_employees_emp_ID 索引在 emp_ID 上执行索引查找，然后在 emp_orders 表中的 amount 列上进行表扫描。接下来执行内连接和 RID(行标识符)查找，找到与索引列相对应的行。从执行计划中可以看到，开销最大的是表扫描和 RID 查找。

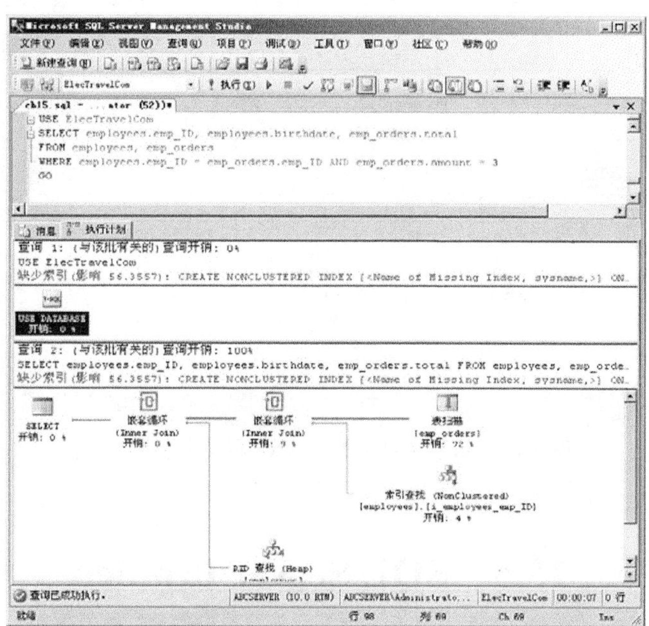

图 15-7　查看估计的执行计划(非聚集索引情况下)

现在，修改 employees 表和 emp_orders 表中的索引结构为聚集索引，在如图 15-8 所示的示例中，首先删除表中原有的非聚集索引，然后创建了两个聚集索引。聚集索引将引起表中数据物理位置的变动，按照索引列重新组织数据。

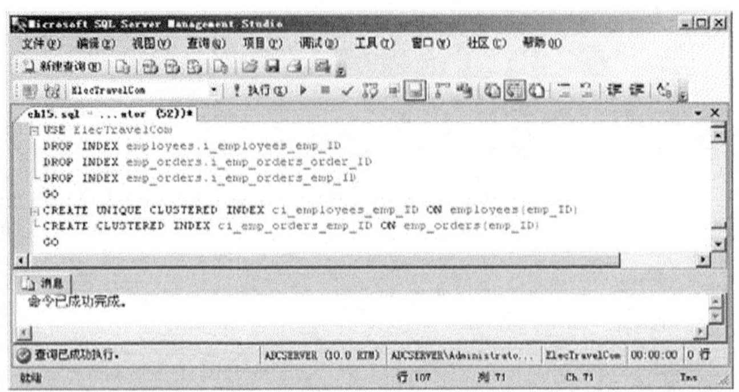

图 15-8　创建聚集索引

现在，重新查看图 15-7 中的查询执行计划，显示结果如图 15-9 所示。从这个查询执行计划中可以看出，查询优化器使用了聚集索引查找和扫描表中的数据，这种方式大大降低了查询成本，提高了查询效率。

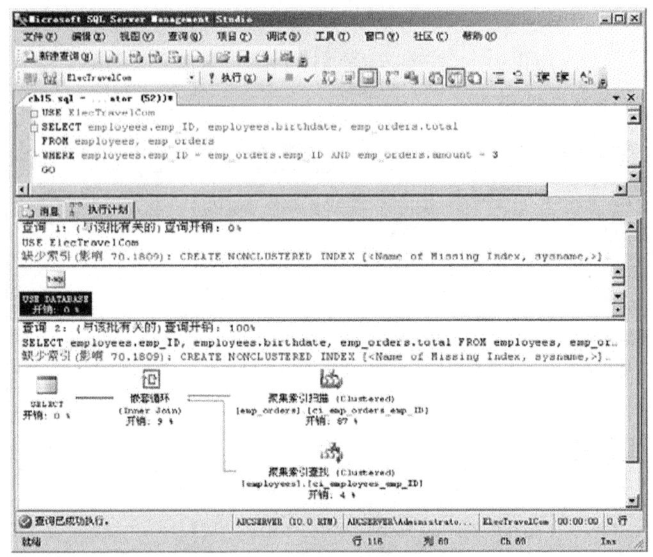

图 15-9　查看估计的执行计划(聚集索引情况下)

15.5　SQL Server Profiler

SQL Server Profiler 工具可以用来跟踪服务器和数据库的各种活动。可以把这些活动捕捉到表中、文件中或某个脚本文件，以便以后分析使用。使用 SQL Server Profiler 工具的过程包括创建跟踪、运行和重现跟踪等。

15.5.1　创建跟踪

在使用 SQL Server Profiler 工具之前，必须创建一个跟踪。跟踪的定义存储在 Windows 注册表中。一旦定义了跟踪，就可以启动、停止、暂停和继续运行该跟踪。当该跟踪正在运行时，SQL Server Profiler 工具监视和捕捉服务器上的 SQL Server 事件，并将跟踪结果存储到指定的表或文件中。

1. “常规”选项页

从 SQL Server Management Studio 主窗口的菜单栏中选择“工具” | SQL Server Profiler 选项。这时出现 SQL Server Profiler 窗口。在 SQL Server Profiler 窗口中，单击最左端的“新建跟踪”工具栏图标，或从主菜单中选择“文件” | “新建” | “跟踪”命令。这时，出现“连接到服务器”对话框。完成登录服务器的操作之后，则出现“跟踪属性”对话框，如图 15-10 所示。在该对话框中，可以通过 2 个选项页完成跟踪的定义。

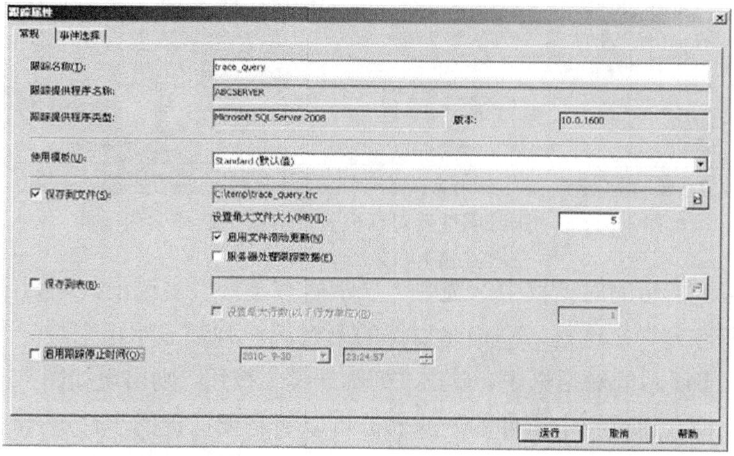

图 15-10　“跟踪属性”对话框——“常规”选项页

“常规”选项页如图 15-10 所示。在该选项页上，可以为正在创建的跟踪输入一个描述性名称，然后提供跟踪服务器的名称。

可以为将要定义的跟踪选择模板文件，这些模板文件提供了一些常用的跟踪事件。在 SQL Server Profiler 工具中，提供了 8 个模板文件。这些模板文件分别是：SP_Counts、Standard、TSQL、TSQL_Duration、TSQL_Grouped、TSQL_Replay、TSQL_SPs 和 Tuning。其中，SP_Counts 模板捕获存储过程的执行行为，Standard 模板捕获正在运行的存储过程和 TSQL 批处理活动，TSQL 模板捕获客户端提交给 SQL Server 的 TSQL 语句和使用的时间，TSQL_Duration 模板用于确定慢查询的 TSQL 语句，TSQL_Grouped 模板从特定的客户端或用户中调查查询语句的执行情况，TSQL_Replay 模板的目的是性能微调和基准测试，TSQL_SPs 模板用来分析存储过程的步骤，Tuning 模板捕获有关存储过程和 TSQL 批处理执行的信息。

不同的跟踪模板用于跟踪不同的事件。这里选择了 Standard 模板。如果不希望使用模板文件，可以选择“空白”选项。对于跟踪的结果，可以指定是保存在文件中，或保存在表中。如果把跟踪的数据捕捉到表中，以后允许其他工具使用这些跟踪数据。

如果希望指定跟踪在某个指定的时间失效，可以选中“启用跟踪停止时间”复选框，并且指定确定的启动日期和时间。

2. “事件选择”选项页

在如图 15-11 所示的“事件选择”选项页上，可以增加或删除跟踪将要捕捉的事件。每一个事件都属于一个已经定义的事件类。

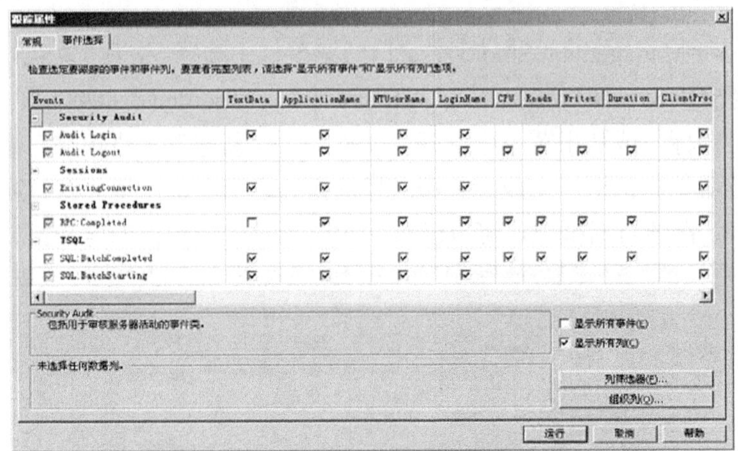

图 15-11　“跟踪属性”对话框——“事件选择”选项页

在如图 15-11 所示的对话框中，选中“显示所有事件”复选框，则列出所有事件。如果选中“显示所有列”复选框，则描述事件的所有属性列都显示出来。

在如图 15-11 所示的对话框中，单击“列筛选器”按钮，则出现如图 15-12 所示的“编辑筛选器”对话框。通过指定事件的过滤器，可以对将要捕捉的事件进行进一步地限制。过滤器就是对于将要捕捉的事件在某个数据列上必须满足的条件。例如，可以在 DatabaseID 数据列上使用过滤器来限制跟踪的事件为指定数据库的事件。

在 SQL Server Profiler 工具中，可以把过滤器分为两类：整数类过滤器和文本类过滤器。整数类过滤器主要用于其值是整数的数据列，它包括 4 种过滤形式，如下所示。

- 等于：等于某个整数值。
- 不等于：不等于某个整数值。
- 大于或等于：大于或等于某个整数值。
- 小于或等于：小于或等于某个整数值。

文本类过滤器主要用于其值是文本的数据列，包括如下两种过滤形式，如下所示。

- 类似于：匹配指定的字符。
- 不类似于：不匹配指定的字符。

不同的数据列由于其数据类型的不同而使用不同类别的过滤器。

在如图 15-11 所示的对话框中，单击“组织列”按钮，则出现如图 15-13 所示的“组织列”对话框。对于跟踪的每一个事件，SQL Server Profiler 将捕捉称为数据列的特殊信息。为了限制捕捉的数据量，可以在该选项页中增加或删除数据列。

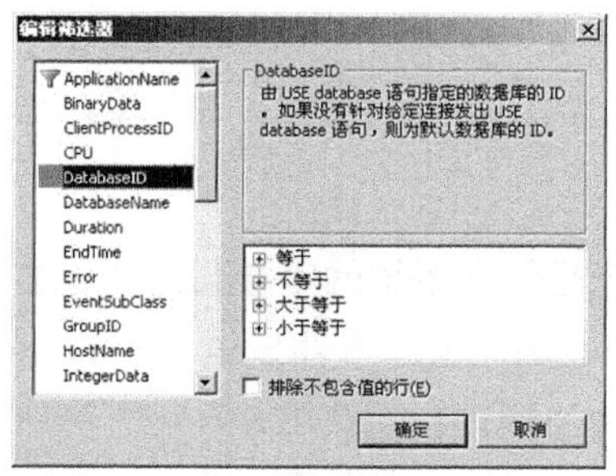

图 15-12　“编辑筛选器”对话框

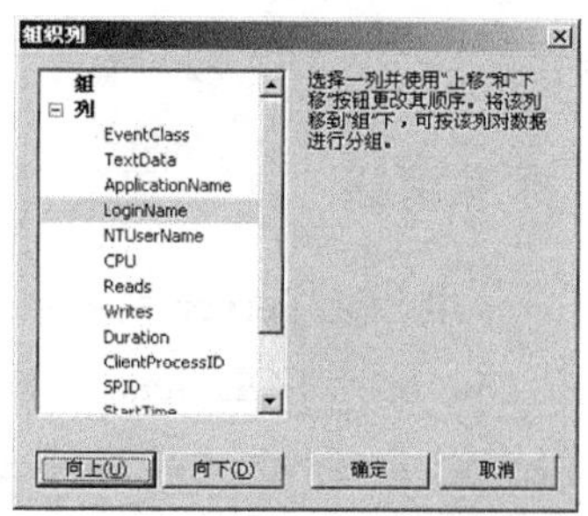

图 15-13　“组织列”对话框

15.5.2　运行和重现跟踪

当完成了跟踪的定义时，单击“运行”按钮，则 SQL Server Profiler 保存跟踪的定义，并且开始运行该跟踪。当 SQL Server Profiler 捕捉到设定的事件时，则在跟踪对话框中显示这些事件，如图 15-14 所示。

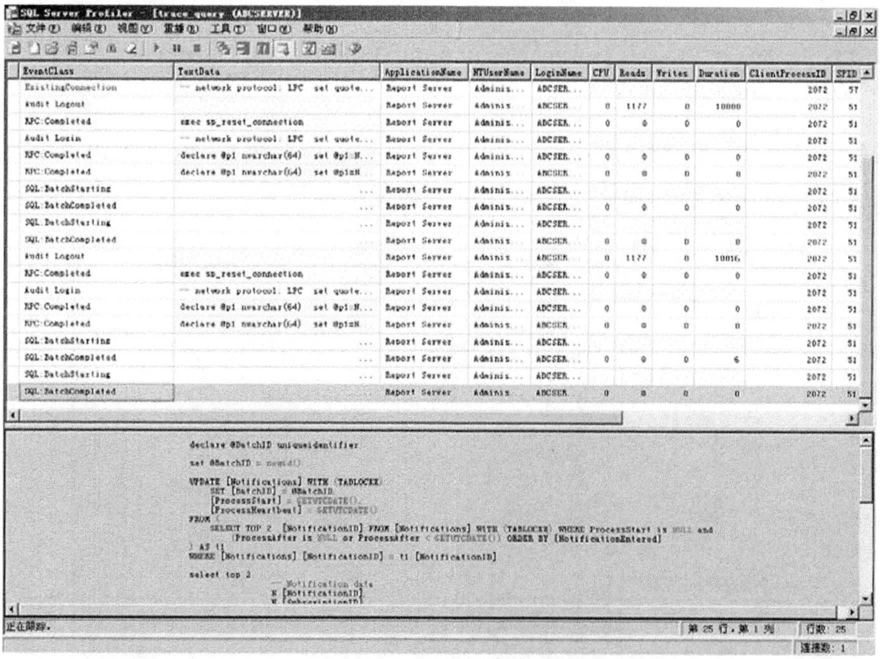

图 15-14　运行跟踪对话框

可以使用 SQL Server Profiler 工具打开以前保存在文件或表中的跟踪，重新运行这些跟踪。

15.6　标准审核和 C2 审核

标准审核是指通过 SQL Server Management Studio 工具或者其他工具设置审核级别对 Microsoft SQL Server 系统登录操作进行的审核活动。C2 审核是一种可以审核更加广泛活动的审核方式。

15.6.1　标准审核

在 Microsoft SQL Server 系统中，审核的内容被写入到系统的审核日志中。这里指的审核日志包括 Microsoft SQL Server 系统的错误日志和 Windows 事件日志。Windows 事件日志前面已经讲过了，下面主要讲述 SQL Server 系统的错误日志。

标准审核有 4 个审核级别，即 0 级、1 级、2 级和 3 级。0 级表示不进行审核操作，即不向审核日志中写入登录信息。这是系统的默认设置。1 级表示只审核登录系统失败的操作，2 级表示只审核成功登录系统的操作，3 级表示既审核登录成功的操作，也审核登录失败的操作。

可以使用两种方式设置 Microsoft SQL Server 系统的标准审核级别。一种方法是通过注册表设置，另一种方法是通过 SQL Server Management Studio 工具设置。

如果使用注册表设置审核级别，需要修改下面的注册表值：

```
HKEY_LOCAL_MACHINE\Software\Microsoft\MSSQLSERVER\instance
name\AuditLevel
```

如果使用 SQL Server Management Studio 工具设置审核级别，可以在如图 15-15 所示的“服务器属性”对话框的“安全性”选项页中根据需要设置。

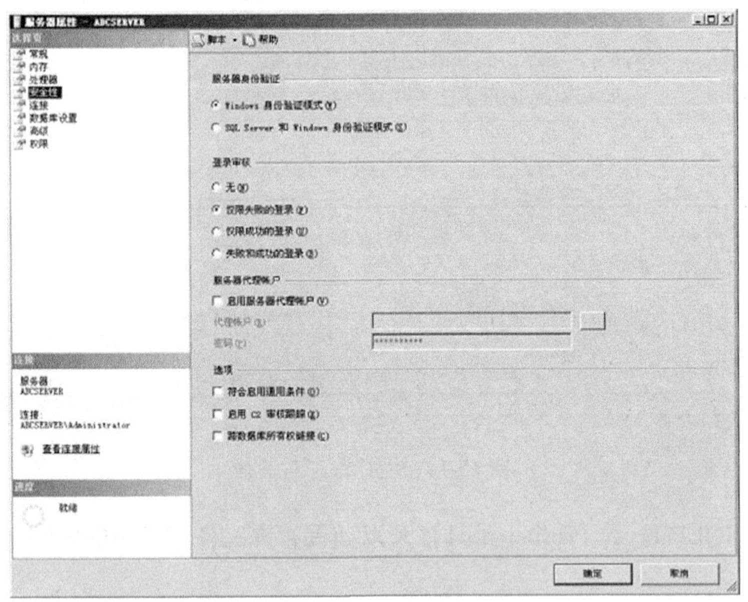

图 15-15　“安全性”选项页

15.6.2　C2 审核

C2 安全性是一种安全性的等级。如果某个计算机系统的安全性达到了 C2 安全性等级，表示该系统的安全性通过了美国国家计算机安全中心(NCSC)的评估。C2 安全性评估包括很多指标和内容，C2 审核只是其中的一部分。

简单地说，Microsoft SQL Server 系统提供的 C2 审核表示这种审核方式和内容达到了 NCSC 的评估要求。在 Microsoft SQL Server 系统中，如果允许 C2 审核，那么系统自动在 MSSQL\Data 文件夹中维护审核日志。文件名的格式是 audittrace_datetime.trc。这些日志文件最大是 200MB。当某个审核日志文件达到了 200MB，那么系统自动生成一个新的日志文件。这个过程持续进行，直到 SQL Server 占用完所有的空间为止。

可以使用 SQL Server Management Studio，也可以使用 sp_configure 系统存储过程设置允许执行 C2 审核。

实际上，C2 审核使用 SQL Server Profiler 工具捕捉各种信息，并且以 SQL 跟踪文件的格式存储起来。用户可以根据自己的需要，随时使用 SQL Server Profiler 工具察看这些审核文件。

15.7　常用的监视和调整任务

常用的监视和调整任务包括监视内存的使用状况、监视线程和处理器的使用状况、监视硬盘的输入/输出、监视锁的信息以及监视性能差的查询语句。常用的监视系统性能的计数器如表 15-6 所示。

表 15-6　常用的监视系统性能的计数器

对象计数器	描　述
Memory:Available Bytes	该数值应该大于 5000KB
Memory:Pages/sec	该数值应该总是很低
Process:Page Faults/sec	数据高，则表示系统过渡使用数据页
Peocess:Working Set	该数值应该大于 5000KB
SQL Server:Buffer Manager: Buffer Cache Hit Ratio	该数值应该大于 90%
SQL Server:Buffer Manager Tatal Pages	如果数值比较低，表示磁盘的读入/写出频繁，需要增加额外的内存
SQL Server:Memory Manager: Total Server Memory	如果该数值总是与计算机的物理内存接近，那么应该添加额外的内存
Processor:%Processor Time	该数值应该小于 90%
System:Context Switches/Sec	在多处理器的计算机上，如果该数值大于 8000 且 Processor:% Processor Time 计数器的数值大于 90%，那么应该变换 SQL Server 的调度模式
System:Processor Queue Length	该数值不应该大于 2
Processor:%Privileged Time	该数值应该尽可能低
Processor:%User Time	该计数器表示其他进程或应用程序正在运行，而 SQL Server 被阻止运行
PhysicalDisk:%Disk Time	该数值应该小于 90%
PhysicalDisk:Disk Reads/sec	该数值应该尽可能低(读入数据)
PhysicalDisk:Disk Writes/sec	该数值应该尽可能低(写出数据)

15.8　本 章 小 结

本章讲述了性能监视和调整的内容。首先，分析了监视和调整系统的原因。其次，分析了影响系统的各种因素。接下来，介绍了监视和调整系统的策略框架步骤。之后，对监视和调整系统的各种性能工具进行了详细的研究。最后，着重讨论了 SQL Server Profiler 和 C2 审核技术。

【思考和练习】

1. 为什么要监视系统的性能？
2. 影响系统的性能因素可以分为哪些类型？
3. 性能监视和调整的策略框架步骤是什么？
4. 数据库应用程序类因素包括哪些内容？
5. 使用 Windows 事件查看器工具可以查看哪些事件的日志？
6. 如何理解“Windows 系统监视器”工具中计数器的作用？如何使用“Windows 系统监视器”监视 Microsoft SQL Server 系统？
7. SQL Server Profiler 工具的作用是什么？
8. 如何理解 C2 审核？如何设置允许系统执行 C2 审核？
9. 监视 SQL Server 系统的运行状况、服务器性能和数据库活动的主要目标是什么？
10. SQL Server:Buffer Manager: Buffer Cache Hit Ratio 的数值最好是多少？

第16章　Service Broker

当人们与朋友通电话时，可以立即与受话人取得联系。但是，当人们给朋友发送 E-mail 或信件时，虽然确定朋友能收到，但是并不能准确地知道朋友何时能收到 E-mail 或信件。前者是同步通信方式，后者是异步通信方式。无论是同步或异步，这些通信方式都是必需的。Service Broker 是从 Microsoft SQL Server 2005 系统开始增加的新技术，是数据库引擎的重要组成部分，它提供了异步通信方式，可以缩短交互式时间，增加应用程序的总吞吐量。本章讲述有关 Service Broker 的工作原理和使用方式。

本章要点：

- 同步通信方式和异步通信方式的特点
- Service Broker 体系架构的特点
- 定义 Service Broker 对象
- 操纵 Service Broker 对象
- 启用 Service Broker 系统
- 开发 Service Broker 应用程序

16.1　概　　述

在数据库系统中，同步通信方式和异步通信方式都很重要，都是满足用户需求的重要方式。不同的场景下需要不同的通信方式。

在使用数据库的场景中，大多数情况下采用同步通信方式。例如，发出一个指令，希望立即可以得到系统的响应，这时需要同步通信方式。同步通信方式虽然可以满足用户的即刻需要，但是它也存在一系列问题。同步通信方式经常造成系统忙闲不均，在系统通信高峰期，从发出指令到收到回应的效率往往很低，使得应用程序的吞吐量下降。另外，在点对点的通信中，同步通信方式对收信人的要求过高，这可能引起收信人工作时间上的频繁冲突。

如果采用异步通信机制，可以有效地解决通信效率低下的问题。发信人发出指令，并不希望立即得到系统的响应，只要系统能够保证收到指令即可。在这种通信机制下，系统可以将响应安排在闲暇时进行处理，收信人也可以根据自己的工作时间灵活地查看信件。但是，需要注意的是，异步通信机制不能有效地解决紧急发生并且需要立即回应的用户通信需求，而这正是同步通信方式解决的问题。

在分布式环境下，同步通信方式对环境的要求非常苛刻，但是异步通信方式却能更加适应异步环境。

从通信方式来看，Microsoft SQL Server 2008 系统提供了 Service Broker 功能，可以将该功能与数据库引擎紧密结合起来，较好地解决系统的异步通信问题。

16.2　Service Broker 体系架构

Service Broker 是一种与 Microsoft SQL Server 引擎紧密集成的应用程序架构，其目标是创建异步通信程序。它支持跨越多个 Microsoft SQL Server 系统的消息发送。在通信过程中，Service Broker 将大量消息分解成多个小的信息块，然后将它们通过网络传输，在另外一端重新组合起来。Service Broker 体系架构描述了 Service Broker 的组成部分和这些组成部分之间的关系，其体系架构示意图如图 16-1 所示。

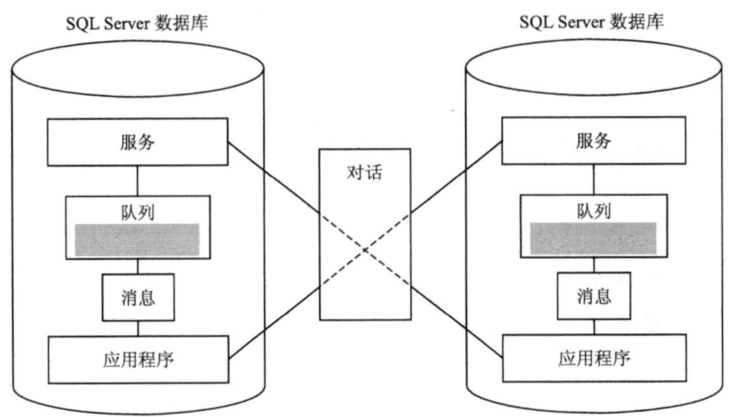

图 16-1　Service Broker 体系架构示意图

下面，解释 Service Broker 体系架构中涉及的消息、队列、约定、服务和对话等组件的特点和作用。

消息(message)是 SQL Server Service Broker 应用程序发送的核心信息块。消息既可以是文本消息，也可以是二进制数据或 XML 数据。对于 XML 消息来说，Microsoft SQL Server 系统可以验证这些消息的格式是否良好、是否遵循预先定义的模式。用户可以使用 CREATE MESSAGE TYPE 语句创建消息，并且指定消息的类型。通过队列传送的消息最大可以达到 2GB，这对于传输音频、视频、动画等消息来说是非常必要的。

队列(queue)是包含消息的集合。每一个队列都与一个服务相关。当 SQL Server Service Broker 应用程序发送消息时，首先必须将该消息放置到一个队列中。同样的道理，当目标系统接收到该消息时，也在一个队列中接收它。在目标队列中接收消息时，会对这些队列进行有效性验证。如果某个消息无效，则该服务向发送者返回一个错误消息。然后，应用程序可以读取该队列并处理消息。可以使用 CREATE QUEUE 语句创建队列。

约定(contract)用于关联队列和消息。在关联队列和消息之前，必须首先定义约定。约定用于定义应用程序完成特定任务时所用的消息类型。约定是两个服务间关于每个服务该发送哪些消息才能完成特定任务的协议。约定定义保存在创建消息类型的数据库中。约定还指定会话中可使用每个消息类型的参与者。某些消息类型可由任一参与者发送；而其他消息类型则只限发起方或目标方进行发送。约定必须包含由发起方发送或由任一参与者发送的消息类型；否则，发起方无法发起一个使用该约定的会话。可以使用 CREATE CONTRACT 语句创建约定。

服务(service)是一个或一组具体的 Service Broker 任务。每一个队列都有一个相关服务，服务之间发生的是对话。与服务相关的约定定义了该服务即将处理的具体消息。Service Broker 使用服务名称将消息传递到数据库中的正确队列、路由消息、执行对话的约定并确定新对话的远程安全性。可以使用 CREATE SERVICE 语句创建服务。

对话(dialog)，有时也翻译成对话会话或会话，提供了两个 Service Broker 服务之间双向通信机制，是两个服务之间双向消息流。对话使用会话标识符和包含在每条消息中的序列号来标识相关的消息，并以正确的顺序传递这些消息。可以使用 BEGIN DIALOG 来定义对话，启动一个服务到另一个服务的消息传递。会话可以有优先级。

Service Broker 使用路由来确定向何处传递消息。当服务在会话中发送消息时，SQL Server 使用路由来确定将接收该消息的服务。当该服务响应时，SQL Server 再次使用路由来确定发出消息的服务。默认情况下，每个数据库都包含一个路由，该路由指定没有显式路由的任何服务的消息都在 SQL Server 实例中传递。路由有 3 个基本组成部分：指定为其寻址的服务名称、要将消息发送到的特定数据库的唯一标识符和实际的计算机地址。

SQL Server Service Broker 消息传输协议支持在网络中发送消息。它基于 TCP/IP，由两部分组成，即 Adjacent Broker Protocol 协议和 Dialog Protocol 协议。Adjacent Broker Protocol 协议是一种双向多路协议，可以处理多个 SQL Server Service Broker 对话的消息传输，它不考虑消息顺序或确认消息传输，只是尽可能快地在网络中发送消息。Dialog Protocol 协议处理对话端到端通信，支持一次性的、顺序的消息传输，并处理消息的发送和确认。它还提供对称故障处理，即两端节点都被通知消息传输失败。除此之外，还负责消息的验证和加密。

16.3　开发 Service Broker 应用程序的工具

下面，从 3 个不同的方面研究如何开发 Service Broker 应用程序。这 3 个方面分别是如何定义 Service Broker 对象，如何操纵 Service Broker 对象和如何启用 Service Broker。

在 Microsoft SQL Server 2008 系统中可以使用 Transact-SQL 语言中的 DDL 语句定义 Service Broker 对象，这些语句和特点如表 16-1 所示。

表 16-1　定义 Service Broker 对象的 DDL 语句

DDL 语 句	描　述
CREATE MESAAGE TYPE	创建新的消息类型，可以是文本、二进制或 XML 数据
CREATE CONTRACT	创建与消息类型和服务相关的新约定
CREATE QUEUE	在数据库中创建新队列
CREATE ROUTE	在数据库中创建新路由
CREATE SERVICE	在数据库中创建新服务
ALTER MESAAGE TYPE	修改数据库中现有的消息类型
ALTER CONTRACT	修改数据库中现有的约定
ALTER QUEUE	修改数据库中现有的队列
ALTER ROUTE	修改数据库中现有的路由
ALTER SERVICE	修改数据库中现有的服务
DROP MESAAGE TYPE	从数据库中删除现有的消息类型
DROP CONTRACT	从数据库中删除现有的约定
DROP QUEUE	从数据库中删除现有的队列
DROP ROUTE	从数据库中删除现有的路由
DROP SERVICE	从数据库中删除现有的服务

除了定义新的 SQL Server Service Broker 对象的 DDL 语句之外，Transact-SQL 还有一组支持应程序创建对话并且使用 Service Broker 消息的 DML 语句。这些 DML 语句和作用如表 16-2 所示。

表 16-2　操纵 Service Broker 对话的 DML 语句

DML 语 句	描　述
BEGIN DIALOG CONVERSATION	在两个终端之间打开一个新对话
END CONVERSATION	终止某个对话
MOVE CONVERSATION	将某个对话移动到一个新对话
GET CONVERSATION GROUP	获取要接收的下一条信息的对话组标识符
RECEIVE	接收某个队列的消息
SEND	向某个队列发送消息
BEGIN DIALOG TIMER	打开定时对话，当定时器超时时对话中出现一个消息

在开始创建 SQL Server Service Broker 应用程序之前，必须首先启用 SQL Server Service Broker。为了增强系统的安全性，Microsoft SQL Server 2008 系统的 Service Broker 默认设置为禁用状态。可以使用 ALTER DATABASE SET 语句启用数据库的 Service Broker。在如图 16-2 所示的示例中，首先检查 ElecTravelCom 数据库的 is_broker_enabled 属性。如果该值不是 1(1 表示启用)，则使用 ALTER DATABASE SET ENABLE BROKER 语句启用 Service Broker，该命令将 is_broker_enabled 属性值设置为 1。

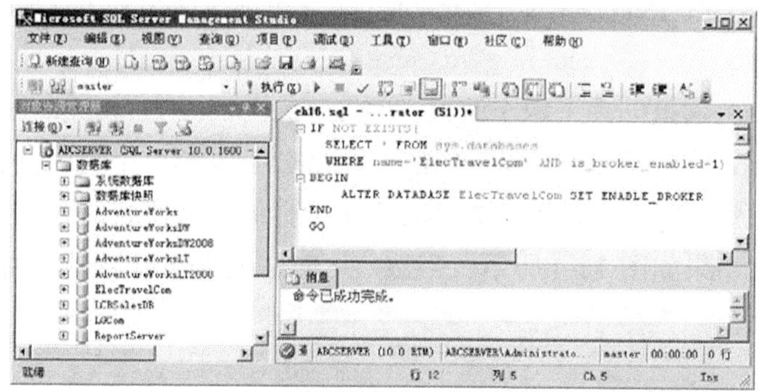

图 16-2　启用 ElecTravelCom 数据库的 Service Broker

16.4　Service Broker 应用程序示例

本节介绍一个简单的 Service Broker 应用程序示例。首先，讲述如何创建所需的 Service Broker 对象，然后分析如何使用这些对象。该示例是一个简单的异步通信系统，它将一个文本消息放置到输入队列中，然后再从队列中读取消息。

1. 创建 Service Broker 对象

图 16-3 是创建所需 Service Broker 对象的脚本清单。注意，在创建 Service Broker 对象之前，必须确保当前数据库中已经使用 CREATE MASTER KEY 语句创建了主密钥。

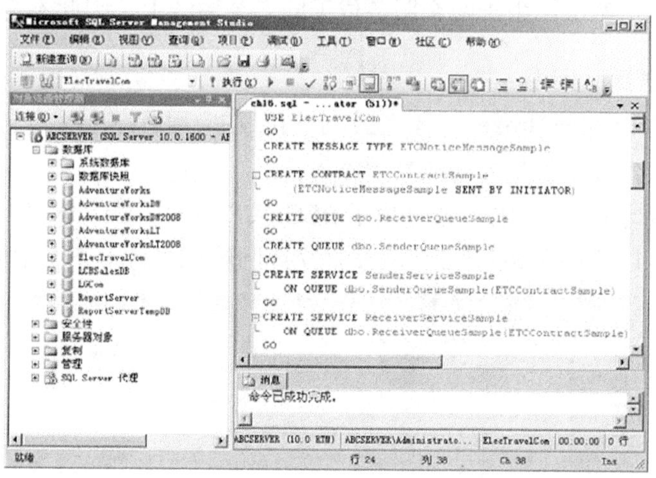

图 16-3　创建所需 Service Broker 对象的脚本

在如图 16-3 所示的示例中，首先创建所需的消息类型，该类型描述了将要发送的消息。使用 CREATE MESSAGE TYPE 语句创建一个名称为 ETCNoticeMessageSample 的消息类型。这是一个文本消息类型。

接下来，使用 CREATE CONTRACT 语句创建一个名称为 ETCContractSample 的约定。该约定适用一个特定的服务描述了所要接收的消息。其中，SENT BY 子句制定哪一个终端可以发送指定类型的消息，INITIATOR 表示只有对话发起者才能发送 ETCNoticeMessageSample 类型的消息。

然后，创建队列。这里创建了两个队列，即 ReceiverQueueSample 和 SenderQueueSample。前一个队列用于接收 ETCNoticeMessageSample 类型的消息，后一个队列用于发送相应的消息。

在创建队列之后，用户可以将该队列看成是标准的数据库表，可以使用 SELECT 语句检索其内容，检索结果如图 16-4 所示。当然，这时队列中没有消息，因此结果集是空的。

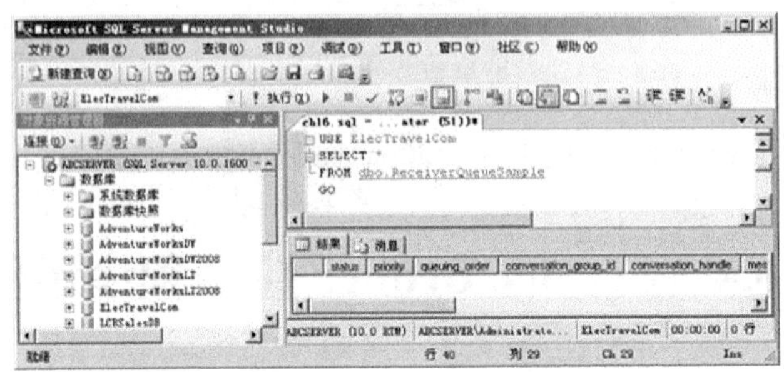

图 16-4　检索空队列

在创建队列之后，使用 CREATE SERVICE 语句创建该队列的服务。第一个参数用于命名服务，ON QUEUE 关键字标识了与该服务相关的队列，然后列出与该服务相关的约定。这两个服务是 SenderServiceSample 和 ReceiverServiceSample，它们分别处理 SenderQueueSample 和 ReceiverQueueSample 队列。

如果其中一个服务位于远程系统上，则需要创建路由。可以使用 CREATE ROUTE 语句创建路由。在本示例中，由于两个服务位于同一个系统上，因此不需要路由。

2. 将消息发送到队列中

创建了所需的 Service Broker 对象之后，就可以在应用程序中使用它们了。在如图 16-5 所示的程序清单中，显示了如何向队列中添加消息。

在如图 16-5 所示的示例中，开始使用了 BEGIN TRANSACTION 语句声明了一个事务。通过使用事务，可以确保在 Service Broker 提交或回滚该事务上下文中的任何变化。

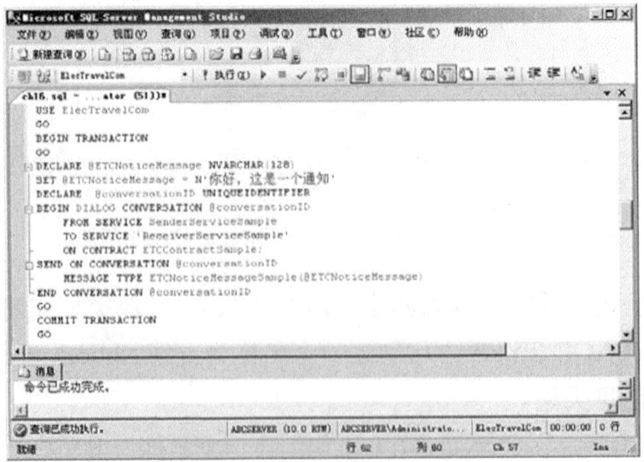

图 16-5　向队列中添加消息

接下来，声明了一个@ETCNoticeMessage 变量，它包含了 Service Broker 要发送的消息。使用 SET 语句为该变量赋值。

接下来，创建@conversationID 变量，改变量将要包含 Service Broker 对话使用的唯一标识符。

这时，使用 BEGIN DIALOG CONVERSATION 语句打开一个新对话。在声明对话时，通常需要指定两个终端，FROM SERVICE 标识了消息的发送者，TO SERVICE 标识了目标终端。在实际中，微软建议使用 URL 名称来唯一标识 Service Broker 对象。ON CONTRACT 子句指定该对话使用的约定。

然后使用 SEND 语句发送启动对话的消息。注意，建议 SEND 语句前的语句使用分号结束。

最后，提交事务。这时，目标服务将接收到该消息，并将其添加到与该服务相关的队列中。现在，使用 SELECT 语句可以查看 ReceiverQueueSample 队列的消息，查看结果如图 16-6 所示。

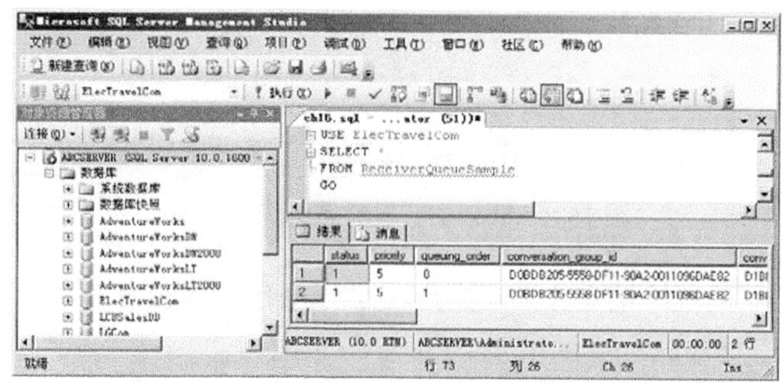

图 16-6 查看 ReceiverQueueSample 队列的消息

在如图 16-6 显示的查看结果中，可以看到两个结果。第一个消息对应于示例应用程序放置在队列上的消息，第二项是使用 END CONVERSATION 命令创建的。但是，该结果中不能正常显示消息内容。为了查看消息内容，需要将 message_body 列中的内容转换为 NVARCHAR 数据类型。在如图 16-7 所示的查看结果中，看到了发送的消息内容。

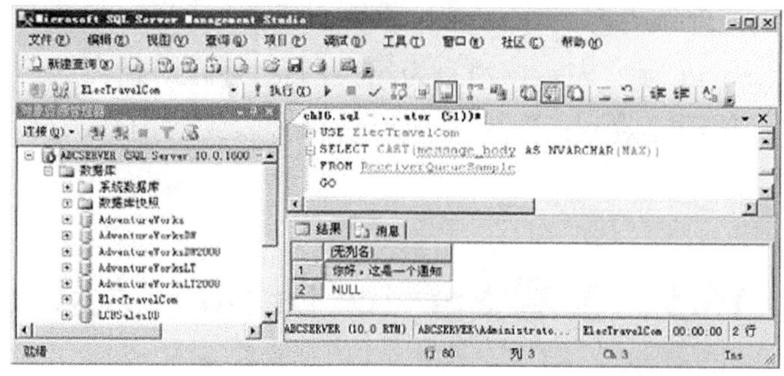

图 16-7 查看 ReceiverQueueSample 队列的消息内容

3. 将从队列中获取消息

下面，讲述如何从队列中获取消息。在本示例中，从队列中获取消息的脚本命令如图 16-8 所示。

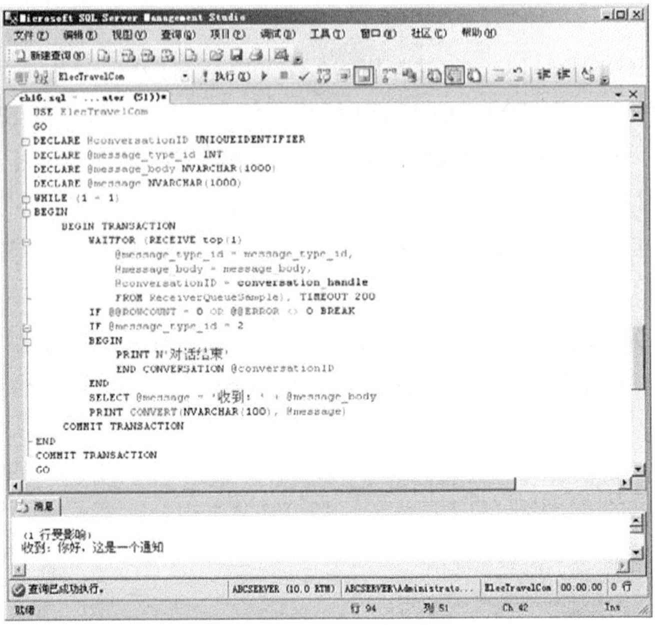
Microsoft SQL Server Management Studio
USE ElecTravelCom
GO
DECLARE @conversationID UNIQUEIDENTIFIER
DECLARE @message_type_id INT
DECLARE @message_body NVARCHAR(1000)
DECLARE @message NVARCHAR(1000)
WHILE (1 = 1)
BEGIN
BEGIN TRANSACTION
WAITFOR (RECEIVE top(1)
@message_type_id = message_type_id,
@message_body = message_body,
@conversationID = conversation_handle
FROM ReceiverQueueSample), TIMEOUT 200
IF @@ROWCOUNT = 0 OR @@ERROR <> 0 BREAK
IF @message_type_id = 2
BEGIN
PRINT N'对话结束'
END CONVERSATION @conversationID
END
SELECT @message = '收到: ' + @message_body
PRINT CONVERT(NVARCHAR(100), @message)
COMMIT TRANSACTION
END
COMMIT TRANSACTION
GO
消息
(1 行受影响)
收到：你好，这是一个通知
查询已成功执行。

图 16-8　队列中获取消息的脚本命令

在如图 16-8 所示的程序清单中，首先声明了一个包含接收者对话标识符的变量，后续声明的 3 个变量用于接收队列中的消息。

接下来，使用 WHILE 语句循环读取队列中的所有记录项。该循环使用了一个事务和一个用于接收消息的 RECEIVE 语句。在这里，TOP(1)子句限制该程序每次只读取一个消息。如果省略了 TOP 子句，则接收该队列中的所有消息。

RECEIVE 语句使用了 3 个变量，@message_type_id 变量用于标识消息类型，@message_body 变量包含了当前消息的内容，@conversationID 变量标识发送对话的句柄。

然后，检查结果集以确保真正接收了一个消息。如果没有接收到任何记录或碰到错误，则该程序停止，否则处理该内容。

如果 message_type_id 为 2，表示该消息为结束消息，停止对话会话。否则，使用 SELECT 语句访问消息内容。使用“收到：”字符串连接这个收到的消息，打印该消息并且提交事务。

16.5　查看 Service Broker 信息

Microsoft SQL Server 2008 系统提供了多个系统视图，可以用来检索有关 Service Broker 对象及其当前状态的信息，这些系统视图如表 16-3 所示。

表 16-3　用于查看 Service Broker 信息的系统视图

系 统 视 图	描　　述
sys.service_message_types	列出已经创建的所有消息类型，系统消息类型列在最上面，用户自定义消息类型列在最后
sys.service_contracts	列出已经创建的所有约定
sys.service_contract_message_usages	列出约定和消息类型之间的关系，关系可以是一对一或一对多
sys.services	列出已创建的服务
sys.service_contract_usages	列出约定和服务之间的关系，关系可以是一对一或一对多
sys.service_instrances	列出当前有效的服务
sys.econversation_endpoints	列出当前有效的会话终端
sys.routes	列出已创建的路由
sys.remote_service_bindings	列出服务与执行它们的用户之间的关系
sys.transmission_queue	列出要排队发送的所有消息
sys.service_queues	列出已创建的队列

16.6　本 章 小 结

本章介绍了 Service Broker 的内容。首先，分析了同步通信方式和异步通信方式的异同点，指出异步通信方式的必要性。其次，讨论了 Service Broker 体系架构和组件的特点。接下来，介绍了创建 Service Broker 对象的工具和方法。之后，详细讲述了一个 Service Broker 应用程序开发示例。最后，介绍了如何查看有关 Service Broker 对象及其状态的信息。

【思考和练习】

1. 为什么在数据库管理系统中引入异步通信机制？
2. 分析 Service Broker 体系架构的特点？
3. 队列的作用是什么？
4. Service Broker 支持哪些类型的消息？
5. 对话的作用是什么？
6. 消息和约定之间的关系是什么？
7. 服务的作用是什么？
8. 服务和约定之间的关系是什么？
9. 路由的作用是什么？
10. 如何启动和结束会话？

第17章　报 表 服 务

作为一个管理人员，其主要职责是实地调查研究、阅读和处理各种业务报表和报告、及时发现潜在的或已经发生的管理问题，并采取积极有效的措施解决这些问题。报表在一个企业管理中有着极为重要的作用。甚至可以这样说，如果某个信息系统不能提供满足管理人员要求的各种业务报表，那么这个信息系统根本不可能取得成功。在 Microsoft SQL Server 2008 系统中，报表服务的功能有了很大的改进和提高。本章全面研究报表服务的体系架构和功能。

本章要点：

- 为什么要引入报表服务
- 报表服务体系结构的特点和主要组件的作用
- 报表服务器的结构特点和主要功能
- 报表服务支持 6 种呈现扩展类型
- 报表管理器的作用和使用方式
- 报表设计器的作用和使用方式
- 报表模型设计器的作用和使用方式
- 报表生成器的作用和使用方式

17.1　概　　述

报表对于管理人员来说是极为重要的，报表是管理人员了解组织状态、发现管理中的问题、安排管理工作和总结经验教训的重要手段。

虽然数据库中存储了组织的大量业务信息，但是如何从大量的业务数据中及时发现潜在的问题，依然是摆在管理人员面前亟需解决的问题。管理人员不可能总是从数据库中查看数据，也不可能所有的管理人员都能随时查看各种业务数据，因此，作为业务状态载体的管理报表无疑是管理人员的管理手段和工具。

一般地，组织内部报表可以分成 3 种类型，即明细报表、汇总报表和异常报表。明细报表提供了详细的没有经过各种加工、过滤的业务信息。例如，银行的流水账、所有的客户订单以及超市的产品销售明细表等。大多数情况下，这些报表上的数据可以直接来自于数据库中的数据。对业务数据按照管理需求进行各种加工、汇总之后得到的报表被称为汇总报表。这些报表经常使用各种图形方式来表示。常用的汇总报表包括财务的损益表、产品销售分析表等。这些报表的目的是迅速了解整个企业的经营状况、辅助进行各种经营决策。异常报表只是提供所需要的数据，这些数据满足指定的标准或条件。例如，整个企业应收账款分析报表、银行逾期贷款现状统计和分析、不合格产品统计报表等。

虽然报表是一个重要的管理职能，但是许多数据库产品却没有很好地重视这种职能。对于 Microsoft SQL Server 系统来说，在发布 2000 版本时系统依然不具备制作报表的功能。只是到了 2003 年，微软才发布了一个称为报表服务的组件。从 2005 版本开始，Microsoft SQL Server 系统的报表服务在功能方面有了极大的提高。从这个变化中可以看出，微软的 Microsoft SQL Server 系统向管理领域深入发展的决心和趋势。

17.2　报表服务体系结构

Microsoft SQL Server 2008 系统提供的报表服务不仅是一个报表设计工具，而且是一个完整的报表平台，可以创建报表、保存报表定义、提供安全的报表访问、以多种不同的输出方式呈现报表、制定报表交付进度表以及支持部署报表，并且具备编程能力和扩展能力。

报表服务是一种基于服务器的子系统，支持在企业环境中创建、管理和部署报表，其体系结构示意图如图 17-1 所示。

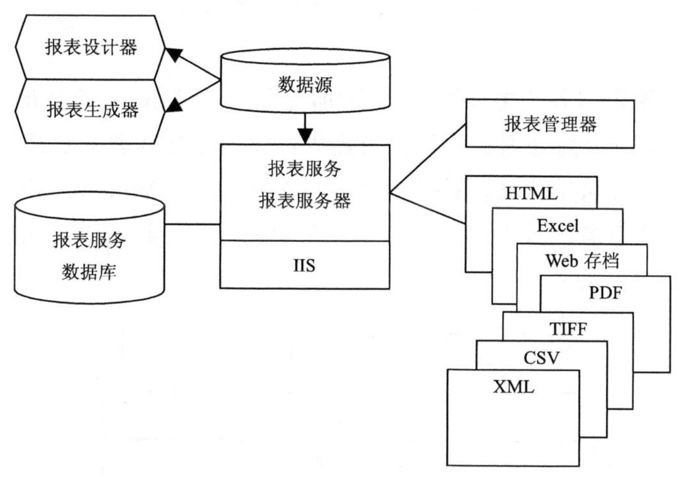

图 17-1　报表服务体系结构示意图

报表服务有多种不同但是相关的组件组成，这些组件主要包括 Report Server、报表管理器、报表服务配置和管理工具、报表编制工具、报表服务数据库以及编程能力。

报表服务器是报表服务中的核心组件，它负责处理报表请求并以期望的输出格式呈现报表。除此之外，报表服务器还能处理报表模型、发布报表、实施安全，以及控制用户对选项和操作的控制方法等。

报表管理器是一种基于 Web 的应用程序，它允许 DBA 或报表管理员控制报表服务所创建报表的安全和总体管理属性。报表管理器可以用于指定报表修改许可和报表访问许可，还可以为报表服务建立交付进度表。

报表服务可以提供两种配置工具，用于配置、部署、升级、管理本地的或远程的报表服务器实例。这两种配置工具分别是 Reporting Services 配置工具和报表服务器命令提示行工具。

报表编制工具包括报表设计器、报表模型设计器和报表生成器。报表设计器允许用户可视化地设计报表和控制部署，可以通过 Business Intelligence Development Studio 访问该工具。报表模型设计器工具用于说明与特定报表相结合的数据源中的元数据。报表生成器使用报表模型设计器创建的报表模型定义生成查询，用于检索所需的数据并创建和发布报表。

报表服务器是使用 Microsoft SQL Server 数据库引擎存储元数据和对象定义的无状态服务器。报表服务安装使用两个数据库，以便将持久性数据存储与临时存储要求分开。这两个数据库一起创建，并按名称绑定。默认情况下，数据库名称分别为 ReportServer 和 ReportServerTempDB。必须通过报表服务器处理所有对报表服务器数据库的访问。若要访问报表服务器数据库中的内容，可以使用报表服务器管理工具。

报表服务提供了大量的 API，开发人员可以使用它们将报表服务功能组合到自定义的 Web 或 Windows 应用程序中。用户还可以开发自己的组件和扩展组件来实现与自己业务需求相关的功能。

17.3　报表服务器

报表服务器是报表服务的主要组件。报表服务器通过 Microsoft Windows 服务和 Web 服务两种形式实现，可以为处理和呈现报表提供优化的并行处理基础结构。Web 服务公开了一组客户端应用程序可用来访问报表服务器的编程接口。Windows 服务可提供初始化、计划和传递服务以及服务器维护功能。这些服务协同工作，构成单个报表服务器实例。报表服务器的结构和功能如图 17-2 所示。

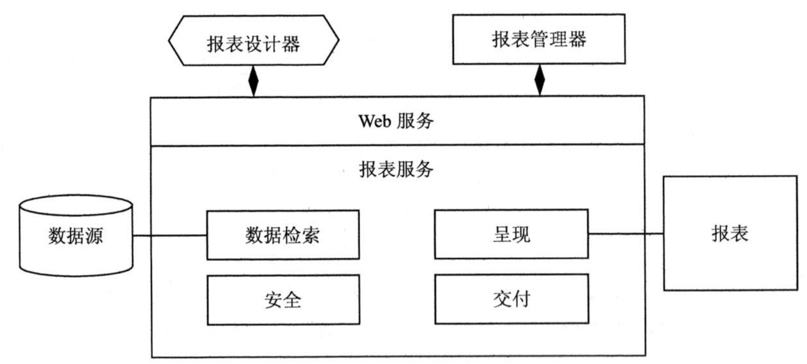

图 17-2　报表服务器的结构和功能

报表服务器处理所有主要的报表生成和发布任务。当某个用户请求报表或将报表部署到某个终端用户时，报表服务将检查该报表的安全属性，从而确保该用户拥有访问该报表以及其他数据库对象的权限。如果用户拥有权限，报表服务器会从 ReportServer 数据库中检索定义，并且根据 RDL(Report Definition Language，即：报表定义语言)中指定的格式呈现报表。在呈现报表时，报表服务器将访问所有的目标数据源、检索数据并且构建报表。

一旦创建了报表，报表服务器会将该报表发布到所有预先定义的交付目标上。报表服务器以一种中间形式将检索结果缓存一段时间。在缓存报表时，所有必需的数据检索和呈现步骤都已经完成，报表服务器只需将缓存报表发布给终端用户。

报表服务器通过子组件来处理报表请求，并使报表可用于按需访问或计划分发。报表服务器子组件包括处理器和扩展插件。

处理器是报表服务器的核心，可以进行两种类型的处理过程，即报表处理和模型处理。

当对 ReportServer 数据库中保存的报表付出请求时，报表处理器将检索 ReportServer 数据库中的报表，初始化所有变量或参数，并且根据报表定义对报表的引入数据进行初步准备。然后，对检索的数据源和数据建立一个连接。报表处理器将要检索的报表数据组合到预定的报表布局中。对报表中的每一个部分，数据都是按照行进行处理的，包括页眉、页脚、分组部分和细节部分。同时，还要处理所有的聚集函数或表达式。然后，再将报表分页并且按照合理的格式呈现。

在用户使用报表生成器工具生成特别的报表，即基于模型的报表时，会进行模型处理。特别的报表使用的报表模型制定了元数据和数据源的连接信息。在用户请求预览基于模型的报表时会显示报表布局，并显示报表数据的外观。为了真正检索数据，报表处理器首先根据报表模型和报表布局构建了一个查询。然后，绑定数据并且处理查询。最后，将数据合并到报表布局中，从而向用户呈现报表。

计划和传递处理器支持使用交付扩展来安排作业进度表，从而像电子邮箱和共享文件夹那样将报表发送到目标对象。报表服务使用 SQL Server Agent 服务实现这种功能。

扩展插件也是处理器，但执行的是非常具体的功能。对于每种支持的扩展插件类型，Reporting Services 都包括一个或多个默认的扩展插件。第三方开发人员可以创建其他扩展插件，以替代或扩展报表服务器的处理能力。报表服务提供了 6 种呈现扩展类型，即 HTML、Excel、CSV(按照逗号分割的纯文本文件)、XML、位图(BMP、EMF、GIF、JPEG、PNG、TIFF 和 WMF，默认是 TIFF 格式)以及 PDF 等。

17.4　报表管理器

报表管理器是基于 Web 的报表访问和管理工具，可以通过浏览器进行访问。可以使用报表管理器通过 HTTP 连接从远程位置管理单个报表服务器实例，还可以使用报表管理器的报表查看器和导航功能。报表管理器的主窗口如图 17-3 所示。

可以使用报表管理器执行以下任务：查看、搜索和订阅报表；创建、保护和维护文件夹层次结构，以便组织服务器上的项；配置站点属性和默认设置，确定“我的报表”的可用性，以支持在个人工作区中发布和创建报表；配置基于角色的安全性，确定对项和操作的访问权限；配置报表执行属性、报表历史记录和报表参数；创建报表模型，使用这些报表模型可以连接到 Microsoft SQL Server 的分析服务数据源或关系数据源，并从这些数据源中检索数据；创建共享计划和共享数据源，以提高计划和数据源连接的可管理性；创建可以将报表展开为大型收件人列表的数据驱动订阅；创建链接报表，以便按不同方式重用现有报表和重新确定其用途；启动用于创建和修改模型驱动的即时报表的报表设计工具——报表生成器。

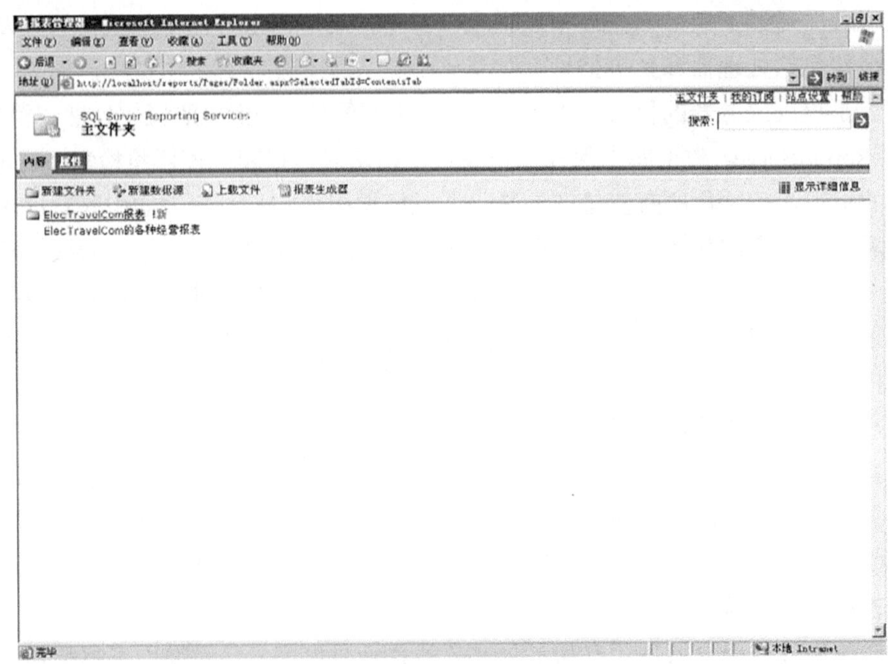

图 17-3　报表管理器的主窗口

17.5　报表编制工具

在 Microsoft SQL Server 2008 系统中，报表编制工具包括报表设计器、报表模型设计器和报表生成器。下面分别讲述这些工具的特点和使用方式。

17.5.1　报表设计器

报表设计器是一种带有设计界面的图形化工具，用于预览和发布报表。报表设计器的环境提供了一些分栏的窗口支持用户交互式地设计报表，这些窗口包括数据窗格、布局窗格、报表单元和语言窗格等。在报表设计器中，可以通过使用向导工具设计报表，也可以手工设计报表。可以从 Business Intelligence Development Studio 工具中启动报表设计器。

1. 使用向导设计报表

从 Microsoft SQL Server 2008 程序组中启动 Business Intelligence Development Studio 命令，然后选择“文件”|“新建”|“项目”命令，这时出现如图 17-4 所示的“新建项目”对话框。

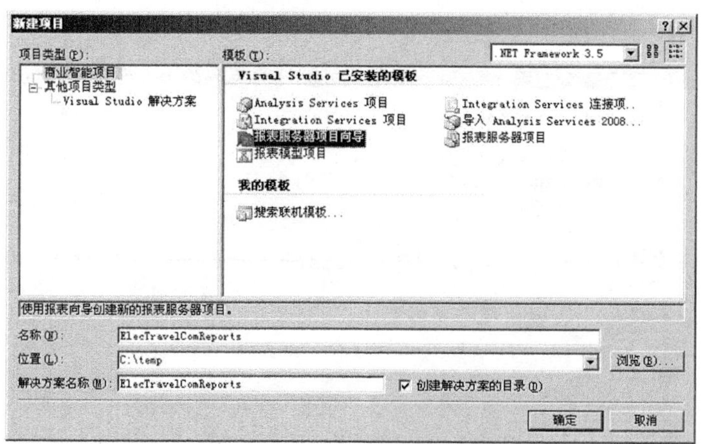

图 17-4　“新建项目”对话框

在如图 17-4 所示的“新建项目”对话框中，从“项目类型”列表框中选择“商业智能项目”选项，在“模板”列表框中选择“报表服务器项目向导”，输入该项目的名称和位置。然后单击“确定”按钮，这时出现如图 17-5 所示的报表向导的“选择数据源”对话框。

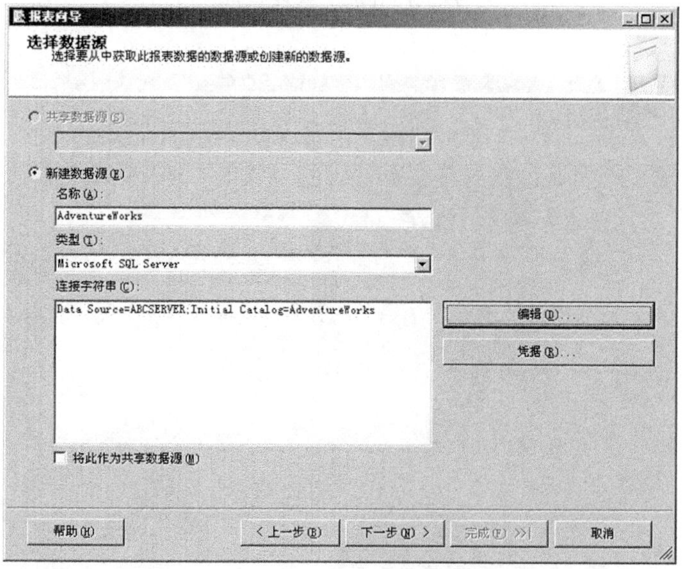

图 17-5　报表向导的“选择数据源”对话框

在如图 17-5 的对话框中，可以输入数据源的名称、类型和连接字符串。可以通过单击“编辑”按钮或“凭据”按钮，让系统生成相应的连接字符串。如果选中“将此作为共享数据源”复选框，则表示创建多个报表可以共用的数据源。单击“下一步”按钮，则出现如图 17-6 所示的“设计查询”对话框。

在如图 17-6 所示的对话框中，可以在“查询字符串”文本框中直接输入查询报表数据的语句，也可以通过单击“查询生成器”按钮以图形的方式设计查询语句。查询生成器是微软提供的通用查询生成器。得到查询语句之后，单击“下一步”按钮则出现如图 17-7 所示的“选择报表类型”对话框。

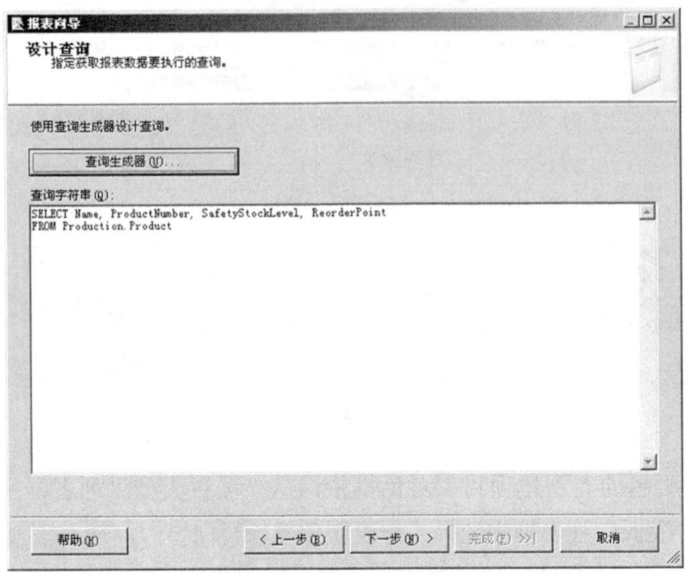

图 17-6　报表向导的“设计查询”对话框

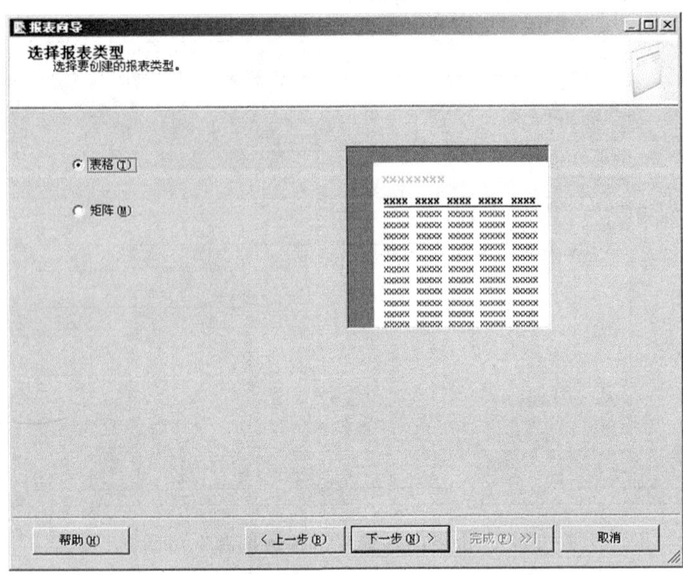

图 17-7　报表向导的“选择报表类型”对话框

在如图 17-7 所示的对话框中，报表有两种类型，即表格格式和矩阵式。这里选中了“表格”单选按钮。单击“下一步”按钮，则出现如图 17-8 所示的“设计表”对话框。在该对话框中可以选择表中数据的分组方式。

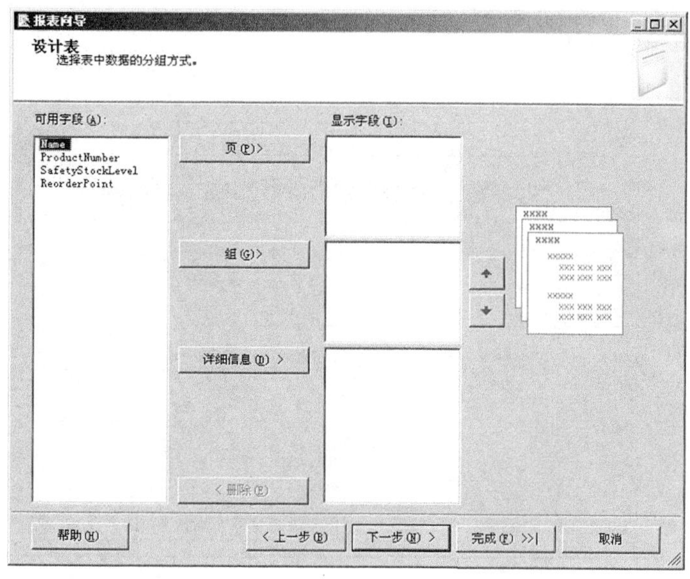

图 17-8　报表向导的“设计表”对话框

在如图 17-8 所示的对话框中，可选择表中数据的分组方式，确定不同页面显示不同的信息。单击“下一步”按钮，则出现如图 17-9 所示的“选择表样式”对话框。

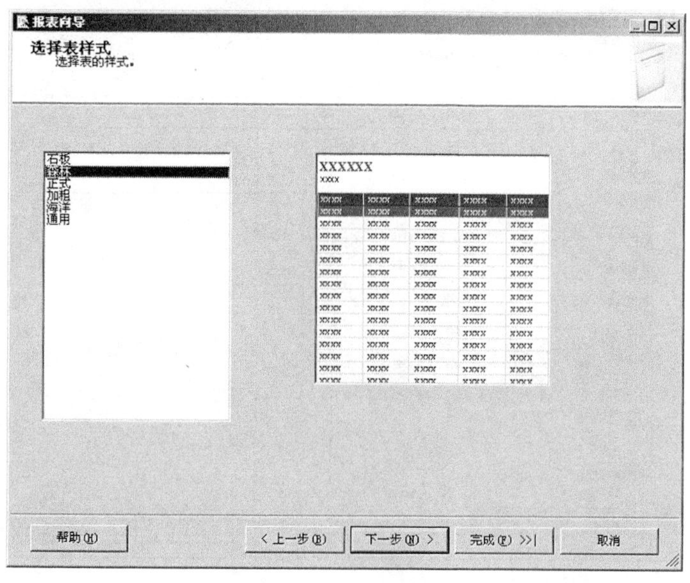

图 17-9　报表向导的“选择表样式”对话框

在如图 17-9 所示的对话框中，可以从 6 种表样式中选择将要使用的表样式。这里选择了“森林”表样式，右端是表样式示意图。单击“下一步”按钮，则出现如图 17-10 所示的“选择部署位置”对话框。

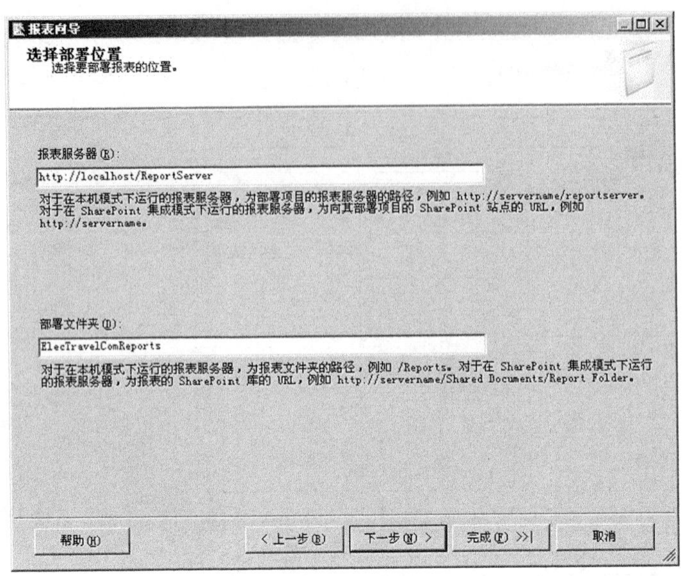

图 17-10　报表向导的“选择部署位置”对话框

在如图 17-10 所示的对话框中，可以指定报表服务器的位置和部署文件夹的位置。指定之后，单击“下一步”按钮，则出现如图 17-11 所示的“完成向导”对话框。

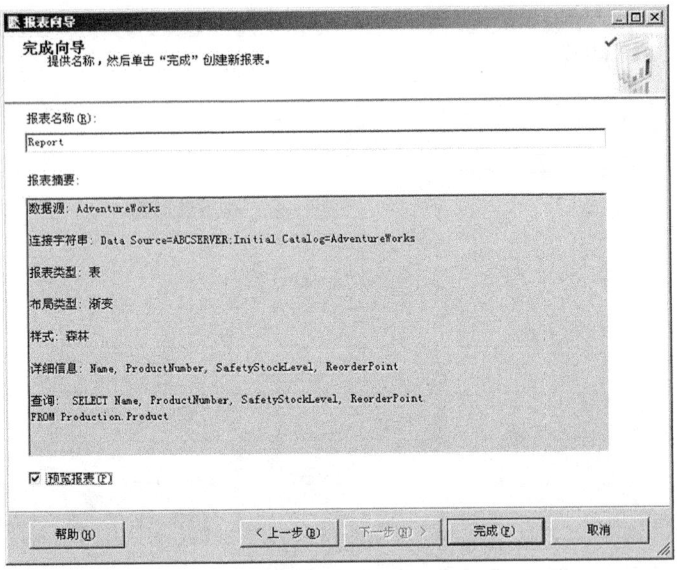

图 17-11　报表向导的“完成向导”对话框

在如图 17-11 所示的对话框中，可以为报表提供名称，并且显示了报表的设计概况。选中“预览报表”复选框，可以预览报表。单击“完成”按钮，则完成报表向导，生成的报表结果如图 17-12 所示。这里显示出了生成的报表结果。当然，也可以根据需要对报表布局进行适当的调整。

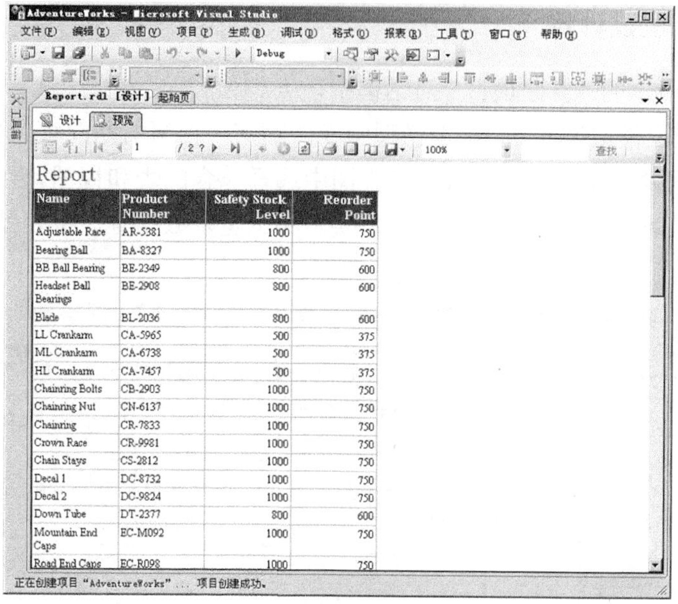

Report

Name	Product Number	Safety Stock Level	Reorder Point
Adjustable Race	AR-5381	1000	750
Bearing Ball	BA-8327	1000	750
BB Ball Bearing	BE-2349	800	600
Headset Ball Bearings	BE-2908	800	600
Blade	BL-2036	800	600
LL Crankarm	CA-5965	500	375
ML Crankarm	CA-6738	500	375
HL Crankarm	CA-7457	500	375
Chainring Bolts	CB-2903	1000	750
Chainring Nut	CN-6137	1000	750
Chainring	CR-7833	1000	750
Crown Race	CR-9981	1000	750
Chain Stays	CS-2812	1000	750
Decal 1	DC-8732	1000	750
Decal 2	DC-9824	1000	750
Down Tube	DT-2377	800	600
Mountain End Caps	EC-M092	1000	750
Road End Caps	EC-R098	1000	750

图 17-12　预览报表

2. 手工设计报表

在如图 17-4 所示的“新建项目”对话框中，从“模板”列表框中选择“报表服务器项目”选项，可以启动手工设计报表项目。手工设计报表项目的一个示例窗口如图 17-13 所示。在该窗口的中间是设计区域，包括了 3 个选项页，即“数据”、“布局”和“预览”选项页。“数据”选项页显示数据窗格来定义数据集。“布局”选项页用于设计报表，可以使用左端的工具箱设计报表。“预览”选项页可以预览报表的样式。

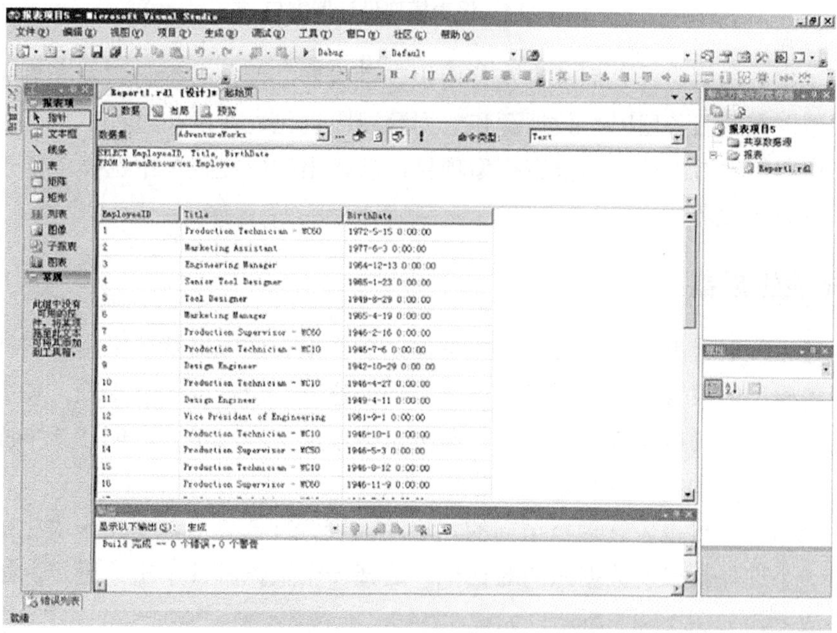

图 17-13　手工设计报表窗口

17.5.2　报表模型设计器

在如图 17-4 所示的“新建项目”对话框中，从“模板”列表框中选择“报表模型项目”选项，可以启动报表模型设计器。报表模型中要做的第一件事情是向该项目中添加数据源，接下来是添加数据源视图。可以在数据源视图中选择包含的表和视图。在设计界面中添加或删除表、添加关系、创建指定的查询、替换表和浏览表数据等。报表模型设计器的一个窗口如图 17-14 所示。

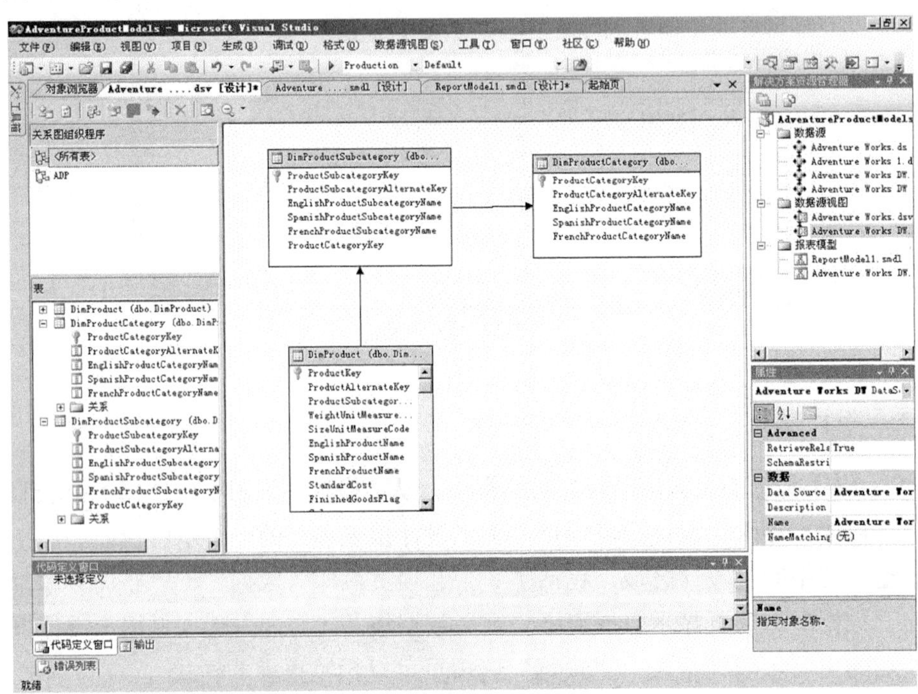

图 17-14　报表模型设计器窗口

在完成了报表模型设计之后，真正使用报表生成器之前，必须将它发布到服务器中。在将报表模型发布到服务器时，数据源和数据源视图也包含在发布过程中。可以在“解决方案资源管理器”中右击选中的报表模型项目，从弹出的快捷菜单中选择“部署”选项，将报表模型发布到服务器中。

17.5.3　报表生成器

一旦创建了报表模型并将其发布到服务器之后，报表生成器就可以用于设计并运行一个基于该报表模型的报表。报表生成器可以用于创建表、矩阵或图表报表，使用报表布局模板，选择预先定义的报表模型。还可以向报表中添加文本和格式，创建新字段并对报表执行计算，预览、打印完整的报表等。

报表生成器是通过报表管理器访问的。启动报表管理器之后，单击报表生成器按钮，这时将显示一个选择新报表数据源的对话框。选择一个数据源并单击“确定”按钮之后，启动报表生成器，如图 17-15 所示。

在如图 17-15 所示的窗口中，显示在左上端的“资源管理器”窗口显示了数据源中可以用于报表的一些表和项。选中其中的一个项，将会在“字段”窗口中显示相应的字段，可以将这些字段拖放到设计界面上。设计界面可以用于设计报表。

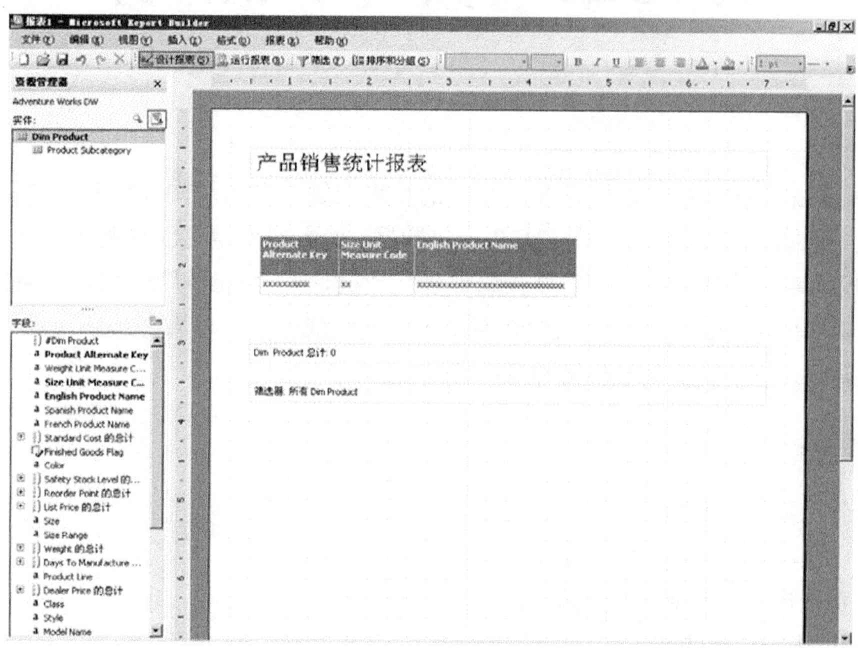

图 17-15　报表生成器界面

17.6　本 章 小 结

本章全面介绍了报表服务的特点。首先，分析了报表的作用和类型，指出报表服务功能的重要意义。其次，讲述了报表服务体系结构的特点和组成。接下来，介绍了报表服务器的功能和组成。之后，介绍了报表管理器的作用和使用方式。最后，讨论了报表编制工具的类型和使用方式。

【思考和练习】

1. 报表的作用是什么？
2. Microsoft SQL Server 2008 系统提供的报表服务的体系架构是什么？
3. 报表服务器的作用和组成是什么？
4. 报表服务使用哪两个数据库？
5. 报表服务器可以提供哪些报表文档？
6. 如何启动报表管理器？
7. 如何使用报表设计器？
8. 报表模型设计器的特点是什么？
9. 如何使用报表生成器？

第18章　集 成 服 务

在使用数据库的过程中，经常面临众多的管理问题。例如，许多数据是按照不同的格式形成和存储的(如 Oracle 数据和 SQL Server 数据)，而人们希望实现这些数据之间的转换；当创建数据仓库或数据集市时，需要频繁地加载数据，并且对这些数据进行各种清洗、抽取、转换等。Microsoft SQL Server 2008 系统提供的集成服务可以有效地解决这些问题。本章全面介绍集成服务的体系架构特点和使用方式。

本章要点：

- 为什么要引入集成服务
- 异构数据的特征和面临的问题
- 数据仓库的特征和面临的问题
- SSIS 体系架构的特点
- DTP 的架构特点和作用
- DTR 的架构特点和作用
- 使用 SSIS 导入/导出向导管理包
- 使用 SSIS 设计器管理包
- 配置和部署 SSIS 包

18.1　概　　述

在数据库的实际应用中，经常面临两大问题，一是如何有效地解决异构数据问题，二是如何有效地创建数据仓库和向数据仓库加载数据。

由于数据库市场的激烈竞争，用户往往使用不同的数据存储结构，甚至同一个用户也可能在不同的时期、不同的部分、不同的领域使用不同的数据存储结构，导致用户经常面临异构数据现象。异构数据是指具有不同存储结构的数据。由于业务的需要，不同的数据源之间经常需要进行相互转换。异构数据问题实际上就是不同存储结构数据之间如何有效相互转换的问题。数据互操作性技术就是解决异构数据源之间相互转换的技术。该技术可以提高数据库管理系统的适应性，是数据库管理系统的一个核心技术和组件。由于异构数据环境的现实性，数据互操作性技术成为现代数据库技术的一个热点技术。

随着计算机技术的飞速发展和信息系统的广泛应用，许多用户积累了大量的业务数据。如何从这些大量的业务数据中发现更多有价值的信息，是当前数据库理论和实践的领域。数据仓库中存储了过去大量的、规范的业务数据。如何把业务数据加载到数据仓库是一个挑战。把业务数据加载到数据仓库涉及到对业务数据进行清洗、转换、规范以及各种复杂的变化。

Microsoft SQL Server 2008 系统提供的集成服务(SQL Server Integration Services，简称为 SSIS)可以较好地解决异构数据问题和数据仓库加载问题。早在 Microsoft SQL Server 7.0/2000 系统中，微软提供了一个 DTS 服务，用于解决异构问题和加载数据问题。但是，在 2008 系统中，微软重写了集成服务，对原有的 DTS 进行改变，目的是使其成为企业级的 ETL 平台(extract, transformation, and loading，即：抽取、转换和加载)。

18.2　集成服务的体系架构

从大的方面来看，SSIS 可以分为两个组成部分，即 Data Transformation Pipeline (DTP)和 Data Transformation Runtime(DTR)。这种划分的目的是为了清晰划分数据流和控制流。DTP 完成数据流的工作，DTR 负责控制流。在以前的 DTS 版本中，数据流的功能远远强大于控制流。但是，在 SSIS 中，控制流和数据流有着同样强大的功能和重要性。DTP 替代了以前版本中的 DTS Data Pump，其功能是处理源和目标对象之间的数据流。DTR 主要是控制 SSIS 包中所使用的控制流的作业执行环境。DTP 和 DTR 都提供了自己的对象模型，用户可以基于这些对象模型进行编程。SSIS 体系架构示意图如图 18-1 所示。

DTP 主要考虑记录行在数据源和数据目标之间移动时所发生的数据流和转换。DTP 使用适配器来连接数据源和数据目标。DTP 的结构示意图如图 18-2 所示。DTP 是使用 DTP 对象模型访问的，这种对象模型是 API，微软提供的内置转换和用户创建的所有自定义转换都可以使用该模型。转换就是移动数据，并且可以在从源列向目标列移动数据时对其进行操作。DTP 提供了许多源和目标适配器。数据适配器的任务是连接数据源和目标终端，转换的任务是移动数据并在源和目标终端之间移动数据时对其进行操作。转换可以是源列和目标列之间的简单的一对一映射，也可以是一对多映射。

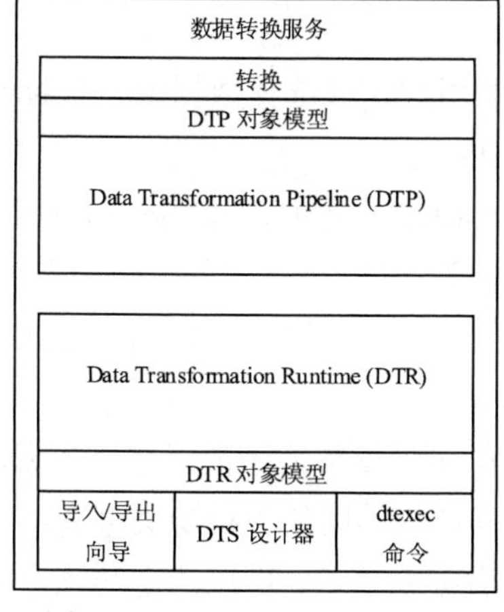

图 18-1　SSIS 体系架构示意图

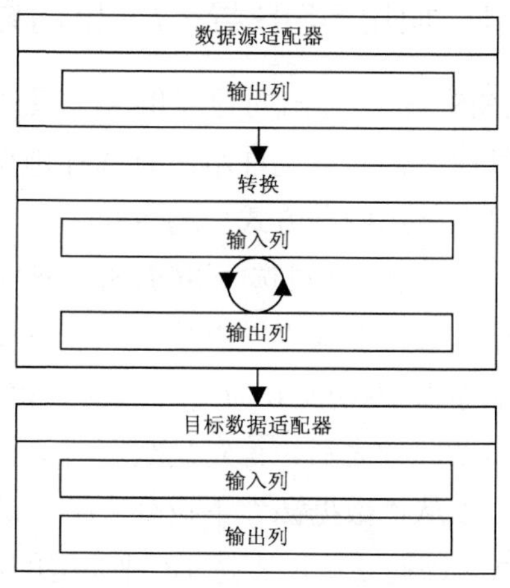

图 18-2　DTP 体系架构的特点

DTR 由 DTR 引擎和 DTR 组件组成。DTR 组件是管理 SSIS 包执行过程的对象，用于构建工作流，容器提供了结构化的操作，任务提供了数据传输和转换功能，约束控制着包中工作流的顺序。DTP 体系架构示意图如图 18-3 所示。DTR 组件主要包括包、容器和任务。任务是 DTR 组件的集合，每一个任务都由数据源和目标对象以及数据转换组成。容器用于组织和安排相关的任务。容器和包组合到一起形成包。包是将特定传输操作中执行的给定功能组合到一起的物理单元，通过 DTR 执行。SSIS 包既可以简单地重新运行，也可以移动到不同的系统中单独执行。

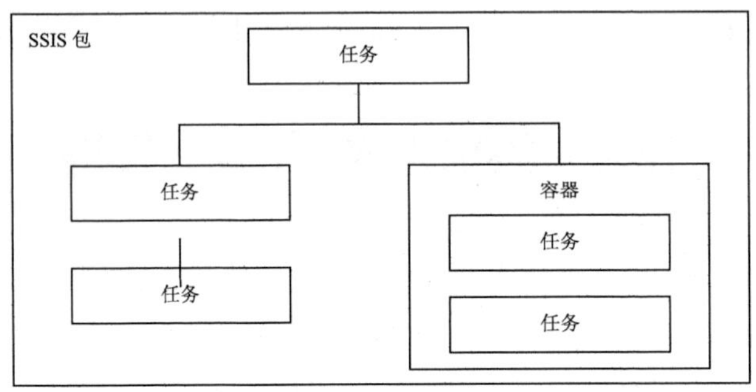

图 18-3　DTR 体系架构示意图

DTR 引擎的主要目的是控制 SSIS 包的执行过程。除此之外，DTR 引擎还可以保存包布局、运行包，提供调试、记录日志和处理服务等。

DTR 是使用 DTR 对象架构访问的。DTR 对象架构是 API，除了支持 dtexec 命令之外，API 还支持导入/导出向导和 SSIS 设计器。

18.3　创　建　包

Microsoft SQL Server 2008 系统提供了 3 种创建包的方法，即 SSIS 导入/导出向导、SSIS 设计器和 DTR 对象模型。下面，重点介绍前两种方法的特点。

18.3.1　使用 SSIS 导入/导出向导

SSIS 导入/导出向导提供了一系列对话框，帮助用户完成选择数据源、目标和传输对象的过程。该向导允许用户有选择地保存和执行 SSIS 包。

可以使用两种方式启动 SSIS 导入/导出向导。一种方式是在 SQL Server Management Studio 工具中，通过选择 SQL Server 实例引擎、数据库，从右击弹出的菜单中选择“任务” | “导入数据”或“导出数据”，可以启动 SSIS 导入/导出向导。另外一种方式，是在命令行中输入 dtswizard 命令，启动 SSIS 导入/导出向导。

启动向导之后，首先是欢迎对话框。之后，显示如图 18-4 所示的“选择数据源”对话框。可以从“数据源”下拉列表框中选择相应的数据源，不同的数据源类型有不同的对话框内容。该向导可以支持 18 种类型的数据源。确定数据源之后，可以选定与该数据源相关的其他内容。这里选择了“使用 Windows 身份验证”和 AdventureWorks 数据库。

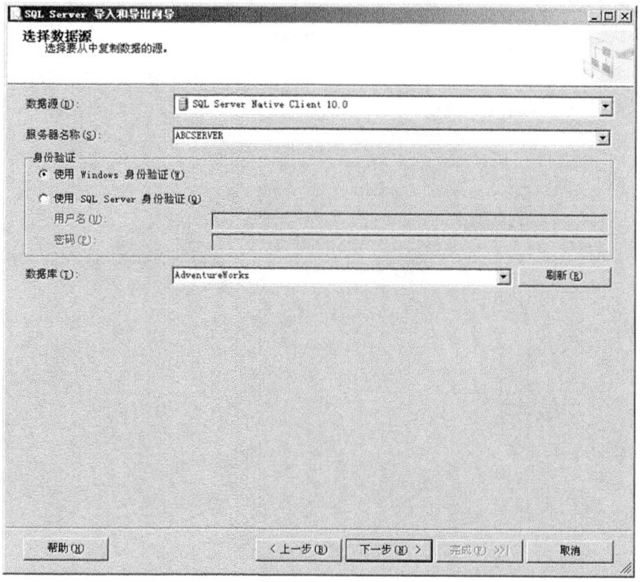

图 18-4 SSIS 导入/导出向导的“选择数据源”对话框

在如图 18-4 所示的对话框中单击“下一步”按钮，则出现如图 18-5 所示的“选择目标”对话框。在该对话框中可以指定目标数据对象的类型和相关信息。这里指定目标数据是 Microsoft Excel 文件，并且指定了与该数据类型相关的信息，例如 Excel 文件路径、Excel 版本以及指定首行包含列名称。

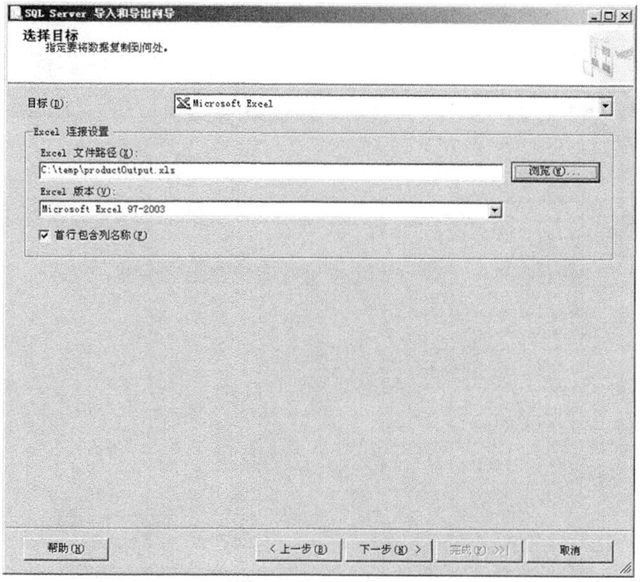

图 18-5 SSIS 导入/导出向导的“选择目标”对话框

在如图 18-5 所示的对话框中，单击“下一步”按钮，则出现如图 18-6 所示的“指定表复制或查询”对话框。在该对话框中，可以指定是从数据源中复制一个或多个表的视图，还是从数据源复制查询结果。这里指定了“复制一个或多个表或视图的数据”单选按钮，表示从数据库中现有的表或视图中选择。

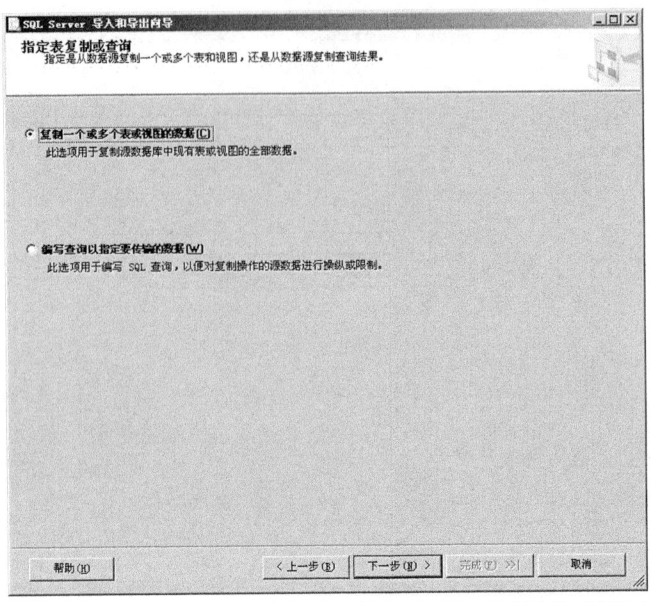

图 18-6　SSIS 导入/导出向导的“指定表复制或查询”对话框

指定复制表之后，进入如图 18-7 所示的“选择源表和源视图”对话框。在该对话框中列出了当前源数据库中所有的表和视图，用户可以选择一个或多个表和视图。通过单击对话框下端的“编辑映射”按钮，可以对每一个表指定相应的映射方式。单击“预览”按钮可以查看将要传输的数据。

图 18-7　SSIS 导入/导出向导的“选择源表和源视图”对话框

指定源表之后，进入如图 18-8 所示的“查看数据类型映射”对话框。在该对话框中列出了当前源表中所有列的映射关系。

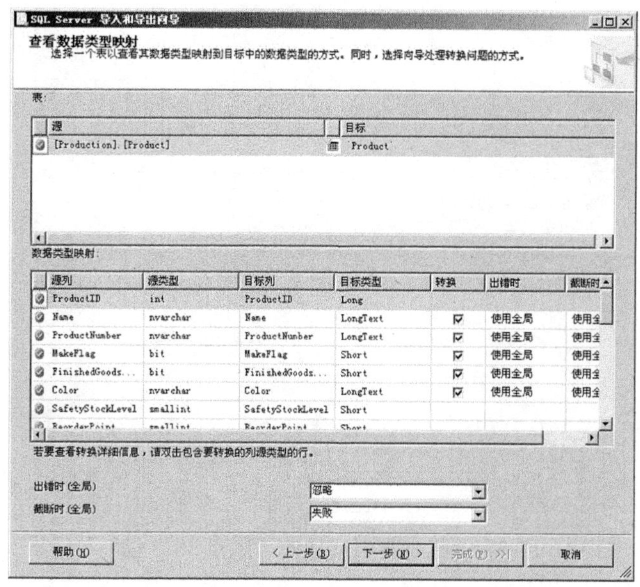

图 18-8 SSIS 导入/导出向导的“查看数据类型映射”对话框

在图 18-8 中，单击“下一步”按钮，则出现“保存并运行包”对话框，如图 18-9 所示。在这里可以指定是否把当前的任务保存为 SSIS 包，并且可以指定是 SQL Server 包，还是文件系统包。还可以指定该包是否立即执行。除此之外，还可以设置包的保护级别，加强数据包的安全管理。有 6 种保护级别可供选择。

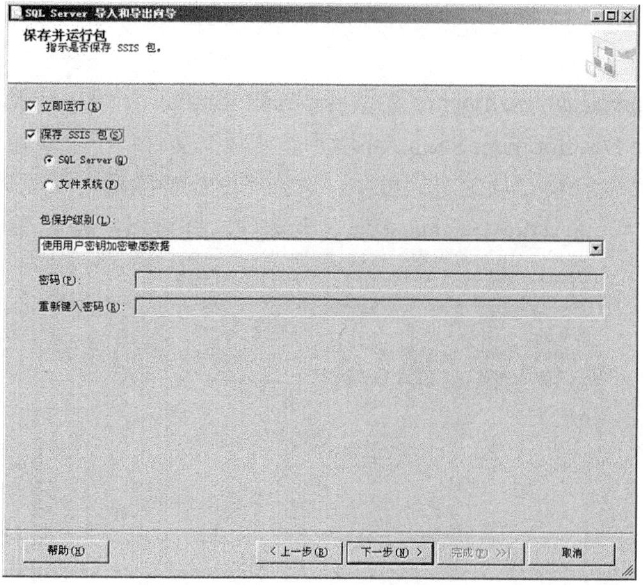

图 18-9 SSIS 导入/导出向导的“保存并运行包”对话框

指定要保存包之后，单击“下一步”按钮，则出现如图 18-10 所示的“保存 SSIS 包”对话框。在该对话框中，可以将这次导出的数据保存为 SSIS 包，以便以后备用。

在如图 18-10 所示的对话框中单击“完成”按钮，则完成包的创建工作。用户可以从 SQL Server Management Studio 工具中选定集成服务实例，查看和运行该 SSIS 包。

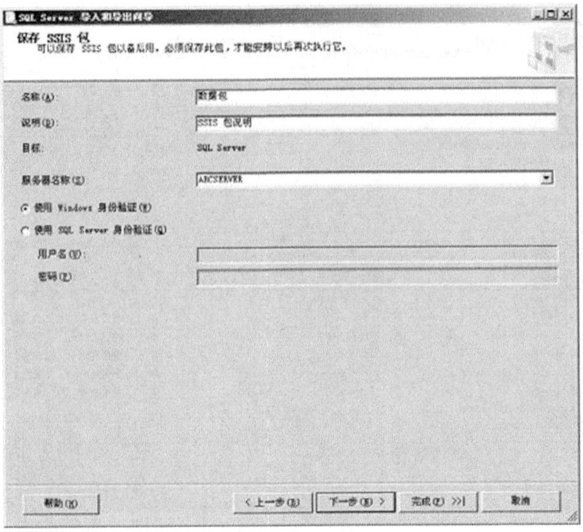

图 18-10　SSIS 导入/导出向导的“保存 SSIS 包”对话框

18.3.2　使用 SSIS 设计器

虽然 SSIS 导入/导出向导可以方便地传输数据和创建包，但是对于 ETL 操作来说，这种传输方式比较简单，很难满足复杂的应用场景。因为 ETL 作业不仅是简单地从一个目标传输到另外一个目标，而是需要组合来自多个数据源的数据，对这些数据进行处理，将这些数据映射到新的列中，并且提供各种不同的数据清洗和验证作业。SSIS 设计器可以较好地完成这种复杂的 ETL 作业。作为图形化的工具，SSIS 设计器可以用于构建、执行和调试 SSIS 包。

用户可以从 Business Intelligence Development Studio 环境中启动 SSIS 设计器。在 Business Intelligence Development Studio 环境中，选择“文件”|“新建”|“项目”命令，则打开“新建项目”对话框。从该对话框中，选择“商业智能项目”项目类型，然后从“模板”列表框中选择“Integration Services 项目”选项，则可以打开如图 18-11 所示的 SSIS 设计器主窗口。

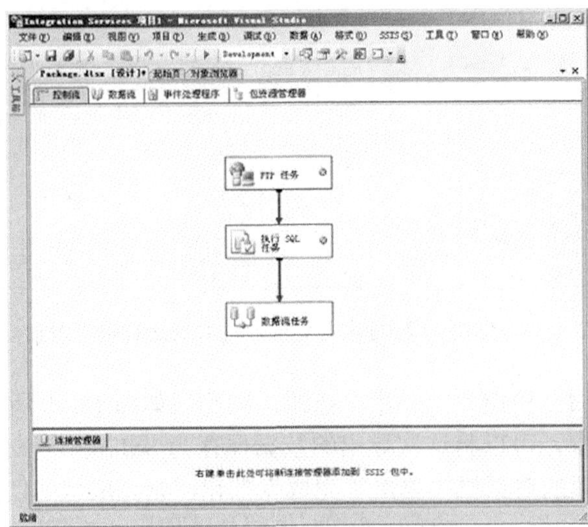

图 18-11　SSIS 设计器主窗口

在如图 18-11 所示的 SSIS 设计器中，可以在控制流选项页中定义 SSIS 包。为了构建包，首先需要定义作业。这时，可以把左端的工具箱打开，把其中的作业拖放到包设计界面中。当前设计器中放置了 3 个作业，即 FTP 任务、执行 SQL 任务和数据流任务。控制流的工具箱显示了可以使用的不同作业类型。

定义完作业之后，需要定义作业之间的优先级和作业之间的连接。优先级决定了作业的执行顺序。可以通过图 18-11 中的优先级箭线定义作业优先级。必须为每一个作业定义一个连接。例如，右击“执行 SQL 任务”，从菜单中选择“编辑”选项，则出现如图 18-12 所示的“执行 SQL 任务编辑器”对话框。可以在该对话框中设置该任务的数据连接。

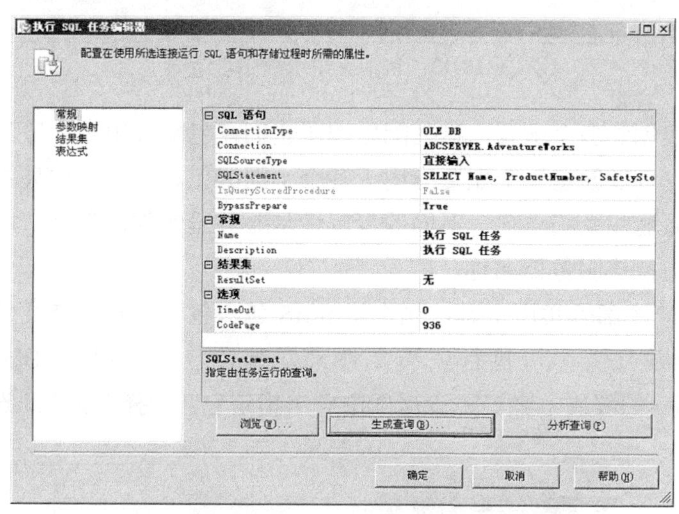

图 18-12 “执行 SQL 任务编辑器”对话框

定义了控制流作业之后，需要定义数据流作业。在如图 18-11 所示的主窗口中，单击“数据流”选项页，则可以定义该包对应的数据。

SSIS 包定义完成之后，可以通过从菜单栏中选择“调试”|“启动调试”命令来运行该 SSIS 包。

18.4 部 署 包

部署包有两个基本步骤，即生成集成服务项目以创建包部署实用工具，并且将在生成集成服务项目时所创建的部署文件夹复制到目标计算机，然后运行包安装向导来安装这些包。SSIS 支持通过使用包配置来对包进行部署。

配置信息支持 SSIS 包在运行时自动载入外部信息，可以在运行时使用配置向 SSIS 包中引入变量值和连接信息。可以从 Business Intelligence Development Studio 的菜单栏中的 SSIS|“包配置”选项启动包配置组织程序来创建 SSIS 配置。包配置组织程序的初始对话框如图 18-13 所示。

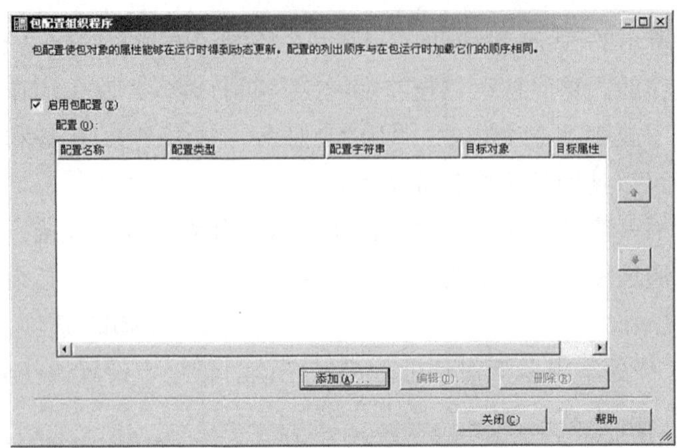

图 18-13　包配置组织程序对话框

可以为一个包创建多个配置，这些配置按照它们在包配置组织程序列表框中显示的顺序应用于该包。也可以创建一个配置应用于多个不同的包。例如，如果希望将一个包部署到多个系统中，而这些系统中唯一不同的包属性是服务器名称，那么可以创建一个使用环境变量的配置来支持该服务器名称。

SSIS 提供了一个部署实用工具，允许将 SSIS 包、包配置和支持文件组合到一个部署文件夹中，并且建立一个可执行安装文件来安装该包。可以从 Business Intelligence Development Studio 的解决方案资源管理器中右击指定包，选择“属性”选项，则出现如图 18-14 所示的部署实用工具。

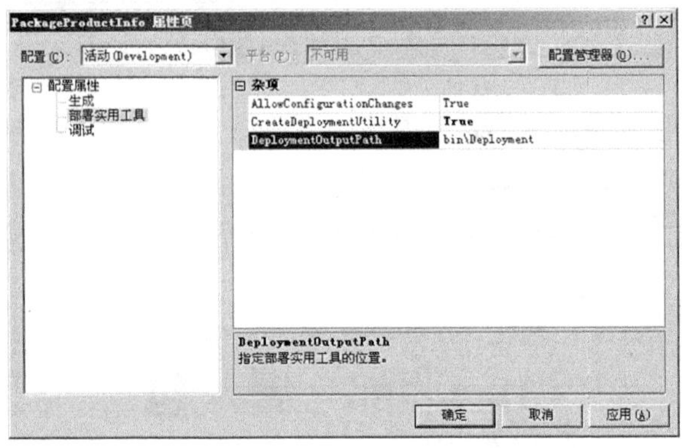

图 18-14　SSIS 包部署实用工具

18.5　本 章 小 结

本章全面讲述了集成服务的内容。首先，研究了使用数据库过程中面临的问题和解决这些问题的思路，引入集成服务的意义。其次，分析了集成服务的体系架构和特点，讲述了 DTP 和 DTR 的作用。接下来，详细研究了如何创建 SSIS 包，并且介绍了 SSIS 导入/导出向导和 SSIS 设计器工具的使用方式。最后，介绍了如何部署和配置包。

【思考和练习】

1. 为什么要引入集成服务？
2. 简述集成服务体系架构的特点。
3. 什么是 ETL？
4. DTP 的作用和结构特点是什么？
5. DTR 的作用和结构特点是什么？
6. 如何启动和使用 SSIS 导入/导出向导？
7. SSIS 导入/导出向导支持哪些类型的数据源？
8. 如何启动和使用 SSIS 设计器？
9. 在 SSIS 包中，如何定义作业的优先级？
10. 为什么要部署 SSIS 包？

第19章　分 析 服 务

现在，对数据的管理不仅是存储和检索业务数据，而且更加重视对业务数据的深入分析。数据库系统已经从单纯的支持事务向支持事务和分析功能方向发展。如何把过去大量的业务数据存储到数据仓库中？如何创建数据仓库？如何在数据仓库中执行多维分析？如何从数据仓库中挖掘出更多的知识？对于许多组织的管理人员来说，这些问题都是非常重要和迫切的问题。Microsoft SQL Server 2008 系统提供的分析服务可以用来解决这些问题，辅助管理人员发现知识和执行决策。本章将研究分析服务的功能特点和使用方式。

本章要点：

- 为什么要引入分析服务
- OLTP 系统和数据仓库系统的区别和联系
- 数据仓库和数据集市之间的关系
- 雪花维度模型的特点
- MOLAP/ROLAP/HOLAP 存储结构的特点
- 聚合数据的特点和方法
- 数据访问的特点和方法
- 使用 BIDS 工具执行分析服务操作

19.1　概　　述

数据仓库和分析系统是当前数据库领域的研究热点和应用重点，在银行、保险、证券、营销、通信、电子商务等行业领域的应用越来越多。实际上，数据仓库是数据库理论、技术和应用发展的必然趋势。

从理论上来看，从 20 世纪 70 年代初以来，关系型数据库理论渐趋完善，以关系型数据库为核心的主流数据库产品渐趋成熟。这些数据库产品主要是基于事务处理的，可以满足组织基本业务的需求。如何从理论、技术上推动数据库的发展，成为数据库研究人员和数据库厂商追求的目标。

从应用方面来看，经过数十年的使用，通过数据库系统积累了大量的业务数据。如何充分利用这些大量的业务数据资源，如何挖掘和发现更多的信息，如何提高管理人员的决策质量，成为摆在广大管理人员面前的一个课题。

从 IT 技术发展来看，运算速度更快、运行更加可靠、价格更加低廉、技术更加先进的计算机存储设备、运算设备以及网络传输设备等不断大量涌现，使得传统的数据库技术有了进一步提高的物质基础。

数据仓库和以数据仓库为基础的分析系统，无疑是数据库技术发展的更高阶段。因此，许多数据库厂商纷纷推出自己的数据仓库和分析系统产品。微软公司也不例外。Microsoft SQL Server 2008 系统包含了功能强大、技术先进的分析服务，帮助用户构建数据仓库和分析数据仓库中的数据。

19.2　数据仓库的基本概念

下面，着重讨论数据仓库和分析服务领域中的一些基本概念，这些概念包括 OLTP 和数据仓库系统、数据仓库、数据集市、数据仓库设计、维度模型、多维数据集、存储模型、数据聚合和数据访问等内容。

19.2.1　OLTP 和数据仓库系统

OLTP 是在线事务处理(Online Transaction Processing)的简称。OLTP 主要用在各种事务处理领域，例如会计核算、商品销售等典型的事务处理事件。普通的数据库系统就是一种 OLTP 系统。OLTP 注重对业务数据记录的支持。

如果数据库应用程序中的事务比较短，那么数据库系统的性能就能大幅度提高。这是因为，事务使用锁来防止并发性问题。如果一个事务持续时间很长，就会降低其他事务使用相应数据的可能性，因此系统的性能会下降。

许多大型的 OLTP 系统，常常有大量的用户同时访问。例如，航空机票预定系统有可能同时接受成千上万个预定机票的请求。

大多数情况下，OLTP 系统的用户连续使用 DML 语言。也就是说，这些用户经常是同时读写数据。大多数的读写操作只是涉及到数据库中的很少几行数据。因此，可以说 OLTP 是动态的。

现在，许多数据库系统中存储了超过 GB 字节的数据。当然，这种数据量与数据仓库中的数据相比，是比较小的。

数据仓库把企业中的所有数据集中存储，用户可以运行各种查询语句和报表来使用数据仓库中的数据。也就是说，数据仓库可以作为用户进行分析和决策的基础。

数据仓库系统的目标与 OLTP 系统的目标是不同的。例如，“2008 年第三季度北京地区 AXTRH 类型的产品销售情况如何？”就是一个典型的对数据仓库的查询。

数据仓库中的数据来自于各种数据源，这些数据源中的数据需要周期地加载到数据仓库中。一般地，数据仓库中的数据是静态的，不能随意改变。数据在加载过程中，需要经过净化处理。

因为数据仓库主要是提供信息，因此同时使用数据仓库系统的用户比较少。数据仓库系统的用户常常通过查询数据仓库生成各种业务报表。

OLTP 系统中主要存储当前业务的数据，数据仓库存储可以进行跟踪分析的历史数据，因此数据仓库中的数据来自不同时间的业务数据，数据量是非常巨大的。

19.2.2　数据仓库和数据集市

数据仓库可以是包含了企业所有数据的数据库，由用户按照统一的方式进行访问。通常情况下，企业可能拥有产生在不同时间的、存储在不同数据库或文件的、由不同数据库管理系统管理的大量数据。这些数据库管理系统可能是关系型的，也有可能是层次数据库系统或网状数据库系统。

计算机软件专家需要对源数据库和数据文件进行仔细研究和检查，把它们转变到一个存储中：数据仓库。这种转变过程必须保证数据的一致性和完整性，一般地，可以把转换过程分为 3 个步骤：数据抽取、数据清洗、数据质量保障。

例如，有两个数据库，都存储了有关员工的基本信息，性别信息存储在 gender 列中。在第一个数据库中，gender 列的数据类型是 CHAR(6)，数据值分别是 female 和 male。在第二个数据库中，gender 列的数据类型是 NVARCHAR(2)，数据值分别是“男”和“女”。这两个数据库中的数据都正确，但是当向数据仓库加载该数据时，必须对此数据进行清洗，确保这些数据的一致性。

由于数据仓库涉及到企业的所有业务数据，数据量以 TB 字节衡量，其实施过程复杂、耗时经常长达数年，因此许多企业只是建设数据仓库一小部分，这就是数据集市。

数据集市只是包含企业部门级的数据，并且只有一部分用户使用。例如，市场营销部门将营销数据存储在数据集市中，产品研发部门把自己的实验数据存储在自己的数据集市中。因此，与数据仓库相比，数据集市涉及的应用领域比较小、开发周期短、成本较低、容易维护等。据统计，开发一个数据仓库平均耗时 2 年、耗资 500 万美元。但是开发一个数据集市平均耗时 5 个月、耗资 20 万美元。

在一个企业中，如果开发了若干个数据集市，就可以考虑将它们整合成一个大型的数据仓库。

19.2.3　数据仓库设计和维度模型

合理的数据库设计可以大大提高数据库的性能，同样，合理的数据仓库设计也能大大提高数据仓库的性能。在数据库设计时，一般使用 ER 模型。在数据仓库设计时，需要使用维度模型。也就是说，维度模型是数据仓库的结构基础。

设计数据库时使用 ER 模型，目的是可以规范化数据库的结构，将大表分解成多个小表，减少数据冗余，使得数据库事务尽可能地短。但是，在数据仓库设计时，ER 模型不适用了。想象一下，如果数据仓库中有数百个表，每一个查询都需要将很多表连接起来，这种查询成本得多大。数据仓库的目标是提高查询效率，不是减少冗余数据。维度模型是设计数据仓库的逻辑模型。

在数据仓库中，每一个维度模型都有一个包含了度量数据的表和若干个描述维度的表。前者被称为事实表，后者被称为维度表。例如，事实表可以包含库存、费用等数据，维度表可以包含时间、产品类型和员工等数据。图 19-1 是一个雪花型维度模型示例。

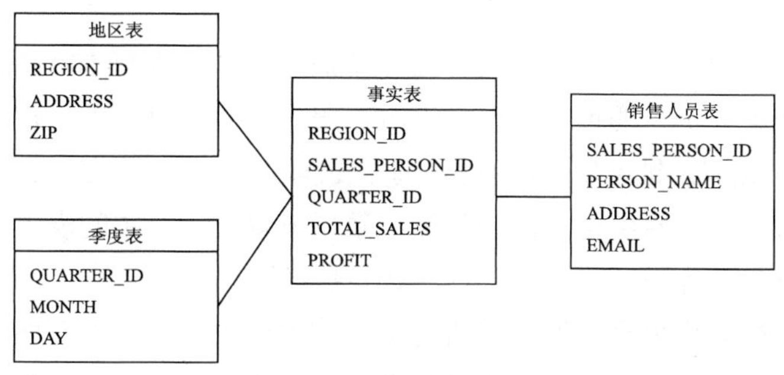

图 19-1　雪花型维度模型示例

在维度模型中，维度表往往包含一个主键列和若干个描述维度的其他列。事实表中的主键往往是由所有维度表的主键列组合而成。

在事实表中，除了主键列之外，其他列的数据往往是数值列，这样便于进行各种运算。例如，事实表中的数值列经常是产品单位成本、销售总额、利润和销售数量等。

维度表中的非主键列经常是字符类型，这样便于制作报表和使用索引。维度表中的许多列往往是高度的不规范化，意味着很多列之间具有互依赖性。

在一个维度模型中，只有一个事实表，但是有多个不同的维度表。事实表往往包含了数据仓库系统中大多数的数据，维度表仅包含少量的数据。

19.2.4　多维数据集和存储模型

数据仓库支持多种不同类型的存储结构。许多数据存储类型是基于被称为多维数据集的多维数据库。多维数据集是数据仓库数据的子集，可以组织成多维结构。在定义多维数据集时，需要选择一个事实表和确认该表中感兴趣的数值列，然后选择可以为数据提供描述性信息的维度表。

有 3 种典型的存储模型，即 MOLAP(multidimensional OLAP，即：多维 OLAP)、ROLAP (relational OLAP，即：关系型 OLAP)和 HOLAP(Hybrid OLAP，即：混合 OLAP)。

MOLAP 采用多维数据集存储底层数据和聚合数据，ROLAP 采用关系型数据库存储数据。数据仓库中同样的数据既可以采用 MOLAP，也可以采用 ROLAP。但是，这两种结构有很大的差别。ROLAP 中的数据不能有冗余，且可以为汇总数据使用物化视图。MOLAP 可以存储有冗余的数据。聚合数据按照多维形式存储，查询效率比较高。

HOLAP 是 MOLAP 和 ROLAP 结构的混合形式。在 HOLAP 结构中，聚合数据存储在 MOLAP 中，基表数据存储在关系型数据库中。HOLAP 结构的优点是底层数据没有冗余。

19.2.5　数据聚合

数据是按照最详细的格式存储在事实表中，各种报表可以充分利用这些数据。一般的查询语句在查询事实表时，一次操作经常涉及成千上万条记录，但是通过使用汇总、平均、极值等聚合技术可以大大降低数据的查询数量。因此，来自事实表中的底层数据应该事先经过聚合存储在中间表中。中间表存储了聚合信息，所以被称为聚合表，这种处理过程被称为聚合过程。

例如，假设一个企业有 500 家商店，每一个商店平均每天有 500 条销售记录。现在，用户希望查看企业上一个月的销售情况。这时，服务器需对每一天、每一个商店的销售情况进行汇总，然后把结果反馈给用户。这种查询需要读取的记录数量是：7500000=500×500×30。但是，如果事先将每一个商店每月的销售情况数据放置到一个中间表中，那么该查询语句只需要汇总 500 条记录即可(每一个商店一条记录)。

那么，如何进行聚合处理呢？应该进行多少次聚合处理好呢？有两种极端的情况，要么不进行聚合处理，要么对所有的可能情况都进行聚合处理。

不进行聚合处理，这种情况显然不合适，因为查询效率太低。但是，如果对所有的可能情况都进行聚合处理会带来一系列的问题，例如消耗过多的磁盘空间、聚合表中的数据量过大、数据初始加载时消耗时间过长等。

因此，在设计聚合表时，一定要认真思考和仔细规划，确保对于可以显著提高查询性能的聚合情况进行处理。

19.2.6　数据访问

一般地，用户使用 3 种访问技术访问数据仓库中的数据。这 3 种数据访问技术分别是报表、多维分析和数据挖掘。

报表是最简单的访问技术。报表是使用查询语句得到的表格数据或矩阵数据。这是最常见的数据访问方式。

多维分析是指可以利用数据仓库进行多个维度的计算、比较和分析，可以交互式地考虑所有的可能情况。

数据挖掘是通过对大量数据的研究和分析，企图发现更多未知的信息和模式。管理人员可以使用这些信息和模式进行管理上的决策。

从现在的发展趋势来看，数据挖掘技术越来越受到人们的重视，许多数据库系统，包括 Microsoft SQL Server 2008 系统，在数据挖掘方面都有了显著的改进和提高。

19.3　Business Intelligence Development Studio

分析服务的主要组件是 Business Intelligence Development Studio(简称为 BIDS)。BIDS 是一个管理工具，为集成服务、报表服务、分析服务和数据挖掘等提供了一个集成平台。基于 Visual Studio 2008 的 BIDS 支持用户开发商业智能应用程序，用户可以在该平台中进行编写代码、调试及版本控制等工作。

BIDS 工具具有易用性的特点，提供了许多向导工具帮助用户完成诸如创建数据源、创建数据源视图和创建多维数据集等工作。

从数据仓库存储结构角度来看，BIDS 工具支持用户根据需要创建 MOLAP、ROLAP 和 HOLAP 等不同的结构，增强了系统的灵活性。

从外表来看，BIDS 非常类似 SQL Server Management Studio 工具。但是，这两个工具有很大的差别，BIDS 主要用于开发数据仓库，SQL Server Management Studio 主要用于运行和维护数据仓库和数据库对象。

启动 BIDS。从 BIDS 的菜单中，选择“文件”｜“新建”｜“项目”命令，出现如图 19-2 所示的“新建项目”对话框。

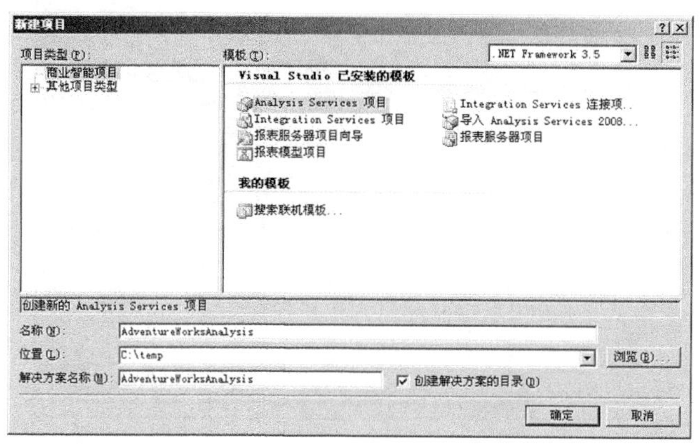

图 19-2　“新建项目”对话框

在如图 19-2 所示的对话框中，从“项目类型”列表框中选择“商业智能项目”类型，然后从“模板”列表框中选择“Analysis Services 项目”模板，并且制定相应的名称和位置，可以创建一个分析服务项目。

分析服务项目创建之后，就可以创建数据源、数据源视图等对象了。这些对象列在“解决方案资源管理器”窗口中。用户可以从“视图”菜单中选择“解决方案资源管理器”选项得到该窗口，如图 19-3 所示。

图 19-3　“解决方案资源管理器”窗口

在如图 19-3 所示的窗口中，“数据源”文件夹用于存放连接源数据库的信息。“数据源视图”文件夹包含了源数据库中部分子表中的数据。“多维数据集”文件夹包含了该分析项目的所有多维数据集。

“维度”文件夹包含了所有的维度。分析服务支持两种类型的维度，共享维度和私有维度。共享维度可以由本数据库中两个或两个以上的多维数据集共同使用，典型的共享维度是时间。私有维度是在单个多维数据集中创建的维度。

“挖掘结构”文件夹包含了使用数据挖掘向导工具创建的数据挖掘模型，这些模型是基于多维数据集信息的。

“角色”文件夹包含了可以访问该数据库的一组权限相同的用户和组。“程序集”文件夹包含了对项目外文件引用的情况。

在 BIDS 环境的“解决方案资源管理器”窗口上，右击“数据源”文件夹，从弹出的快捷菜单中选择“新建数据源”选项，则启动创建数据源向导。欢迎对话框之后，是如图 19-4 所示的“选择如何定义连接”对话框。

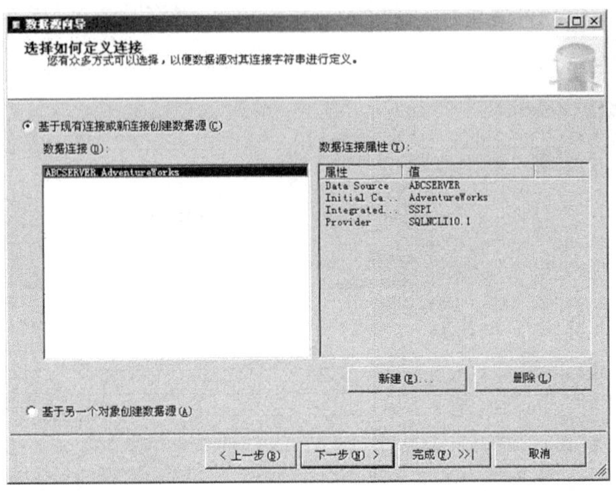

图 19-4　“数据源向导”的“选择如何定义连接”对话框

在如图 19-4 所示的对话框中，列出了现有的数据源连接，用户也可以创建新的连接。如果想要创建新的连接，可以单击“新建”按钮，这时出现如图 19-5 所示的“连接管理器”对话框。在该对话框中，新建与数据源的连接。利用该对话框，可以指定提供程序名称、服务器名称、身份验证信息、数据库名称等信息。

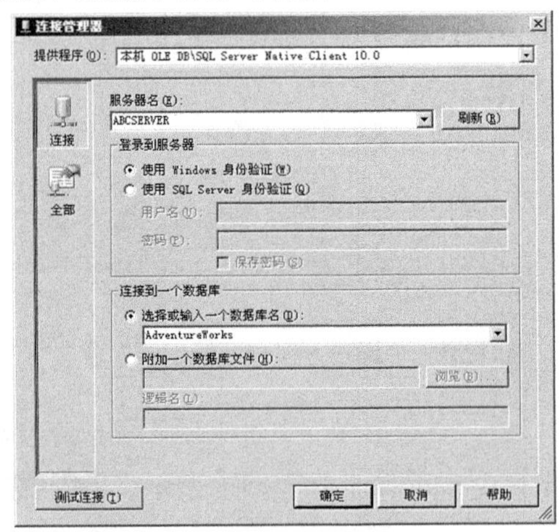

图 19-5　“连接管理器”对话框

数据源创建之后，可以在数据源基础上创建数据源视图，查看数据源中的部分数据。在“解决方案资源管理器”窗口上，右击“数据源视图”文件夹，从弹出的快捷菜单中选择“新建数据源视图”选项，则启动创建数据源视图向导。欢迎对话框和选择数据源之后，是如图 19-6 所示的“选择表和视图”对话框。

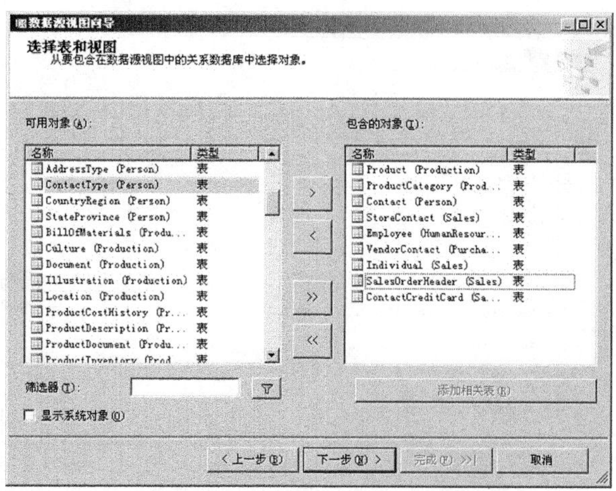

图 19-6　“数据源视图向导”的“选择表和视图”对话框

在如图 19-6 所示的对话框中，可以从指定的数据源中选择该视图将要包含的对象。可以在“筛选器”文本框中指定筛选信息，单击其右端的漏斗按钮可以筛选信息。例如输入 Dim 表示在“可用对象”列表中只是显示名称以 Dim 开始的对象。单击“添加相关表”按钮，可以将与当前“包含的对象”文本框中列出的对象有关系的其他对象自动添加过来。

数据源视图创建之后，可以查看其设计视图，如图 19-7 所示。数据源视图的设计视图中显示了该视图的所有对象和这些对象之间的关系。

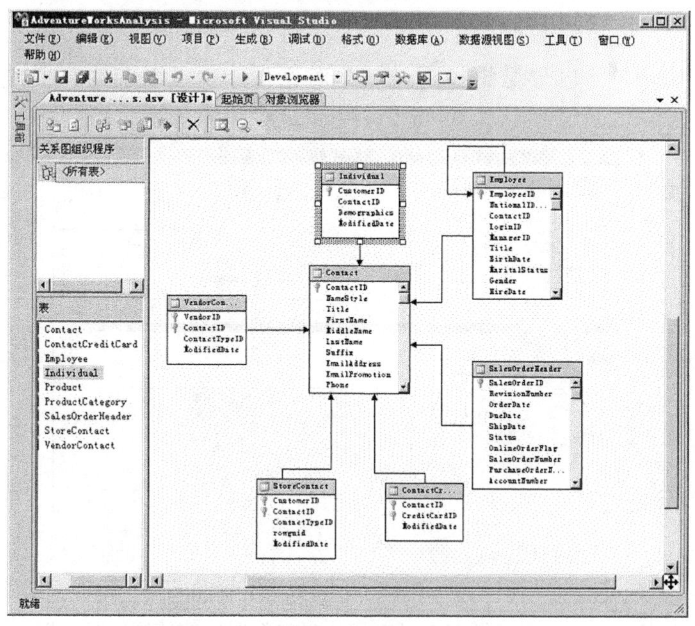

图 19-7　数据源视图的设计视图

同样，可以创建多维数据集。“多维数据集向导”的“选择度量值”对话框如图 19-8 所示。在该对话框中，可以选择包含在多维数据集中的度量值。

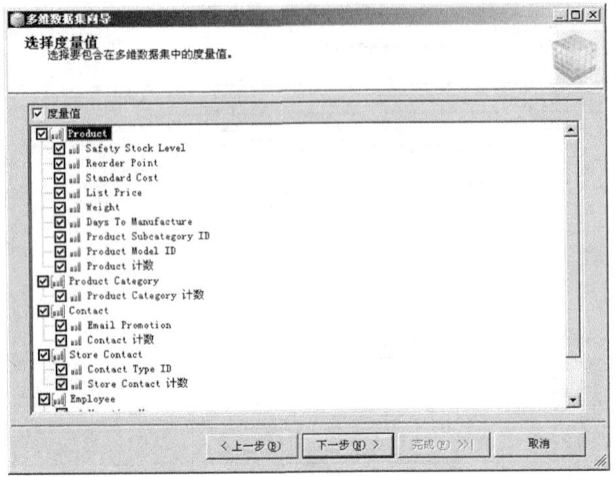

图 19-8　“多维数据集向导”的“选择度量值”对话框

使用数据挖掘向导可以创建数据挖掘结构。指定是根据关系数据库还是根据 OLAP 数据库中现有的多维数据集生成数据挖掘结构和模型；指定生成初始模型时使用的算法；指定包含据以生成模型的定型数据的数据源视图或多维数据集维度；通过指定关系数据源中的事例表和嵌套表或者指定 OLAP 数据源中的事例健和事例级别列来定义事例集；定义事例集中列的用法；自动检测和设置列内容和数据类型；如果挖掘模型基于 OLAP 数据源，则对多维数据集进行切片，以及命名新挖掘结构和初始挖掘模型等。如果挖掘模型基于 OLAP 数据源，则创建新的数据挖掘维度。

在如图 19-9 所示的“创建数据挖掘结构”对话框中，可以选择将要使用的数据挖掘技术和挖掘模型。

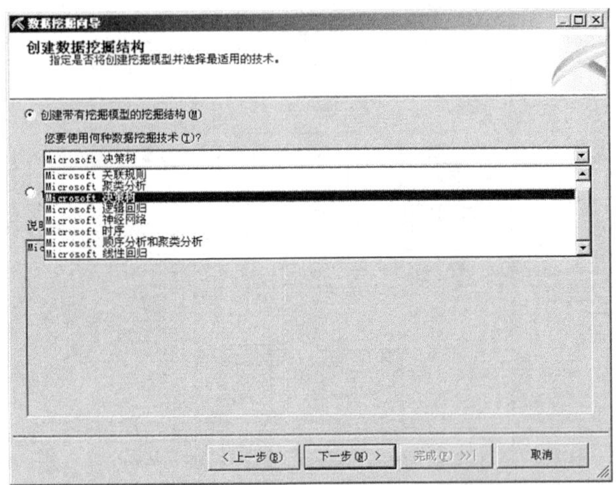

图 19-9　“数据挖掘向导”的“创建数据挖掘结构”对话框

在如图 19-9 所示的对话框中，有 8 种数据挖掘技术或算法可供选择。这些数据挖掘技术和算法的特点如下所述。

- Microsoft 关联规则算法是基于关联模型的，对建议引擎非常有用。关联模型基于包含各事例的标识符及各事例所包含项的标识符的数据集生成。事例中的一组项称为“项集”。关联模型由事例中一系列项集和说明这些项如何分组的规则组成。建议引擎根据客户已购买的项或者客户已对其表现出兴趣的项向他们推荐产品。Microsoft 关联算法对市场篮分析也非常有用。

- Microsoft 聚类分析算法使用迭代技术将数据集中的事例分组为包含类似特征的分类。在浏览数据和标识数据中的异常及创建预测时，这些分组十分有用。
- Microsoft 决策树算法是分类和回归算法，用于对离散和连续属性进行预测性建模。对于离散属性，该算法根据数据集中输入列之间的关系进行预测。它使用这些列的值或状态预测指定列的状态。
- Microsoft 神经网络算法通过构造多层感知器网络创建分类和回归挖掘模型。与 Microsoft 决策树算法相类似，当给定可预测属性的每个状态时，Microsoft 神经网络算法可以计算输入属性的每个可能状态的概率。然后，根据输入属性，使用这些概率预测属性的结果。
- Microsoft 逻辑回归算法是 Microsoft 神经网络算法的变化形式。
- Microsoft 顺序分析和聚类分析算法研究包含可通过指定路径或顺序链接到的事件的数据。该算法通过将相同的顺序分到一组或一类中来查找最常见的顺序，这些顺序可以是多种格式的顺序，例如电子商务领域中的访问顺序。
- Microsoft 时序算法用于创建数据挖掘模型以预测连续列，如预测方案中的产品销售额。
- Microsoft 线性回归算法是 Microsoft 决策树算法的变体，该算法不创建拆分，从而执行线性回归。可以使用线性回归确定两个连续列之间的关系。该关系采用的表示形式是最能代表数据序列的线的公式。

某个数据挖掘模型的图表数据如图 19-10 所示。

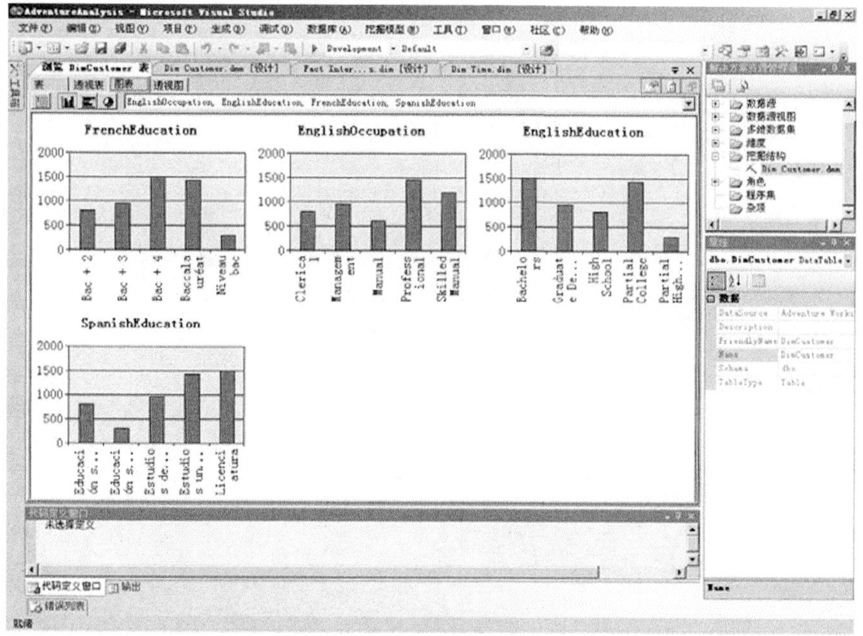

图 19-10　数据挖掘模型的图表数据

19.4 本 章 小 结

本章介绍了分析服务的内容。首先，分析了引入分析服务的原因。其次，讨论了数据仓库的基本概念，这些内容包括 OLTP 系统与数据仓库系统的区别和联系、数据仓库和数据集市之间的关系、雪花维度模型的特点、MOLAP/ROLAP/HOLAP 存储结构的特点、聚合数据的特点和方法、数据访问的特点和方法等。最后，介绍如何使用 BIDS 工具创建数据源、数据源视图、多维数据集等内容。

【思考和练习】

1. 为什么要引入分析服务？
2. OLTP 系统和数据仓库系统的区别和联系是什么？
3. 试述数据仓库和数据集市之间的关系。
4. 什么是雪花维度模型？
5. 试述 MOLAP、ROLAP、HOLAP 存储结构的特点。
6. 为什么要聚合数据？如何聚合数据？
7. 访问数据仓库数据的基本方法是什么？
8. 如何使用 BIDS 工具执行分析服务操作？
9. BIDS 提供了哪些数据挖掘算法和技术？

第20章　XML 技 术

在支持 WWW 的技术中，可扩展标记语言(eXtensible Markup Language，简称为 XML)被认为是最重要的技术之一。XML 已经对数据的存储和处理产生了深远的影响，并且今后其优势会更好地展现出来。实际上，XML 是一系列相关技术的集合，这些技术包括 DTD、XML Schema、CSS 和 XSLT 等。本章将介绍 Microsoft SQL Server 2008 系统中获支持的 XML 技术。

本章要点：

- 为什么要使用 XML 语言
- 类型化数据和非类型化数据的特点
- XML 数据类型的特点
- XML 架构的作用和使用方式
- XQuery/exist/modify 技术的特点
- FOR XML 子句的类型和使用方式
- XML 索引的类型和特点
- OPENXML 函数的作用和使用方式

20.1　概　　述

20 世纪 60 年代，IBM 公司希望设计一个文档管理系统，以便处理公司中数量快速增长、管理困难的各种法律文档。后来，Charles Goldfarb 组建了一个三人工作团队(Ed Mosher，Ray Lorie)，开始了这项研究工作。这三位研究人员认识到，最好通过使用一种独立于系统的通用格式来实现。为了强调系统的可扩展性，围绕着法律特定词汇表，1969 年提出了 GML(General Markup Language，即：通用标记语言)语言。也有人认为，GML 是三人姓名首字母的缩写。

1986 年，在 Goldfarb 等人的努力下，ISO 承认了这项工作，导致了 SGML(Standard General Markup Language，即：标准通用标记语言)的产生，形成了国际标准。SGML 是一种元语言，可以建立其他标记语言的语言，实际上 HTML、XML 和 XHTML 等都是通过 SGML 演变过来的。

1990 年，英国科学家 Berners-Lee，没有直接使用 SGML，而是构造了一个小规模的 HTML(HyperText Markup Language，即：超文本标记语言)，该语言的出现推动了 Internet 的迅速发展。1994 年，W3C 组织成立，负责 HTML 开发和相关的标准工作。但是，HTML

的问题也越来越突出，例如不容易扩展，不能在所有浏览器上一致显示，结构标签和样式标签混合，不能与其他标签很好地协同工作，浏览器为了解释标记和容错，越来越庞大，等等。到了 1999 年，HTML 4.01 发布之后，W3C 组织停止了 HTML 的发布，于 2000 年按照 XML 的要求重新设计 HTML 4.01，最后发布了 XHTML 1.0。

从 1996 年开始，W3C 认识到了 HTML 的问题，着手开发 XML 语言，并且于 1998 年正式发布 XML 1.0。由此可见，开发 XML 的一个原因是 HTML 存在不足，而 SGML 又过于复杂。XML 是 SGML 的简化版本，是一种元标记语言。

从 Microsoft SQL Server 2000 版本开始，微软公司引入了 XML 技术。这时，可以在系统中通过 FOR XML 子句和 OpenXML 函数使用 XML 数据。FOR XML 子句是作为 SELECT 语句的部分出现的，可以将 SELECT 检索结果以 XML 文档的形式表现出来。OpenXML 函数是使用 FOR XML 的逆过程，可以从 XML 文当中返回数据的行集。然而，Microsoft SQL Server 2000 系统对 XML 技术的支持非常有限，例如 XML 数据需要使用 TEXT 或 IMAGE 数据类型存储在数据库中。这时，Microsoft SQL Server 系统不能有效地确认存储在数据库中的 XML 数据的有效性，也不能有效地使用这些 XML 数据。

Microsoft SQL Server 2008 系统通过引入更多的功能增强了对 XML 数据的支持。Microsoft SQL Server 系统提供了 XML 数据类型用来存储 XML 数据。XQuery 和 XSD (eXtensible schema definition，即：可扩展的架构定义)支持这种 XML 数据。并且这种 XML 数据与 Microsoft SQL Server 2008 关系型数据库引擎紧密集成。Microsoft SQL Server 2008 提供了 XML 触发器、XML 数据复制、大容量的 XML 数据插入等操作的支持。

20.2　XML 数据类型

XML 数据类型是 Microsoft SQL Server 2008 系统为了增强 XML 技术支持而引入的新功能。就像 INT、CHAR 等数据类型一样，XML 数据类型可以用在表中列的定义中、变量的定义中和存储过程的参数定义中。XML 数据类型既可以存储类型化数据，也可以存储非类型化数据。如果存储在 XML 列中的数据没有与 XSD 架构关联，那么这种数据是非类型化数据。如果存储在 XML 列中的数据与 XSD 架构关联，那么这种数据就是类型化数据。当插入类型数据时，系统将根据定义的 XSD 架构检查数据的一致性和完整性。

无论是类型化数据，还是非类型化数据，Microsoft SQL Server 2008 系统都要求存储在 XML 数据类型中的数据是符合 XML 结构的。如果在 XML 列中插入了非 XML 结构的数据，系统就会提示出现了错误信息并且拒绝这种数据的插入。XML 数据类型中的数据最大可以达到 2GB。

在如图 20-1 所示的示例中，创建了一个简单使用 XML 数据类型的 ProductInfo 表。该表包括 2 个列，其中 ProductDesc 列的数据类型是 XML，用来存储 XML 数据。用户可以像使用其他数据类型的方式一样，使用 Transact-SQL 或 ADO.NET 访问 ProductDesc 列的数据。

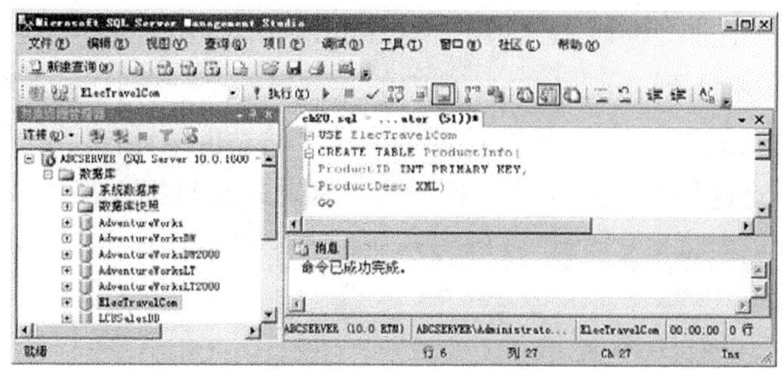

图 20-1　创建 ProductInfo 表

在如图 20-2 所示的示例中，使用 INSERT 语句向 ProductInfo 表中插入了一行数据。从图 20-2 中可以看出，插入到 ProductDesc 列的数据是一个典型的 XML 文档。该 XML 文档描述了有关产品编号、产品名称和产品描述等信息。

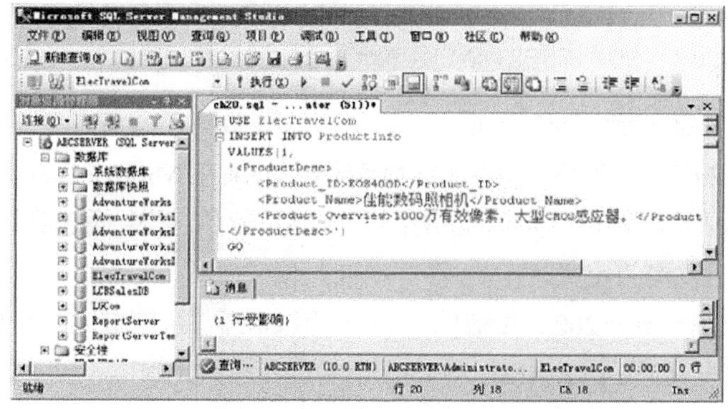

图 20-2　使用 INSERT 语句插入 XML 数据

在 Microsoft SQL Server 2008 系统中，XML 数据类型仅仅检查存储在列中的 XML 数据是否是一个有效的 XML 文档。显然，如果向 XML 数据类型的列中插入的数据不是一个正确的 XML 文档，那么这种插入是不能成功的。

例如，在如图 20-3 所示的示例中，使用 INSERT 语句向 ProductInfo 表中插入一行数据。但是，由于插入到 ProductDesc 列的数据不是一个正确的 XML 文档(<Product_Overview>标记只有开始标记，没有结束标记)，插入操作归于失败。

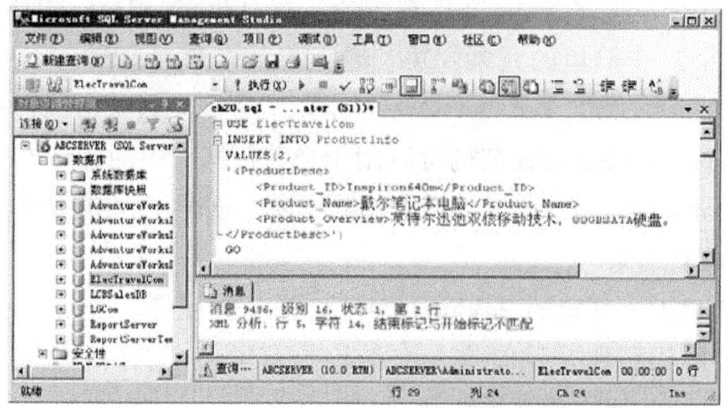

图 20-3　使用 INSERT 语句插入一个不正确的 XML 数据

再看一个示例。在图 20-4 中，使用 INSERT 语句向 ProductInfo 表中插入一行数据。在这个数据中，将要插入到 ProductDesc 列中的数据虽然是一个有效的 XML 数据，但是却与图 20-2 中插入的数据不一致(这里的数据缺少了产品功能概述内容)。然而，Microsoft SQL Server 2008 系统不对这种不一致现象进行检查。因此，这种插入操作依然成功。

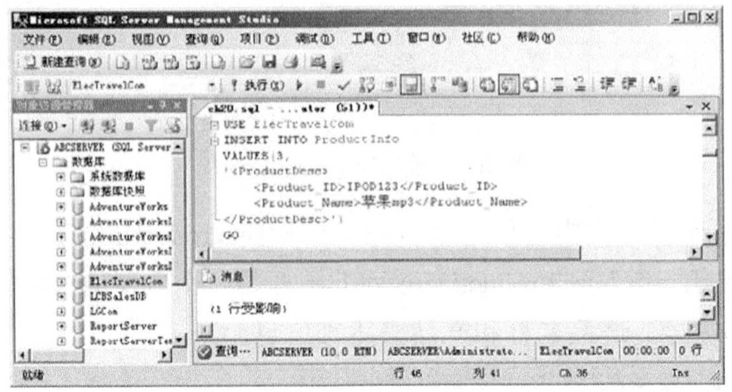

图 20-4　使用 INSERT 语句插入一个不一致但是正确的 XML 数据

那么，如何保证插入到 XML 数据类型中的 XML 数据不仅仅是正确的 XML 文档，而且是一致的 XML 文档呢？答案是使用 XSD 架构。如果在 Microsoft SQL Server 2008 系统中定义一个 XSD 架构，在表列的定义上引用这个 XSD 架构，那么插入到该列中的所有 XML 数据必须满足 XSD 架构的定义。

在 Microsoft SQL Server 2008 系统中，可以使用 CREATE XML SCHEMA COLLECTION 语句定义 XSD 架构。CREATE XML SCHEMA COLLECTION 语句的基本语法形式如下：

```
CREATE XML SCHEMA COLLECTION schema_identifier
AS
schema_expression
```

在上面的语法中，schema_identifier 表示 XML 架构集合的标识符，schema_expression 参数表示是 XML 类型的字符串常量或标量变量。

在如图 20-5 所示的示例中，使用 CREATE XML SCHEMA COLLECTION 语句定义了一个名称为 ProductDescXMLSchema 的 XSD 架构。在这个架构中，使用了 ProductDesc Schema 命名空间，并且定义该 XML 文档有一个名称为 ProductDesc 的复合元素。该 Product Desc 复合元素包括 3 个简单的元素。第一个元素的名称是 Product_ID，第二个元素是 Product_ Name，第三个元素是 Product_Overview，这 3 个元素都可以包括字符串数据。这里定义的 ProductDescXMLSchema 架构可以用于当前数据库中的任何一个 XML 数据类型。

一旦在 Microsoft SQL Server 2008 系统的数据库中创建了 XSD 架构之后，就可以将其与 XML 数据类型关联起来。

例如，删除图 20-1 中创建的 ProductInfo 表，并且按照图 20-6 所示的方式重新创建该表。与先前的旧表结构相比，这时该表在结构上有了一个新的特点：ProductDesc 列与 ProductDescXMLSchema 架构关联了起来。

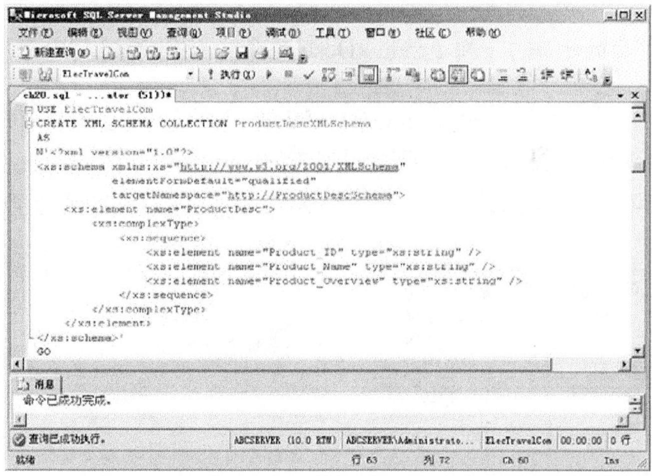

图 20-5　定义 ProductDescXMLSchema 架构

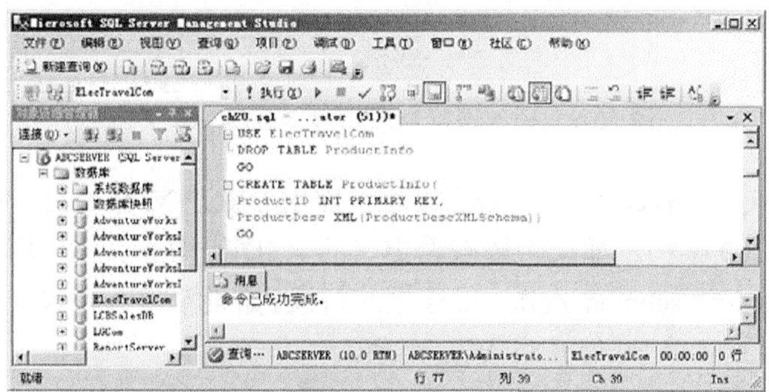

图 20-6　定义一个与 ProductDescXMLSchema 架构关联的表

在定义包含 XML 数据类型列的表时可以关联相应的架构，但是在向这种类型化 XML 列插入数据时没有任何变化，可以按照基本的 INSERT 语句插入数据。唯一需要注意的是，这时插入类型化 XML 列的数据必须与定义的 ProductDescXMLSchema 架构完全一致。例如，在如图 20-7 所示的示例中，使用 INSERT 语句向 ProductInfo 表中插入了一行数据。这时，在 XML 文档中必须引用相关的 XML 命名空间 http:/ProductDescSchema，并且包含了 3 个元素。

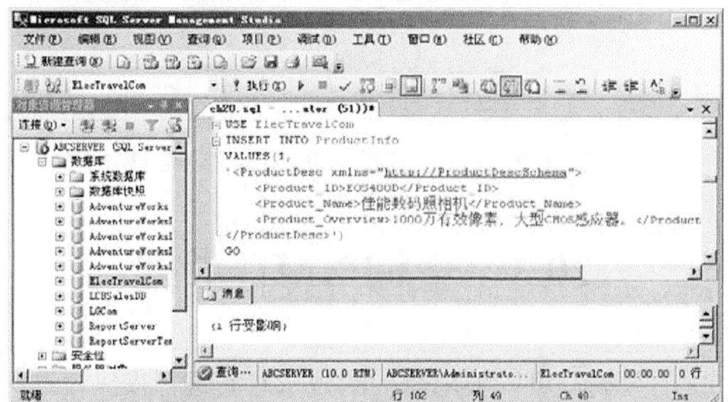

图 20-7　插入符合 XSD 架构的 XML 文档

注意：

在如图 20-7 所示的示例中，在 ProductDesc 元素中使用了指定命名空间的 xmlns 属性。

如果向表中插入的 XML 数据不满足关联的 XSD 架构的定义要求，那么即使该 XML 数据是一个正确的 XML 文档，也不能插入到 XML 列中。例如，在如图 20-8 所示的示例中，由于插入的 XML 数据包括的元素数量与 XSD 架构中定义的元素数量不一致，插入操作归于失败。

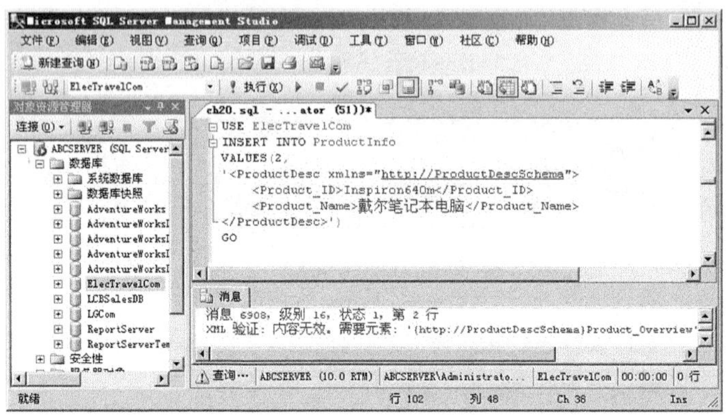

图 20-8　插入不符合 XSD 架构的 XML 文档

在 Microsoft SQL Server 2008 系统中，可以使用 DROP XML SCHEMA COLLECTION 语句删除指定的 XSD 架构。如果希望查看定义的 XSD 架构的名称、标识符和创建日期等信息，可以使用 sys.xml_schema_collections 系统目录。如果希望查看 XSD 架构的定义文本，可以使用 XML_SCHEMA_NAMESPACE 函数。

例如，在如图 20-9 所示的示例中，使用 XML_SCHEMA_NAMESPACE 函数查看了 ProductDescXMLSchema 架构的文本。如果希望在 XML 编辑器中看到 XSD 架构，可以在如图 20-9 所示的结果中单击结果，这时显示包含了该 XSD 架构的 XML 编辑器。

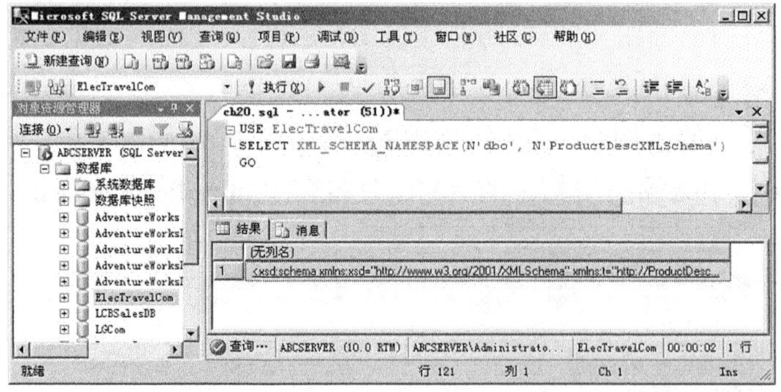

图 20-9　查看定义的 XSD 架构文本信息

20.3　查询 XML 数据

对于 XML 列中的数据，可以使用相应的技术对其进行操纵，这些技术包括 XQuery 技术、Exist 技术和 Modify 技术。下面介绍这些技术。

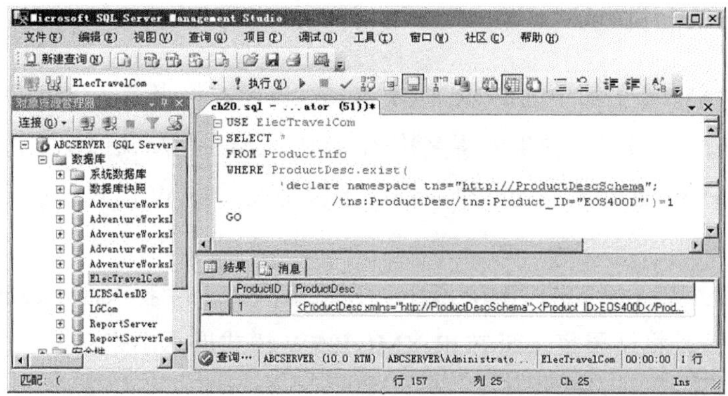

图 20-14 使用 XML Exist 方法

例如，在如图 20-15 所示的示例中，使用 XML Modify 方法更新了存储在 ProductInfo 表的 ProductDesc 列中的 XML 数据。XML Modify 方法使用 XML 数据修改语言(XML Data Modification Language，XML DML)语句作为参数。XML DML 语言是微软公司对 XQuery 语言的扩展，用于修改 XML 文档。replace value of 是一个 XML DML 语句，它使用 Canon Digital Camera 更新存储在 Product_Name 中的数据。需要注意的是，WHERE 子句限制了更新数据的条件。

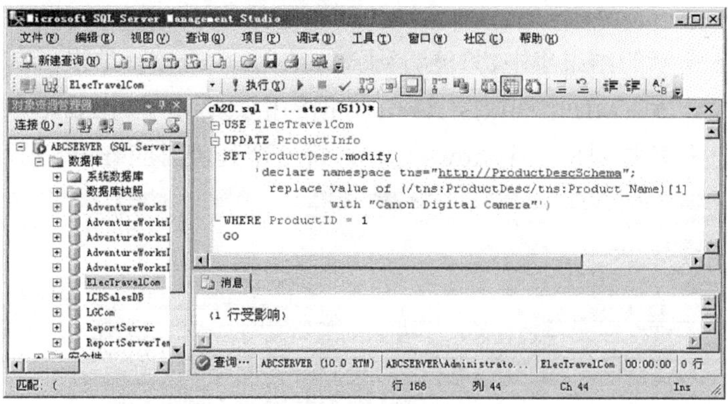

图 20-15 使用 XML Modify 方法

20.4 使用 FOR XML 子句

使用 FOR XML 子句可以把 Microsoft SQL Server 2008 系统的表中数据检索出来并且自动表示成 XML 的格式。在 Microsoft SQL Server 2000 版本中，FOR XML 有 3 种模式，即 RAW、AUTO 和 EXPLICIT。在 Microsoft SQL Server 2008 系统中，由于增加了 XML 数据类型，因此也增强了 FOR XML 的功能，这些增强功能包括 TYPE 模式、PATH 模式、嵌套 FOR XML 查询和内联 XSD 架构等。下面将详细地研究这些内容。

20.4.1 FOR XML RAW

FOR XML RAW 是最简单的 FOR XML 模式，该模式将查询结果集中的每一行转换为带有通用标识符<row>或可能提供元素名称的 XML 元素。在默认情况下，行集中非 NULL 的每列值都将映射为<row>元素的一个属性。也就是说，RAW 模式表示元素名称是 row，属性名称是列名称或列的别名。

FOR XML RAW 示例如图 20-16 所示。在该示例中，检索 Person.Contact 表中称谓、名、姓等信息，并且将结果集按照 FOR XML RAW 模式展示出来。

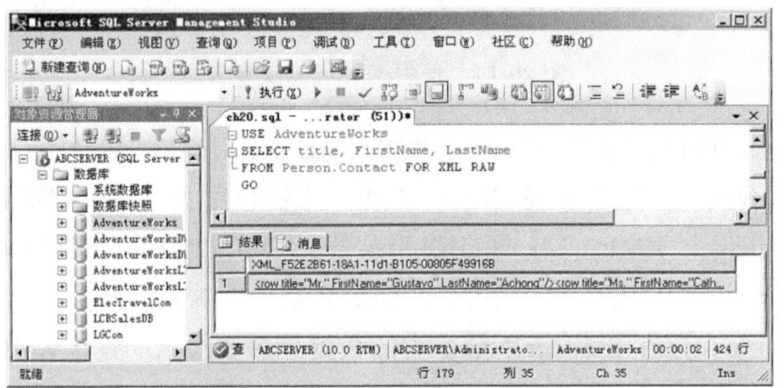

图 20-16　使用 FOR XML RAW 模式

在如图 20-16 所示的结果集中，只能看到一行数据。单击该行结果，可以出现如图 20-17 所示的 XML 结构。该 XML 结构按照 XML 数据的格式展示了对 Person.Contact 表的检索结果，表中的每一行数据对应一个<row>元素，每一个列值对应<row>元素中的一个属性。

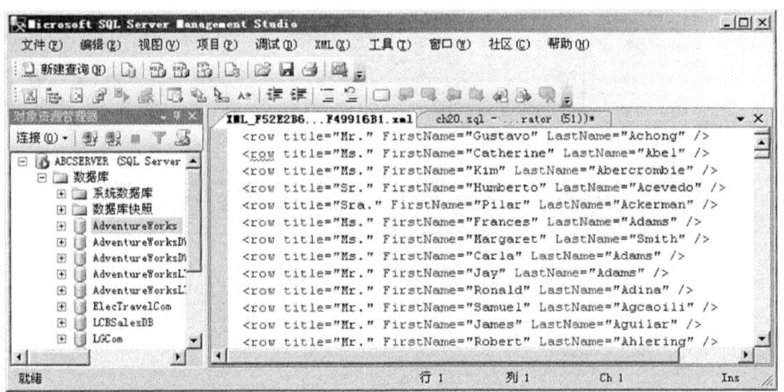

图 20-17　按照 XML 结构查看检索结果

20.4.2 FOR XML AUTO

使用 FOR XML AUTO 也可以返回 XML 文档。但是，使用 AUTO 关键字和使用 RAW 关键字得到的 XML 文档形式是不同的。使用 AUTO 关键字，Microsoft SQL Server 使用表名称作为元素名称，使用列名称作为属性名。SELECT 关键字后面的列的顺序用于确定 XML 文档的层次。

重新检索 Person.Contact 表中称谓、名和姓等信息，并且将结果集按照 FOR XML AUTO

模式展示出来。这时，结果如图 20-18 所示。在该结果中，Person.Contact 表名称是元素名称，title、FirstName 和 LastName 等列名称是元素的属性。

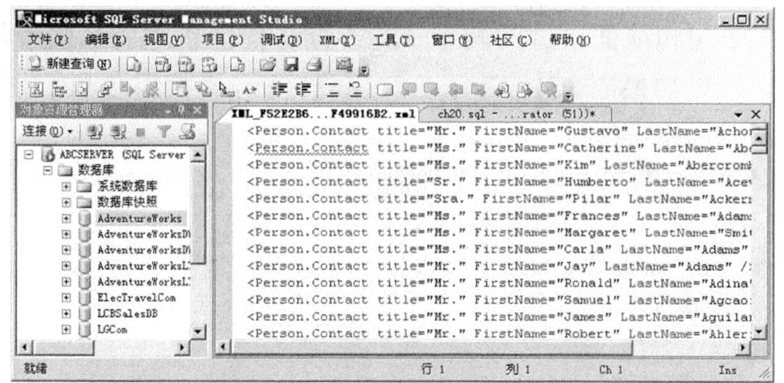

图 20-18　使用 FOR XML AUTO

使用 AUTO 关键字与 RAW 关键字的不同之处在于，AUTO 关键字得到的结果的元素名称是表名称，而 RAW 关键字得到的结果的名称是 row。除此之外，使用 AUTO 关键字与 RAW 关键字的另外一个不同之处是，在使用 AUTO 的结果中可以形成简单的层次关系。例如，执行如下的查询语句可以得到如图 20-19 所示的 XML 数据。

```
SELECT Cust.CustomerID,
       OrderHeader.CustomerID,
       OrderHeader.SalesOrderID,
       OrderHeader.Status,
       Cust.CustomerType
FROM Sales.Customer Cust, Sales.SalesOrderHeader OrderHeader
WHERE Cust.CustomerID = OrderHeader.CustomerID
ORDER BY Cust.CustomerID
FOR XML AUTO
```

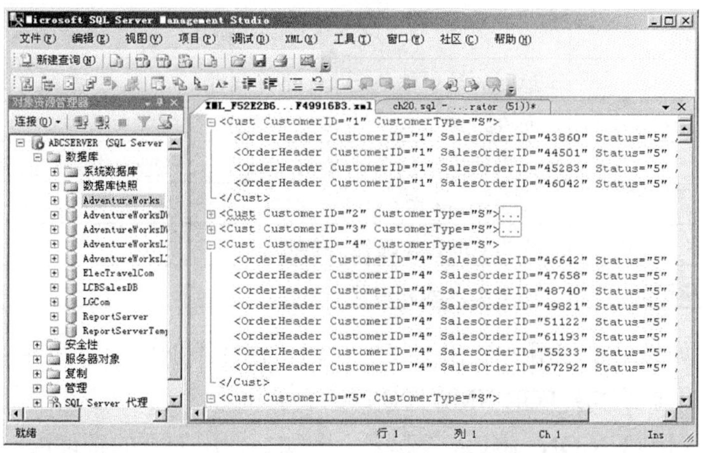

图 20-19　使用 FOR XML AUTO 得到的分层次的 XML 数据

20.4.3　使用 FOR XML EXPLICIT

使用 FOR XML EXPLICIT 子句可以准确地得到用户需要的 XML 文档。但是，FOR XML EXPLICIT 子句和前面讲过的两个子句不同。前面讲过的那些子句可以直接用在 SELECT 子句中，但是如果把 FOR XML EXPLICIT 子句直接用在 SELECT 子句中，就会产生如图 20-20 所示的错误信息。

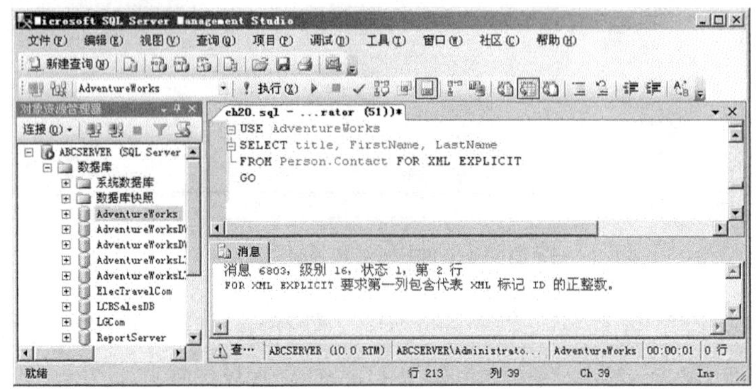

图 20-20　直接使用 FOR XML EXPLICIT 子句时的错误消息

在使用 FOR XML EXPLICIT 子句时，必须增加两个元数据列，即 Tag 数据列和 Parent 数据列。Tag 数据列指定层次中的层号，这是一个整数值，从 1 开始。Parent 数据列指定当前元素的父元素号。如果父元素是顶层元素，那么可以使用 NULL 值或 0 值。当使用 FOR XML EXPLICIT 子句时，除了 Tag 数据列和 Parent 数据列之外，至少还应该包含一个数据列。这些数据列的格式如下所示：

```
[elementName]!TagNumber[!AttributeName][!Directive]
```

其中，Directive 可用的值如表 20-1 所示。

表 20-1　可用的 Directive 值

Directive 值	描　　述
element	返回的结果都是元素，不是属性
hide	允许隐藏节点
xmltext	如果数据中包含了 XML 标记，允许把这些标记正确地显示出来
xml	与 element 指令类似，但是它不考虑数据中是否包含了 XML 标记
cdata	作为 CDATA 段输出数据
ID, IDREF 和 IDREFS	用于定义关键属性

一般地说，如果单单使用一个 SELECT 语句，往往不能体现出 FOR XML EXPLICIT 子句的优势。如果想要体现 FOR XML EXPLICIT 子句的优势，至少需要使用两个 SELECT 语句，且这些语句用 UNION 子句连接起来。例如，使用如下的查询语句，可以得到如图 20-21 所示的 XML 数据。

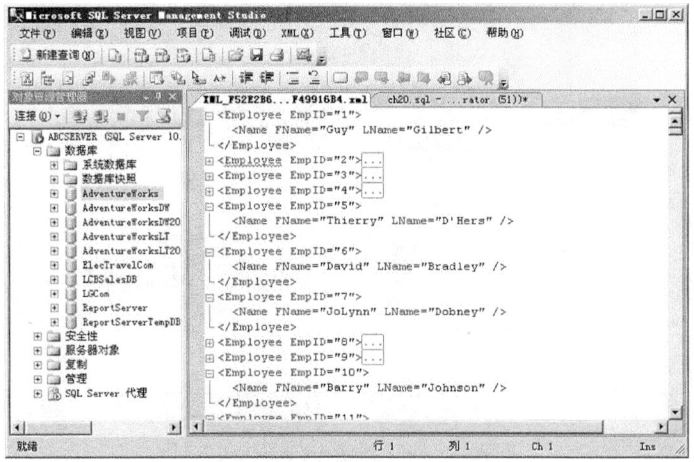

图 20-21　使用 FOR XML EXPLICIT

```
SELECT 1          as Tag,
       NULL       as Parent,
       EmployeeID     as [Employee!1!EmpID],
       NULL       as [Name!2!FName],
       NULL       as [Name!2!LName]
FROM   HumanResources.Employee E, Person.Contact C
WHERE  E.ContactID = C.ContactID
UNION ALL
SELECT 2          as Tag,
       1              as Parent,
       EmployeeID,
       FirstName,
       LastName
FROM   HumanResources.Employee E, Person.Contact C
WHERE  E.ContactID = C.ContactID
ORDER BY [Employee!1!EmpID],[Name!2!FName]
FOR XML EXPLICIT
```

20.4.4　使用 TYPE 指令

由于 SQL Server 2008 系统支持 XML 数据类型，因此可以通过指定 TYPE 指令，将 FOR XML 查询结果返回为 XML 数据类型，方便在服务器上处理 FOR XML 的查询结果。

例如，执行如下所示的查询语句，由于该语句包含了 TYPE 指令，因此该语句的查询结果是一个 XML 类型的数据，如图 20-22 所示。

```
USE ElecTravelCom
SELECT ProductID, ProductDesc
FROM ProductInfo
```

```
WHERE ProductID = 1
FOR XML AUTO, TYPE
```

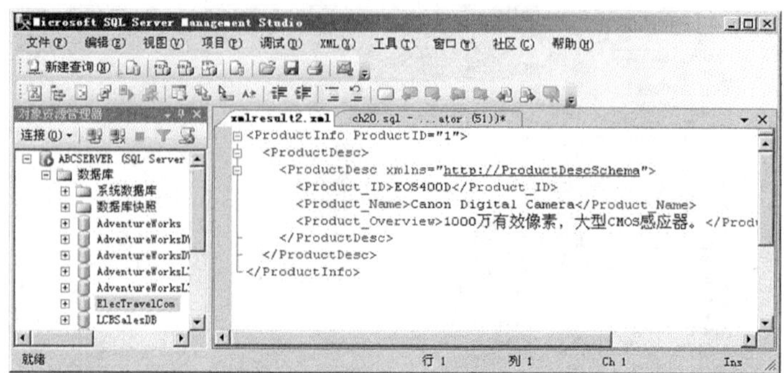

图 20-22　使用 TYPE 指令

20.4.5　使用 FOR XML PATH

作为一种新增功能，FOR XML PATH 子句比 FOR XML RAW 和 FOR XML AUTO 子句的功能强大，并且比 FOR XML EXPLICIT 子句更加简单。FOR XML PATH 子句允许用户指定 XML 树状数据中的路径。FOR XML PATH 子句可以更加简单地完成 FOR XML EXPLICIT 子句具备的功能。

例如，使用如下的查询语句，可以在查询结果中增加一个<Employee>元素，查询结果如图 20-23 所示。

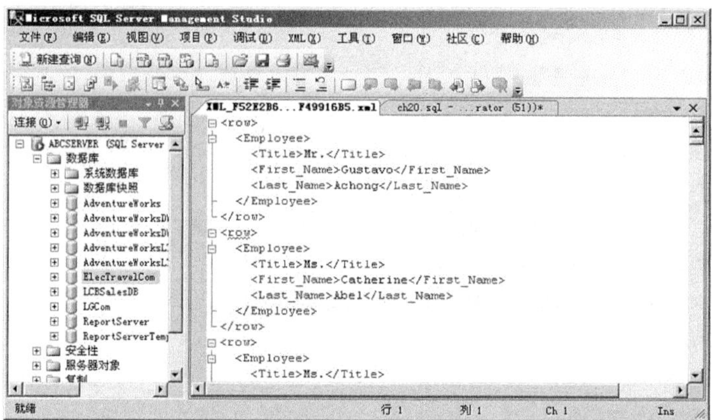

图 20-23　使用 FOR XML PATH

```
SELECT title "Employee/Title",
       FirstName "Employee/First_Name",
       LastName "Employee/Last_Name"
FROM Person.Contact FOR XML PATH
```

20.4.6　嵌套的 FOR XML 查询

Microsoft SQL Server 2000 系统限定 FOR XML 子句只能用在查询语句的顶层，不能在子查询中使用 FOR XML 子句。但是，Microsoft SQL Server 2008 系统增强了这方面的功能，用户可以在子查询中使用 FOR XML 子句，从而实现嵌套的 FOR XML 查询。

例如，在如图 20-24 所示的示例中，使用了一个嵌套的 FOR XML 查询。在这个子查询语句中，使用 TYPE 指令返回一个 XML 类型的结果。然后，外查询语句使用 XQuery 查询该 XML 结果，指定返回的一行数据。

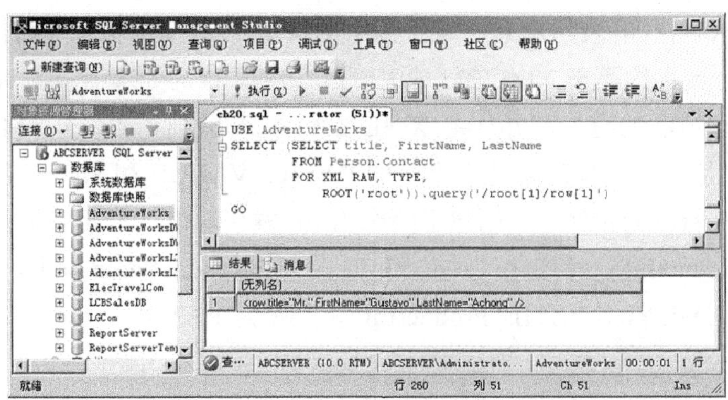

图 20-24　使用嵌套的 FOR XML 查询

20.4.7　内联 XSD 架构生成

在 FOR XML 子句中，可以请求在查询返回结果的同时返回一个内联架构。如果需要 XSD 架构，可以使用 XMLSCHEMA 关键字。需要注意的是，只能在 RAW 和 AUTO 模式中指定 XMLSCHEMA，不能在 EXPLICIT 模式和 PATH 模式中指定内联 XSD 架构。

例如，使用如下的包含了 XMLSCHEMA 关键字的查询语句，可以得到如图 20-25 所示的 XSD 架构。

```
SELECT ProductDesc
FROM ProductInfo
WHERE ProductID = 1
FOR XML AUTO,
XMLSCHEMA
```

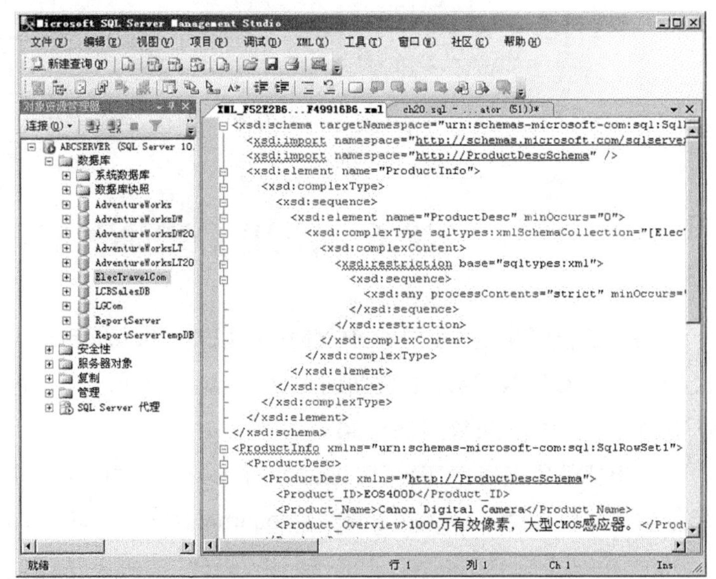

图 20-25　生成内联 XSD 架构

20.5　使用 XML 索引

XML 数据类型支持最大达 2GB 的数据。当查询 XML 数据时，XML 数据将会对系统的性能带来巨大的影响。为了提高 XML 查询的性能，可以在具有 XML 数据类型的列上创建索引。

XML 索引可以分为两个类别，即主 XML 索引和辅助 XML 索引。XML 类型列的第一个索引必须是主 XML 索引。主 XML 索引是 XML 数据类型列中的 XML BLOB(二进制大型对象)的已拆分和持久的表示形式。对于列中的每个 XML BLOB，索引将创建几个数据行。该索引中的行数大约等于 XML BLOB 中的节点数。查询处理器将主 XML 索引用于涉及 XML 数据类型方法的查询，并从主 XML 索引本身返回标量值或 XML 子树。使用主 XML 索引时，支持 3 种类型的辅助索引，即 PATH、VALUE 和 PROPERTY 辅助索引。

在如图 20-26 所示的示例中，创建了两个 XML 索引。第一个索引是主 XML 索引，其名称是 PXML_ProductInfo，创建在 ProductInfo 表中的 ProductDesc 列上。第二个索引是辅助索引，基于主 XML 索引 PXML_ProductInfo，类型是 PATH。

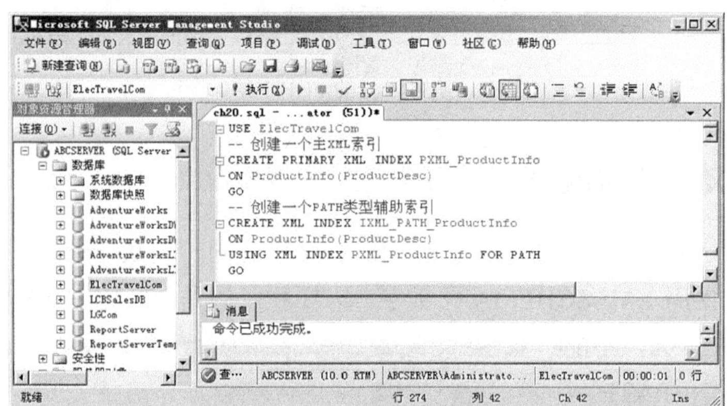

图 20-26　创建 XML 索引

20.6　使用 OPENXML 函数

20.4 节已经讲过，使用 FOR XML 可以把 Microsoft SQL Server 系统中的数据生成 XML 文档，使用 OPENXML 则是使用 FOR XML 的逆过程。也就是说，使用 OPENXML 可以从 XML 文档中返回数据的行集。

OPENXML 中的文档需要进行分析，可以使用 sp_xml_preparedocument 系统存储过程来分析 XML 文档。sp_xml_preparedocument 系统存储过程的语法形式如下所示：

```
sp_xml_preparedocument @idoc OUTPUT [@xmltext] [@xpath_namepaces]
```

其中，@idoc 表示已经准备的 XML 文档句柄；@xmltext 表示 XML 文档的名称，是将要分析的对象；@xpath_namepaces 表示将要用于 XPath 表达式的命名空间。如果 sp_xml_preparedocument 系统存储过程分析正确，则返回 0 值，否则返回大于 0 的整数。

如果希望删除内存中已经分析过的结构，可以使用 sp_xml_removedocument 系统存储过程。sp_xml_removedocument 系统存储过程的语法形式如下所示：

```
sp_xml_removedocument @idoc
```

XML 文档分析之后，可以使用 OPENXML 函数返回该文档的行集数据。OPENXML 函数的语法形式如下所示：

```
OPENXML ( @idoc, rowpattern [, flags])
WITH ( SchemaDeclaration | TableName)
```

其中，@idoc 参数表示已经准备的 XML 文档句柄，rowpattern 参数表示将要返回哪些数据行，它提供了一个起始路径；flags 参数表示如何解释元素和属性。WITH 子句用于控制行集中的哪些数据列将要检索出来。

在如图 20-27 所示的使用 OPENXML 函数示例中，示意了 sp_xml_preparedocument 系统存储过程、OPENXML 函数和 sp_xml_removedocument 系统存储过程的使用方式。该示例的执行步骤如下。

(1) 首先定义两个变量，即@hproduct 和@ProductDesc，这两个变量将要分别存放分析过的 XML 文档句柄和将要分析的 XML 文档。

(2) 使用 SET 语句为@ ProductDesc 变量赋值。

(3) 使用 sp_xml_preparedocument 系统存储过程分析由@ ProductDesc 变量表示的 XML 文档，将分析得到的句柄赋予@hproduct 变量。

(4) 在 SELECT 语句中使用 OPENXML 函数，返回行集中的指定数据。

(5) 最后，使用 sp_xml_removedocument 系统存储过程删除@hproduct 变量表示的内存中的 XML 文档结构。

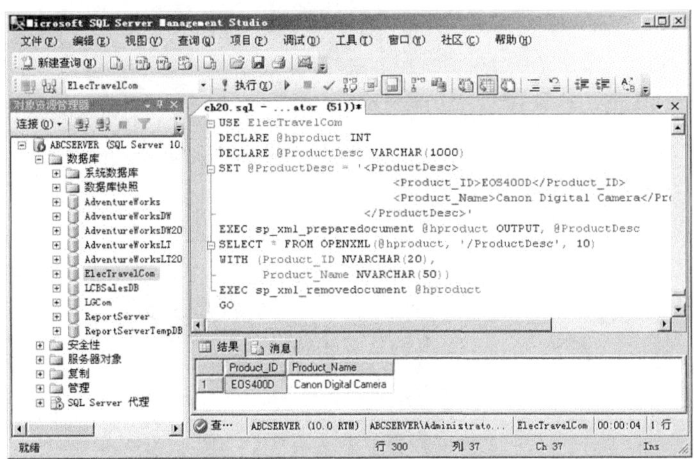

图 20-27　使用 OPENXML 函数

20.7　本 章 小 结

本章介绍了 XML 技术。首先，介绍了 XML 技术的演变和发展历程。其次，详细介绍了 XML 数据类型的特点和使用方式，分析了类型化数据和非类型化数据的特点。接下来，对查询 XML 数据技术进行了分析。之后，介绍了 XML 索引的类型和特点。最后，讨论了 OPENXML 函数的作用和使用方式。

【思考和练习】

1. 为什么要使用 XML 语言？
2. 如何使用 XML 数据类型？
3. 类型化数据和非类型化数据的特点是什么？
4. XML 架构的作用和使用方式是什么？
5. 如何使用 XQuery 技术？
6. Exist 技术的特点是什么？
7. Modify 技术的特点是什么？
8. FOX XML PATH 的作用是什么？
9. XML 索引的类型和特点是什么？
10. OPENXML 函数的作用和使用方式是什么？

第21章　开发CLR数据库对象

.NET Framework 的 CLR(Common Language Runtime，即：公共语言运行库)与 Microsoft SQL Server 2008 系统的集成是 Microsoft SQL Server 2008 版本重要的开发特性，CLR 的集成大大增强了 Microsoft SQL Server 2008 系统的开发功能，包括使用任何.NET 兼容的语言(包括 C#、Visual Basic 和托管的 C++)创建数据库对象的功能。本章学习实现.NET CLR 与 Microsoft SQL Server 的集成和如何创建 CLR 数据库对象。

本章要点：

- .NET CLR 与 Microsoft SQL Server 的集成的意义
- CLR 体系结构的特点
- 启动 Microsoft SQL Server 对 CLR 的支持
- 创建 CLR 数据库对象的一般过程
- 使用 Visual Studio 2008 创建 CLR 触发器
- 使用 CREATE ASSEMBLY 语句创建程序集

21.1　概　　述

CLR 与 Microsoft SQL Server 的集成在许多方面大大扩展了 Microsoft SQL Server 的功能。虽然 Transact-SQL 语言非常适合面向集合的数据访问操作，但是它也存在一些局限性。

Transact-SQL 语言是一种程序化语言，不是面向对象语言。CLR 与 Microsoft SQL Server 2008 的集成为其带来了使用现代面向对象语言(例如 C#、Visual Basic、C++等)创建数据库对象的能力。虽然这些语言不像 Transact-SQL 语言那样具有强大的集合处理能力，但是它们也支持复杂的逻辑，有着强大的计算功能，提供对外部资源的访问，方便代码重用，并且拥有一流的开发环境。

.NET CLR 与 Microsoft SQL Server 2008 的集成支持使用任何.NET 语言开发存储过程、用户定义函数、触发器、聚集和用户自定义类型等。这种集成不仅是表面的工作，实际上，Microsoft SQL Server 2008 的数据库引擎内置了 CLR。

托管代码可以结合新的 SQL Server .NET Data Provider 使用 ADO.NET 访问数据库。程序集是 Microsoft SQL Server 2008 中的数据库对象，是部署.NET 对象和数据库的单元。

要创建 CLR 数据库对象，首先必须使用 Visual Studio 创建一个 DLL。然后，将该 DLL 作为程序集导入 Microsoft SQL Server 系统中。最后，将该程序集链接到诸如存储过程、触发器等数据库对象上。

21.2　CLR 体系结构

.NET CLR 紧密地集成了 Microsoft SQL Server 2008 的数据库引擎。实际上，CLR 驻留在数据库引擎中。Microsoft SQL Server 使用特殊的 API 或宿主层与 CLR 进行通信，并将 CLR 与操作系统连接起来。CLR 的体系结构如图 21-1 所示。

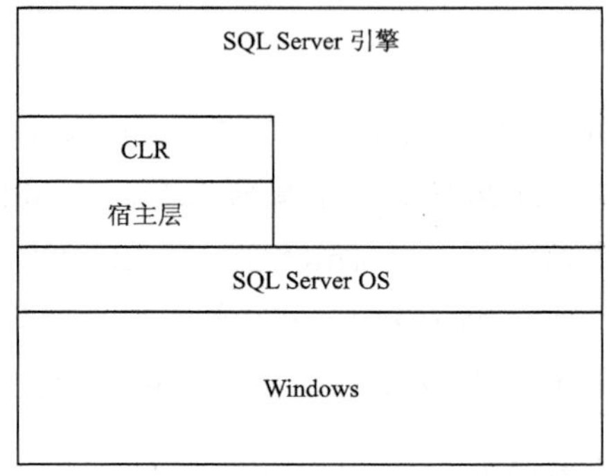

图 21-1　CLR 的体系结构示意图

Microsoft SQL Server 使用进程内宿主控制 CLR 的执行，将一些必备的功能，例如内存管理、垃圾回收和线程等，置于数据库引擎的控制之下。在外部实现过程中，CLR 独立管理这些内容。数据库引擎使用了一个更好的视图将系统需求看作一个整体，并且能够比 CLR 更好地管理内存和线程。进程内宿主 CLR 提供了更好的性能和可伸缩性。

在默认情况下，Microsoft SQL Server 数据库引擎中的 CLR 处于关闭状态，目的是确保在没有明确通知数据库管理员的情况下不会在 Microsoft SQL Server 中引入新的功能。可以使用 sp_configure 系统存储过程启动 CLR 支持。这种设置过程如图 21-2 所示。

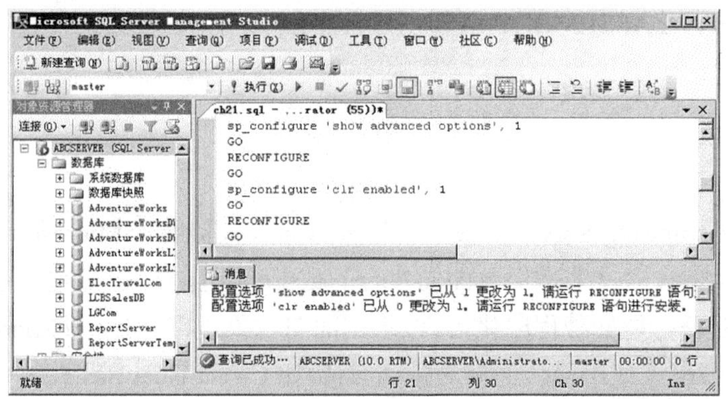

图 21-2　启动 CLR 支持

21.3　CLR 数据库对象创建过程

要创建.NET CLR 数据库对象，首先必须使用一种.NET 语言编写托管代码，并将其编译到动态链接库(Dynamic Link Library，简称为 DLL)中。实现该过程的最常见方法是使用 Visual Studio 创建一个新的 SQL Server 项目，然后构建该项目，即创建 DLL 文件。

创建完成.NET DLL 文件后，则需要向 SQL Server 注册该 DLL 文件，可以使用 CREATE ASSEMBLY 语句创建一个虚拟的名称为程序集的 SQL Server 数据库对象。从本质上来看，该程序集封装了.NET DLL。

然后，在 Microsoft SQL Server 中使用 DDL 语言创建一个新的数据库对象，例如触发器或存储过程，使其指向新建的程序集。

CLR 数据库对象创建过程示意图如图 21-3 所示。

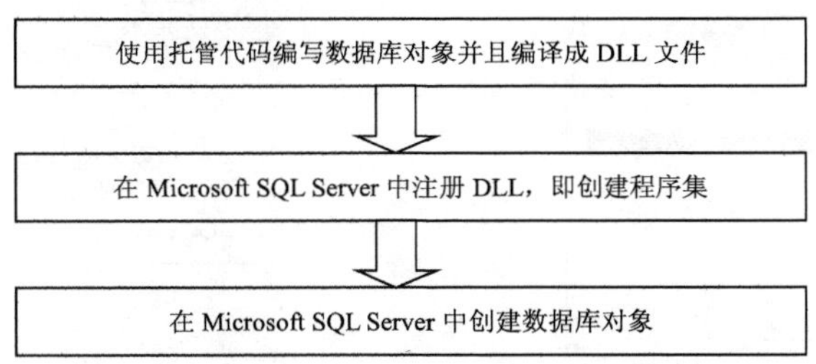

图 21-3　CLR 数据库对象创建过程示意图

21.4　创建 CLR 触发器数据库对象

下面，以创建 CLR 触发器数据库对象的完整过程为例，讲述如何使用 Visual Studio 2008 工具创建 CLR 数据库对象。

首先，启动 Visual Studio 2008，从菜单中选择“文件”｜“新建”｜“项目”选项命令，则出现如图 21-4 所示的“新建项目”对话框。

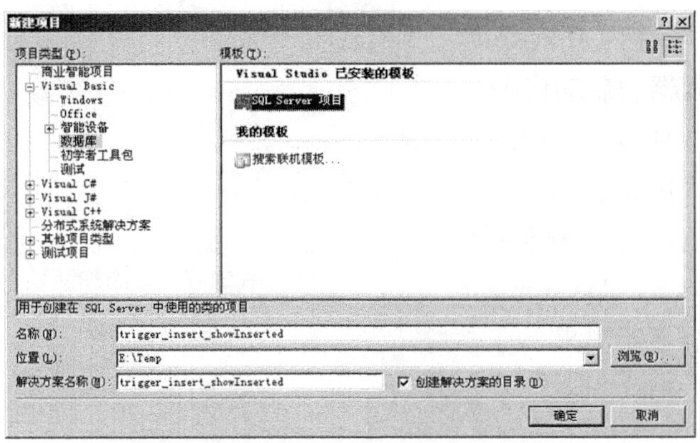

图 21-4　“新建项目”对话框

在如图 21-4 所示的对话框中，从“项目类型”列表中选择 Visual Basic｜“数据库”，然后从“模板”列表中选择“SQL Server 项目”选项。最后，指定该项目的名称、位置以及解决方案名称等信息。这里给出的项目名称是 trigger_insert_showInserted。单击“确定”按钮，则出现如图 21-5 所示的“添加数据库引用”对话框。

在如图 21-5 所示的对话框中可以选择一个要作为数据库引用添加的数据库连接，其名称由服务器名称、数据库名称和架构名称等 3 部分组成。这里选择的是 AdventureWorks 数据库。

如果希望选择其他数据库，可以单击“添加新引用”按钮，则出现如图 21-6 所示的“新建数据库引用”对话框。从该对话框中可以选择新的数据库连接引用。

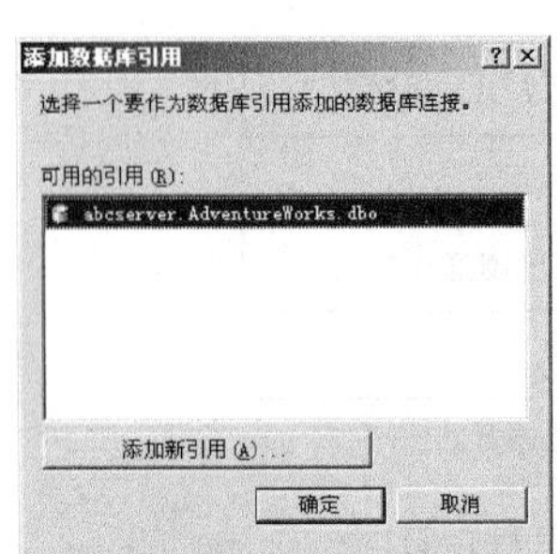

图 21-5　“添加数据库引用”对话框

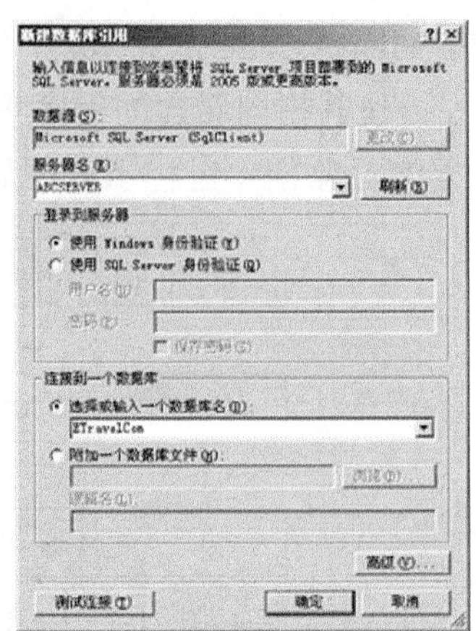

图 21-6　“新建数据库引用”对话框

确定完数据库引用之后，从菜单中选择“项目”|“添加触发器”命令，则出现如图 21-7 所示的“添加新项”对话框。可以在该对话框中选择一个模板，然后指定相应的对象名称。从该对话框可以看到，除了触发器之外，用户也可以创建 CLR 存储过程、CLR 用户定义的函数、CLR 用户定义的类型、CLR 聚合、CLR 类以及其他 CLR 对象的模板。

在如图 21-7 所示的对话框中，选择触发器模板并且指定名称之后，单击“添加”按钮，则出现如图 21-8 所示的触发器模板，包括了所有必需的导入指令和该触发器的启动代码。

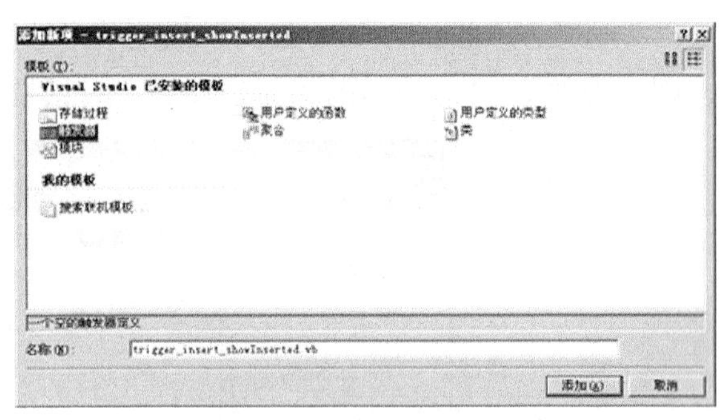

图 21-7　“添加新项”对话框

用户需要在代码区域的指定位置填入剩余的代码。下面是创建 CLR 触发器所需的源代码，该触发器将把插入到 HuamnResources.Department 表中的数据作为信息显示出来。

```
Imports System
Imports System.Data
Imports System.Data.SqlClient
Imports System.Data.SqlTypes
Imports Microsoft.SqlServer.Server

Partial Public Class Triggers
<Microsoft.SqlServer.Server.SqlTrigger(Name:="trigger_insert_showInsert
ed", _
Target:="HumanResources.Department", Event:="FOR INSERT")> _
    Public Shared Sub trigger_insert_showInserted()
        Dim oTriggerContext As SqlTriggerContext = SqlContext.TriggerContext
        Dim sPipe As SqlPipe = SqlContext.Pipe
        If oTriggerContext.TriggerAction = TriggerAction.Insert Then
```

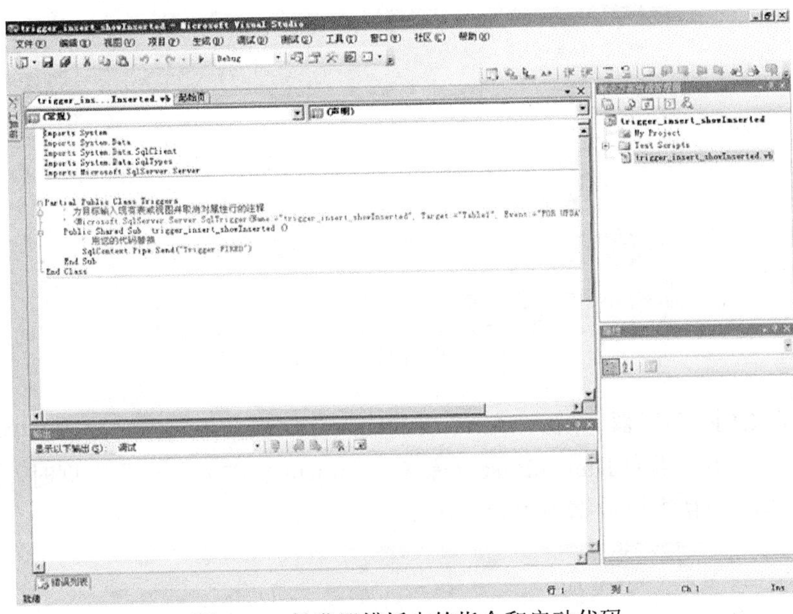

图 21-8　触发器模板中的指令和启动代码

```
            Dim oConn As New SqlConnection("context connection=true")
            oConn.Open()
            Dim oCmd As New SqlCommand("Select * From inserted", oConn)
            sPipe.ExecuteAndSend(oCmd)
        End If
    End Sub
End Class
```

在上面的代码中，首先要注意 trigger_insert_showInserted 子程序的属性，<>括号中的部分。其中，Name 指定触发器在目标 Microsoft SQL Server 系统上所使用的名称，Target 指定触发器所应用的表名称，Event 指定激活触发器的事件。这里支持的触发器事件包括 FOR INSERT、FOR UPDATE、FOR DELETE、AFTER INSERT、AFTER UPDATE、AFTER DELETE、INSTEAD OF INSERT、INSTEAD OF UPDATE 和 INSTEAD OF DELETE。

触发器的主要代码位于 trigger_insert_showInserted 子程序内。该代码使用了 ADO.NET SqlTriggerContext 对象。该对象提供了有关被激活触发器活动和所影响的列的信息。SqlContext 对象提供有关调用程序上下文的信息。在本示例中，SqlContext 对象支持代码访问在触发器执行期间创建的虚拟表，该虚拟表中保存了激活触发器的数据。

接下来创建 SqlPipe 对象。该对象支持触发器与外部调用程序通信，在该示例中它将所插入的数据值传递到调用程序中。

SqlContext 对象的 TriggerAction 属性用于确定该触发器活动是否是插入操作。

如果 TriggerAction 属性等于 TriggerAction.Insert，表示执行插入操作、检索虚拟触发器表的内容，并且使用 SqlPipe 对象的 ExecuteAndSend 方法将其发送到调用程序中。

一旦创建了 DDL 代码，就可以部署该触发器了。手工部署该 CLR 触发器时，首先将 trigger_insert_showInserted.dll 文件复制到 Microsoft SQL Server 2008 系统，执行如图 21-9 所示的命令。

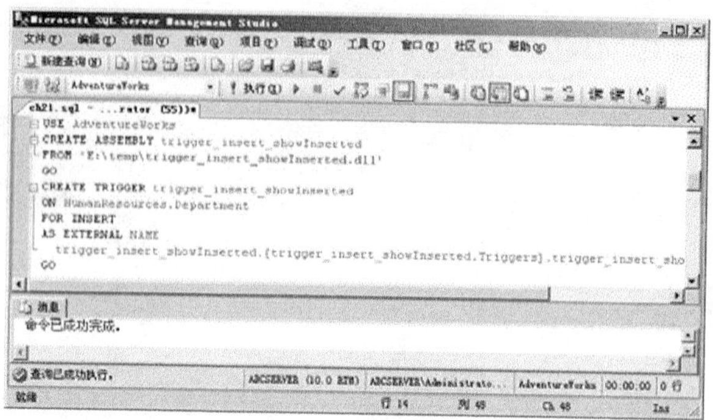

图 21-9　部署触发器

在部署了 CLR 触发器之后，对其基表的插入操作都会激活该触发器。例如，在如图 21-10 所示的示例中，当向 HumanResources.Department 表中插入一行数据时，激活了新建的 CLR 触发器，并且将该数据内容显示出来。

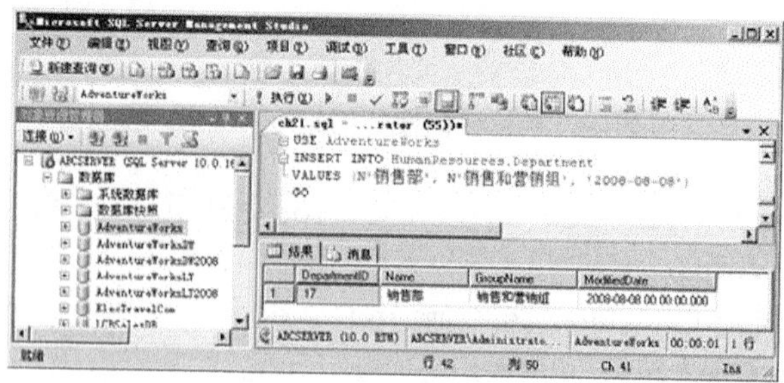

图 21-10　激活触发器

21.5　本 章 小 结

本章研究使用 Visual Studio 创建.NET CLR 数据库对象的内容。首先，分析了.NET CLR 与 Microsoft SQL Server 的集成的意义。其次，讲述了 CLR 体系结构的特点和启动 Microsoft SQL Server 对 CLR 的支持的方式。接下来，讨论了创建 CLR 数据库对象的一般过程。最后，以 CLR 触发器数据库对象为例，描述了使用 Visual Studio 创建 CLR 数据库对象的过程。

【思考和练习】

1. CLR 与 Microsoft SQL Server 的集成的目的是什么？
2. CLR 体系结构的特点是什么？
3. 如何启动 Microsoft SQL Server 对 CLR 的支持？
4. 创建 CLR 数据库对象的一般过程是什么？
5. 使用 Visual Studio 2005/2008 创建 CLR 触发器的一般过程是什么？
6. 动手实验：使用 Visual Studio 2005/2008 创建 CLR 存储过程。
7. 如何使用 CREATE ASSEMBLY 语句创建程序集？
8. TriggerAction 属性的值是什么？